i&i 아이앤아이

영재교육원 대비

꾸러미

초등 6

무한상상

창의적 사고를 위한 대표적인 요소

새로운 시대의 인재상은 해당 분야의 전문성과 함께 창의·인성을 갖춘 인재입니다. 이들은 창의적으로 도전을 즐깁니다. 이중 창의력은 유익하고 새로운 것을 생각해내는 능력으로 창의력과 영재성은 같은 의미로 사용됩니다.

창의력의 요소로는 유창성, 융통성, 독창성, 정교성 등이 있습니다.

독창성

다른 사람하고 다른 자기만의 해결책을 내는 능력

유창성

특정 문제에 대해 제한된 시간 내에 다양한 해결책을 생각해내는 능력

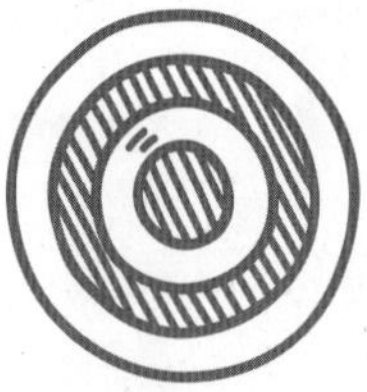

정교성

처음에 생각해낸 아이디어를 다듬어 발전시켜 표현하는 능력

융통성

한 문제에 대해 여러 가지 해결책을 제시하는 능력

- 이야기 만드는 것을 좋아한다.
- 주변을 자신에 맞게 꾸미고 물건을 배치하는 것을 좋아한다.
- 어려운 일에도 도전하는데 주저함이 없다.
- 평범한 물건으로 착안하기 어려운 것을 만들어낸다.
- 자신이 계획한 일에 실패하더라도 좌절하지 않고 여러 가지 다른 방법을 찾는다.
- 현재 배우는 것과 다른 분야 사이의 유사점을 발견하고 연결시키려고 한다.
- 자연 현상 또는 인간 관계 등에 '왜?', '어떻게?' 와 같은 호기심이 강하고 끊임없이 질문한다.

실험에서의 탐구 과정 요소

과학에서 빼놓을 수 없는 것이 과학적인 탐구 능력입니다.

탐구 능력이란 자연 현상과 학습자의 인지 구조 사이의 상호작용으로 문제를 인식하고 해결하는 능력으로 과학 관련 문제를 해결하기 위한 단계에서 필요한 요소를 탐구 과정 요소라고 합니다.

<무한이의 일기>

오늘 가족들과 제주도를 여행하였다. 바닷가에서는 구멍이 뚫린 돌, 표면이 매끄러운 돌, 색깔이 다양한 돌이 많이 있었다. 돌마다 색깔도 다양하고, 모양, 크기도 다양하다는 것을 알게 되었다.

제주도는 화산 활동에 의해 만들어졌으니 돌들은 모두 화산 활동에 의해 만들어진 것일까 궁금하였다.

집으로 찾아와 백과사전을 통해 암석은 생성 과정에 따라 화성암, 퇴적암, 변성암으로 구분된다는 것을 알게 되었다. 여행을 통해 새로운 사실을 알게 되어 좋았다.

· 다양한 돌들을 살펴보고 색깔, 모양, 크기 등이 다름을 알게 된 것은 '관찰' 이다.

· 암석을 생성 과정에 따라 구분지은 것은 '분류'이다.

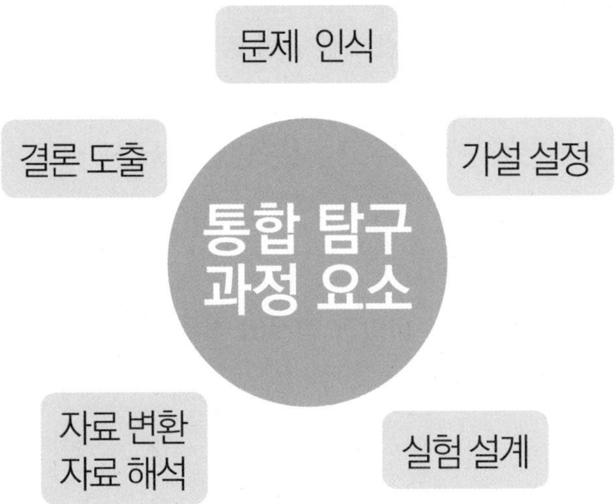

<에이크만이 각기병 치료 물질을 찾아낸 과정>

① 문제 인식 : 병원에서 기르던 각기병에 걸린 닭이 어느날 각기병 증상이 사라진 것을 알게 되었다.

'어떻게 닭이 각기병에서 나았을까?'

② 가설 설정 : 주변 환경을 조사하였더니 닭의 모이가 백미에서 현미로 바뀐 것을 확인하였다.

'현미에는 각기병을 낫게 하는 물질이 들어 있을 것이다.'

③ 실험 설계 : 집단 A에는 백미를 모이로 주고, 집단 B에는 현미를 모이로 주면서 각기병 증상이 나타나는지 관찰하였다.

④ 자료 변환 및 해석 : 실험 결과 백미를 모이로 준 집단 A의 닭들에게 각기병 증상이 나타났고, 현미를 모이로 준 집단 B의 닭들은 건강하였다.

'현미를 모이로 준 닭들이 건강하였다.'

⑤ 결론 도출 : 현미에는 각기병을 치료하는 물질이 들어있다.

· 처음에 세웠던 가설과 일치하였다. 후에 다른 과학자들이 현미에 들어 있는 각기병 치료 물질이 바이타민 B임을 알아내었다.

영재교육원
대비를 위한...

영재란, 재능이 뛰어난 사람으로서 타고난 잠재력을 개발하기 위해 특별한 교육이 필요한 사람이고, 영재교육이란, 영재를 발굴하여 타고난 잠재력을 개발할 수 있도록 도와주는 것이다.

영재교육에 대한 관심이 해가 갈수록 커지고 있지만, 자녀를 영재교육원에 보내는 방법을 정확하게 알려주는 교재는 많지 않다. 또한, 영재교육원에서도 정확한 기준없이 문제를 출제하기 때문에 영재교육원을 충분하게 대비하는 것은 쉽지 않다. 영재교육원 선발 시험 문제는 30%에서 절반 정도의 문제가 경험해 본 문제로 구성된다. 그런데, 어디서 쉽게 볼 수 있는 문제는 아니므로 기출문제를 꼭 공부할 필요가 있다. 기출문제가 시험 대비의 정답은 아니지만, 유사한 문제들을 많이 접해보면서 새로운 문제를 보았을 때, 당황하지 않고, 문제의 실마리를 찾아서 응용하는 연습을 하는 것이다. 창의력 문제들을 해결하기 위해서는 본 교재를 통한 충분한 연습이 필요할 것이다.

꾸러미는 영재교육원 영재성 검사, 새롭고 참신한 창의적 문제해결력 평가, 심층 면접 평가, 모의고사 등으로 구성되어 있어 다양한 문제 해결 연습이 가능하다. 또한, 실제 생활에서 나타날 수 있는 다양한 현상과 이론을 이 교재에 실린 실전 문제와 연계해 여러 방향으로 해결할 수 있어 영재교육원 모든 선발 단계를 대비할 수 있도록 하였다.
혼자서 해결할 수 없는 문제는 해설을 통하여 생각의 부족한 부분을 채우고, 다른 방법을 유추하여 해결이 가능하도록 도와준다.

꾸러미가 영재교육원을 대비하는 아이들과 부모님에게 새로운 희망과 열정이 솟는 시작점이 되길 바라며, 내재된 잠재력이 분출되길 기대해 본다.

무한상상

영재교육원에서 영재학교까지

01 영재교육원 대비

영재교육원 대비 교재는 영재교육원 대비 꾸러미 1·2·3학년, 4·5학년, 6학년, 중학생용과 학년별 초등 아이앤아이(3·4·5·6학년), 중등 아이앤아이(물·화·생·지) 등이 있다.

초등영재 (초등대상 영재교육원 지원자)	꾸러미 1·2·3학년	+	과학도서
	꾸러미 4·5학년 꾸러미 6학년	+	학년별 초등 아이앤아이 과학도서
중등영재 (중등대상 영재교육원 지원자)	꾸러미 중등 꾸러미 중등	+	초등 아이앤아이 6학년 중등 아이앤아이 과학도서

02 영재학교/과학고/특목고 대비

영재학교/과학고/특목고 대비 교재는 세페이드 1F(물·화), 2F (물·화·생·지), 3F (물·화·생·지), 4F (물·화·생·지), 5F(마무리), 중등 아이앤아이(물·화·생·지) 등이 있다.

	세페이드 1F	세페이드 2F	세페이드 3F	세페이드 4F	세페이드 5F		
현재 5·6학년	주 1~2회 6~9개월 과정	주 2회 9개월 과정	주 3회 8~10개월 과정	주 3회 6개월 과정	주 4회 2~3개월 과정	+ 중등 아이앤아이 (물·화·생·지)	총 소요시간 31~36개월
현재 중 1학년		주 3회 6개월 과정	주 3회 8개월 과정	주 3회 6개월 과정	주 3~4회 3개월 과정	+ 중등 아이앤아이 (물·화·생·지)	총 소요시간 약 24개월
현재 중 2학년		3개월 과정	4개월 과정	4개월 과정	2개월 과정	+ 중등 아이앤아이 (물·화·생·지)	총 소요시간 약 13개월

이 책의 구성과 특징

영재교육원 꾸러미는 영재교육원 선발 방식, 영재성 검사, 창의적 문제해결력(학문적성검사), 심층 면접의 각 단계를 담고 있어 자기주도적인 통합 학습이 가능합니다.

PART I

영재교육원 파헤치기

교육청, 대학교에서 운영하고 있는 영재교육원에 대한 소개와 각 기관별 선발 과정의 특성을 한눈에 볼 수 있습니다.

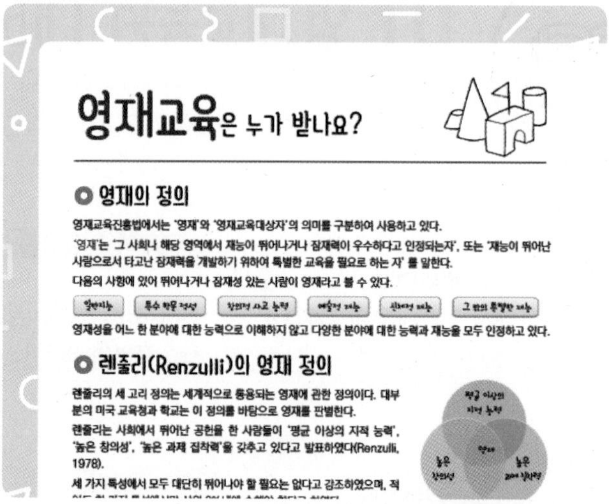
영재교육은 누가 받나요?

영재의 정의

영재교육진흥법에서는 '영재'와 '영재교육대상자'의 의미를 구분하여 사용하고 있다.
'영재'는 '그 사회나 해당 영역에서 재능이 뛰어나거나 잠재력이 우수하다고 인정되는자', 또는 '재능이 뛰어난 사람으로서 타고난 잠재력을 개발하기 위하여 특별한 교육을 필요로 하는 자' 를 말한다.
다음의 사항에 있어 뛰어나거나 잠재성 있는 사람이 영재라고 볼 수 있다.
영재성을 어느 한 분야에 대한 능력으로 이해하지 않고 다양한 분야에 대한 능력과 재능을 모두 인정하고 있다.

렌줄리(Renzulli)의 영재 정의

렌줄리의 세 고리 정의는 세계적으로 통용되는 영재에 관한 정의이다. 대부분의 미국 교육청과 학교는 이 정의를 바탕으로 영재를 판별한다.
렌줄리는 사회에서 뛰어난 공헌을 한 사람들이 '평균 이상의 지적 능력', '높은 창의성', '높은 과제 집착력'을 갖추고 있다고 발표하였다(Renzulli, 1978).
세 가지 특성에서 모두 대단히 뛰어나야 할 필요는 없다고 강조하였으며, 적

PART II

영재성 검사

각 기관에서 선발 시험에 출제되었던 기출 문제를 통해 학생의 영재성을 평가하고 자기 수준을 또래 친구들과 비교해볼 수 있습니다.

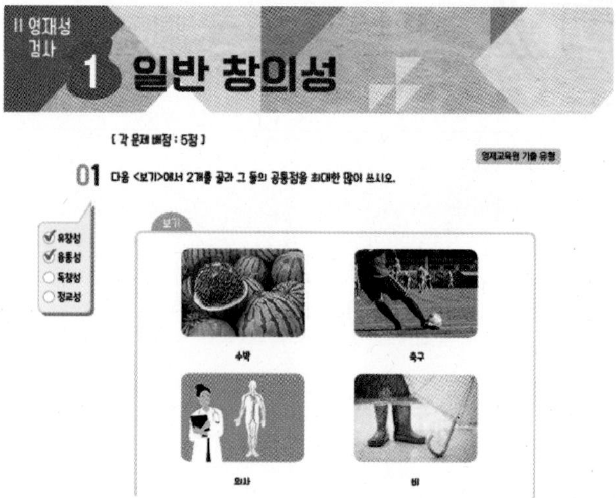
II 영재성 검사
1 일반 창의성
[각 문제 배점 : 5점]
영재교육원 기출 유형
01 다음 <보기>에서 2개를 골라 그 둘의 공통점을 최대한 많이 쓰시오.
보기
수박 축구 의사 비

PART III

창의적 문제해결력

각 선발 시험의 기출 문제를 기반으로 다양한 문제를 구성하여 수학·과학 창의적 문제해결력 향상에 도움을 줄 수 있도록 하였습니다.

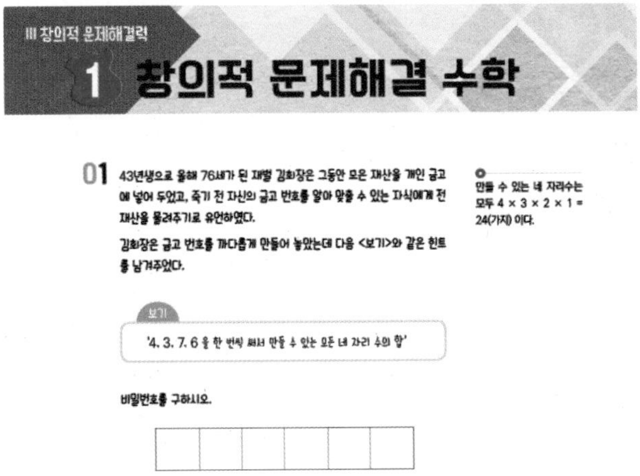

III 창의적 문제해결력

1 창의적 문제해결 수학

01 43년생으로 올해 76세가 된 재벌 김회장은 그동안 모은 재산을 개인 금고에 넣어 두었고, 죽기 전 자신의 금고 번호를 알아 맞출 수 있는 자식에게 전 재산을 물려주기로 유언하였다.

김회장은 금고 번호를 까다롭게 만들어 놓았는데 다음 <보기>와 같은 힌트를 남겨주었다.

보기

'4, 3, 7, 6 을 한 번씩 써서 만들 수 있는 모든 네 자리 수의 합'

비밀번호를 구하시오.

만들 수 있는 네 자리수는 모두 4 × 3 × 2 × 1 = 24(가지) 이다.

PART IV

심층 면접

영재교육원의 면접 방식에 따른 기출문제로 면접 유형을 익히고 연습할 수 있도록 하였습니다.

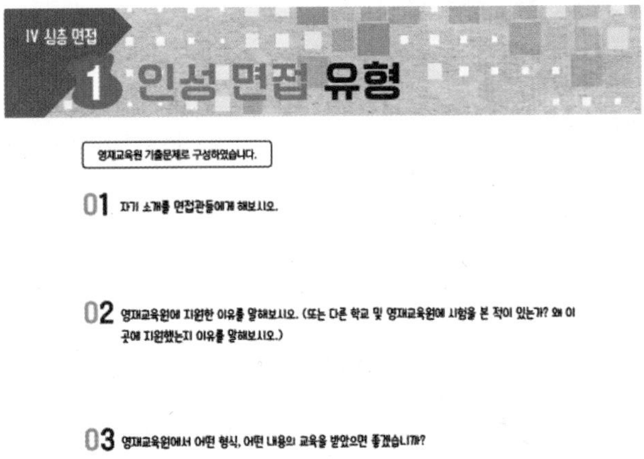

IV 심층 면접

1 인성 면접 유형

영재교육원 기출문제로 구성하였습니다.

01 자기 소개를 면접관들에게 해보시오.

02 영재교육원에 지원한 이유를 말해보시오. (또는 다른 학교 및 영재교육원에 시험을 본 적이 있는가? 왜 이곳에 지원했는지 이유를 말해보시오.)

03 영재교육원에서 어떤 형식, 어떤 내용의 교육을 받았으면 좋겠습니까?

PART V (별책)

정답 및 해설 / 예시 답안

또래 친구들의 다양한 예시 답안과 비교하여 스스로가 푼 문제를 평가하고 또 다른 창의력의 가능성을 발견하고 개발할 수 있도록 합니다.

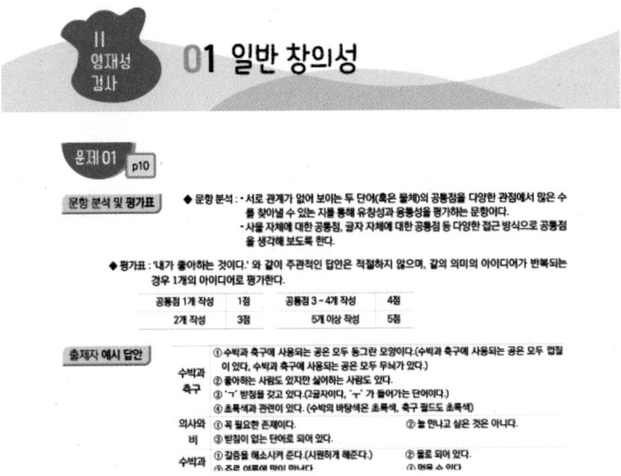

II 영재성 검사

01 일반 창의성

문제 01 p10

문항 분석 및 평가표

◆ 문항 분석 : - 서로 관계가 없어 보이는 두 단어(혹은 물체)의 공통점을 다양한 관점에서 많은 수를 찾아낼 수 있는 지를 통해 유창성과 융통성을 평가하는 문항이다.
- 사물 자체에 대한 공통점, 글자 자체에 대한 공통점 등 다양한 접근 방식으로 공통점을 생각해 보도록 한다.

◆ 평가표 : '내가 좋아하는 것이다.' 와 같이 주관적인 답안은 적절하지 않으며, 같의 의미의 아이디어가 반복되는 경우 1개의 아이디어로 평가한다.

공통점 1개 작성	1점	공통점 3 ~ 4개 작성	4점
2개 작성	3점	5개 이상 작성	5점

출제자 예시 답안

수박과 축구	① 수박과 축구에 사용되는 공은 모두 동그란 모양이다.(수박과 축구에 사용되는 공은 모두 껍질이 있다, 수박과 축구에 사용되는 공은 모두 무늬가 있다.) ② 좋아하는 사람도 있지만 싫어하는 사람도 있다. ③ 'ㄱ' 받침을 갖고 있다.(2글자이다, 'ㅜ' 가 들어가는 단어이다.) ④ 초록색과 관련이 있다. (수박의 바탕색은 초록색, 축구 필드도 초록색)
의사와 비	① 꼭 필요한 존재이다. ② 늘 만나고 싶은 것은 아니다. ③ 받침이 없는 단어로 되어 있다.
수박과	① 갈증을 해소시켜 준다.(시원하게 해준다.) ② 물로 되어 있다.

차례 CONTENTS

※ 창의력과학 아이앤아이 초등 3, 4, 5, 6과 같이 하면 훨씬 다양한 문제를 만나실 수 있습니다.

PART I
영재교육원 파헤치기

PART II
영재성 검사

PART III
창의적 문제해결력

PART IV
심층 면접

PART V (별책)
정답 및 해설 / 예시 답안

PART 1

영재교육원 파헤치기

영재교육원에 가려면
어떻게 대비할까?

단원 살짝 엿보기

01 영재교육 및 영재교육원 소개

영재교육은 누가 받나요?
영재교육원은 어떤 곳인가요?

02 영재교육원의 선발 과정

영재교육원의 선발 과정은 어떻게 진행되나요?

03 영재교육원 선발 단계 준비 방법

교사추천, 영재성 검사, 창의적 문제해결력, 심층면접은 어떻게 준비해야 할까요?

04 영재성 판별 진단 테스트

간편하게 영재성을 판별할 수 있는 체크리스트를 통해 셀프 영재성 판별을 해보자.

영재교육은 누가 받나요?

영재의 정의

영재교육진흥법에서는 '영재'와 '영재교육대상자'의 의미를 구분하여 사용하고 있다.

'영재'는 '그 사회나 해당 영역에서 재능이 뛰어나거나 잠재력이 우수하다고 인정되는자', 또는 '재능이 뛰어난 사람으로서 타고난 잠재력을 개발하기 위하여 특별한 교육을 필요로 하는 자' 를 말한다.

다음의 사항에 있어 뛰어나거나 잠재성 있는 사람이 영재라고 볼 수 있다.

일반지능 | 특수 학문 적성 | 창의적 사고 능력 | 예술적 재능 | 신체적 재능 | 그 밖의 특별한 재능

영재성을 어느 한 분야에 대한 능력으로 이해하지 않고 다양한 분야에 대한 능력과 재능을 모두 인정하고 있다.

렌줄리(Renzulli)의 영재 정의

렌줄리의 세 고리 정의는 세계적으로 통용되는 영재에 관한 정의이다. 대부분의 미국 교육청과 학교는 이 정의를 바탕으로 영재를 판별한다.

렌줄리는 사회에서 뛰어난 공헌을 한 사람들이 '평균 이상의 지적 능력', '높은 창의성', '높은 과제 집착력'을 갖추고 있다고 발표하였다(Renzulli, 1978).

세 가지 특성에서 모두 대단히 뛰어나야 할 필요는 없다고 강조하였으며, 적어도 한 가지 특성에서만 상위 2%내에 속해야 한다고 하였다.

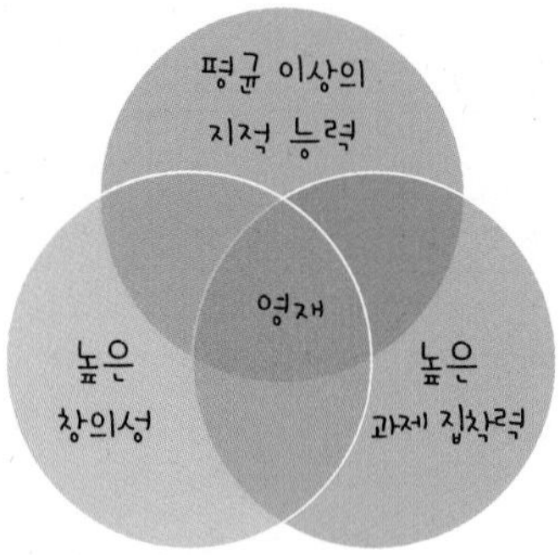

영재에 대한 잘못된 오해

- 영재는 상위 3 ~ 5%에 속하고, 높은 IQ를 가져야 한다?

⇨ 인구 대비 정해진 백분율은 시대와 장소에 따라 변할 수 있으며, 영재성은 단지 IQ로만 볼 수 없다.

- 영재들은 자신의 일을 알아서 잘 하기 때문에 특별한 도움이 필요 없다?

⇨ 국가대표 선수가 훌륭한 코치가 필요하듯이 영재들도 자신의 능력을 개발할 수 있도록 도움이 필요하다.

- 학교 성적이 좋지 않은 학생은 영재가 아니다?

⇨ 영재들은 학교 교과 과정의 지루함으로 학교 생활에 흥미를 잃고 나쁜 학습 습관을 가지게 될 수 있으므로 적절한 도움이 있다면 능력을 발휘할 수 있다.

영재교육

영재 학생들에겐 개인차 수준·특성에 맞는 개별화 교육이 필요하다.

우리나라에서는 다양한 영재교육기관에서 영재교육을 담당하고 있다.

전국 초중등생 수는 약 600만명으로 이중 약 1.7%에 해당하는 10만명의 학생이 현재 영재교육기관에서 수학과 과학 위주의 영재교육을 받고 있다.

영재교육원은 어떤 곳인가요?

영재학급

초·중·고 각급 학교에서 대상자들을 선발하여 1개 학급 정도로 운영하는 영재반이다.

특별활동, 재량활동, 방과후, 주말 또는 방학을 이용한 형태로 운영되고 있으며, 각 학교 내에서 독자적으로 운영하거나 인근의 여러 학교가 공동으로 참여하여 운영하는 형태도 있다.

영재교육원

영재교육원은 크게 각 지역 교육청(교육지원청)에서 운영하는 경우와 대학 부설로 운영하는 경우가 있으며, 그 외에 과학고 부설로 운영하는 경우, 과학 전시관에서 운영하는 경우, 기타 단체 소속인 경우도 있다.

주로 방과후, 주말 또는 방학을 이용한 형태로 운영하고 있다.

영재 교육 기관 구분	선발 방법		선발 시기
	방법	GED 적용	
교육지원청 영재교육원	교사관찰·추천	GED 적용	9월 ~ 12월
과학전시관 영재교육원			
단위 학교 영재 교육원(예술 분야 제외)			
단위 학교 영재 학급(예술 분야)		GED 미적용	3월 ~ 4월
단위 학교 영재 학급			
대학부설 및 유관기관 영재교육원			9월 ~ 이듬해 5월

	영재교육원		영재학급	계
	교육청	대학부설		
기관수	252	85	2,114	2,451
영재교육을 받고 있는 학생 수	33,640	10,272	58,472	102,384
영재교육을 받고 있는 학생 비율	30.8%	9.4%	53.5%	93.7%

▲ 영재교육 기관 현황

영재교육 대상자 선발

영재 선발 방법은 어느 수준의 영재를 교육 대상으로 설정하느냐가 모두 다르기 때문에 영재교육기관(영재학교, 영재학급, 영재교육원)에 따라 선발 방법이 조금씩 다르다.

교육청 영재교육원에서만 한국교육개발원에서 개발한 영재행동특성 체크리스트(영재성 검사)를 이용하고, 다른 기관에서는 영재성 검사 도구를 자체 개발하여 선발에 사용한다.

영재교육원의 선발은 어떻게 진행되나요?

GED(Gifted Education Database) 시스템

홈페이지 주소 : http://ged.kedi.re.kr

GED란 국가차원에서 영재의 선발·추천 및 영재 교육에 관련된 자료를 관리하기 위한 데이터 베이스이다.
GED 사이트를 통해서 학생들은 영재교육기관에 지원하고, 교사들은 학생을 추천하며, 영재교육기관에서는 이들을 선발한다.

GED를 활용한 선발 과정(표준선발안)

단계	세부 내용	담당	기관
지원	지원서 작성 : 학생이 GED 시스템에서 온라인 지원 ① GED 회원 가입 후 영재교육기관 선택 ② 지원서 작성 및 자기체크리스트 작성	학생/ 학부모	학생/ 학부모
추천	- 담임 교사가 GED 시스템에서 담당 학생의 체크리스트 작성 - 학교추천위원회에서 명단 확인 및 추천	담임/ 추천 위원회	소속 학교
창의적 문제 해결력 평가	각 영재교육기관에서 진행하는 창의적 문제 해결력 평가 ① 대상 : GED를 통한 학교추천위원회 추천자 전원 ② 미술, 음악, 체육, 문예 분야는 실기 평가 포함	평가위원	영재교육기관
면접 평가	각 영재교육기관에서 진행하는 심층 면접 평가	평가위원	영재교육기관

★ 대학부설 영재교육원은 GED를 이용하여 학생을 선발하지 않고 별도의 선발 과정을 거친다.

GED 시스템 선발 흐름도

학생
- 온라인 지원서 작성(GED)
- 창의인성 체크리스트 작성 (GED)
- 지원서 출력 후 담임께 제출

⇨

교원
- 담임반 학생 지원서 취합 (GED)
- GED 명단 확인
- 영재행동특성 체크 리스트 작성 (GED)
- 학생 추천 (GED)

⇨

학교추천 위원회
- 학교 추천자 명단 확인 (GED)
- 담임 교사의 체크 리스트 확인 (GED)
- 학생 추천 여부 심의 및 추천 (GED)

⇨

영재교육기관
- 학생 추천 자료 검토 (GED)
- 창의적 문제 해결력 평가 실시
- 심층 면접 평가 실시
- 자료를 종합하여 최종 선발

선발 방식의 이해

1단계는 교사 추천, 2단계는 영재성 검사에 의한 선별, 3단계에서는 창의적 문제 해결력 평가(영역별 학문적성검사) 실시, 최종 단계에서는 심층 면접을 통해서 선발하고 있다.

단계	특징
관찰 추천	교사용 영재행동특성 체크리스트, 각종 산출물, 학부모 및 자기소개서, 교사 추천서등을 활용하여 평가하는 단계
창의적 문제해결력	창의성, 언어, 수리, 공간 지각에 대한 지적 능력을 평가하는 단계로 정규 교육 과정상의 내용에 기반을 두면서 사고능력과 창의성을 측정하는 것을 기본 방향으로 한다.
심층 면접	이전 단계에서 수집된 정보로 확인된 학생의 특성을 재검증하고, 심층적으로 파악하는 단계로 예술 분야는 실기를 하거나 수학이나 과학에 대한 실험 평가를 할 수도 있다.

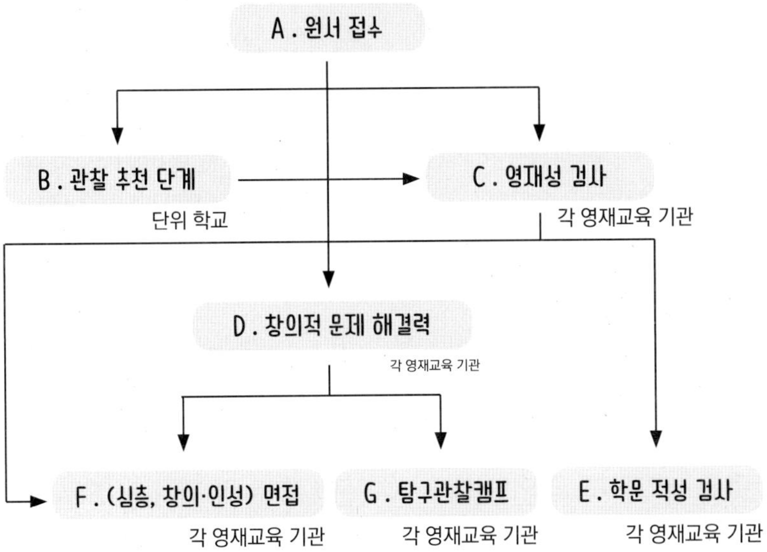

소재 지역	선발 과정
서울, 경기	A → B → D → F
충남	A → B → C
전남	A → D → F
목포	A → D → G
경남	A → C → D → F
경북	A → B → C → D → F
세종, 부산	A → B → C →
강원도, 광주, 전북, 충북	A → C → F

▲ 각 소재 지역별 영재교육원 선발 과정

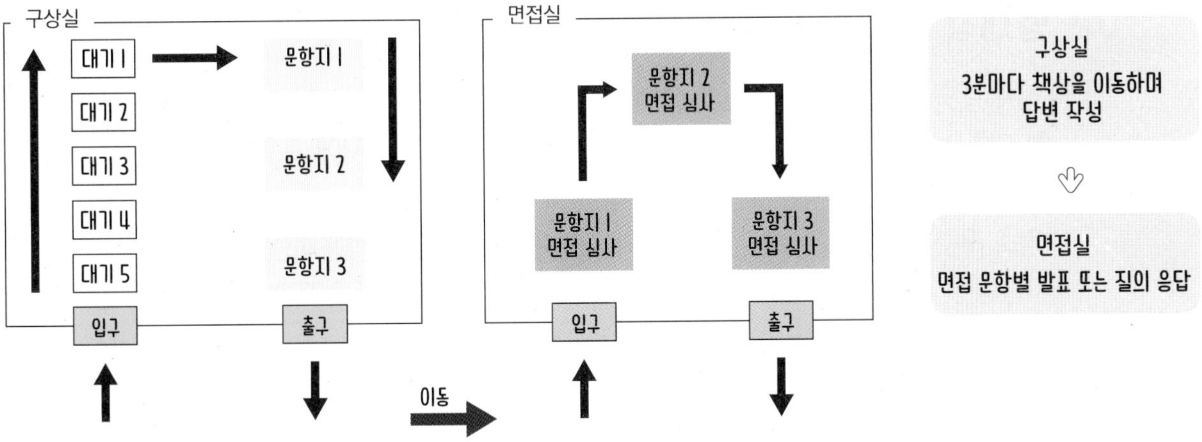

▲ 심층 면접 과정의 예

★ 각 지역별로 선발 과정이 다르므로 반드시 해당 영재교육원 모집 공고를 확인해야 한다.

★ 동일 교육청 소속 영재 교육원은 중복 지원할 수 없으며, 대학부설 영재교육원 합격자는 교육청 소속의 영재교육원에 중복 지원할 수 없다.

각 선발 단계를
준비하는 방법

01 교사 추천

교사는 평소 학교생활이나 수업시간에 학생의 심리적인 특성과 행동을 관찰하여 학생의 영재성을 진단하고 평가한다. 특히, 창의성, 호기심, 리더십, 자기주도성, 의사소통 능력, 과제집착력 등을 평가한다. 따라서 교사 추천을 받기 위한 기본적인 내신 관리를 해야 한다. 평소 수업태도, 학업성취도가 우수하여야 한다.

교과 내용의 전체 내용을 이해하고 문제를 통해 개념을 정리한다. 이때 개념을 오래 고민하고, 깊이 있게 이해하여 스스로 문제를 해결하는 능력을 키운다.

수업시간에는 주도적이고, 능동적으로 수업에 참여하고, 과제는 정해진 방법 외에도 여러 가지 다양하고 새로운 방법을 생각한다. 수업 외에도 흥미를 느끼는 주제나 탐구를 직접 연구해 보고, 그 결과물을 작성해 놓는다.

02 영재성 검사

잠재된 영재성에 대한 검사로, 영재성을 이루는 요소인 창의성과 언어, 수리, 공간 지각 등에 대한 보통 이상의 지적 능력을 측정하는 문항들을 검사지에 포함시켜 학생들의 능력을 측정한다.

평소 꾸준한 독서를 통해 기본 정보와 새로운 정보를 얻어 응용하는 연습으로 내공을 쌓고, 서술형 및 개방형 문제들을 많이 접해 보고 논리적으로 답안을 표현하는 연습을 한다. 꾸러미에는 기출문제와 다양한 영재성 검사에 적합한 문제를 담고 있으므로 풀어보면서 적응하는 연습을 하는 것이 좋다.

다양한 교구놀이나 퍼즐, 조립활동 등은 공간지각력을 키우는 데 도움이 되고, 단순 계산 연습보다는 수 퍼즐이나 목표수 만들기와 같은 놀이로 수감각을 키우는 학습도 필요하다.

03 창의적 문제해결력(학문적성 검사)

창의적 문제해결력 검사는 수학, 과학, 발명, 정보 과학으로 구성되어 있으며, 사고 능력과 창의성을 측정하는 것을 기본 방향을 하고 지식, 개념의 창의적 문제해결력을 측정한다. 따라서 학생의 해당 학년의 교육과정 범위 내에서 각 과목의 개념과 원리를 얼마나 잘 이해하고 있는지 측정하는 검사이다.

심화 학습과 사고력 학습을 통해 생각의 깊이와 폭을 확장시키고, 생활 속에서 일어나는 일들을 학습한 개념과 연관시켜 생각해 보는 것이 중요하다.

꾸러미는 교육과정 내용과 심화 학습, 창의력 문제를 통해 기본 개념은 물론, 창의성을 넓게 기를 수 있도록 도와주고 있다.

04 심층 면접

심층 면접을 통해 영재 교육 대상자를 최종 선정한다. 심층 면접은 영재 행동특성 검사, 포트폴리오 평가, 수행평가, 창의인성검사 등에서 제공하지 못하는 학생들의 특성을 역동적으로 파악할 수 있는 방법이고, 기존에 수집된 정보로 확인된 학생의 특성을 재검증하고, 학생의 특성을 심층적으로 파악하는 과정이다. 이 단계에서 예술 분야는 실기를 실시할 수도 있으며, 수학이나 과학에 대한 실험을 평가하는 등 각 기관 및 시도교육청에 따라 형태가 달라질 수 있다.

면접에서는 평소 관심 있는 분야나 자기 소개서, 창의적 문제 해결력 문제의 해결 과정에 대해 질문할 가능성이 높다. 따라서 평소 자신의 생각을 논리적으로 표현하는 연습이 필요하다. 단답형으로 짧게 대답하기 보다는 자신의 주도성과 진정성이 드러나도록 자신있게 이야기하는 것이 중요하다. 자신이 좋아하는 분야에 대한 관심과 열정이 드러나도록 이야기할 수 있어야 하며, 평소 육하원칙에 따라 말하는 연습을 하는 것이 좋다.

무한상상

영재성 판별 진단 test

간단하게 스스로나 자녀의 영재성을 체크하고 점수를 알아봅시다.
*학생의 평소 행동 특성을 가장 잘 나타낸다고 생각되는 곳에 체크해 주세요.

<영재성 판별 체크 리스트>

영역	행동 특성	자주 그렇다 (3점)	보통이다 (2점)	전혀 아니다 (1점)
언어영역	1. 어느 장소에 가더라도 책을 찾아서 읽는다.			
	2. 학교에서 배운 역사적인 사실 등을 잘 기억하여 친구들과 이야기한다.			
논리-수학영역	3. 틀린 문제의 답을 찾기 위해 두세번 이상 시도한다.			
	4. 시계 바늘이 움직이는 원리에 대해 질문한다.			
	5. 블록을 높고 안정감있게 쌓을 수 있다.			
공간영역	6. 길을 잘 찾고 방향감각이 뛰어나다.			
	7. 퍼즐이나 장난감들을 조립하거나 분해하고 다시 끼워 맞추기를 좋아한다.			
신체-운동영역	8. 연극에서 대사를 만들고 연습하는 것을 좋아한다.			
	9. 찰흙 놀이, 가위질하기 등을 즐긴다.			
음악영역	10. 혼자서 노래를 만들어 부르거나 물건으로 리듬 있게 소리내기를 즐긴다.			
	11. 음악이 나오면 즐거워하고 멜로디, 리듬 등을 노래나 악기로 쉽게 재현해 낸다.			
대인관계 영역	12. 친구들이 많다.			
	13. 친구들 간에 의견 충돌이 있을 때 중재하는 역할을 한다.			
개인적 통찰영역	14. 혼자서 하는 놀이나 취미가 많다.			
	15. 자신의 장점과 단점을 많이 이야기한다.			

소계			
총합			점

<영재성 판별 결과>

총 00명의 학생들에게 조사하여 점수 비율을 선정하였으므로, 이를 통해 또래 친구들 사이에서의 학생의 영재성 수준을 파악할 수 있습니다.

점수	24점 이하	25점 이상 ~ 29점 이하	30점 이상 ~ 34점 이하	35점 이상 ~ 39점 이하	40점 이상
평가	어떤 부분에 우수한지 정밀 검사요망	영재성을 길러주면 발전될 가능성 있음	영재성 교육을 하면 잠재능력 발휘함	영재성이 있고 우수하며, 전문가와 상담요망	대단히 우수하며, 영재 교육 절대 필요함
	보통이하	보통	우수	매우 우수	최상

<과학적 태도 검사 체크 리스트>

과학적 태도는 과학적 창의성과 연계되는 것이므로, 학생의 과학적 태도를 점검하고 더욱 발전시킬 수 있습니다.
*학생의 평소 행동 특성을 가장 잘 나타낸다고 생각되는 곳에 체크해 주세요.

행동 특성	자주 그렇다 (5점)	가끔 그렇다 (4점)	보통이다 (3점)	약간 아니다 (2점)	전혀 아니다 (1점)
1. 물체의 부피를 구해본 경험이 있다.					
2. 나뭇잎이나 꽃을 수집하거나 곤충 채집을 해 본 경험이 있다.					
3. 전기와 전선을 이용하여 자석을 만들어 본 경험이 있다.					
4. 잡지나 신문에서 과학 기사를 찾아 읽거나 TV에서 과학 프로를 시청하는 것을 즐긴다.					
5. 과학과 과학자에 대한 책을 읽고 친구와 이야기하는 걸 좋아한다.					
6. 과학 수업 시간을 편안하게 느끼고, 새로운 사실을 배우는 것을 재미있어한다.					
7. 과학 수업시 배우는 많은 내용이 일상 생활에 유용하다고 생각한다.					
8. 과학 분야에서 일을 하는 것에 관심이 있고, 가치 있는 일이라 생각한다.					
9. 불필요한 전등을 끄거나 수도꼭지를 잘 잠궜는지 확인하는 등 자원 절약에 관심이 있다.					
10. 내 생각이 잘못 되었다는 것을 알았을 때에 쉽게 수긍하고 사실을 받아들일 수 있다.					
11. 과학 수업을 좋아하거나 과학 관련 동아리에서 활동하며, 과학에 관련된 직업이 장래희망이다.					
12. 새로운 것을 발견하는 것을 중요하게 생각하며, 과학의 발전이 해로운 점보다 이로운 점이 많다고 생각한다.					

소계					
총합	점				

<과학적 태도 검사 결과>

총 00명의 학생들에게 조사하여 점수 비율을 선정하였으므로, 이를 통해 또래 친구들 사이에서의 학생의 과학적 태도 수준을 파악할 수 있습니다.

점수	29점 이하	30점 이상 ~ 39점 이하	40점 이상 ~ 44점 이하	45점 이상 ~ 49점 이하	50점 이상 ~ 54점 이하	55점 이상
평가	과학에 대한 이해를 확충할 필요가 있음	어떤 부분에 우수한지 정밀 검사요망	영재성을 길러주면 발전될 가능성 있음	영재성 교육을 하면 잠재능력 발휘함	영재성이 있고 우수하며, 전문가와 상담 요망	대단히 우수하며, 영재교육 절대 필요함
	보통 이하	보통	양호	우수	매우 우수	최상

PART II

영재성 검사

나에게는 잠재된 영재성이
있을까?

단원 살짝 엿보기

01 일반 창의성
생활 소재를 사용한 문제를 통해 유창성, 융통성, 독창성, 정교성 등을 통한 창의성 평가

02 언어 / 추리 / 논리
언어적 이해를 통해 표현력 평가

03 수리논리
수와 연산에 대한 감각을 통한 창의성 평가

04 공간 / 도형 / 퍼즐
공간, 도형, 퍼즐을 통해 논리적 사고력, 추리력 평가

05 과학 창의성
과학적 문제에 대한 창의성 평가

● 1회 모의고사 / 2회 모의고사
기출문제와 다양한 문제 유형을 통해 실전감각을 키워보자

1 일반 창의성

[각 문제 배점 : 5점]

영재교육원 기출 유형

01 다음 <보기>에서 2개를 골라 그 둘의 공통점을 최대한 많이 쓰시오.

✔ 유창성
✔ 융통성
○ 독창성
○ 정교성

보기

수박

축구

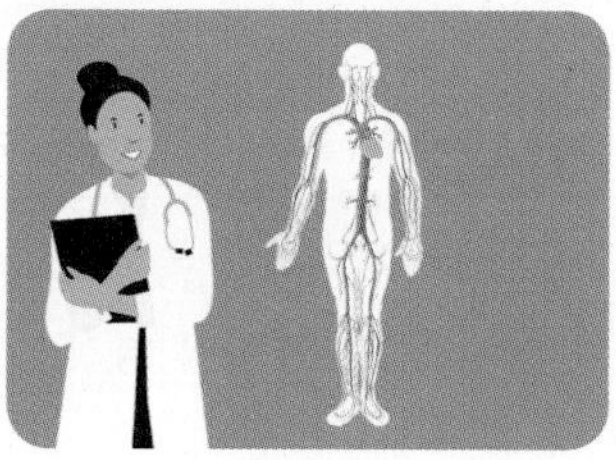

의사

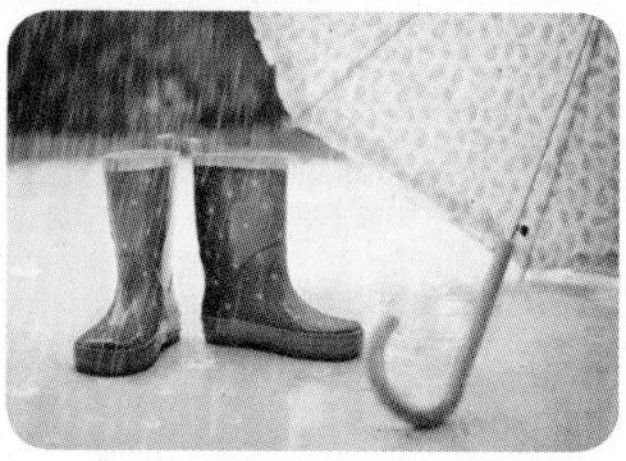

비

영재교육원 기출 유형

02 다음은 우산에 대한 설명이다.

○ 유창성
✓ 융통성
✓ 독창성
○ 정교성

우리나라에서는 갈대로 엮은 삿갓이나 도롱이를 착용하여 비를 피했습니다.

우리가 현재 쓰고 있는 형태의 우산은 서양에서 전래된 것입니다.

여러분이 우산을 개발하는 사람이라면 어떤 우산을 만들 것인가? 그 우산의 이름을 지어보고, 그 기능을 설명하시오.

우산의 이름	기능

03 그림과 같이 나비와 잠자리, 축구공이나 농구공은 대칭의 형태를 이루고 있다.

- ☑ 유창성
- ○ 융통성
- ○ 독창성
- ○ 정교성

자신이 사용하고 있는 물건들 중에서 좌우 대칭의 형태를 가지고 있는 사물을 최대한 많이 쓰시오. (단, 공은 이미 나왔으므로 제외한다.)

영재교육원 기출

04 다음 <보기>와 같이 문장을 글과 그림이 어우러진 독창적인 문장으로 만들어 보시오.

- ○ 유창성
- ○ 융통성
- ☑ 독창성
- ☑ 정교성

보기

사막을 걸어가다 보니 우물이 보였습니다.

 을 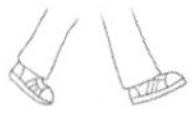 가다보니 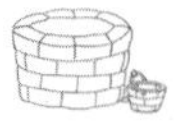 이  였습니다.

(1) 옛날에 한 포수가 친구와 통나무배를 타고 강을 건너서 숲으로 새를 잡으러 갔습니다.

(2) 바람이 아주 심하게 불어서 포수의 모자가 날아가 버렸습니다.

영재교육원 기출 유형

05 무한이는 스카이다이빙을 하려고 비행기에서 발 아래를 향해 카메라로 찍었더니 그림과 같이 점으로만 촬영되었다. 무엇을 찍은 것인지 자신의 생각을 다양하게 써 보시오.

- ✔ 유창성
- ✔ 융통성
- ○ 독창성
- ○ 정교성

06 <보기>와 같이 정답이 5가 되는 문제를 최대한 많이 만들어 보시오.

- ✔ 유창성
- ✔ 융통성
- ○ 독창성
- ○ 정교성

보기

일주일에 학교에 가는 횟수는 몇 번 인가?

영재교육원 기출 유형

07 (가)의 세 그림 중 하나를 선택하고, (나)의 두 그림 중 하나를 선택하여 각 그림에서 연상된 단어를 이용하여 관련한 문제 상황을 만들어 보고, 그 해결 방안을 제시해 보시오. (70 ~ 120자)

- ○ 유창성
- ○ 융통성
- ○ 독창성
- ✔ 정교성

가

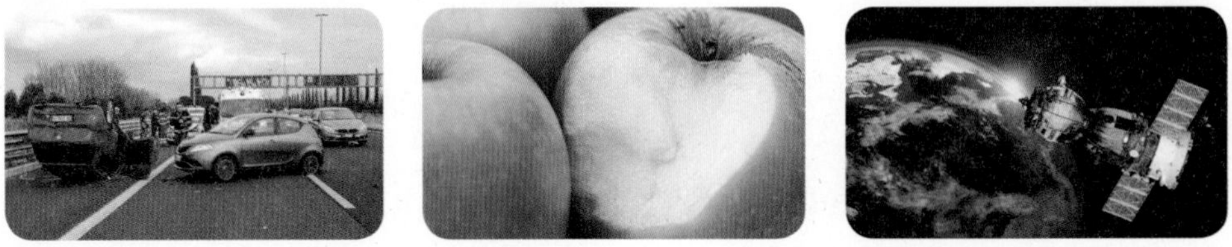

나

영재교육원 기출

08 다음 <보기> 와 같이 아래에 제시된 두 물체를 함께 사용하여 새로운 물건을 만들고, 그것의 이름과 용도를 가능한 많이 쓰시오.

- ○ 유창성
- ○ 융통성
- ✓ 독창성
- ✓ 정교성

보기

지팡이와 롤러블레이드

이름	용도
롤러블레이드 초보 도우미	롤러블레이드를 처음 배우는 사람이 넘어지지 않도록 지팡이로 보조한다.
땅위에서 즐기는 크로스컨트리	지팡이를 폴로 사용하여 앞으로 잘 나아가게 한다.

제시어 : 스펀지, 초

이름	용도

영재교육원 기출 유형

09 다음은 현재 우리나라에서 사용되고 있는 동전들에 대한 설명이다. 물음에 답하시오.

- 유창성
- 융통성
- 독창성
- 정교성

주화	소재	도안	지름	무게
10원	구리 48%, 알루미늄 52%	다보탑	18mm	1.22g
50원	구리 70%, 아연 18%, 니켈 12%	벼이삭	21.60mm	4.16g
100원	구리 75%, 니켈 25%	이순신	24mm	5.42g
500원	구리 75%, 니켈 25%	학	26.50mm	7.70g

(1) 현재 사용하고 있는 동전의 불편함을 최대한 많이 적으시오.

(2) 불편한 점을 개선한 동전과 그 동전에 넣고 싶은 도안을 설명하시오.

영재교육원 기출 유형

10 책상, 운동화, 통장이 세 가지 중 하나 이상을 사용하여 늦잠을 자는 버릇(학교에 지각하는 것)을 고칠 수 있는 방법을 가능한 많이 적으시오.

✔ 유창성
✔ 융통성
○ 독창성
○ 정교성

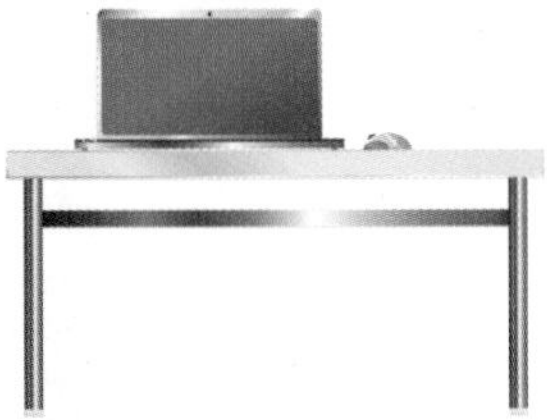

영재교육원 기출 유형

11 불투명한 물체와 투명한 물체가 같이 쓰이는 경우를 다양하게 설명하시오.

✔ 유창성
○ 융통성
○ 독창성
○ 정교성

1 일반 창의성

영재교육원 기출 유형

12 다음은 두 사람이 만났을 때 나누는 세계 여러 나라의 인사법이다.

○ 유창성
○ 융통성
○ 독창성
✔ 정교성

인도

손끝을 입에 대었다 떼면서 "살라모어"라고 한다.

타이

두 손바닥을 모으로 팔과 팔꿈치를 몸에 붙인 채 고개를 숙인다.

브라질

서로 껴안은 후 어깨를 몇 번 두드린다.

이스라엘

양팔을 펼쳐 상대방의 어깨를 주무르며 "샬롬"이라고 한다.

뉴질랜드(마오리족)

코를 비비면서 "키오라"라고 한다.

미국(하와이)

서로의 목과 허리를 감싸고 "알로하"라고 한다.

학교 내에서 두 사람이 만났을 때 하는 인사법을 만들어 이름을 정하고, 설명을 적으시오.

그림과 설명	
인사법의 이름	
이러한 이름을 붙인 이유	

13 다음 그림과 같이 생활의 편리함을 위해 개발된 물건들로 인해 예부터 사용해 오던 물건들이 점차 사라지는 경우가 많다. 물음에 답하시오.

- ✔ 유창성
- ✔ 융통성
- ○ 독창성
- ✔ 정교성

손편지와 우체통

→

이메일

유선 전화

→

휴대 전화

(1) 그림과 같은 경우를 최대한 많이 쓰시오.

(2) 현재에 사용하고 있는 것들 중 미래에 사라질 것을 3가지 이상 쓰고, 그렇게 생각하는 이유를 각각 쓰시오.

영재교육원 기출 유형

14 다음 그림과 같이 여자의 표정이 변한 이유를 상상하여 다양하게 써 보시오.

- ◯ 유창성
- ✓ 융통성
- ✓ 독창성
- ◯ 정교성

영재교육원 기출

15 과자 봉지와 공통점을 가진 물건을 최대한 많이 쓰고, 공통점을 설명하시오

- ✓ 유창성
- ✓ 융통성
- ◯ 독창성
- ◯ 정교성

16 다음 그림과 같이 점을 이용하여 그림을 완성하고 각각의 제목을 쓰시오. (단, 이용하는 점의 갯수는 제한이 없다.)

- ☐ 유창성
- ☑ 융통성
- ☐ 독창성
- ☑ 정교성

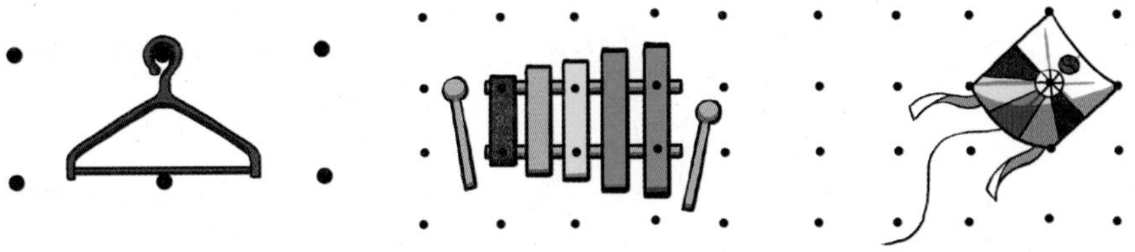

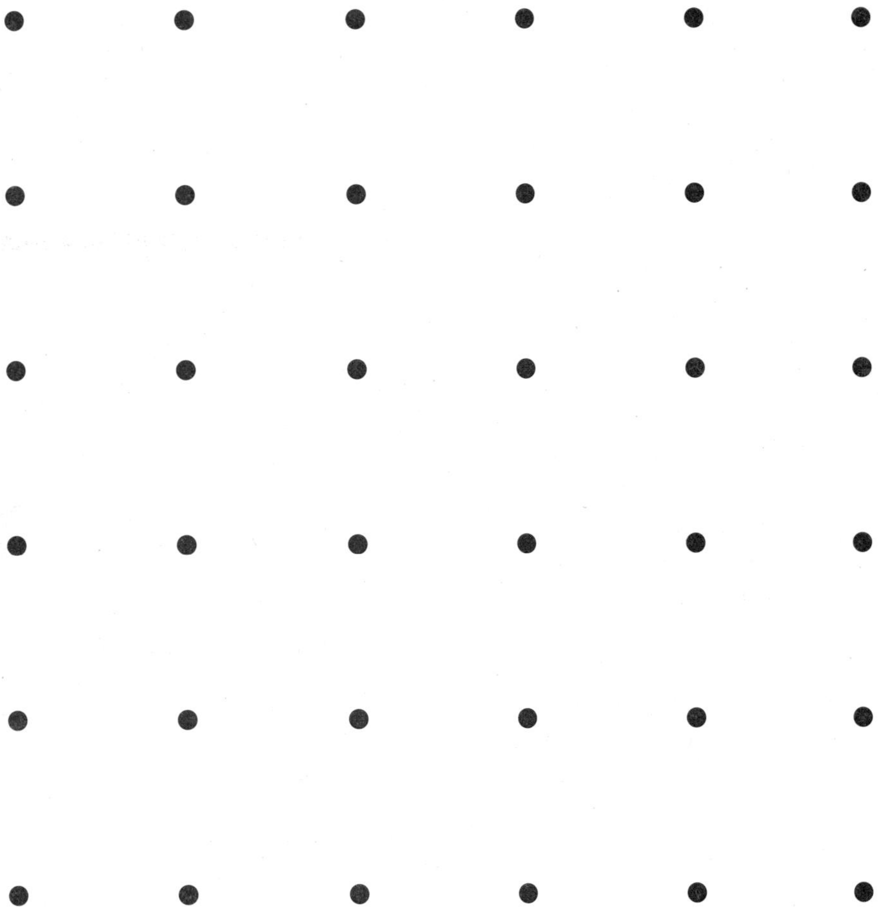

그림의 제목	

17 다음 <보기>와 같이 'ㄱ', 'ㄴ' 모양을 이용하여 그림을 완성하고, 완성된 그림의 제목을 쓰시오.

- ○ 유창성
- ○ 융통성
- ✔ 독창성
- ✔ 정교성

보기

그림의 제목	

18 다음 <보기>와 같이 영어 단어를 그림으로 다양하게 표현하시오.

- ○ 유창성
- ✔ 융통성
- ✔ 독창성
- ○ 정교성

보기

= LOVE

Laugh　October　Victory　Egg

19 다음 <보기>는 단어를 그림으로 나타낸 넌센스 문제이다.

○ 유창성
○ 융통성
☑ 독창성
○ 정교성

보기

초코우유

알송달송

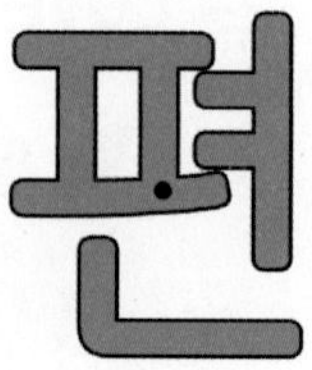

편의점

주변에 있는 물건의 이름을 다양하게 선택하여 <보기>와 같이 그림으로 표현해 보시오.

20 다음을 이용하여 그림을 완성하고 제목을 쓰시오. (단, 그림을 여러 번 사용해도 된다.)

- ☑ 유창성
- ☐ 융통성
- ☑ 독창성
- ☐ 정교성

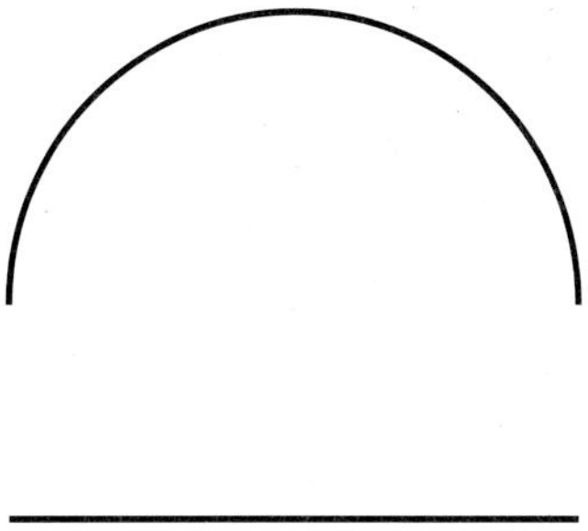

제목 :

영재교육원 기출

21

그림과 같이 넓이가 비슷해 보이는 2개의 도형이 있다. 두 도형의 넓이를 비교할 수 있는 방법을 가능한 많이 적으시오.

- ☑ 유창성
- ☑ 융통성
- ☐ 독창성
- ☑ 정교성

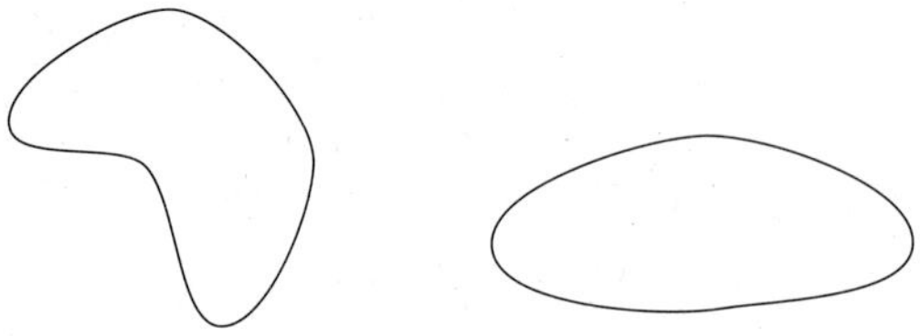

영재교육원 기출

22

현재 우리나라 국민들은 여가 활동으로 TV 시청을 가장 많이 하는 것으로 조사되었다.

- ☑ 유창성
- ☐ 융통성
- ☑ 독창성
- ☐ 정교성

미래에 할 수 있는 여가 활동을 최대한 많이 써보시오. 만약 현재하고 있는 여가 활동이 아닌 경우 그 이유도 적으시오.

영재교육원 기출 유형

23 정답이 '태양(해)'이 되는 물음을 최대한 많이 만드시오.

- ✔ 유창성
- ○ 융통성
- ○ 독창성
- ○ 정교성

24 여행중인 무한이의 지갑엔 1만원이 들어있다. 기념품을 사기 위해 상점에 들어가서 원하는 물건을 가지고 돌아온 후 지갑을 확인하였더니 지갑 속에 똑같이 1만원이 들어있었다. 어떻게 이런 일이 가능할까?

- ✔ 유창성
- ✔ 융통성
- ○ 독창성
- ○ 정교성

25 친구에게 아래와 같은 모양을 떠올릴 수 있도록 전화로 설명해주려고 한다. 다양한 방법을 최대한 많이 쓰시오.

- ✔ 유창성
- ✔ 융통성
- ○ 독창성
- ○ 정교성

26 영화 '다운사이징'은 먼 미래에 다운사이징 기술을 이용한 인간 축소 프로젝트에 대한 이야기이다.

영화 속에서는 다운사이징 기술을 구매한 사람의 부피를 0.0364%로, 무게도 2744분의 1로 줄여준다. 이럴 경우 집 공간이나 음식물의 크기 등은 줄어들지 않으므로 1억원의 재산이 120억 원의 가치가 될 수 있는 기회의 시작이라고 광고하고 있다.

- ✔ 유창성
- ○ 융통성
- ○ 독창성
- ✔ 정교성

▲ 영화 '다운사이징'의 장면

만약 내 몸만 다운사이징 기술로 작아진다면 어떠한 일이 일어날 지 하루의 일과를 시간별로 구성한 일기 형식으로 쓰시오.

27 다음 그림을 보고 어떤 상황인지 상상하여 가능한 많이 쓰시오.

- ✔ 유창성
- ○ 융통성
- ○ 독창성
- ○ 정교성

28 외출 후 돌아온 엄마는 컴퓨터 게임을 하고 있는 상상이를 보고 화를 냈다. 하지만 상상이의 대답을 듣고 엄마가 오히려 상상이에게 사과를 하였다. 이때 상상이의 대답으로 가능한 것을 여러 개 써 보시오.

- ✔ 유창성
- ○ 융통성
- ✔ 독창성
- ○ 정교성

29 플라스틱 물병은 물이나 음료수를 마실 때마다 발생하는 재활용품 중 하나이며, 철사로 된 옷걸이는 세탁소에 옷을 맡길 때마다 발생하는 재활용품이다. 이렇게 쉽게 생기는 플라스틱 물병이나 철사로 된 옷걸이는 어떻게 활용할 수 있을까? 그 방법을 있는 대로 적어보시오.

- ✔ 유창성
- ○ 융통성
- ✔ 독창성
- ○ 정교성

보기

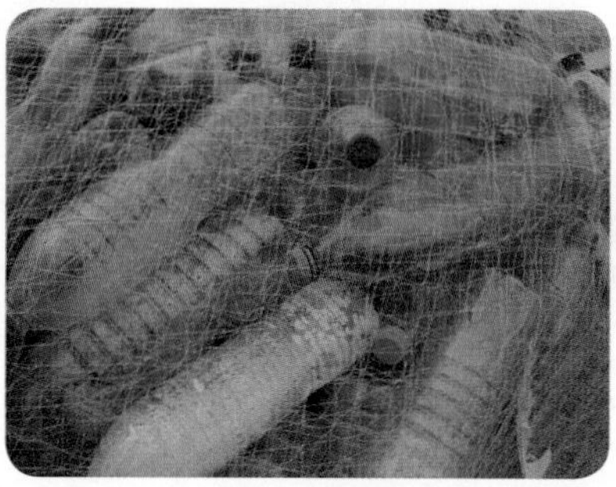

플라스틱 물병

철사로 된 옷걸이

30 흑연 막대기의 사용에서부터 시작된 연필은 현재 사용량은 많이 줄었지만 계속 사용하고 있는 필기도구이다. 연필을 다른 용도로 사용할 수 있는 방법을 가능한 많이 찾아 쓰시오.

- [x] 유창성
- [x] 융통성
- [ ] 독창성
- [ ] 정교성

31 어떤 초자연적인 현상에 의해 조선시대로부터 선비 한 명이 내 방에 나타났다. 당분간 선비는 자신이 살던 조선시대로 돌아갈 수 없다. 불편하지 않게 살아가도록 선비에게 알려주어야 할 3가지가 있다면 그것이 무엇일까? 그 이유도 함께 서술하시오.

- [x] 유창성
- [ ] 융통성
- [x] 독창성
- [ ] 정교성

32 빨대는 편리한 사용을 위해 구부려진 형태와 숟가락 형태가 개발되었다. 이와 같이 모양을 바꿔서 더 편리하게 쓸 수 있는 물건을 쓰고, 어떻게 바꾸는 것이 좋을지 그림을 그려 설명하시오.

- ○ 유창성
- ✔ 융통성
- ○ 독창성
- ○ 정교성

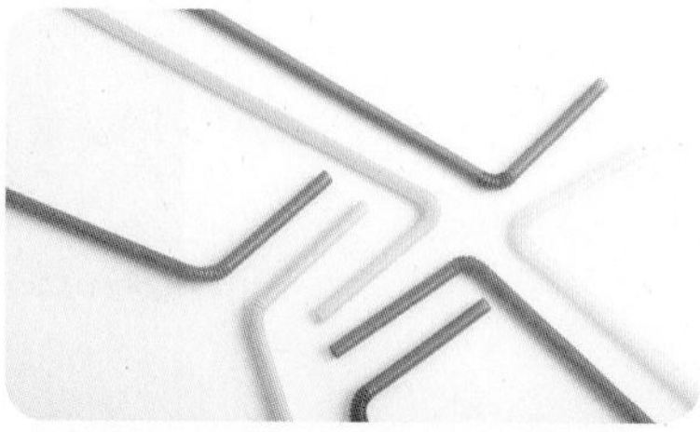

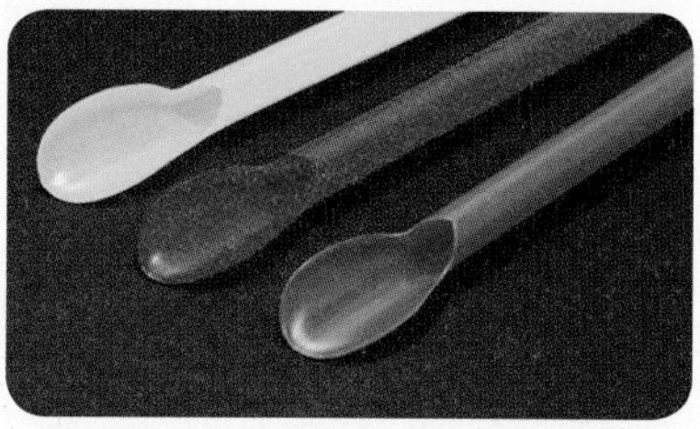

영재교육원 기출 유형

33 세계보건기구(WHO)는 한식을 영양학적으로 적절한 균형을 갖춘 모범식으로 소개했다. 맛과 영양이 우수한 한식의 숨은 가치가 새롭게 인정된 것이다.

내가 가장 좋아하는 한식을 하나 고르고, 그 음식을 세계에 알릴 수 있는 방법을 마인드맵을 이용하여 나타내시오.

- ○ 유창성
- ✔ 융통성
- ○ 독창성
- ✔ 정교성

34 만약 1000만 시민이 살고 있는 서울에 지진이 발생한다면, 시민들을 가장 빠르게 대피시킬 수 있는 방법은 무엇이 있을까?

- ○ 유창성
- ○ 융통성
- ✔ 독창성
- ✔ 정교성

35 학교 교실에 있는 사물함의 불편한 점을 개선하여 새로운 사물함을 만드려고 한다. 불편한 점을 2가지 이상 떠올려보고, 그것을 편리하게 바꿀 수 있는 방법을 서술하시오.

☑ 유창성
☑ 융통성
○ 독창성
○ 정교성

불편한 점	편리하게 바꿀 수 있는 방법

영재교육원 기출

36 '곰' 이라는 글자를 가운데 붉은 선에 대칭하여 만들면 다음 그림과 같다.

- [ ] 유창성
- [x] 융통성
- [ ] 독창성
- [ ] 정교성

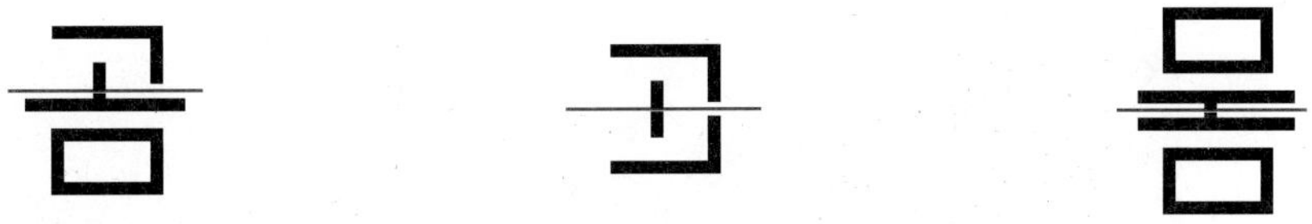

글자 위 아래

이와 같은 방법으로 아래를 대칭하였을 때 나타나는 다음 모양을 보고 이 시를 추측해서 써보시오.

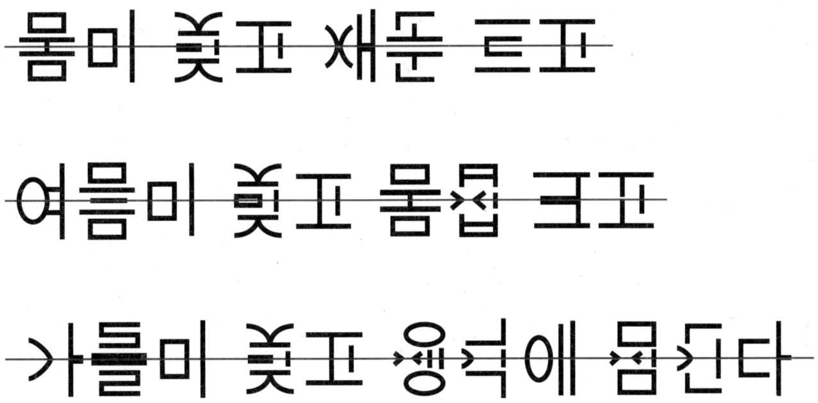

영재교육원 기출

37 책읽기와 등산의 공통점을 5가지 이상 쓰시오.

- ✔ 유창성
- ✔ 융통성
- ○ 독창성
- ○ 정교성

38 무한이는 상상이가 일주일을 다음과 같이 써 놓은 것을 발견했다.

- ○ 유창성
- ○ 융통성
- ✔ 독창성
- ✔ 정교성

금요일 - 목요일 - 수요일 - 월요일 - 일요일 - 토요일 - 화요일

상상이가 일주일을 이렇게 적은 이유는 무엇일까?

39 인류는 끊임없는 발명을 통해 문명을 발달시켜 왔다. 기본적으로 잘 알려진 세계 3대 발명품은 종이, 화약, 나침반이며, 활자와 인쇄 기술을 합쳐 4대 발명품이라고도 한다.

○ 유창성
✔ 융통성
○ 독창성
✔ 정교성

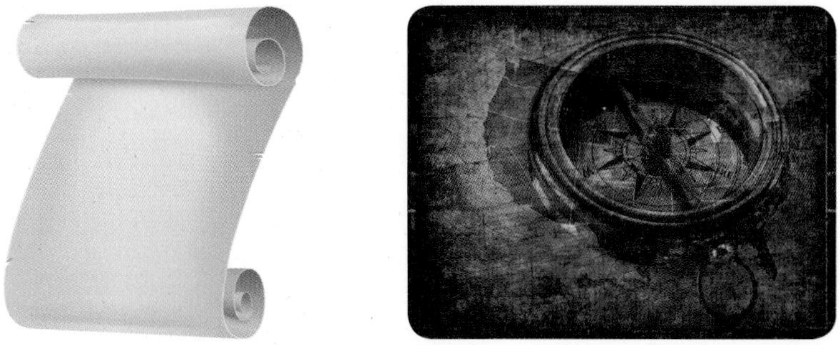

▲ 종이와 나침반

현재 인류가 사용하고 있는 물건이나 제품들 중에서 인류의 생활을 가장 많이 변화시킨 디자인이나 발명품이 뭐라고 생각하는가? 그 이유와 함께 자신의 생각을 적어 보시오.

40 3차 세계 대전이 발생하여 다음 열 명만 살아남았다.

○ 유창성
✔ 융통성
○ 독창성
✔ 정교성

변호사와 그의 아내, 대학 1학년 여대생, 프로축구선수, 소설가, 지성파 여배우, 과학자, 경찰, 목사, 유학생

이들 중 인류의 미래를 위해 과학자가 만든 캡슐에 탈 수 있는 인원은 최대 5명 까지이다. 내가 캡슐에 탈 수 있는 인원을 결정할 수 있는 사람이 되었다면 누구를 뽑겠는가? 그 이유와 함께 서술하시오.

2 언어 / 추리 / 논리

[각 문제 배점 : 5점]

영재교육원 기출 유형

01 다음 <보기>는 '길'을 이용하여 서로 다른 뜻으로 문장을 만든 것이다.

보기

① 큰 길에는 차가 많이 지나다닌다.

② 집으로 가는 길에 서점에 들렀다.

③ 배움의 길은 끝이 없다.

④ 비행기가 하늘에서 길을 잘못 들면 매우 위험하다.

⑤ 말로는 표현할 길이 없다.

⑥ 무한이는 소리를 친 후 그 길로 도망을 갔다.

주어진 단어를 이용하여 <보기>와 같은 문장을 각각 3개씩 만들어 보시오.

(1) 머리

①

②

③

(2) 일

①

②

③

(3) 다리

①

②

③

(4) 쓰다

①

②

③

(5) 타다

①

②

③

02 다음 주어진 단어들은 신체와 관련된 단어들이다. 이 단어들이 <보기>와 같이 신체의 각 부위를 의미하지 않고 다른 의미로 쓰이는 문장을 다양하게 완성해 보시오.

보기

손	① 이사하는 날은 손없는 날로 잡는다.
	② 고등어 한 손을 샀다.
	③ 이 일의 성공과 실패는 내 손에 달려있다.
	④ 일하는 데 손이 모자란다.
귀	① 거울의 한 귀가 깨졌다.
	② 항아리의 귀가 깨졌다.
	③ 바느질을 하려고 바늘 귀에 실을 꿰었다.

(1) 발

(2) 눈

(3) 입

II 영재성 검사
III 창의적 문제해결력
IV 심층 면접

영재교육원 기출 유형

03 하나의 낱말이 여러 가지 의미로 쓰이는 경우가 있다. 그리고 이러한 낱말들은 각각의 쓰임에 따라 반대말도 달라진다. <보기>와 같이 주어진 단어의 반대말을 가능한 많이 제시하시오.

보기

	반대말
뜨다	(배가) 가라앉다
	(해가) 지다
	(눈을) 감다

	반대말
뛰다	(심장이) 멎다
	(운동장을) 걷다
	(물가가) 내리다

(1)

	반대말
차다	

(2)

	반대말
걸다	

(3)

	반대말
싸다	

영재교육원 기출 유형

04 다음 <보기>의 낱말들은 어떤 규칙에 따라 나열되어 있다. 그 규칙을 모두 찾아 쓰고, 빈칸에 알맞은 낱말을 채우시오.

보기

① 배추	-	채소	-	단어	-	문장
② 비행기	-	가방	-	날개	-	손잡이
③ 침대	-	수면	-	비누	-	세면
④ 셔츠	-	옷	-	책상	-	가구
⑤ 안경	-	자전거	-	렌즈	-	바퀴
⑥ 빗자루	-	청소	-	냄비	-	조리
⑦ 지구	-	태양계	-	엽서	-	우편물
⑧ 라디오	-	배	-	스피커	-	돛

⑨ (   ) - (   ) - (   ) - (   )

05 다음 <보기>는 연상되는 단어를 순서대로 나열한 것이다.

보기

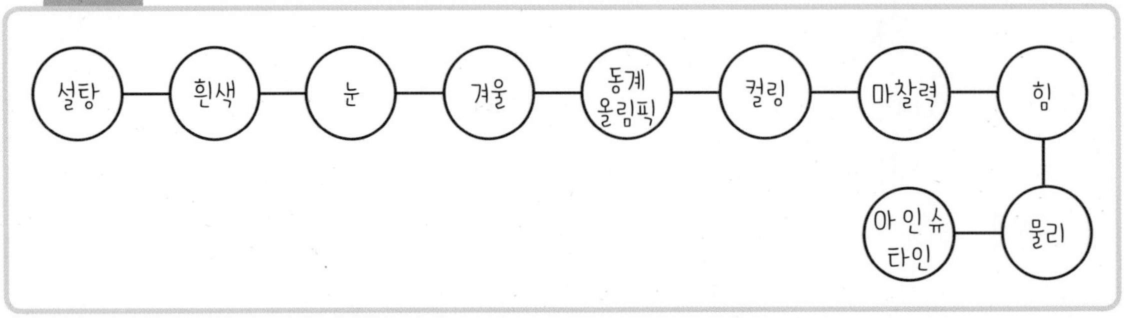

<보기>와 같이 주어진 단어들 사이에 알맞은 단어를 다양하게 넣어 보시오.

영재교육원 기출

06 다음은 어떤 단어의 자음만을 표기한 것이다. 자음을 포함한 단어들을 되도록 많이 만들어 보시오. (단, 순서는 상관없다.)

(1) ㄱ, ㅂ, ㅊ

(2) ㄱ, ㅅ, ㅈ

(3) ㄹ, ㅅ, ㅈ

(4) ㄱ, ㄱ, ㅇ, ㅈ

2 언어 / 추리 / 논리

영재교육원 기출

07 다음 <보기>와 같이 빈칸에 알맞은 말을 넣어 문장을 3개 이상 완성하시오.

보기

돈으로 (침대)는 살 수 있지만, (잠)은 살 수 없다.

돈으로 (　　　　　　)은/는 살 수 있지만, (　　　　　　)은/는 살 수 없다.

돈으로 (　　　　　　)은/는 살 수 있지만, (　　　　　　)은/는 살 수 없다.

돈으로 (　　　　　　)은/는 살 수 있지만, (　　　　　　)은/는 살 수 없다.

돈으로 (　　　　　　)은/는 살 수 있지만, (　　　　　　)은/는 살 수 없다.

영재교육원 기출 유형

08 다음 <보기>의 기호와 예시를 보고, 한 글자, 두 글자, 세 글자, 네 글자로 된 동물 또는 식물의 이름을 기호로 나타내시오.

보기

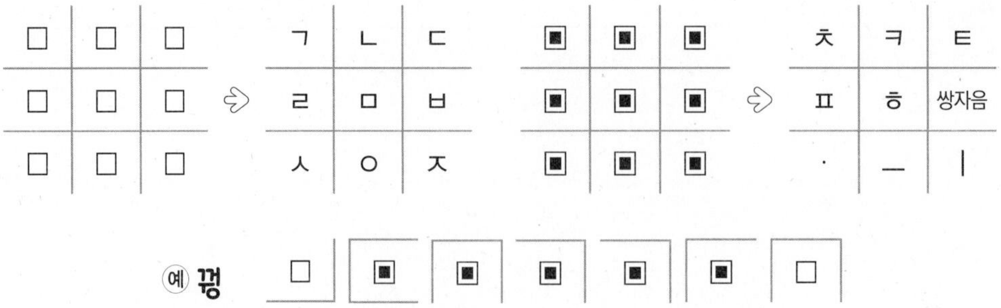

정답 및 해설 / 예시 답안
p.27

영재교육원 기출 유형

09 다음 <보기>와 같이 가운데 점선으로 접었을 때 완전히 겹쳐지는 글자로 이루어진 의미있는 단어를 각각 5개 이상씩 쓰시오.

보기

몸　　후추　　증조모

(1) 1글자로 이루어진 단어

(2) 2글자로 이루어진 단어

(3) 3글자로 이루어진 단어

영재교육원 기출 유형

10 다음 <보기>의 문장 속의 '꼼수'의 의미를 쓰고, 이 단어를 적절하게 이용하여 다른 문장을 만드시오.

보기

6학년이 된 상상이는 이제 알 만큼 알아서 그런 꼼수와 공갈에 넘어가지 않는다.

11 다음 그림과 같이 개구리가 어떤 말을 하니 뱀이 개구리를 잡아먹지 않고 그냥 지나쳤다. 만화 속 말풍선에 들어갈 말을 다양하게 써 보시오.

12 다음 그림은 인터넷 악플을 방지하기 위한 공익광고이다. 이와 같이 공익광고란 일반적인 상품 광고와는 달리 공공의 이익을 위해 제작되는 광고로 모든 사람이 알기 쉽고 설득력 있게 호소하는 것이다.

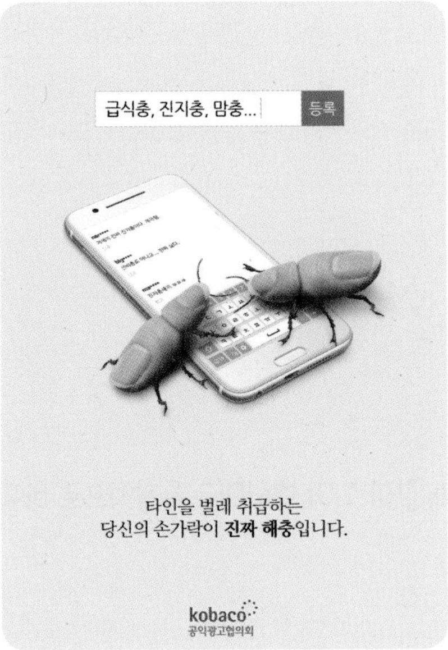

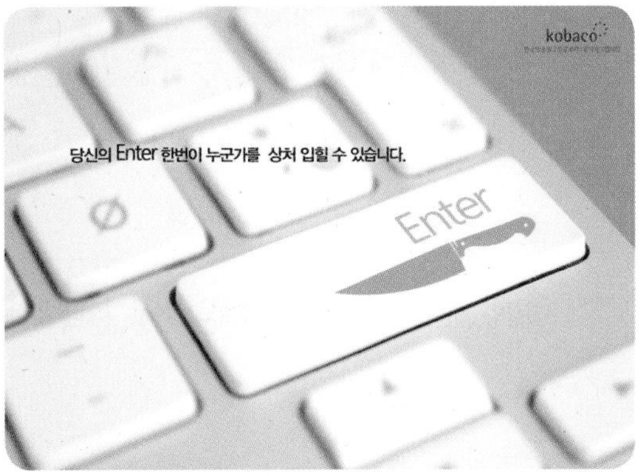

환경 오염의 심각성을 알리고, 환경 보호를 호소하는 공익 광고 문구를 만들어 보시오. (단, 20자 내외의 한 문장으로 완성한다.)

13 다음 <보기>는 한 개그맨이 격언을 자기 방식으로 바꾼 것이다.

보기

- 시작이 반이다. ⇨ 시작은 시작일 뿐이다.
- 늦었다고 생각할 때가 가장 빠를 때이다. ⇨ 늦었다고 생각할 때는 늦은 것이다.
- 피할 수 없으면 즐겨라. ⇨ 즐길 수 없으면 피하라.
- 고생 끝에 낙이 온다. ⇨ 고생 끝에 골병난다.
- 가는 말이 고와야 오는 말이 곱다. ⇨ 가는 말이 고우면 얕본다.

아래 제시된 격언 중 원하는 것을 선택하여 <보기>와 같이 자기 방식대로 독창적으로 바꿔 보시오.

① 노력은 절대 배신하지 않는다.

② 하면 된다.

③ 간절히 원하면 이루어진다.

④ 미운 놈 떡 하나 더 준다.

⑤ 백지장도 맞들면 낫다.

⑥ 세월이 약이다.

⑦ 아니 땐 굴뚝에 연기 날까

⑧ 오르지 못할 나무 쳐다보지도 말라

⑨ 우물을 파도 한 우물을 파라.

14 다음은 실제 학교 교실에 걸려있는 급훈이다.

- 오늘 흘린 침은 내일 흘릴 눈물
- 여기 말고 칠판 봐라
- 옆반 정복
- 나도 쓸모가 있을껄
- No Pain No Gain(고통 없이는 얻는 게 없다.)
- 학급 생활을 명랑하고, 박력있게, 즐겁게

우리 반 급훈을 15자 내외의 한 문장으로 다양하게 만들어 보시오.

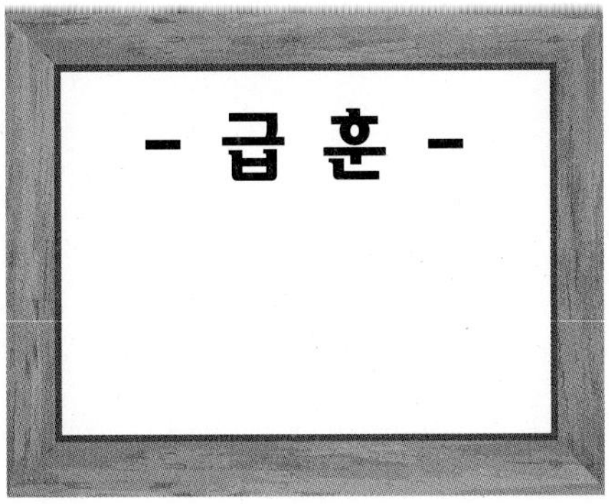

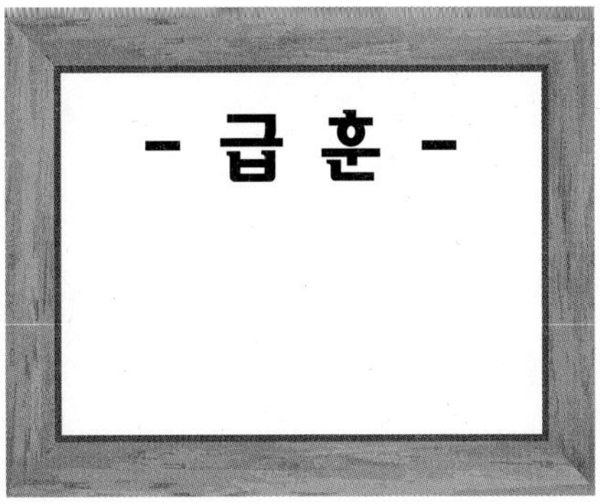

영재교육원 기출

15 다음 <보기>에 제시된 7개의 단어들을 보고 물음에 답하시오.

보기

구름	우유	시계	섬	햇살	친구	연필

(1) 7개의 단어들 중 몇 개를 묶고, 공통적으로 생각나는 느낌을 1 ~ 3개의 단어로 쓰시오.

(2) 7개의 단어가 모두 들어가도록 시를 써 보시오.

영재교육원 기출

16 '비행기가 하루 동안 날지 않는다면'을 주제로 글을 쓰려고 한다. '단풍잎'과 '시험'이라는 단어를 포함하여 글을 완성하시오.

서울대 영재교육원 기출

17 다음 중 밑줄 친 문장의 참, 거짓을 말하고, 그 이유를 설명하시오.

(1) 어떤 한국인들은 등산하기를 좋아한다.

상상이는 등산을 좋아하지 않는다.

<u>상상이는 한국인이 아니다.</u>

(2) 무한이는 학교에 있거나 집에 있다.

그는 지금 집에 없다.

<u>그는 학교에 있을 것이다.</u>

(3) IQ가 높은 어떤 사람은 성공한다.

IQ가 높은 사람은 발전 가능성이 크다.

<u>성공하는 사람은 모두 발전 가능성이 크다.</u>

(4) 뉴스를 좋아하는 사람은 토론을 좋아한다.

토론을 좋아하는 사람은 역사도 좋아한다.

<u>따라서 역사를 좋아하지 않으면 뉴스도 좋아하지 않는다.</u>

18 색각 이상(색맹) 이란 망막의 세포 이상으로 색깔을 정상적으로 구분하지 못하는 것을 말한다.

정상

초록색을 구분하지 못하는 경우

파란색을 구분하지 못하는 경우

빨간색을 구분하지 못하는 경우

파란색을 구분하지 못하는 사람에게 파란색을 설명하는 문장을 다양하게 완성하시오.

19 다음 기사를 읽고 물음에 답하시오.

서울시는 자살을 방지하기 위해 만든 마포대교의 '생명의 다리'를 철거하기로 했다.

'생명의 다리' 란 마포대교 1.9km 구간에 "같이 걸어요", "많이 힘들구나", "힘든 일들 모두 지나가는 바람이라 생각해 보면 어떨까?", "이그,, 나이 들어봐 젊었을 때 고민 같은거 암 것도 아니야" 등의 위로 문구가 부착된 난간으로 되어 있으며, 센서가 장착돼 가까이 다가가면 불이 들어오게 되어 있다.

하지만 오히려 마포대교 '생명의 다리'가 설치되기 이전보다 더 자살 시도 횟수가 증가해 '역효과 논란'을 불러왔다.

- 2000. 00. 00

(1) '생명의 다리'를 설치한 후 자살 시도 횟수가 증가한 이유는 무엇일까?

(2) 자살을 방지하기 위한 창의적인 슬로건(문구)을 만들어 보시오.

20 다음 글은 영화 'the box' 의 일부이다.

어느 날, 당신 앞에 작은 상자가 배달되며, 동시에 한 남자가 나타나 당신에게 묻습니다.

"당신은 상자 안의 버튼을 누르기만 하면 백만 달러(약 10 ~ 11억)를 받을 수 있습니다. 하지만 당신이 모르는 누군가가 죽게 됩니다."

당신은 버튼을 누르시겠습니까?

이러한 상황이라면 자신은 어떤 결정을 내릴 것인지 의견을 말하고, 그 이유를 쓰시오.

영재교육원 기출 유형

21 다음 기사를 읽고 휴일 근무 시 벌금을 부과하는 것이 옳은 지 옳지 않은 지 자신의 입장을 밝히고 그 이유를 서술하시오.

휴일에 바게트 만든 죄?…프랑스서 벌금 부과 논란

프랑스의 한 빵집이 휴일에도 바게트를 만들다 부과된 약 400만원의 벌금 납부를 거부해 사회적으로 논란이 되고 있다.

15일(현지시간) 가디언과 BBC 방송 등에 따르면 프랑스 북동부 뤼지니-쉬르-바스시(市)에서 유일한 빵집을 운영하는 세드리크 베브(41)는 지난해 여름 관광객들을 위해 매일 가게를 열었다.

하지만 휴일에도 쉬지 않고 영업을 한 것은 노동 규정 위반에 해당됐다. 뤼지니-쉬르-바스시가 속해있는 오브주(州)는 빵집이 일주일에 하루는 문을 닫도록 규제하고 있다.

이에 따라 베브의 빵집에는 3000유로(약 394만원)의 벌금이 부과됐다.

22 외래어란 외국에서 들어와 국어처럼 쓰이는 어휘를 말한다. 인터넷, 피자, 버스, 컴퓨터, 커피 등이 외래어에 속한다.

'국립국어원'에서는 무분별한 외래어 사용을 막고 우리말의 아름다움을 알리기 위해 정기적으로 외래어를 다음 <보기>와 같이 순화하는 작업을 하고 있다.

보기

- 브이오디서비스 ⇨ 다시보기, 주문형 비디오
- 게스트 ⇨ 손님
- 밸런스 ⇨ 균형
- 캠프파이어 ⇨ 모닥불 놀이
- 캠핑 ⇨ 야영
- 헬멧 ⇨ 안전모
- 퀵서비스 ⇨ 늘찬배달

그렇지만 외래어를 모두 우리말로 고쳐야 한다는 의견과 모두 우리말로 고칠 필요는 없다는 의견이 있다. 외래어를 모두 우리말로 고쳐야 하는지, 모두 우리말로 고칠 필요는 없는 지에 대한 자신의 의견을 말하고, 그 이유를 쓰시오.

23 다음 기사를 읽고 '맞춤형 아기'를 찬성하는지 반대하는지 선택하고, 그 이유를 300자 내외로 쓰시오.

『영화처럼 불량 유전자 제거...'맞춤형 아기' 생명 윤리 논란』

영화에서나 보던 인간 유전자 치료기술이 선보이면서 유전자 가위로 불량유전자를 교정할 수 있는 길이 열렸다. 과학자들이 인간배아에서 유전병을 일으키는 돌연변이 유전자만 골라 제거하는 데 성공한 것이다.

과학계는 부모의 돌연변이 유전병을 수정란 단계에서 원천차단해 대물림을 막게 됐다는 평가를 하고 있다.

하지만 이론상 이 기술로 부모가 원하는 형질을 가진 '맞춤형 아기'를 만들 가능성도 있어 생명윤리 논란이 불거질 수 있다.

- 2000. 00. 00

영재교육원 기출 유형

24 다음은 무한이와 상상이가 UFO에 대하여 대화하고 있는 것이다.

무한 : UFO는 정말 멋진 것 같아!

상상 : UFO를 본 적 있어?

무한 : 아니, 본 적은 없지만 UFO는 반드시 있어.

상상 : 본 적도 없는 UFO 가 있다고 어떻게 증명할 수 있어?

무한 : 그럼 없다고 증명할 수 있어?

상상 : …

무한 : 그것봐! 그러니까 당연히 있는 거지.

무한이의 주장은 옳은가? 잘못된 것인가? 이유를 들어 설명하시오.

25 다음 글은 '어리석은 남자와 소금' 이라는 인도 우화이다.

옛날 옛적에 한 남자가 있었다. 어느 날, 어떤 사람의 집에 찾아가 함께 식사를 하게 되었는데 음식이 싱거웠다. 싱겁다고 불평을 하자 주인이 소금을 뿌려 주었고, 금방 음식 맛이 좋아졌다. 소금 맛을 알게 된 어리석은 남자는 '소금을 조금 넣었는데도 이렇게 맛이 있으니 많이 넣으면 더 맛있을 거야.' 라고 생각하였다. 남자는 소금을 욕심껏 많이 넣어 음식을 계속 먹게 되었고, 결국 입맛도 잃어 버리고 병도 얻게 되었다.

이 이야기의 교훈을 한 문장으로 나타내시오.

26 다음 글을 읽고 글쓴이가 의도한 주제를 한 문장으로 나타내시오.

열매를 맺지도 않으면서, 새들과 매미들의 보금자리 역할만을 하는 나무 한 그루가 한 농부의 밭에 서 있었다.

그 나무가 쓸모없다고 생각한 농부는 나무를 베기 위해 도끼를 들고 가서 나무를 내리쳤다. 매미와 참새들은 그들의 보금자리인 나무를 베지 않고 놔둔다면 노래도 불러주고 그들의 장기인 음악으로 농부를 즐겁게 해줄 것이라고 말하였다.

하지만 농부는 그들의 말에 귀를 기울이지 않고 도끼로 나무를 내리치기를 계속 하였다. 나무의 움푹 팬 곳까지 잘라 들어가자 거기에 꿀이 가득 든 벌집을 발견하였다. 벌집의 꿀을 맛본 농부는 나무 베는 것을 중단하고 나무를 소중하게 여기며 정성껏 돌보았다.

27 다음 이야기 내용에 알맞은 제목을 짓고, 제목을 정한 이유를 설명하시오.

사슴은 연못을 들여다보다가 물에 비친 자신의 모습을 들여다보았다. 자신의 장엄한 뿔은 아름답기 그지없는 반면에 앙상한 두 다리는 너무나 초라했다. 뿔이 자랑스러운 만큼 다리가 더없이 수치스럽게 느껴졌다. 어느 날 늦은 오후 풀이 무성한 숲에서 사슴이 풀을 뜯어 먹고 있는데 사자가 공격했다. 날렵한 다리로 도망을 가면서 사슴은 다리에 감사함을 느꼈다. 그러나 울창한 숲에서 뿔에 걸려 그만 사자에게 잡아먹히고 말았다.

영재교육원 기출 유형

28 다음 제시어를 모두 사용하여 주제어와 관련 있는 기사를 300자 내외로 쓰고, 기사의 제목을 붙이시오.

주제어 : 바다 쓰레기

제시어 : 이불, 사진, 황금, 알

29 다음 글을 읽고 유관순 열사에 대하여 느낀점을 100자 내외로 쓰시오.

유관순은 1919년 3.1운동이 일어나자 이화 학교 고등과 1년생으로 만세 시위에 참여하였다.

1919년 4월 1일 아우내 장터에서 독립 만세를 선창하며 격렬한 독립운동을 하였다. 이때 일본 헌병에 의해서 아버지와 어머니가 눈앞에서 피살당했으며, 유관순은 독립운동의 주모자로 잡혔다. 공주지방법원에서 징역 3년형을 선도받았으나 이에 불복, 항소하여 경성복심법원에서 재판을 받을 때 독립 만세를 고창하며 일제의 한국침략을 규탄, 항의하고, 일제법률에 따라 일제 법관에게 재판받음의 부당함을 역설하다가 법정모욕죄까지 가산되어 징역 7년형을 선고받았다.

서대문형무소에서 복역 중에도 틈만 있으면 독립 만세를 고창하였고, 그때마다 형무관에게 끌려가 모진 고문을 받았다. 불굴의 투혼으로 계속 옥중항쟁을 전개하다가 1920년 17세의 나이로 끝내 서대문형무소에서 옥사하였다.

영재교육원 기출

30 다음 속담 3개가 들어가는 재미있는 이야기를 만들어 보시오.

① 아 다르고 어 다르다.

② 꼬리가 길면 밟힌다.

③ 고래 싸움에 새우등 터진다.

영재교육원 기출 유형

31 A ~ E 다섯 사람은 5층 아파트의 각 층에 살고 있다. 다음 대화를 이용하여 각 층에 누가 살고 있는지 구하시오.

A : 나는 5층에 살지 않습니다.

B : 나는 1층과 5층에 살지 않습니다.

C : 나는 B보다 낮은 층에 살고 있지만 1층에 살지는 않습니다.

D : 나는 C와 서로 위아래층에 살고 있지 않습니다.

E : 나는 D의 바로 위층에 살고 있습니다.

정답 및 해설 / 예시 답안
p.35

32 다음 조건을 읽고 가장 앞에 있는 첫 번째 버스의 목적지를 쓰시오.

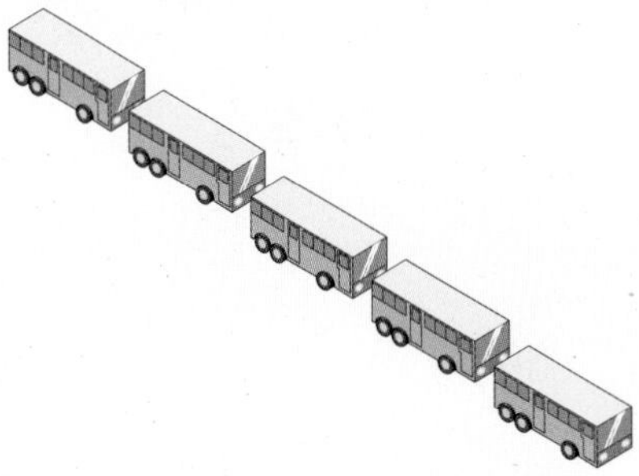

버스 터미널에 버스 5대가 일렬로 서 있다.

이 중 부산행 버스가 2대, 광주행 버스가 3대가 있으며, 버스 운전자들은 자신이 어디로 가야하는 지 모르는 상태이다.

버스의 목적지는 각 버스의 뒤에 붙어 있으므로 버스 뒤쪽 운전자들만 이를 볼 수 있다.

이 상황에서 세 번째 버스 운전자에게 물었을 때 자신의 목적지를 '목적지를 알 수 없다'고 답하였고, 그 말을 들은 두 번째 버스 운전자도 '나도 알 수 없다'고 대답하였다.

이때 두 운전자의 말을 들은 첫 번째 버스 운전자는 자신의 목적지로 출발하였다.

영재교육원 기출 유형

33 다음 <보기>와 같이 여자 아이들 지현, 소영, 태희와 남자 아이들 민호, 상우, 지훈이가 서로 선물을 교환하기로 하였다. 각자 선물을 한 개씩 준비해와서 모든 사람이 이성에게 선물을 주고 또 받았다. 하지만 한 사람도 받은 사람에게 주거나, 준 사람에게 받지는 않았다.

보기

① 지현이가 선물을 준 사람은 소영이에게 선물을 주었다.

② 지훈이가 선물을 준 사람은 상우에게 선물을 주었다.

③ 민호와 태희는 서로 선물을 주지도 받지도 않았다.

이때 소영이가 선물을 준 사람은 누구인가?

34 A ~ D 네 사람은 여행을 가면 항상 방명록을 남긴다. 이때 A와 B는 항상 방명록에 거짓으로 글을 남기고, C와 D는 항상 참으로 글을 남긴다. 어느 박물관에 다음 <보기>와 같은 글이 적혀 있었다면, 실제로 이 박물관을 방문해서 방명록을 쓴 사람은 누구인가?

보기

"여기에 C가 다녀가지 않음"

35 가정집을 털었던 도둑으로 추정되는 A, B, C, D 4명의 용의자가 잡혔다. 그들은 서로 아는 사이였는데, <보기>와 같이 서로가 다른 진술을 했다. 이 중에 '참을 말한 사람이 단 한명이라고 할 때, 도둑은 누구인가? (단, 넷 중 한 명은 도둑이다.)

보기

A : 우리 가운데 도둑은 없다.

B : C가 도둑이다.

C : 나는 도둑이 아니다.

D : A는 도둑이 아닌게 확실하다.

① A ② B ③ C ④ D ⑤ 알 수 없다.

영재교육원 기출 유형

36 5명의 여학생 A ~ E 가 있다. 이들의 부모님은 사과, 키위, 딸기, 감, 포도 중 한 가지 과일만을 판매한다. 다음 조건을 이용하여 포도를 판매하는 부모님의 딸이 가장 좋아하는 과일을 쓰시오.

① 여학생들은 서로 다른 과일을 가장 좋아한다.
② A ~ E 여학생들은 모두 자신의 부모님들이 판매하는 과일을 가장 좋아하지는 않는다.
③ A는 딸기, B는 감, E 는 키위를 가장 좋아한다.
④ 키위를 판매하는 부모님의 딸인 C 는 포도를 가장 좋아한다.
⑤ D의 부모님은 딸기를 판매하고 있다.
⑥ 사과를 판매하는 부모님의 딸이 가장 좋아하는 과일은 E의 부모님이 판매하는 과일이다.

영재교육원 기출 유형

37 수련회에 온 남학생 세 명(철수, 성재, 현도)과 여학생 두 명(소희, 서연)은 숙소 1층에 방을 배정받게 되었다. 이들이 다음 규칙에 따라 방을 배정받았을 때, 102호를 배정 받는 사람은?

① 101호 ~ 105호가 일렬로 있으며, 1인당 하나의 방을 배정 받는다.
② 소희와 현도의 방은 이웃할 수 없다.
③ 소희와 성재의 방은 이웃해야 한다.
④ 남학생 3명이 연속으로 이웃할 수 없다.
⑤ 현도의 방은 103호이고, 철수의 방은 105호는 아니다.

영재교육원 기출 유형

38 분식집의 원형 테이블에 A ~ F 가 앉아있다. <보기>를 읽고 만두를 주문한 사람을 찾으시오.

보기

ㄱ. 6명은 서로 다른 음식을 주문하였다.
ㄴ. A 옆에는 B가 앉아 있다.
ㄷ. C 옆에 있는 친구의 정면에는 A가 앉아 있다.
ㄹ. C와 마주 보고 앉은 학생은 오므라이스을 주문하였다.
ㅁ. D와 마주 보고 앉은 사람은 E 이다.
ㅂ. D와 F 사이에는 순대를 주문한 사람이 앉아 있다.
ㅅ. F 는 김밥이나 떡볶이를 주문하지 않았다.
ㅇ. E는 김밥을 주문하였고, D는 돈가스를 주문하였다.

39 한 개 층에 1인실과 2인실이 각각 하나씩 있는 5층 호텔이 있다. A ~ I 까지 9명이 다음 <보기>와 같이 투숙하고 있다.

보기

ㄱ. B, E, G, H는 1인용 객실에 투숙하고 있다.
ㄴ. 2층 2인용 객실과 3층 1인용 객실에만 투숙객이 없다.
ㄷ. A와 C는 부부로 같은 객실에 투숙하고 있으며, 이들은 E보다 두 층 아래에 투숙하고 있다.
ㄹ. G와 I는 같은 층에 투숙하고 있으며, 이들이 투숙하고 있는 층은 H 보다 한 층 아래이다.

4층 1인실에 투숙하는 사람은 누구인가?

40 무한이와 상상이는 학교의 개교기념일에 대해 이야기 하고 있다. 무한이는 개교기념일의 달(月)만 알고, 상상이는 날(日)만 알고 있다. 다음에 적혀 있는 일자 중 하나가 개교기념일일 때, 적혀 있는 일자를 보고 <보기>의 내용처럼 무한이와 상상이가 대화를 나누었다면 학교의 개교기념일은 언제인가?

3월 15일, 3월 16일, 3월 19일
4월 17일, 4월 18일
5월 14일, 5월 16일
6월 14일, 6월 15일, 6월 17일

보기

무한 : 개교기념일이 언제인지 모르겠어. 너도 언제인지 정확하게 알지 못한다는 것을 나도 알아.

상상 : 그래 맞아. 처음에는 개교기념일이 언제인지 몰랐지만 이제는 알겠어.

무한 : 그래? 그렇다면 나도 언제인지 알겠다.

3 수리논리

[각 문제 배점 : 5점]

영재교육원 기출 유형

01 어느 달의 일요일 중 3번의 날짜가 짝수이면, 이 달의 13일은 무슨 요일일까?

영재교육원 기출 유형

02 무한이와 상상이는 12시 이후 시침과 분침 사이의 각도가 132° 가 될 때 만나기로 하였다. 무한이와 상상이가 만나는 시간은 몇 시인가?

03 480페이지 소설을 첫째 날에 $\frac{1}{4}$, 둘째 날에 나머지의 $\frac{1}{4}$, 셋째 날에 110페이지, 넷째 날에는 나머지의 반보다 10페이지 더 읽고, 다섯째 날에 소설을 모두 읽었다. 마지막 날에 읽은 것은 몇 페이지 인가?

04 올해 할아버지의 나이는 무한이의 4배이고, 상상이의 3배이다. 상상이와 무한이의 나이 차이가 6살일 때, 할아버지의 나이는 몇 살인가?

05 벽돌을 모두 옮기는데 상상이 혼자서는 20분이 걸리고, 무한이 혼자서는 25분이 걸린다. 상상이와 무한이 두 명이 함께 일을 하면 각자 할 때보다 매분 20개의 벽돌을 더 옮길 수 있다. 둘이 함께 일을 하여 벽돌을 모두 옮기는 데 10분이 걸렸다면, 옮긴 벽돌의 총 개수는 몇 개인가?

영재교육원 기출 유형

06 토스트를 구울 때, 앞면을 굽는 데는 3분이 걸리고, 뒷면을 굽는 데는 2분이 걸리는 토스트기가 있다. 이러한 토스트기 3대를 이용하여 토스트 5장을 구울 때 필요한 최소한의 시간은 얼마인가?

3 수리논리

영재교육원 기출 유형

07 다음 표에서 가로, 세로, 대각선에 놓여진 다섯 개의 수의 합은 모두 55이다. A + B + C 를 구하시오. (단, 같은 수를 여러 번 사용하여도 된다.)

14	A	17	1	
4		18	15	2
15	B	11		
		4	C	22
	9	5	27	8

영재교육원 기출 유형

08 다음 표 안에 있는 기호는 어떤 숫자를 나타낸다. 표 오른쪽과 아래쪽에 있는 수는 그 줄에 있는 기호가 나타내는 수들의 합이다. 다음 중 ㉠에 알맞은 수는 얼마인가?

▲	♥	♥	◇	13
◇	▲	□	♥	15
□	◇	▲	▲	11
□	◇	♥	♥	19
17	10	㉠	13	

정답 및 해설 / 예시 답안
p.42

09 다음 <보기>에 주어진 숫자와 조건을 이용하여 빈칸을 모두 채운 후, ㉠ 과 ㉡의 합을 구하시오.

보기

2자리 수 : 35, 63

3자리 수 : 102, 234, 245, 251, 253, 336, 374, 432, 459, 563, 653, 775, 882, 895

조건 : 주어진 수는 | 1 | 2 | 3 | 또는 | 1 / 2 / 3 | 과 같이 왼쪽부터 오른쪽, 위로부터 아래로만 사용할 수 있다.

영재교육원 기출 유형

10 크고 작은 두 팔각형의 각 꼭지점 위에 있는 ◯ 안에 다음 <보기>의 조건을 만족하도록 1 ~ 16까지의 수를 써 넣으시오.

보기

① 바깥 팔각형 꼭지점 위에 쓰인 8개의 수의 합과 안쪽 팔각형 꼭지점 위에 쓰인 8개의 수의 합이 같다.

② 4개의 대각선 위에 있는 수들의 합이 서로 같다.

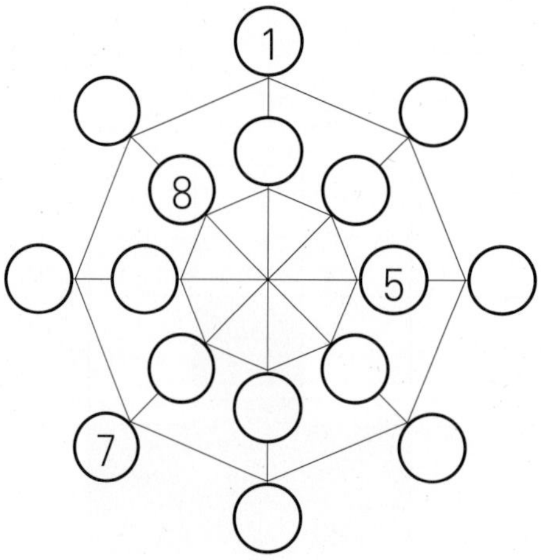

영재교육원 기출 유형

11 일정한 규칙에 의해 다음 그림과 같이 도형 속에 일정한 수가 나열되어 있다. ㉠에 들어갈 수는?

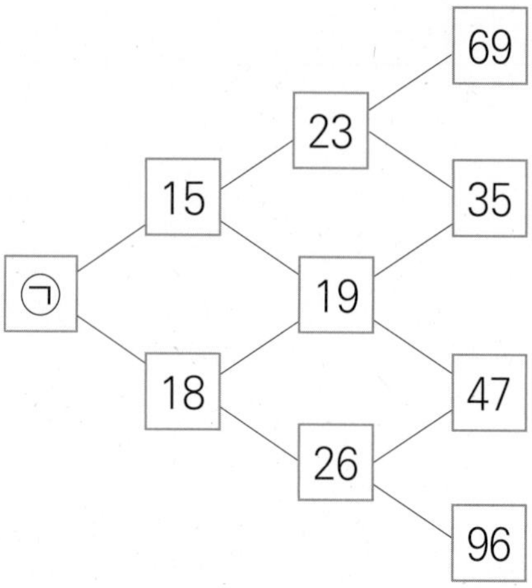

정답 및 해설 / 예시 답안 p.44

영재교육원 기출 유형

12 다음 <보기>는 모두 같은 규칙에 의해서 배열된 것이다. 규칙을 찾아서 아래 표의 빈칸에 알맞은 수를 써 넣으시오.

보기

1	4
4	33

7	10
28	27

10	13
40	24

2	

	9

	23

13 다음 <보기>의 3가지 예는 모두 같은 규칙에 의해서 각각 배열된 것이다. 규칙을 찾아서 A, B, C 에 알맞은 수를 써 넣으시오.

보기

9		6
	50	
4		1

8		3
	14	
5		2

6		7
	27	
5		3

7		6
	A	
3		2

2		B
	7	
1		3

8		4
	36	
C		3

영재교육원 기출 유형

14 다음 그림의 화살표가 그려져 있지 않은 빈칸의 일부에는 별이 그려져 있다. 각 변에 있는 숫자는 가로줄 또는 세로줄에 그려져 있는 별의 개수를 나타낸 것이고, 화살표 방향으로는 별이 최소한 1개 이상 그려져 있을 때, 별을 조건에 맞게 그리시오.

		←	↓		2
↓				←	1
		↘	←		1
	↗			↑	1
		↑	↖		1
1	2	1	1	1	

영재교육원 기출 유형

15 그림 (가)는 일정한 규칙에 의해 그림 (나)로 바뀌었다. 빈칸을 모두 채우시오.

1	11	2	10
15	5	14	6
13	7	16	9
12	3	4	8

(가)

⇨

15	1		
5	11	6	10
12	13	4	
3	7	8	

(나)

영재교육원 기출 유형

16

1 ~ 9 까지의 숫자를 이용하여 다음 <보기>의 조건에 만족하도록 빈칸을 채우려고 한다. ㉠ + ㉡ 을 구하시오. (단, 숫자는 한 번씩만 사용한다.)

보기

① 이웃하는 두 숫자의 차이는 1이 아니다.

② 2와 3 사이의 숫자를 모두 더하면 36이다.

③ 1과 3 사이의 숫자를 모두 더하면 22이다.

④ 6과 8사이에는 2개의 숫자가 있다.

	2		㉠		6		㉡	

영재교육원 기출 유형

17

다음 <보기>의 조건을 만족시키는 7자리 수 중에서 가장 큰 수를 빈칸에 쓰시오.

보기

① 각 칸에 들어가는 숫자는 모두 한 자리 숫자이며, 같은 수를 두 번 이상 쓸 수 없다.

② 각 칸에 들어가는 숫자 중 가장 큰 숫자가 맨 앞 숫자이다.

③ 7자리의 숫자 중 가운데 숫자는 5이다.

④ 가운데 숫자와 그 오른쪽 숫자의 합은 첫 번째 숫자와 같다.

⑤ 두 번째와 세 번째 숫자의 합은 여섯 번째 숫자와 같다.

⑥ 마지막 숫자는 여섯 번째 숫자의 2배이다.

3 수리논리

영재교육원 기출

18 다음 <보기>와 같은 규칙으로 수 바꾸기를 한다.

보기

① 처음 수와 끝 수를 정한다.

② ← 는 앞의 수의 일의 자리 숫자를 지운다.

③ ↑는 앞의 수를 2배 한다.

④ ← 또는 ↑ 를 써서 처음 수를 끝 수로 바꾼다.

<보기>의 규칙대로 처음 수 '65'를 ← 또는 ↑ 를 사용하여 끝 수 '2' 로 바꾸는 과정은 다음과 같다.

65 ← [6] ↑ [12] ↑ [24] ← 2

<보기>의 규칙을 이용하여 처음 수를 '454' 로 하여 끝 수를 '14' 로 수 바꾸기를 해 보시오.

영재교육원 기출 유형

19 □△가 숫자일 때, 숫자 41587□△0 이 <보기>의 조건을 만족한다면, □, △에 들어갈 가능한 수를 모두 찾아 쓰시오.

보기

① 8의 배수이다.

② 각 자리 숫자들의 합은 9의 배수이다.

20 1 ~ 9까지 적힌 카드가 들어있는 상자 A와 B가 있다. 무한이는 상자 A에서, 상상이는 상자 B에서 각각 카드 4장씩을 꺼냈다. 이때 두 사람이 꺼낸 카드에 적힌 수의 곱은 서로 같고, 그 수는 50보다는 작았으며, 상상이가 꺼낸 카드에 적힌 수의 합은 무한이가 꺼낸 카드에 적힌 수의 합보다 작았다. 두 사람이 꺼낸 4장의 카드에 적힌 수를 각각 쓰시오.

영재교육원 기출

21 +, −, ×, ÷ 와 (　　　) 를 사용하여 등식이 성립하는 경우 5가지를 만드시오. (단, 숫자의 순서는 바뀔 수 없으며, 숫자 사이에는 반드시 연산 기호가 들어가야 한다.)

4	3	2	1	2	3	4	=	16

22 다음 나열된 수들의 규칙을 찾아보고, 빈칸에 알맞은 숫자를 쓰시오.

(1) 3 − 5 − 11 − 23 − 43 − 73 − (　　　　)

(2) 1 − 32 − 2 − 16 − 4 − 8 − 8 − (　　　　)

영재교육원 기출

23 다음 나열된 수들의 규칙을 찾고, 30번째에 나올 숫자를 쓰시오.

12123212343212345432 …

24 주어진 네 가지 수식에서 규칙을 각각 찾고 물음에 각각 답하시오.

4 ☆ 2 = 26

9 ☆ 5 = 414

8 ☆ 7 = 115

6 ☆ 3 = 39

(1) 5 ☆ 2 =

2 ◎ 3 = 9

3 ◎ 4 = 18

6 ◎ 2 = 13

4 ◎ 5 = 30

(2) 5 ◎ 6 =

영재교육원 기출

25 다음 빈칸에 1 ~ 9까지의 숫자를 한 개씩 넣어 식이 성립하는 경우를 3가지 만드시오. (단, 분수 부분은 분모가 분자보다 큰 진분수가 되어야 한다.)

$$\square\,0\,\frac{\square\square}{\square\square} + \square\square\,\frac{\square}{\square} = 100$$

26 다음 곱셈식에서 빈칸을 다 채워 계산을 완료하였을 때, A에 들어갈 숫자를 구하시오.

		□	□	1
	×		□	□
	□	□	□	5
□	□	□	4	
2	3	A	4	5

27 무한이와 상상이가 책상에 마주앉아 두 자리 숫자의 덧셈을 계산하였다. 그런데 계산 결과가 오른쪽 그림과 같이 무한이는 87, 상상이는 150이 나왔다. 만약 두 사람이 모두 바르게 계산했다면 네모 안에 알맞은 숫자를 쓰시오.

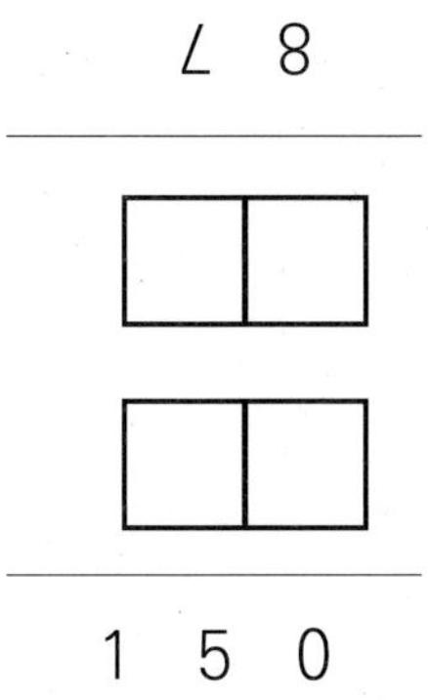

영재교육원 기출

28 다음은 5자리 숫자를 2자리 숫자로 나누고 있는 과정을 나타낸 것으로 몫은 세 자릿수, 나머지는 90이 되었다.

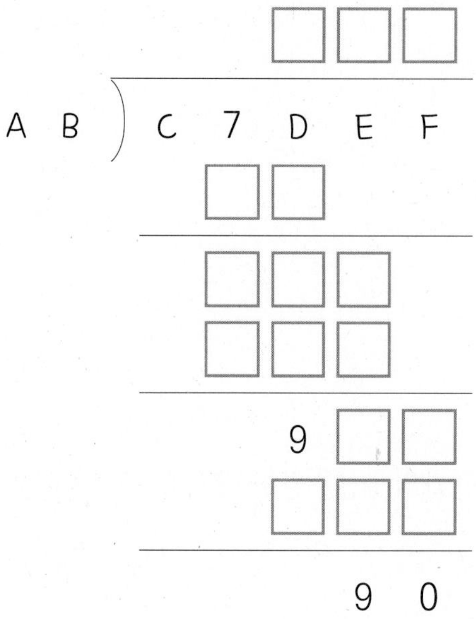

다음 <보기>의 조건에 맞는 A + B + C + D + E + F 의 최대값을 쓰시오.

보기

① A ~ F 는 7을 제외한 1 ~ 9 사이의 서로 다른 자연수

② A와 B의 차이는 5 이하

영재교육원 기출 유형

29 7층에 사는 무한이가 학교를 갈 때 엘리베이터를 이용하는 것과 계단을 이용하는 것 중 어느 것이 더 빠를지 궁금하였다. 엘리베이터 1층을 이동할 때 걸리는 시간은 3초, 문이 열리고 닫히는 시간은 10초, 무한이가 한 층을 걸어서 이동하는 시간은 7초이다. 물음에 답하시오. (단, 엘리베이터가 올라오거나 내려갈 때 중간에 서는 층은 없다고 가정한다.)

(1) 7층에 사는 무한이가 1층으로 내려갈 때, 엘리베이터보다 걷는 게 빠른 경우에 대하여 서술하시오.

(2) 7층에 사는 무한이가 1층으로 내려갈 때, 엘리베이터보다 걷는 게 느린 경우에 대하여 서술하시오.

30 무한이는 구슬 72개를 사고 영수증을 받았는 데 아래와 같이 영수증 금액의 두 부분이 지워져 숫자가 잘 보이지 않았다. 구슬 한 개의 가격은 얼마인가?

구슬 72개 금액 : 1?98? 원

영재교육원 기출 유형

31 상자 A, B, C, D, E 에 서로 다른 개수의 구슬이 각각 들어있다. 다음 조건을 이용하여 200개의 구슬이 들어있는 상자를 고르시오.

보기

① 200개의 구슬이 들어있는 상자는 1개이다.

② A와 B에 들어있는 구슬의 개수를 더하면 C에 들어있는 구슬 수의 4배이다.

③ B와 D에 들어있는 구슬의 개수를 더하면 A에 들어있는 구슬 수의 2배이다.

④ B에 들어있는 구슬 중 7개를 A에 넣으면 A에 들어있는 구슬의 수는 B의 2배가 된다.

⑤ E에 들어있는 구슬의 수는 A보다 68개가 더 많다.

영재교육원 기출 유형

32 다음 글을 읽고 물음에 답하시오.

욕심이 많은 남자가 강을 건너기 위해 나룻터에 도착하였다. 뱃사공이 남자에게

"나룻배를 타고 강을 한 번 건너갔다 올 때마다 당신이 가지고 있는 돈이 2배로 늘어날 것입니다. 하지만 한 번 건너갔다 올 때마다 나에게 3200원을 주셔야 합니다."

라고 하였다. 욕심이 많은 남자는 뱃사공의 제의에 찬성하고, 강을 건너갔다 와서 보니 처음 가진 돈이 2배로 늘어났다. 이에 기분 좋아진 남자는 뱃사공에게 배 삯으로 3200원을 지불하였다.

이와 같은 방법으로 강을 4번 더 건너갔다 오니 남자에게는 3200원만이 남게 되었고, 이를 뱃사공에게 배 삯으로 주고나니 가진 돈이 하나도 남지 않게 되었다.

이 남자가 처음에 가지고 있던 돈은 얼마일까?

영재교육원 기출 유형

33 18세기 무렵 유럽의 동프로이센에 쾨니히스베르크(Königsberg)라는 도시가 있었다. 이 도시를 가로 질러서 프레겔이라는 큰 강이 하나 흐르고 있고, 이 강에는 모두 7개의 다리가 그림과 같이 강 위에 놓여 있었다.

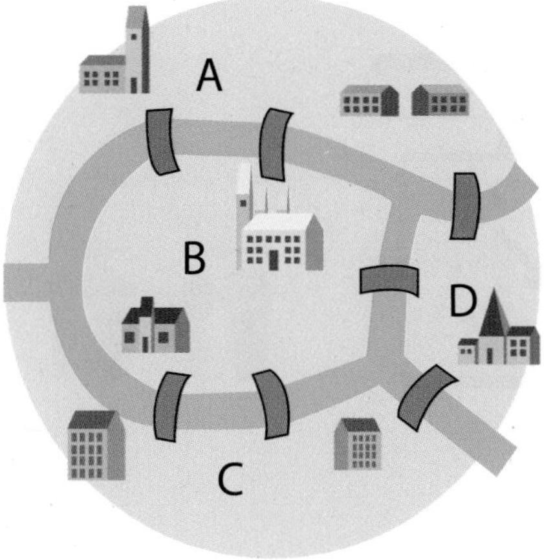

어느 날 이 도시의 시민 하나가 "한 다리를 두 번 건너지 않고, 단 한 번씩으로 7개의 다리를 모두 건널 수 있을까?" 라는 문제를 내었다. 재미있는 문제라고 생각한 사람들이 앞 다투어 풀이에 도전하였으나, 어찌된 일인지 제대로 풀었다는 사람은 한 명도 나타나지 않았다.

이 문제를 받아 본 오일러는 잠시 생각하는 듯하더니, 뜻밖에도 "이런 문제는 아무리 생각해봐도 풀리지 않는다. 절대 건널 수 없다." 고 간단하게 대답하였다.

스스로 오일러가 되어 건널 수 없다고 말한 이유에 대하여 설명해 보시오.

34 크기와 모양은 모두 같지만, 무게가 각각 10g, 11g, 12g, 14g, 17g 으로 다른 추 5개가 있다. 30g 이하를 잴 수 있는 저울을 3번 이내로 이용하여 10g 의 추를 찾을 수 있는 방법을 서술하시오.

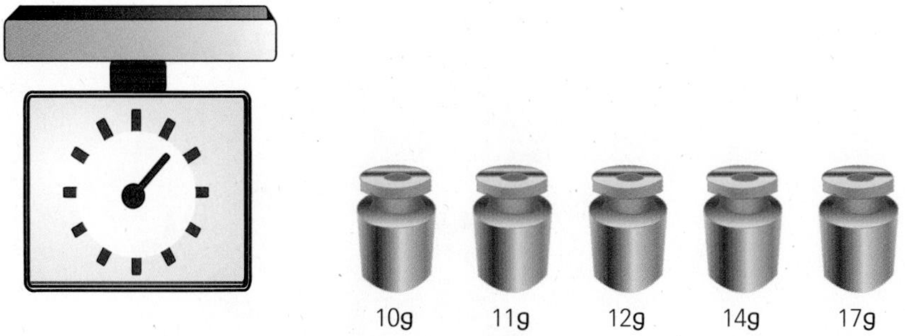

영재교육원 기출 유형

35 A, B, C, D, E 다섯 명의 학생이 100m 달리기 시합의 결과를 다음 <보기>와 같이 예상하였다.

보기

무한 : E가 3등, A가 4등을 할거야.

상상 : B가 1등, A가 3등을 할거야.

알탐 : E가 2등, B가 4등을 할거야.

창의 : D가 1등, C가 3등을 할거야.

실제 결과에서는 네 사람 모두 한 명의 등수는 맞혔지만, 한 명의 등수는 틀렸다. 실제 100m 달리기의 결과를 구하시오.

영재교육원 기출 유형

36 무한이는 모양과 크기가 같은 구슬 8개를 가지고 있다. 이 중 6개는 진짜 구슬이고, 나머지 2개는 무게가 다른 가짜 구슬이다. 진짜 구슬은 서로 무게가 같고, 가짜 구슬도 서로 무게가 같다. 무게가 다른 가짜 구슬을 구별하기 위해 양팔 저울로 무게를 3번 재었더니 다음 그림과 같았다.

(가) (나) (다)

가짜 구슬은 몇 번 구슬이고, 진짜 구슬과 가짜 구슬 중 더 무거운 구슬은 무엇인가?

37 이탈리아의 수학자 레오나르도(피보나치)가 쓴 '산반서'에 실린 다음 문제를 푸시오.

토끼 한쌍이 달마다 토끼 한 쌍을 낳고, 태어난 한 쌍의 토끼는 두번째 달부터 한 쌍의 토끼를 낳기 시작한다면 갓 태어난 토끼 한쌍에서 시작하는 경우 1년 후 모두 몇 쌍의 토끼가 있을까?

3 수리논리

영재교육원 기출

38 어떤 고등학교에서 2010명의 학생에게 번호표를 주고 동그랗게 앉혔다. 1번 학생에게 선물을 준 뒤 41번, 81번, 121번, … 과 같이 40번째마다 선물을 주었다. 선물 주기가 끊없이 계속되어도 선물을 받지 못하는 학생은 몇 명인가?

영재교육원 기출

39 A ~ H 모두 8명이 다음과 같은 토너먼트 방식으로 베드민턴 경기를 해서 <보기>와 같은 결과를 얻었다. 최종 우승자는 누구인가?

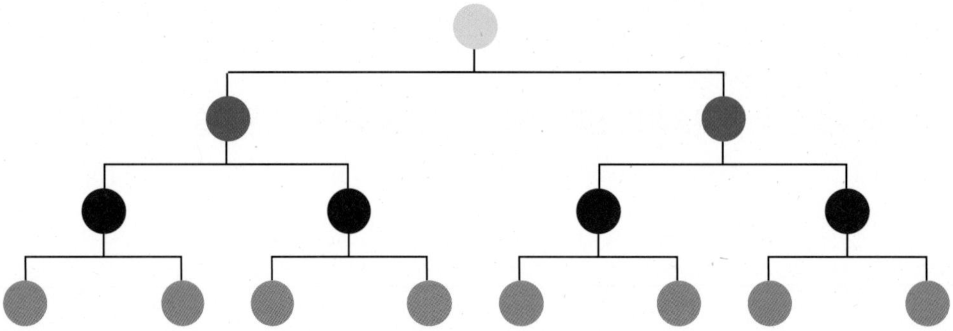

보기

① A는 E를 이겼다.

② B는 A에게 졌다.

③ C는 H에게 졌다.

④ D는 B에게 졌다.

⑤ E는 H를 이겼다.

40 리그 방식(league match)이란 대회에 참가한 모든 팀이 각각 돌아가면서 한 차례씩 대전하여 그 성적에 따라 순위를 가리는 경기 방식이다.

한국, 일본, 브라질, 스페인 네 축구팀이 리그 방식으로 경기를 하고 있다. 일본, 브라질, 스페인 세 팀의 현재까지의 경기 결과는 다음과 같다. 물음에 답하시오.

	진행 경기 수	승	패	무승부	득점 수	실점 수
일본	2	0	2	0	3	6
브라질	3	2	0	1	2	0
스페인	2	1	0	1	4	3

(1) 한국팀은 현재까지 총 몇 경기를 하였는가?

(2) 한국팀의 현재까지 득점과 실점은 각각 몇 점인가?

(3) 일본과의 경기 결과는?

II 영재성 검사
III 창의적 문제해결력
IV 실층 면접

4 공간 / 도형 / 퍼즐

[각 문제 배점 : 5점]

01 다음 전개도에서 A를 제외한 각 면에 1 ~ 5까지의 숫자를 적어 넣으려고 한다. 정육면체를 만들었을 때 A와 수직인 네 면에 적힌 숫자의 합이 최대가 되게 하려면, 숫자 1 은 B, C, D, E, F 중 어디에 적어야 할까?

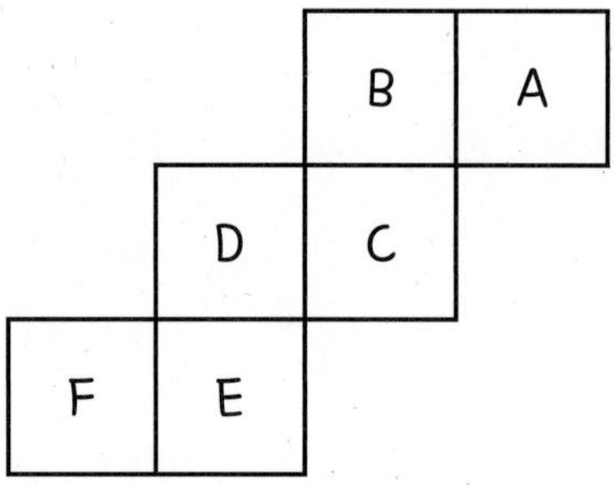

02 다음 전개도 중 나머지와 다른 것은?

①
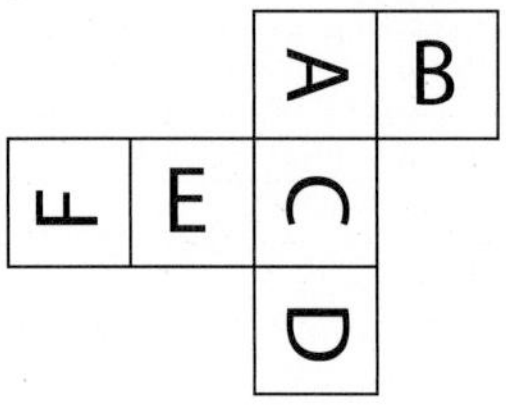

②
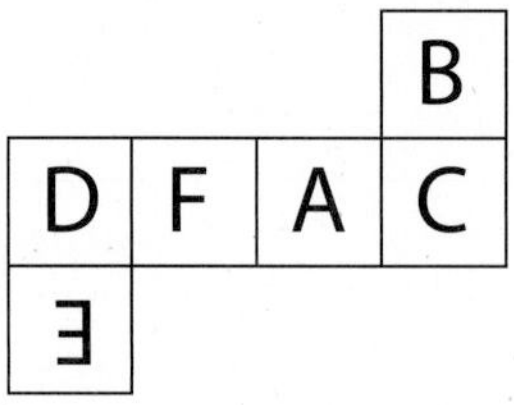

③
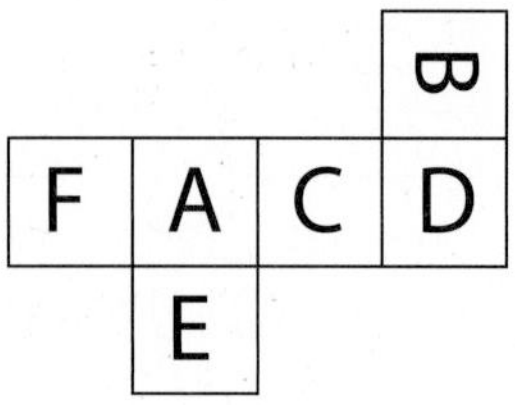

④
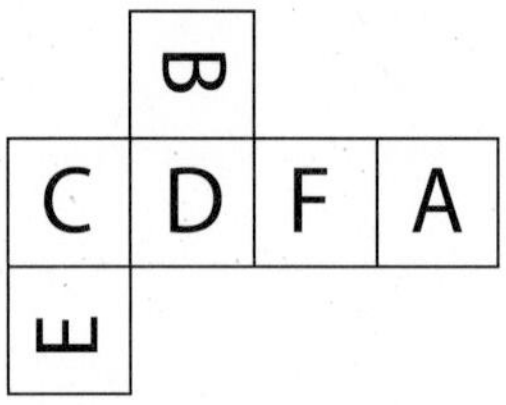

⑤
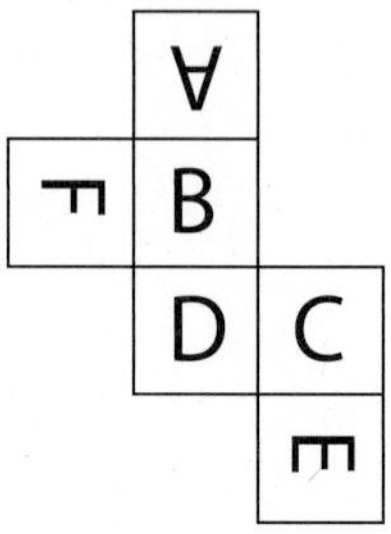

03 다음 그림과 같이 동일한 주사위 3개가 면을 맞대고 붙어 있을 때, 주사위끼리 접하여 보이지 않는 면의 눈의 합으로 될 수 있는 수를 모두 쓰시오. (이 주사위들은 마주 보는 면의 눈의 합은 7이다.)

04 오른쪽 전개도를 이용하여 정육면체를 만들었다. 이때 관찰할 수 없는 정육면체는 무엇인가?

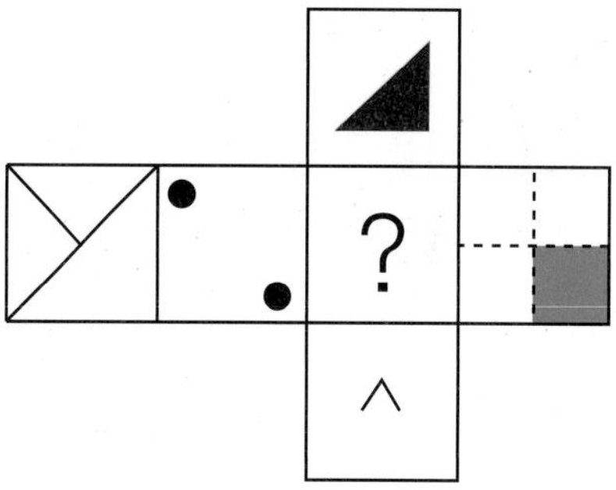

①
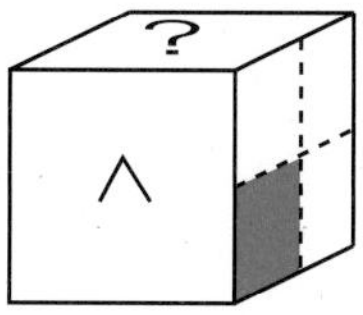

②
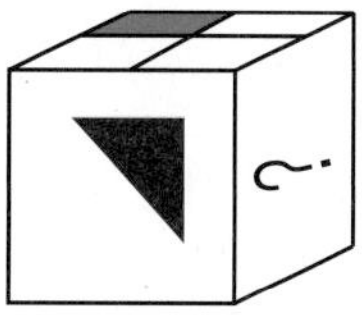

③
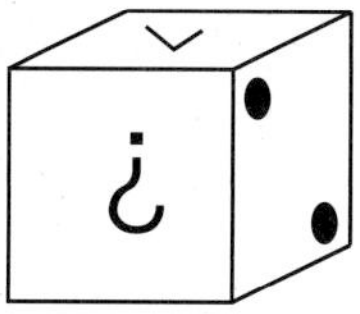

④
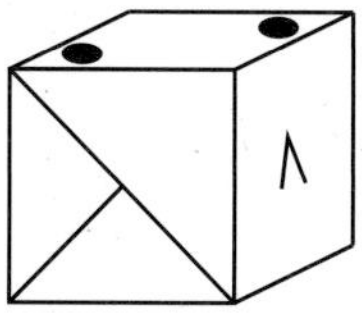

⑤
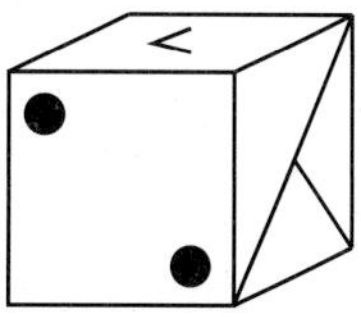

⑥
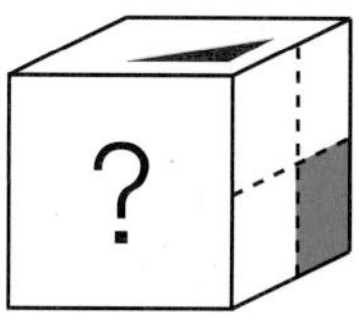

05 다음 왼쪽 정육면체 도형에서 별표시가 된 꼭짓점은 오른쪽 전개도의 A, B, C, D 중 어디인가?

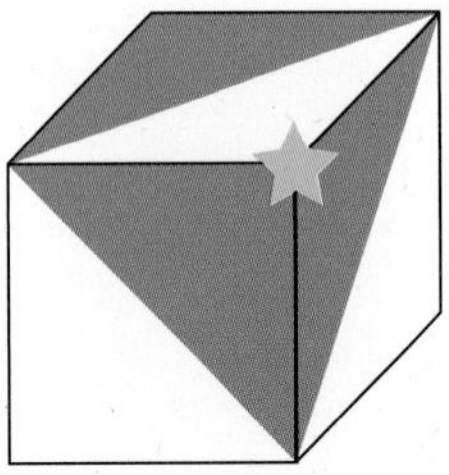

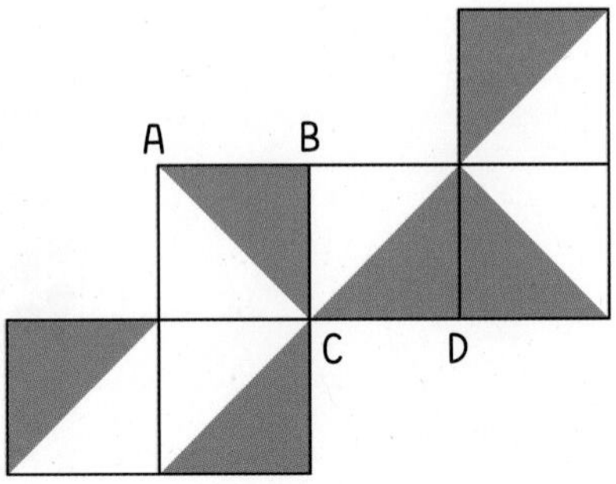

06 다음 그림은 2의 배수로 이루어진 정십이면체의 전개도이다. 그림의 전개도를 접어 나온 주사위를 던졌을 때, 윗면의 숫자를 A, 마주보는 면의 숫자를 B 라고 할 때, 가능한 순서쌍을 모두 구하시오. (단, (A, B) = (B, A) 이다.)

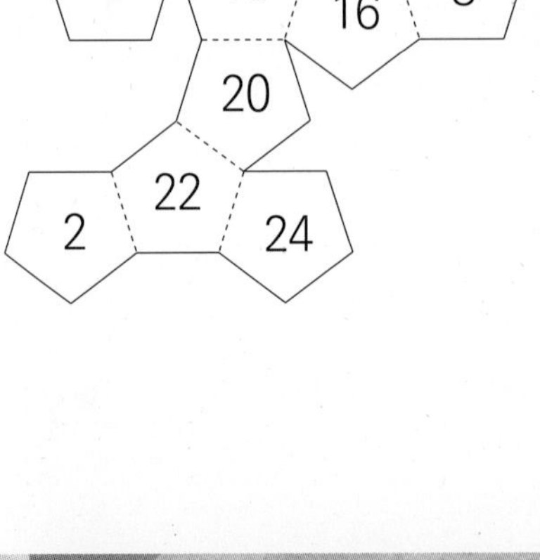

07 다음 그림과 같이 각 단계에서 제시된 화살표 방향으로 종이를 접은 후, 5단계에서 화살표 방향으로 모퉁이를 잘랐다. 이 종이를 펼쳤을 때 나타나는 모양으로 알맞은 것은? (단, 종이를 접을 때와 자를 때 종이를 회전시키거나 뒤집지 않는다.)

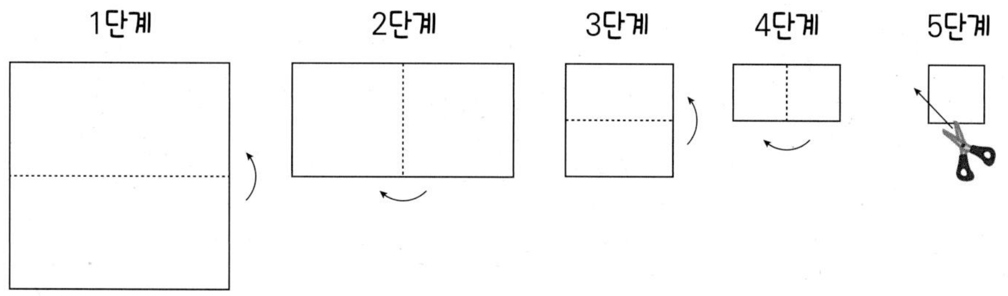

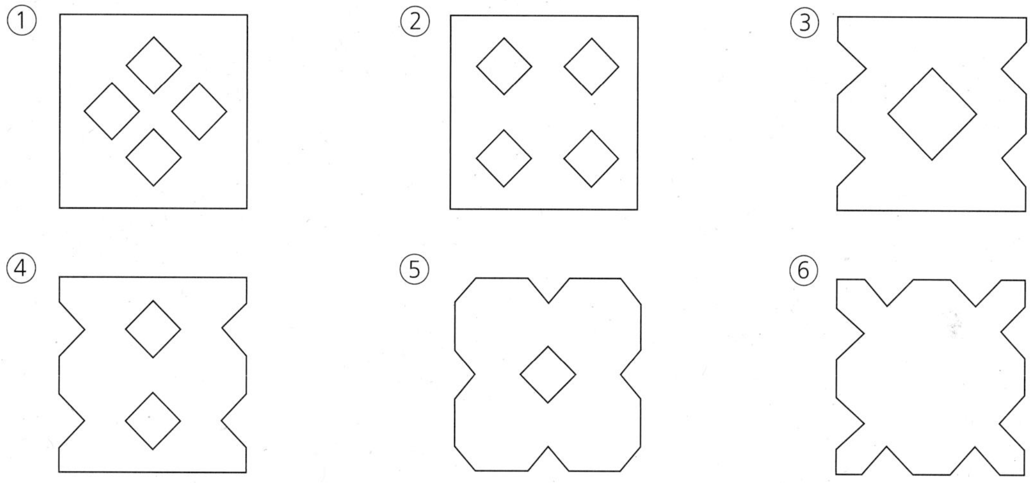

영재교육원 기출

08 정사각형 모양의 종이를 다음 <보기>와 같은 순서로 두 번 접은 후, 노란색으로 색칠된 모양을 오려냈다. 오려내고 남은 종이를 펼친 후, 종이를 돌려서 나올 수 있는 모양은 무엇인가?

보기

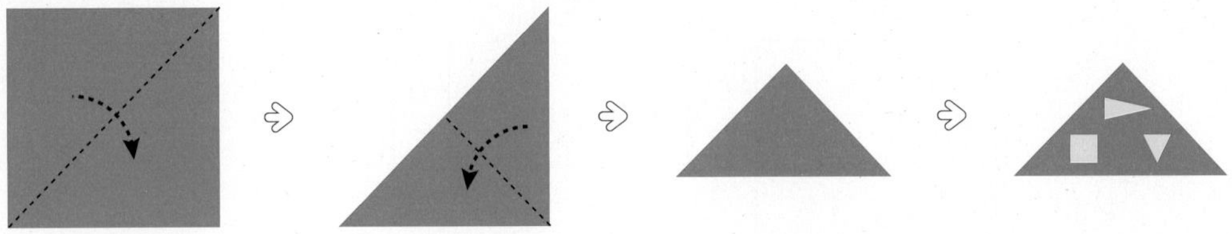

① 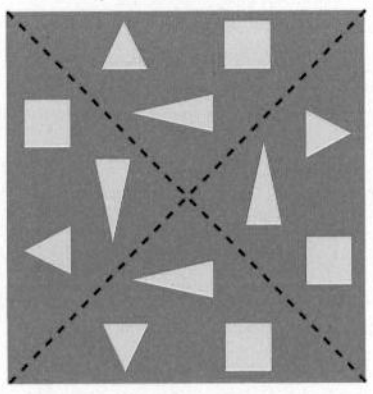

② 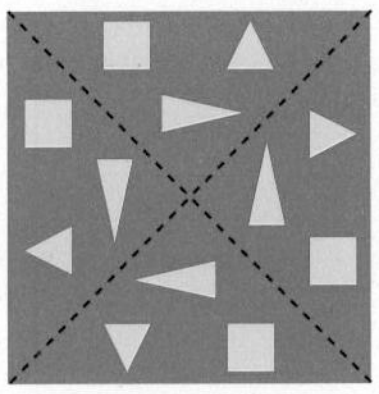

③ 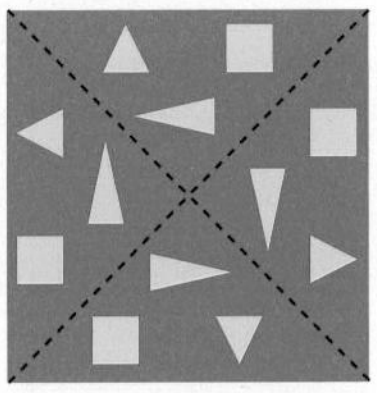

④ 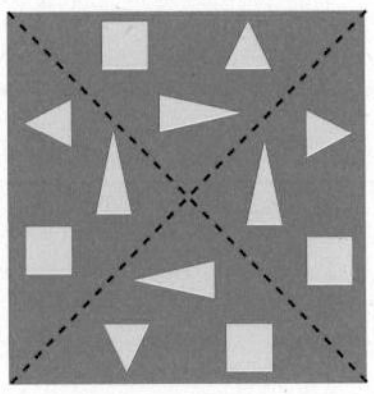

⑤ 

⑥ 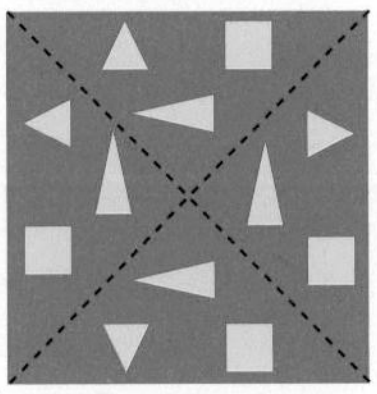

정답 및 해설 / 예시 답안
p.58

09 다음 그림의 조각을 조합해서 만들 수 없는 것은 무엇인가? (단, 도형은 겹쳐지지 않으며, 회전은 가능하지만 도형을 뒤집을 수는 없다.)

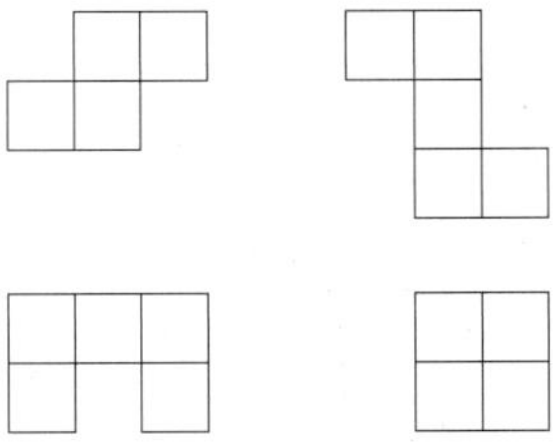

①

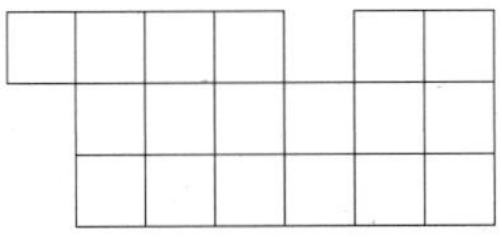

②

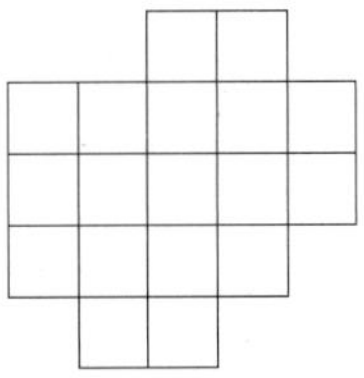

③

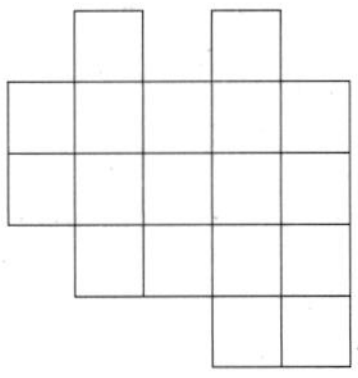

④

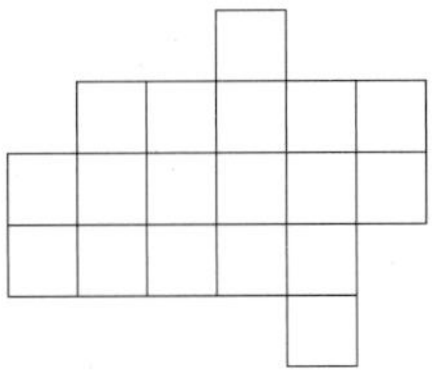

⑤

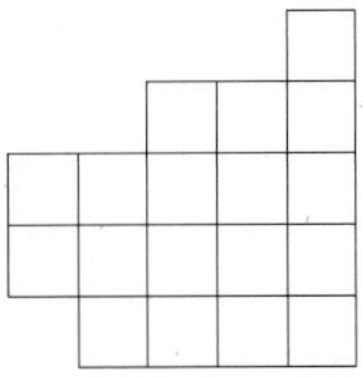

10 다음 <보기>의 두 블록을 합쳤을 때 나올 수 <u>없는</u> 형태는 무엇인가?

보기

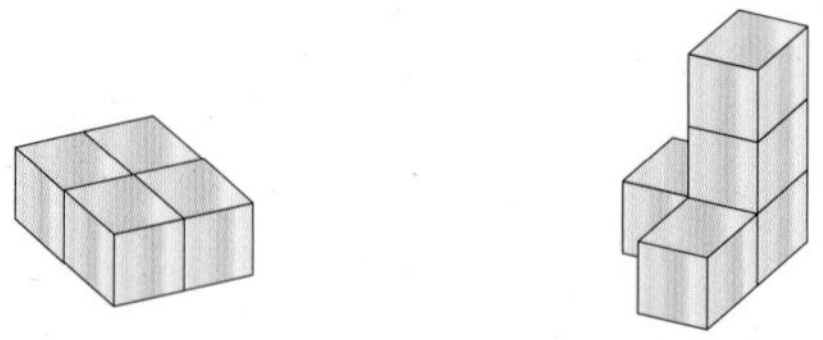

①

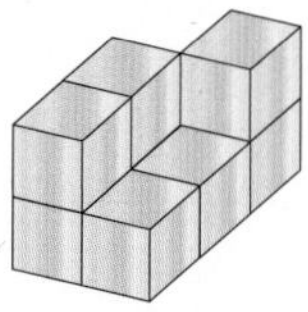

②

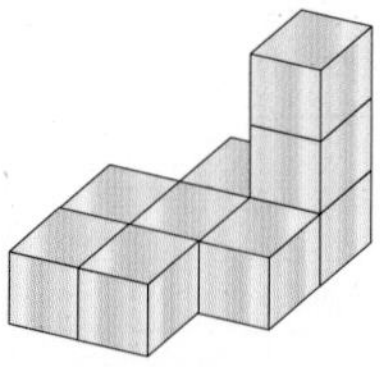

③

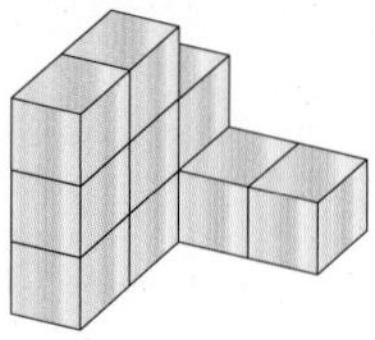

④

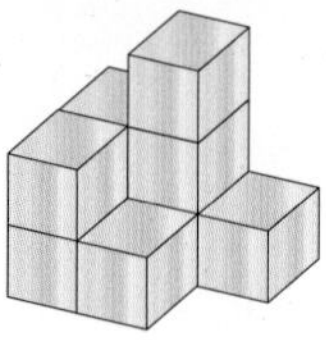

11 그림 (가)와 같이 7개의 조각으로 이루어진 판이 있다. 이 조각들을 이용하여 그림 (나)와 같은 도형을 만들었을 때, 사용되지 않은 조각은 무엇인가?

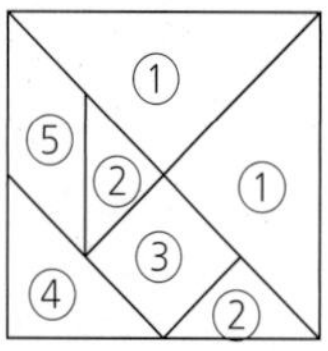

(가)

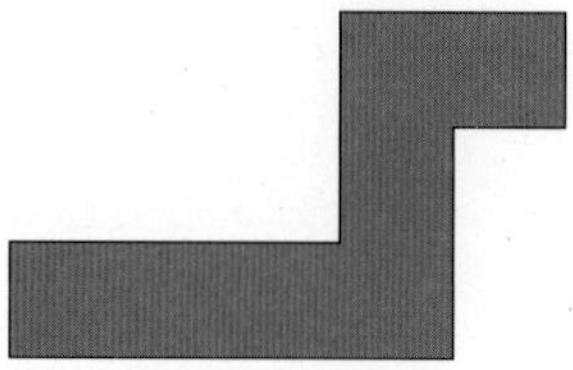

(나)

①

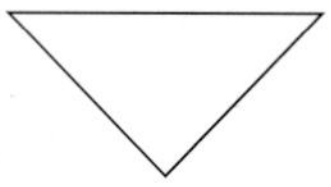

②

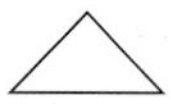

③

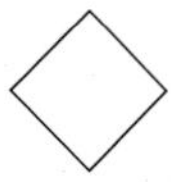

④

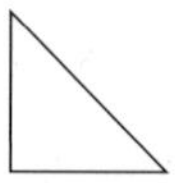

⑤

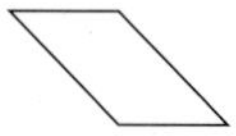

12 다음 그림과 같은 나무 블럭으로 만들어 질 수 있는 입체 도형은 무엇인가?

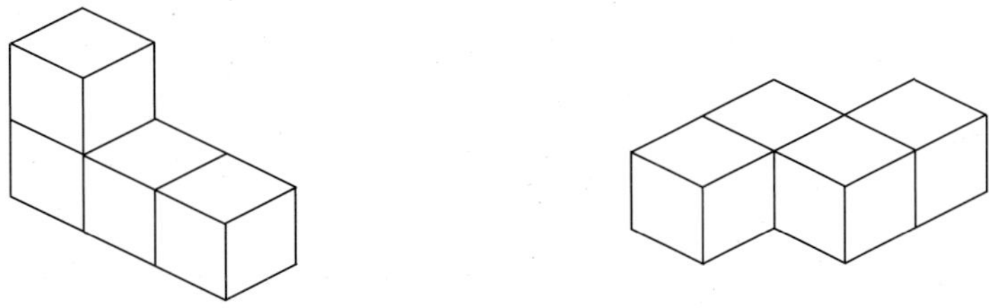

①

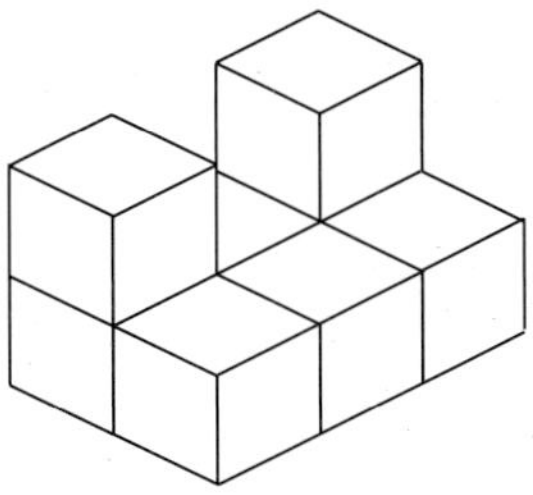

②

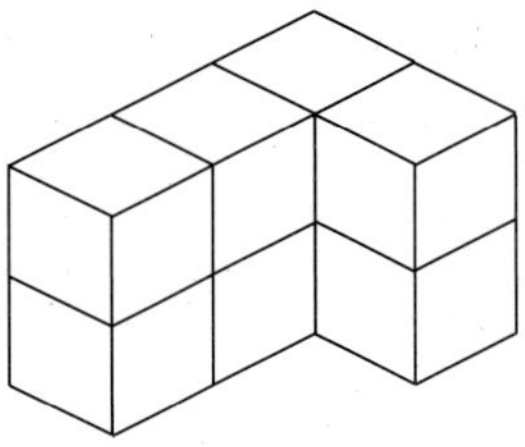

③

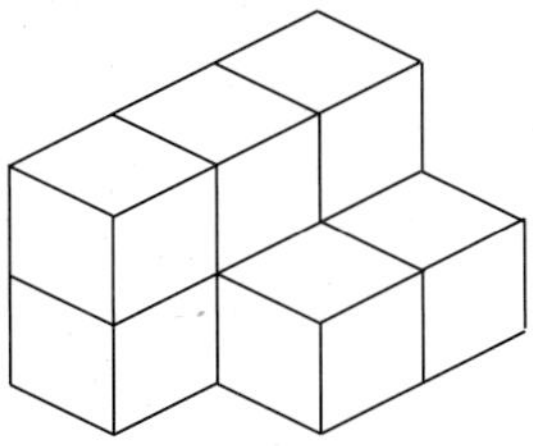

④

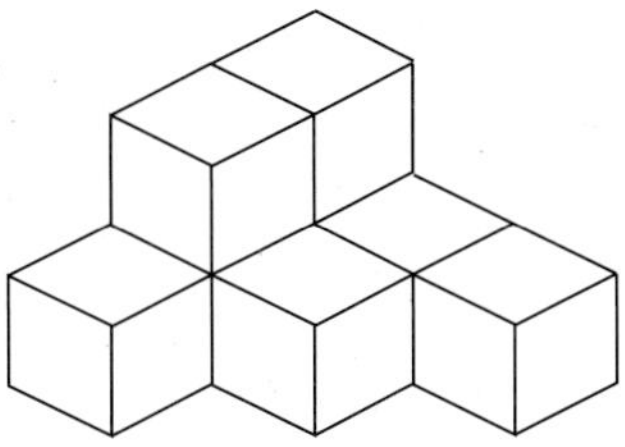

영재교육원 기출

13 다음 입체 도형과 일치하는 입체 도형을 있는 대로 고르시오.

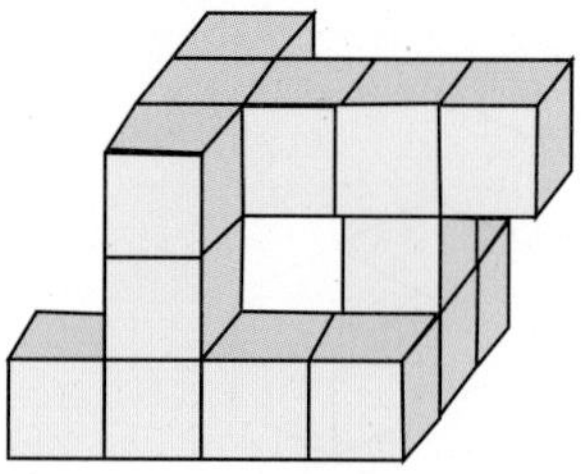

①

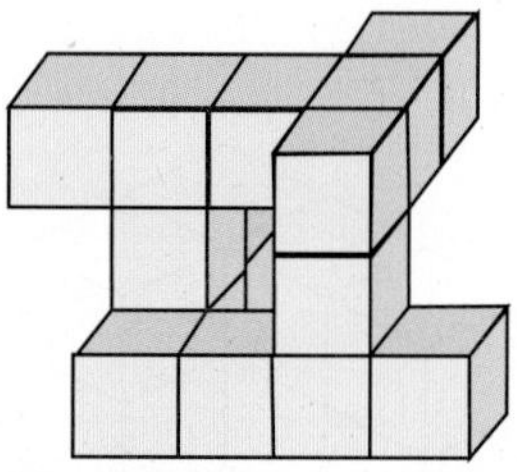

②

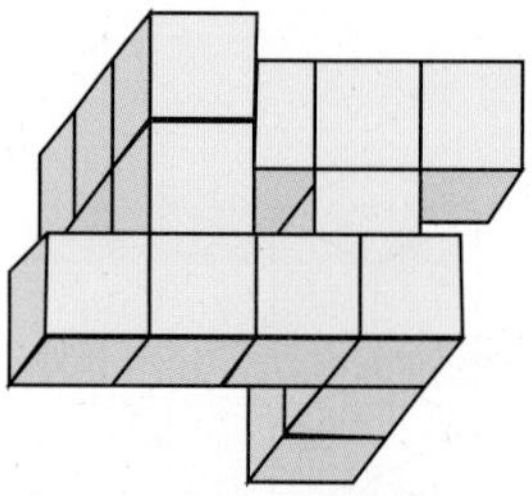

③

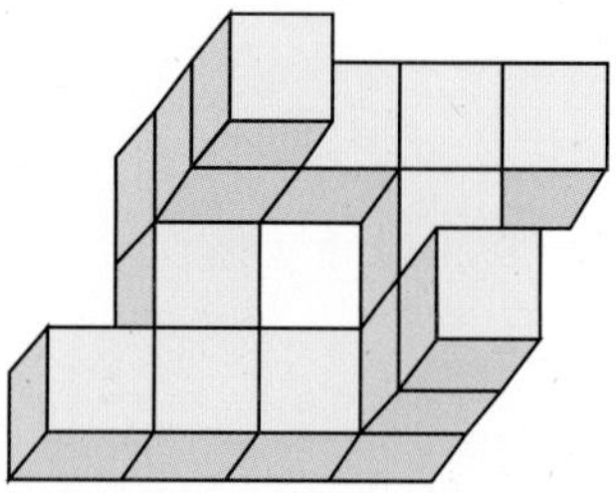

④

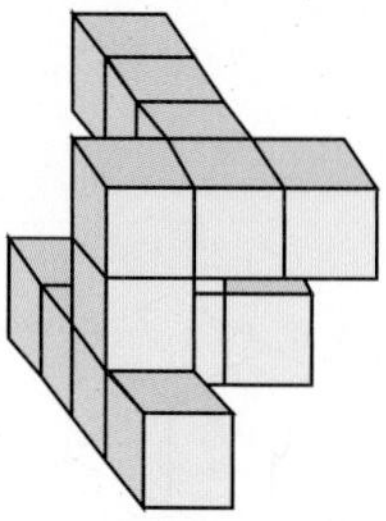

⑤

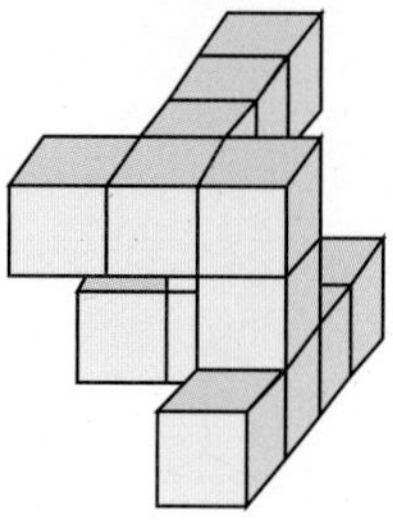

⑥

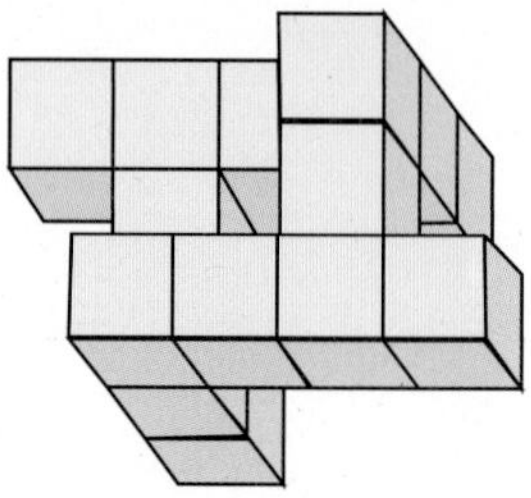

영재교육원 기출 유형

14 마주보는 눈의 합이 7인 주사위 9개를 사용하여 <보기>와 같이 위, 앞, 오른쪽 옆에서 본 모양과 <조건>에 맞도록 쌓았다. 물음에 답하시오.

보기

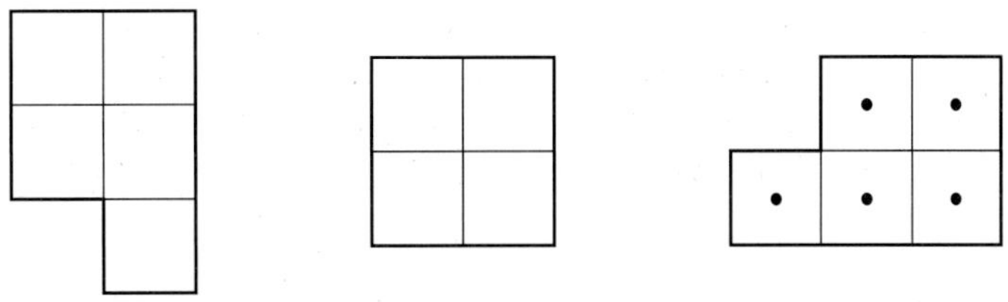

<위> <앞> <오른쪽 옆>

<조건>

① 주사위의 눈 '1'이 모두 오른쪽을 향하도록 한다.

② 위에서 보이는 눈의 합은 14 가 되도록 한다.

(1) <보기>의 조건에 맞는 쌓기 나무의 위에서 본 그림을 최대한 많이 그리시오.

(2) (1)에서 만든 모양 중 위에서 보이는 눈의 수와 앞에서 보이는 눈의 수의 합의 최솟값을 구하시오. (단, 위에서 보이는 눈의 수의 합과 앞에서 보이는 눈의 수의 합은 다르다.)

15 다음 그림은 나무 블록을 쌓아놓고 각각 위, 정면, 오른쪽면에서 바라본 것을 나타낸 것이다. 여기에 사용된 나무 블록의 최대 개수와 최소 개수는 각각 몇 개인가?

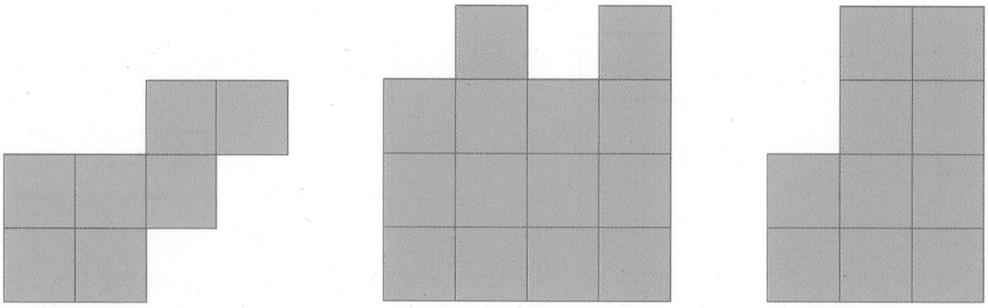

< 위 > < 정면 > < 오른쪽면 >

16 다음 그림은 125개의 블럭을 쌓아놓은 것이다. 검은색 블록은 표면에 보이는 면에서 반대쪽 면까지 한 줄로 이어져 있다. 검은색 블록의 개수는 모두 몇 개인가?

정답 및 해설 / 예시 답안
p.60

영재교육원 기출

17 **정육면체를 1층에 5개, 2층에 4개, 3층에 3개, 4층에 2개, 5층에 1개를 놓으려고 한다. 겉넓이가 최대가 되도록 쌓아보시오.**

(1) <보기>와 같이 쌓기 나무의 위치에 ●를 그리시오.

보기

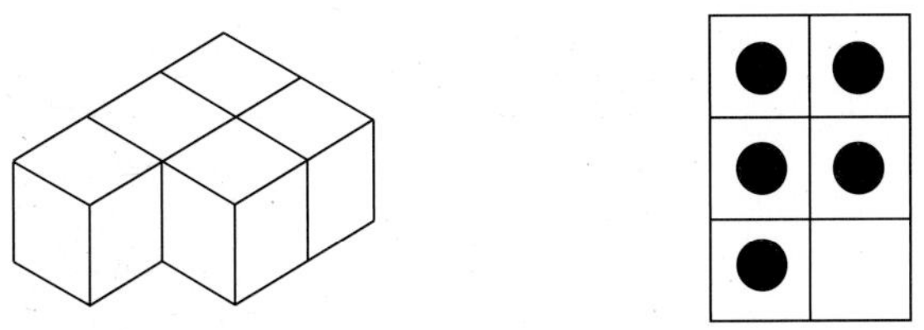

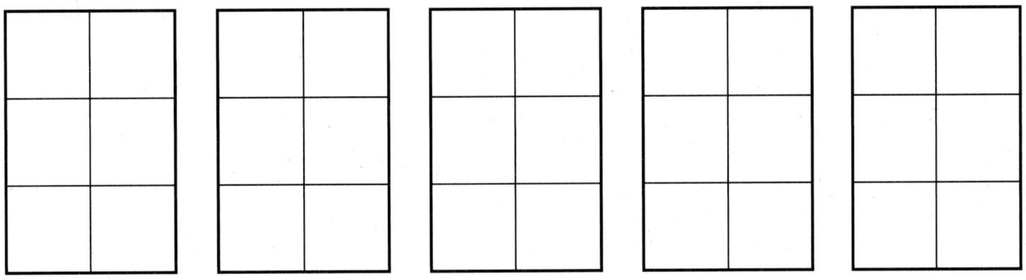

1층 2층 3층 4층 5층

(2) 한 면의 넓이를 $1cm^2$ 라고 할 때, 그 겉넓이를 구하시오.

18 크기가 같고 색상은 다른 8장의 정사각형 종이가 겹쳐져 그림과 같이 보였다. 가장 아래에 깔려있는 종이부터 겹쳐져 있는 순서대로 번호를 쓰시오.

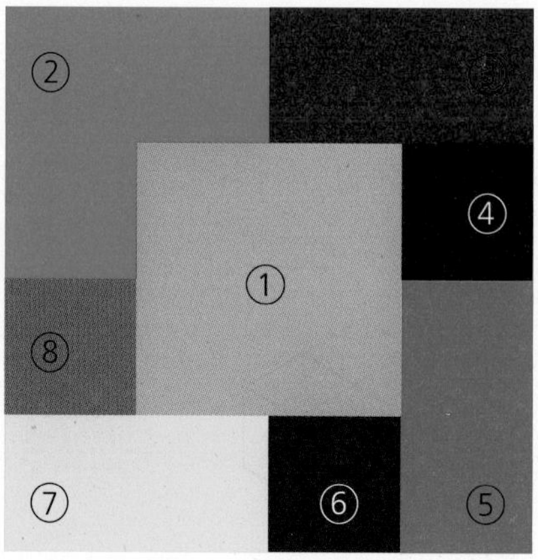

19 한 변의 길이가 2cm 인 정육면체를 다음 그림과 같이 3층으로 쌓았다. 이 도형의 겉넓이를 구하시오.

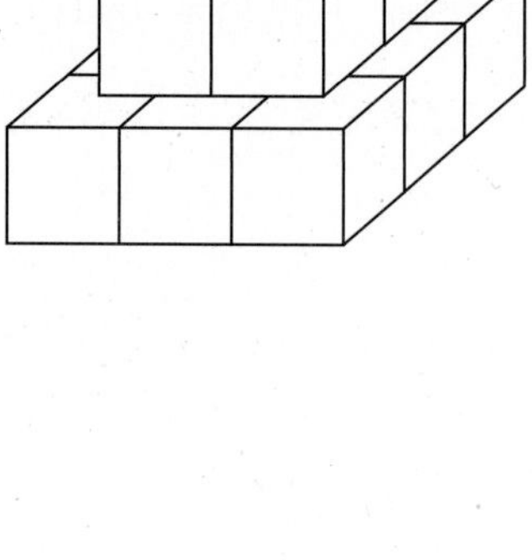

20 다음 도형에서 오각형의 형태는 모두 몇 개인가? (단, 회전하였을 때 모양이 같으면 같은 형태로 본다.)

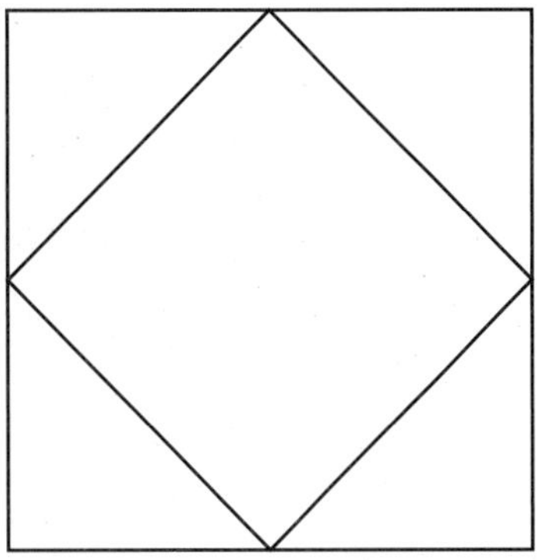

21 다음 그림에서 찾을 수 있는 삼각형의 총 개수는 몇 개인가?

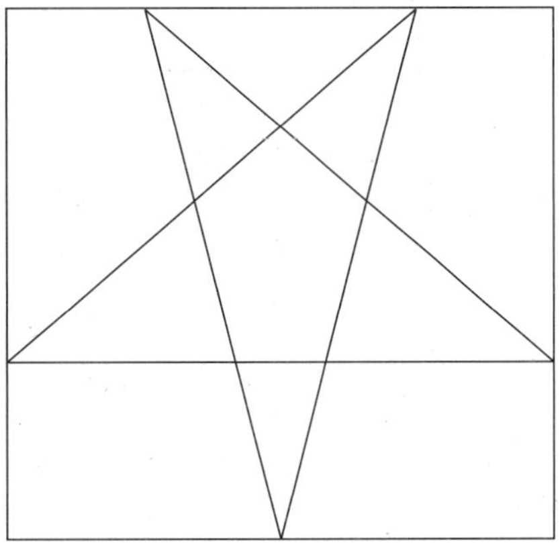

22 다음 그림과 같이 한 변이 7cm 인 정사각형 모양의 동일한 종이 5장이 일정한 간격으로 겹쳐 있다. 겹쳐진 부분도 모두 정사각형일 때, 전체 종이가 차지하는 넓이는 얼마인가?

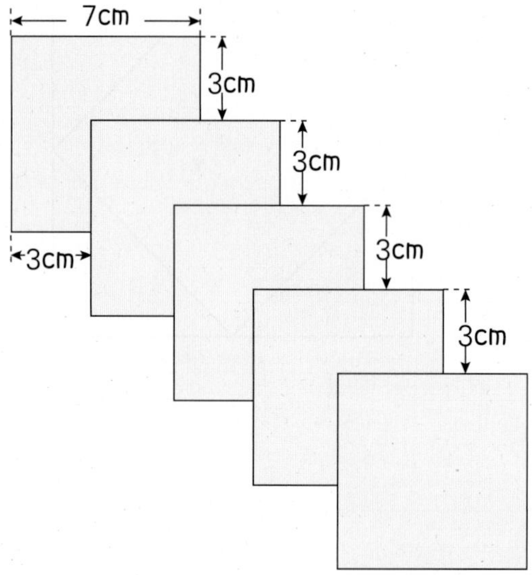

23 다음 그림과 같이 반지름이 5cm 로 같은 원 A, B, C, D 의 중심을 연결하였다. 이때 색칠한 부분의 넓이를 구하시오. (단, π = 3으로 계산한다.)

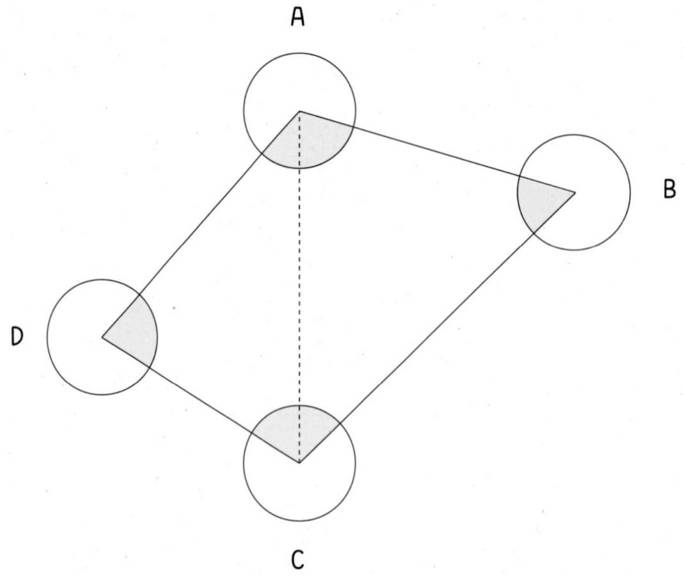

24 오른쪽 그림과 같이 가로와 세로 각각 네 개씩 모두 16개의 점이 그려져 있다. 이들 점을 연결하여 만들 수 있는 정사각형의 개수를 구하시오.

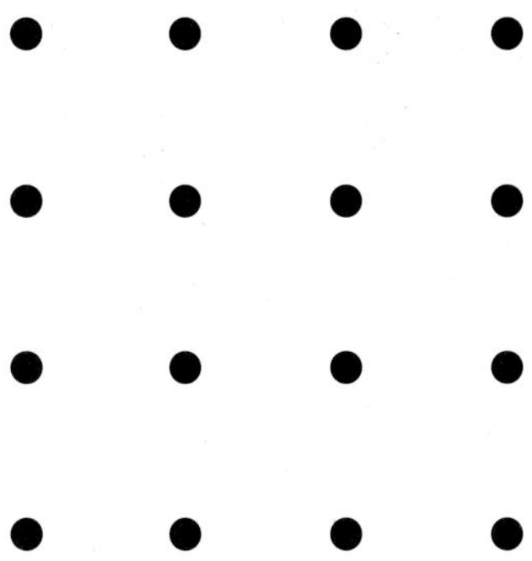

25 다음 중 <보기>에 없는 도형은 무엇인가?

보기

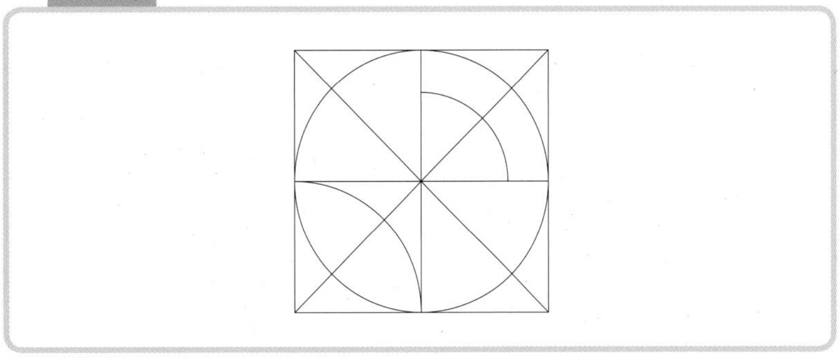

①

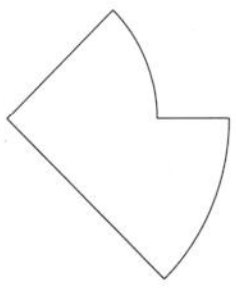

②

③

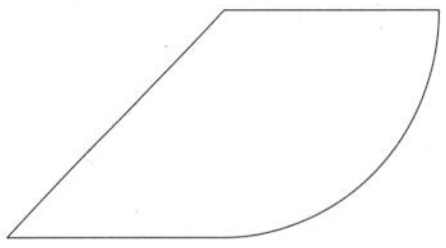

④

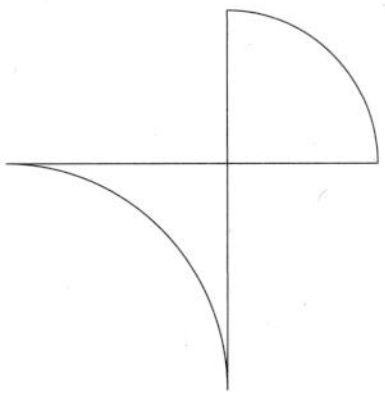

⑤

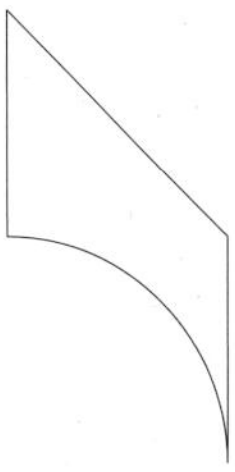

⑥

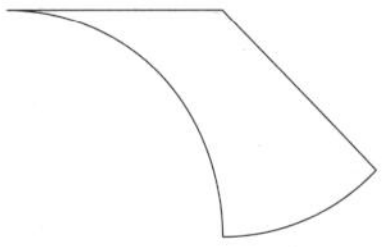

4 공간 / 도형 / 퍼즐

영재교육원 기출

26 다음 그림과 같이 15개의 정사각형을 붙여 직사각형을 만들었다.

이 직사각형을 <보기>와 같이 작은 정사각형의 개수는 같으나 모양이 서로 다른 세 부분으로 나누려고 한다. <보기>의 경우를 제외하고 가능한 방법을 있는 대로 그려보시오.

보기

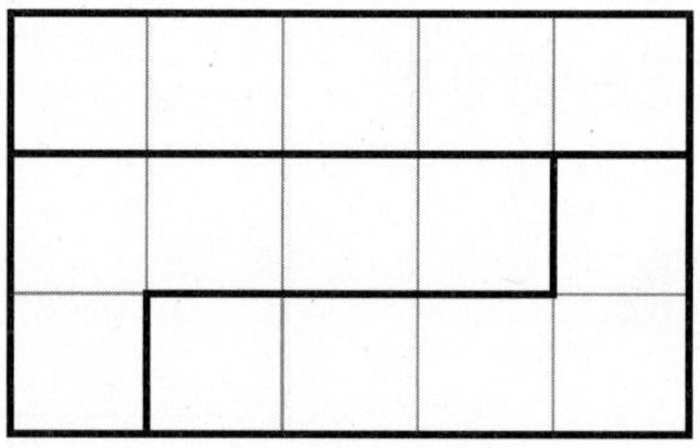

정답 및 해설 / 예시 답안
p.64

영재교육원 기출

27 다음 주어진 도형들을 제시된 조건에 따라 각각 나누시오.

(1) 직사각형을 크기와 모양이 동일하게 둘로 나누는 방법을 5가지 이상 아래에 그려보시오.

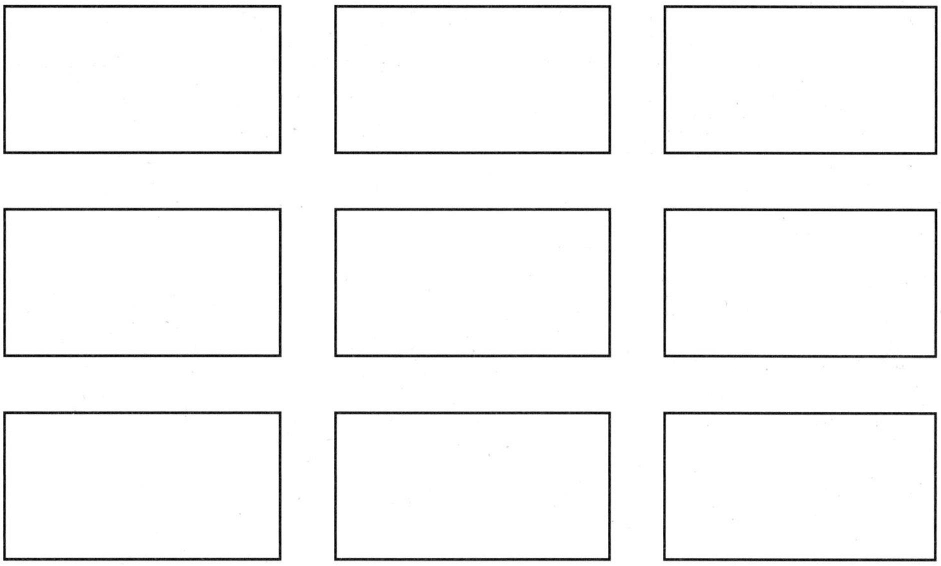

(2) 정육각형의 $\frac{3}{4}$ 을 여러 가지 방법으로 아래에 그려보시오.

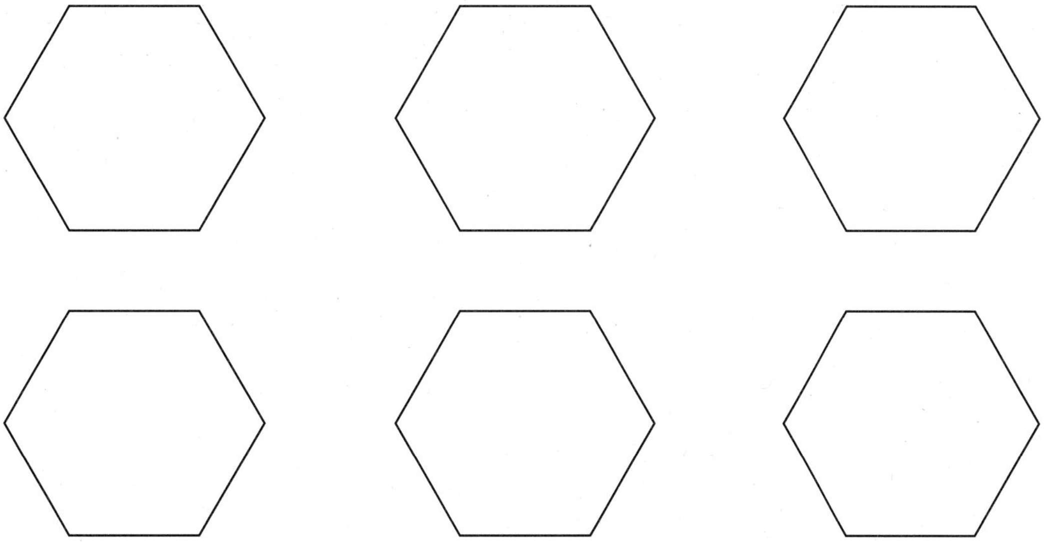

28 다음 <보기>는 한 변이 1cm 인 정사각형 9개로 만들어진 모눈 종이에 둘레가 8cm가 되도록 칸을 색칠한 그림을 각각 나타낸 것이다.

보기

다음 모눈 종이에 둘레가 12cm가 되도록 칸을 색칠하시오. (단, 색칠된 그림을 돌리거나 뒤집어서 같아지는 그림은 한 개의 그림으로 보며, 색칠된 칸은 변끼리 연결되어야 한다.)

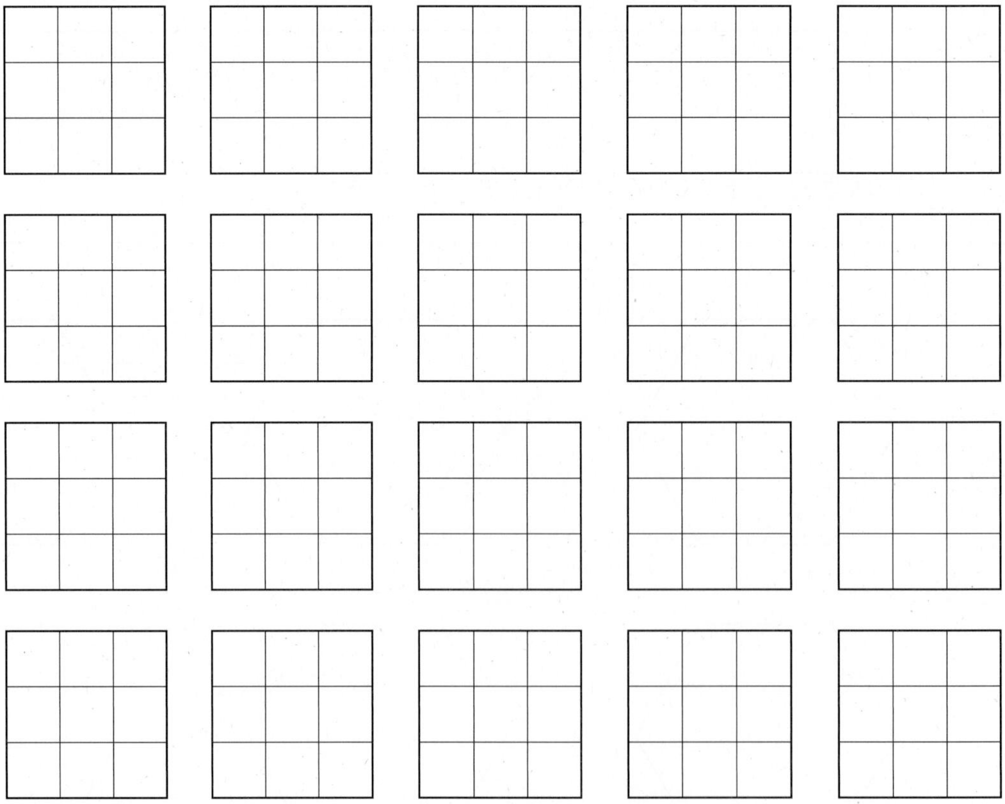

영재교육원 기출

29 다음 그림과 같이 16개의 칸에 ○를 10개 그려 넣으려고 한다. 이때 가로 방향 또는 세로 방향으로 ○를 세었을 때, 한 줄에 ○가 2개 또는 4개만 있도록 해야 한다. 이 조건을 만족하는 경우를 6가지 이상 그리시오. (단, 돌리거나 뒤집어서 겹쳐지는 것은 한 가지로 본다.)

	○		○
○	○	○	○
○	○		
	○	○	

영재교육원 기출 유형

30 펜토미노 조각이란 같은 크기의 정사각형 5개로 만들어지는 도형을 말한다. 다음 <보기>에 주어진 12개의 펜토미노 조각을 모두 이용하여 알파벳 A, C, L, P, X 중 1개 이상을 골라 만들어 보시오. (단, 펜토미노 조각을 돌리거나 뒤집어도 된다.)

보기

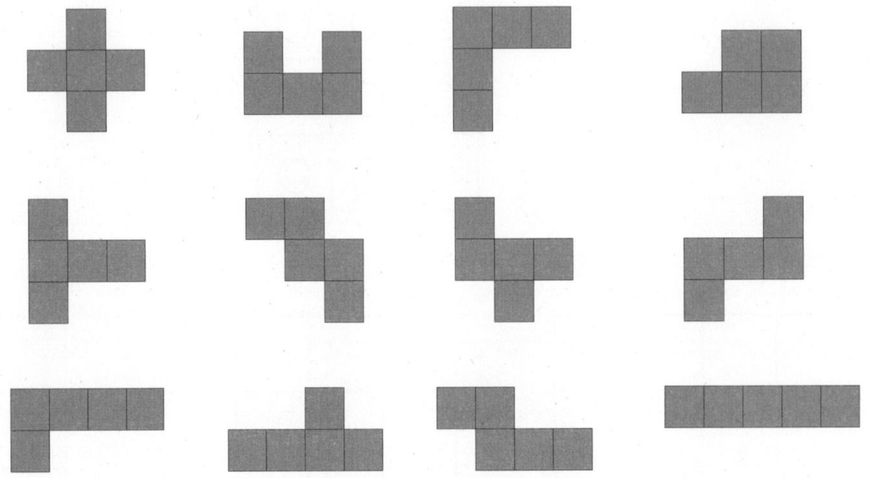

정답 및 해설 / 예시 답안
p.66

영재교육원 기출

31 다음 <보기>와 같이 정사각형에 4개의 직선을 그어 여러 개의 구역으로 나누려고 한다.

보기

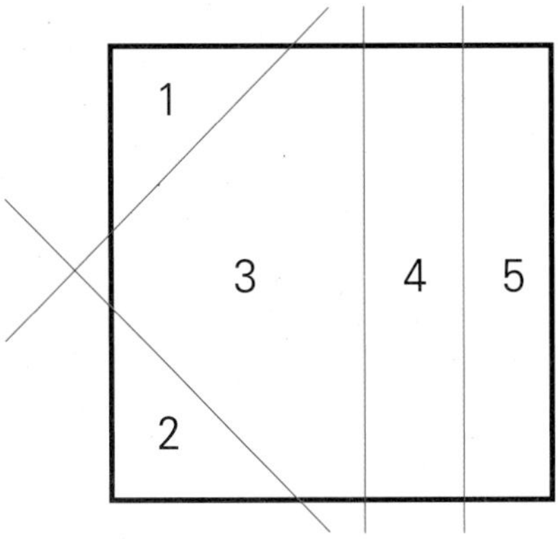

아래의 정사각형에 각각 4개의 직선을 그어 제시된 개수의 구역으로 나누고, 각 구역에 번호를 쓰시오.

6개 구역

7개 구역

8개 구역

9개 구역

10개 구역

11개 구역

영재교육원 기출 유형

32 다음 그림과 같이 1부터 9까지의 번호가 적힌 카드가 방에 놓여 있다. 1번 카드가 있는 방으로 들어가서 규칙에 맞게 각 방에 있는 9개의 숫자 카드를 모두 가지고 다시 밖으로 나올 수 있는 방법을 모두 표시해 보시오. (단, 카드를 집는 순서가 다르면 방법도 다른 것으로 한다.)

7	8	9
6	5	4
1	2	3

보기

① 한 번 들어갔던 방에는 다시 갈 수 없다.

② 이웃하고 있는 방으로만 이동할 수 있다.

③ 5번 카드가 놓여있는 방에서는 밖으로 나갈 수 없지만 그 외 다른 방에서는 밖으로 나갈 수 있다.

④ 일단 밖으로 나오면 다시 방으로 들어갈 수 없다.

영재교육원 기출 유형

33 다음 그림과 같이 64개의 버튼이 가로와 세로로 나란히 있는 금고가 있다. 이 금고를 열기 위해서는 모두 11개의 버튼을 눌러야 한다.

○	○	●	○	●	○	○	○
○	○	○	○	○	○	○	○
○	○	○	○	●	○	○	○
○	○	○	○	○	○	○	○
●	○	○	○	○	○	●	○
○	○	○	○	○	○	○	○
○	●	●	○	○	○	●	○
○	○	○	○	○	○	○	○

이 금고를 가지고 있는 무한이는 눌러야 하는 11개의 버튼 중 3개의 버튼의 위치를 잊어버리고 말았다. 다행히 이전에 금고 버튼에 대하여 적어둔 쪽지를 발견하고 나머지 버튼을 누를 수 있었다. 다음 쪽지를 이용하여 나머지 눌러야 하는 버튼 3개를 칠하시오.

① 눌러야 하는 3개의 버튼의 중심이 한 직선 위에 있을 때, 이 직선을 곧은선이라고 한다.

② 눌러야 하는 4개의 버튼의 중심이 곧은선 위에 있으면 안된다.

③ 곧은선의 개수는 모두 10개이다.

34 무한이가 학교 수학 선생님에게 나이를 여쭤보았더니 선생님께서 내 나이는 다음 그림의 A에 들어가는 숫자와 같다라고 하셨다.

8 × 8 의 판 위에 배열된 숫자의 규칙을 찾고, 선생님의 나이를 맞춰보시오.

		25					
			34				
	13				32		
		23				31	
				A			
					52		
	11		12			21	
						61	

35 각각의 주어진 조건에 따라 옮겨야 하는 성냥개비에는 X 표시를 하고, 옮긴 자리에는 선을 이용하여 그리시오. (단, 모든 성냥개비는 사각형을 만드는데 관여해야 하며, 제거는 불가능하다.)

(1) 성냥개비 2개만 옮겨서 똑같은 정사각형 4개를 만드시오.

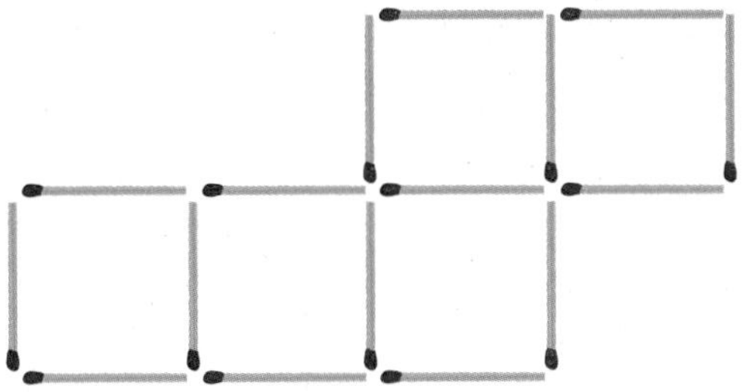

(2) 성냥개비 3개만 옮겨서 똑같은 정사각형 4개를 만드시오.

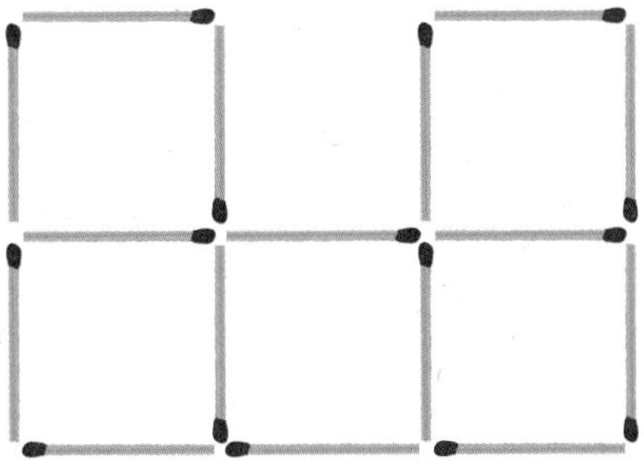

(3) 성냥개비 4개를 옮겨서 정사각형 3개를 만드시오.

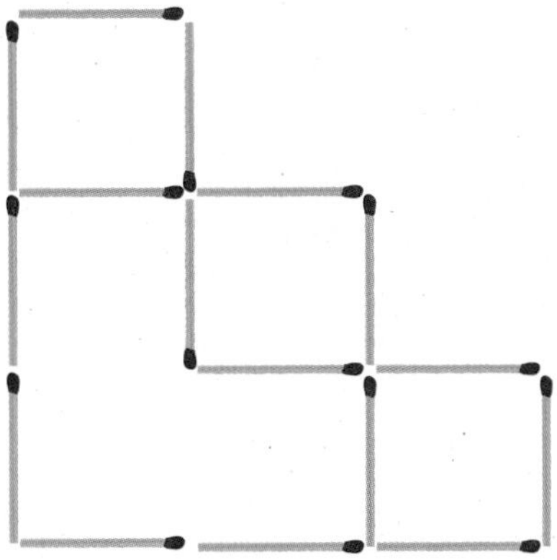

36 오른쪽 그림과 같이 일정한 규칙에 의해 도형이 나열되어 있을 때, ㉠에 들어갈 그림을 완성하시오.

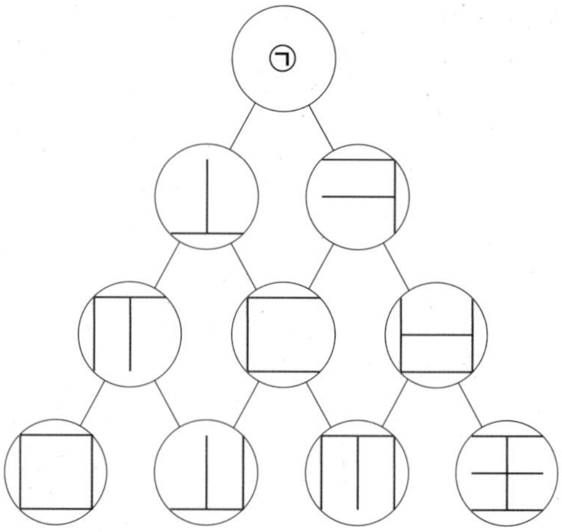

37 왼쪽에 제시된 도형을 보고, 일정한 규칙을 찾아내어 빈칸에 들어갈 알맞은 도형을 각각 고르시오.

(1)

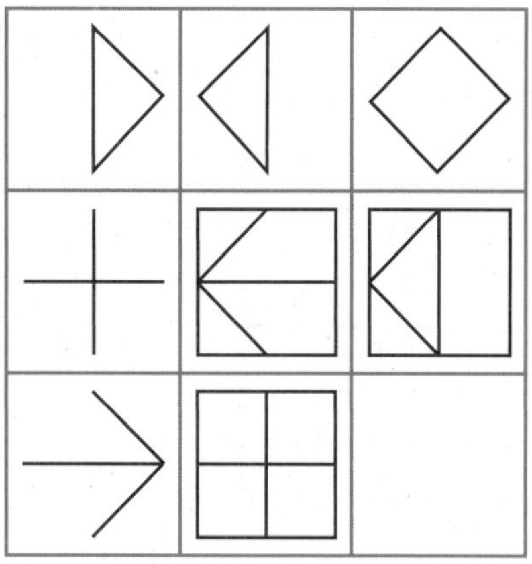

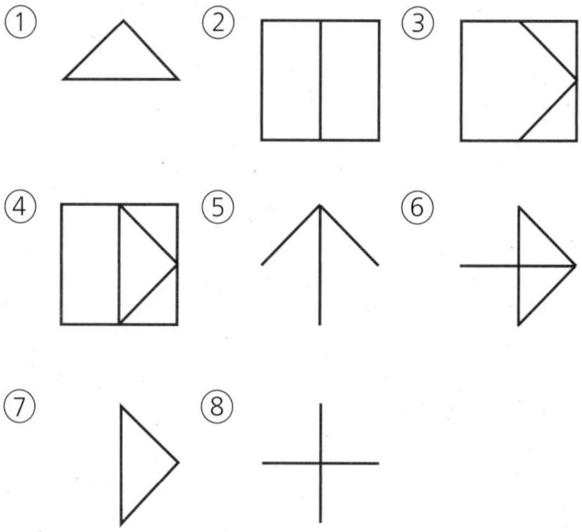

(2)

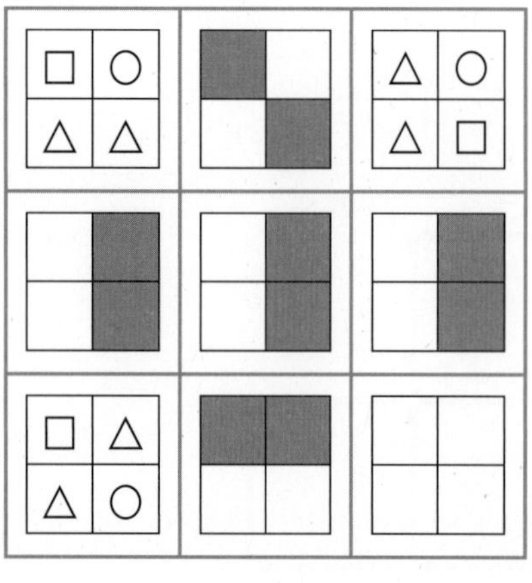

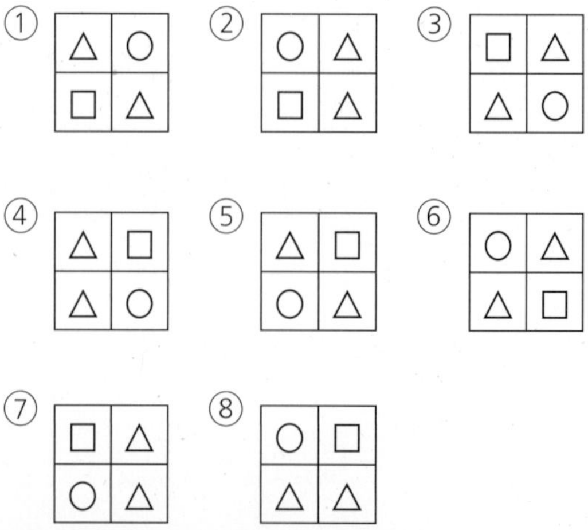

정답 및 해설 / 예시 답안
p.68

38 제시된 도형을 <보기 1> 의 규칙에 따라 변화시키고, <보기 2>의 규칙에 따라 제시된 도형과 변화된 도형의 일치 여부를 확인한다. ? 에 들어갈 도형을 그리시오.

보기

<보기 1>
A : 시계 방향으로 한 칸씩 이동
B : 나열된 도형의 상하 위치 바꾸기
C : 도형의 색상만 반시계 방향으로 한 칸 이동
D : 각 도형 시계 방향으로 90° 회전

<보기 2>
☆ : ☆이 있는 칸의 도형과 기준 도형의 색이 같으면 Yes, 아니면 No
♡ : ♡가 있는 칸의 도형과 기준 도형의 모양이 같으면 Yes, 아니면 No
♤ : ♤가 있는 칸의 도형과 기준 도형의 색과 모양이 모두 같으면 Yes, 아니면 No

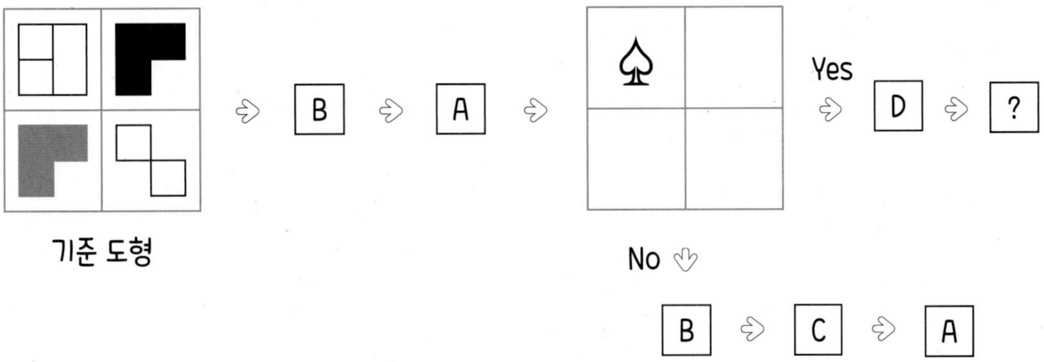

39 9 × 9 판의 각 칸의 빈칸에 <보기>와 같은 규칙으로 숫자를 모두 채우시오.

보기

① 각 가로줄에는 1 ~ 9까지의 숫자가 모두 하나씩 있다.

② 각 세로줄에는 1 ~ 9까지의 숫자가 모두 하나씩 있다.

③ 작은 정사각형 9개로 된 굵은 테두리 안에 있는 정사각형에도 1 ~ 9까지의 숫자가 모두 하나씩 있다.

1			4				9	
				9				5
			3		6		4	
6					5	3		
		3		2		1		
		1	6					8
	8		2		1			
9				3				
	5				7			3

40 다음과 같이 10 × 10의 숫자가 적혀 있는 칸이 준비되어 있다. 다음 조건에 따라 빈칸을 색칠하시오.

보기

① 위쪽에 있는 숫자만큼 아래 방향으로 칸에 색을 칠한다.

② 왼쪽에 있는 숫자만큼 오른쪽 방향으로 칸에 색을 칠한다.

③ 2, 3 과 같이 숫자가 2개 이상이 적혀 있는 경우 2칸과 3칸 칠해진 칸 사이에 한 칸 이상의 빈칸이 있어야 한다.

							2	3		2			
					5	1	1	1	3	1	1	5	
				10	3	1	1	1	3	1	2	3	10
			10										
	2	4	2										
	2	2	2										
		2	2										
2	1	1	2										
		1	1										
	1	2	1										
	2	1	2										
			10										
		2	3										

5 과학 창의성

[각 문제 배점 : 5점]

01 숫자 '68' 을 그림과 같이 ① ~ ⑥ 까지 차례로 6장의 거울에 비치게 하였다. ⑥번 거울 속 숫자는 ㉠ ~ ㉥ 중 어느 것과 같은 모양으로 보이겠는가?

- 유창성
- 융통성
- 독창성
- ✓ 정교성

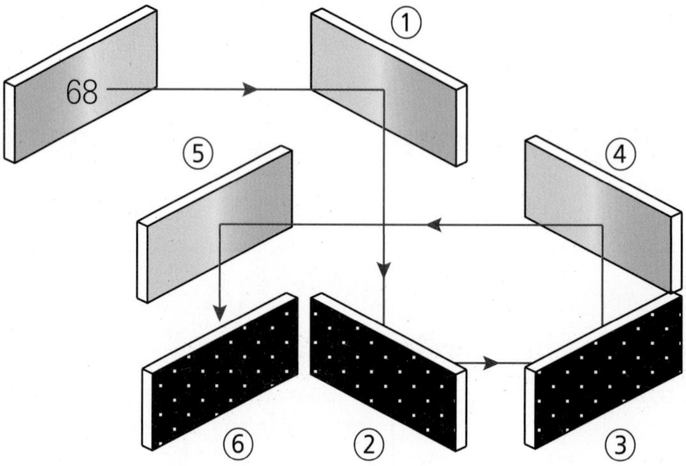

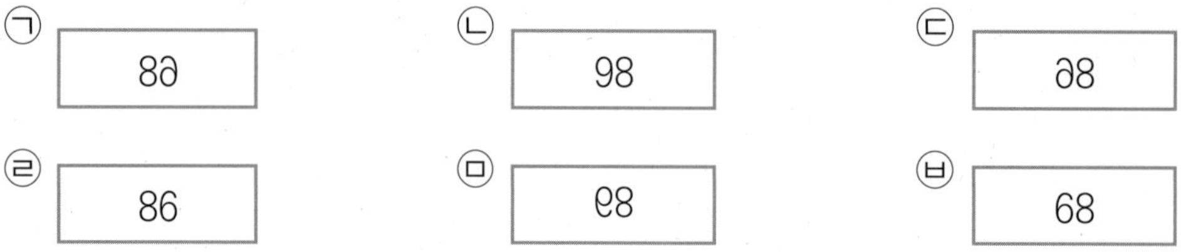

02

무한이는 같은 종류의 꽃이 심어져 있는 화분 2개를 사왔다. 하나는 자신의 방에 놓았고, 하나는 거실의 TV 옆에 두었다. 그런데 어느 날 화분에 물을 주기 위해 봤더니 창틀에 놓인 꽃은 잘 자라고 있었으나 거실의 TV 옆에 둔 꽃은 생기가 없이 시들어가고 있는 것을 발견하였다. 물음에 답하시오.

- ○ 유창성
- ✔ 융통성
- ○ 독창성
- ✔ 정교성

(1) 식물이 자라는 데 필요한 3가지를 말하고, 거실 옆에 둔 화분이 시든 이유를 설명해 보시오.

(2) 거실 TV 옆에 놓은 화분의 꽃이 잘 자라게 하려면 어떻게 해야 할까?

5 과학 창의성

영재교육원 기출 유형

03 상상이는 다음과 같은 신문 기사를 본 후 사건이 일어난 원인을 알아보기 위하여 실험을 하였다.

- ○ 유창성
- ✓ 융통성
- ○ 독창성
- ✓ 정교성

올해 5살인 OOO군이 지난 월요일 오후 유치원 버스 뒷좌석에서 숨진 채 발견됐다. 교사들이 잠이 든 상태로 남아있던 OOO군을 발견하지 못하고 그냥 내리는 바람에 버스 안에 7시간 동안 갇혀있다가 이러한 사고가 난 것이다.

사고 당일 섭씨 30도를 넘는 고온이 이어지면서 문 닫힌 차량 안 온도는 50도를 웃돌았을 것으로 경찰은 추정하였다.

미국에서는 이런 경우가 매년 평균 36건에 달하는데, 여름이 일찍 찾아온 올해는 벌써 12명이 차량 안에서 숨졌다고 한다.

- 2010. 00. 00

윗 면이 열린 스티로폼 상자 2개와 유리판 1개, 온도계 2개, LED 2개를 이용하여 실험을 한 후 다음과 같은 결과를 얻었다. 물음에 답하시오.

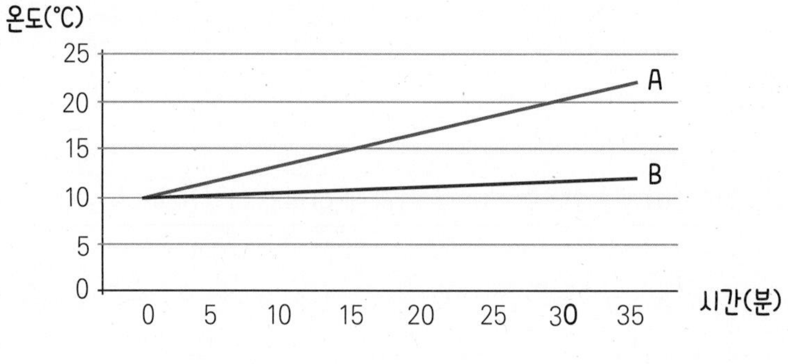

(1) 무한이가 한 실험 과정을 설명하시오.

(2) 사고가 난 버스는 A와 B 중 어떤 그래프에 해당하는지 쓰고, 이와 같은 결과가 나타난 이유를 설명하시오.

(3) 실험 결과를 근거로 하여 여름철 차안에서 사망 사고를 방지할 수 있는 방법을 쓰시오.

영재교육원 기출 유형

유창성
✔ 융통성
독창성
✔ 정교성

04 다음 그림과 같이 150년 동안 지구의 평균 기온은 계속 상승하고 있다.

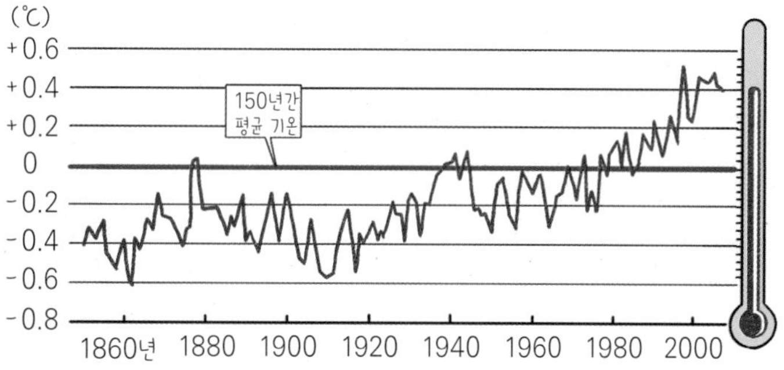

그림 (가)와 (나)는 열대 기후에 사는 사막 여우와 한대 기후에 사는 북극 여우의 모습을 나타낸 것이다.

(가)

(나)

지구의 온도가 계속 상승한다면 사막 여우와 북극 여우의 모습은 각각 어떻게 변하게 될까? 왜 그렇게 변하는지도 서술하시오.

영재교육원 기출 유형

05 지난 여름 제주도 여행을 다녀온 무한이는 제주도의 상징인 돌하르방을 기념품으로 사가지고 왔다. 돌하르방의 표면을 관찰한 무한이는 다음과 같은 특징을 찾았다.

- ○ 유창성
- ✓ 융통성
- ○ 독창성
- ○ 정교성

① 돌하르방은 알갱이의 크기가 매우 작은 돌로 만들어졌다.
② 돌하르방의 표면은 크고 작은 구멍이 많이 뚫려 있다.
③ 돌하르방의 표면은 거칠거칠하다.

돌하르방 표면이 위와 같은 특징을 가지게 된 원인을 암석의 생성 과정과 관련지어 서술하시오.

영재교육원 기출 유형

06 거북은 사는 곳에 따라 육지거북과 바다거북으로 나뉜다.

- ○ 유창성
- ✓ 융통성
- ○ 독창성
- ✓ 정교성

서로 다른 환경에 적응하며 살아가는 육지거북과 바다거북의 차이점을 서술하시오.

영재교육원 기출

07 40kg 의 사람이 500g 의 밥을 10분 동안 먹은 후 곧바로 몸무게를 재었다.

○ 유창성
✔ 융통성
○ 독창성
✔ 정교성

(1) 몸무게의 변화로 옳은 것은?

① 40.5kg
② 변화없다.
③ 40kg 보다는 늘어나지만 40.5kg 보다는 작다.

(2) 그 이유를 설명하시오.

08 우주정거장은 지구 궤도에 건설된 대형 구조물로서 사람이 생활하면서 우주 실험, 우주 관측, 우주 개발에 필요한 임무를 수행하는 곳이다. 우주 정거장에서 양초에 불을 붙이면 다음 그림과 같이 잠깐은 불이 붙지만 곧 꺼진다. 불이 금방 꺼지는 이유를 쓰고, 불이 꺼지지 않게 하기 위해서는 어떻게 해야 할지 서술하시오.

○ 유창성
✔ 융통성
○ 독창성
✔ 정교성

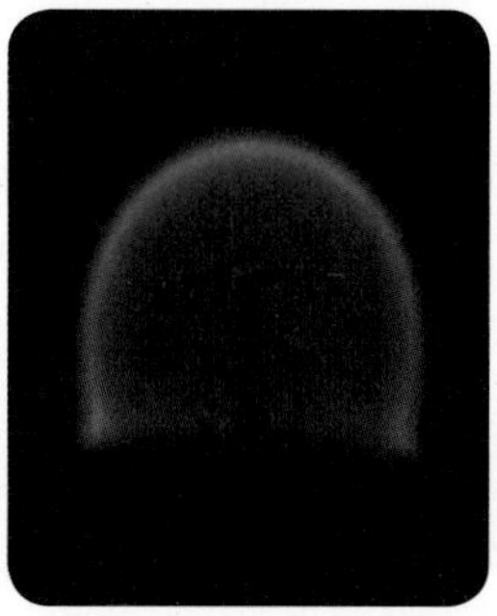

영재교육원 기출 유형

09 무한이는 그림과 같이 윗접시 저울의 한쪽에는 물이 들어 있는 컵을 놓고, 다른 한쪽에는 얼음이 들어 있는 컵을 놓은 뒤 저울이 평형을 이루도록 하였다.

- ◯ 유창성
- ✔ 융통성
- ◯ 독창성
- ✔ 정교성

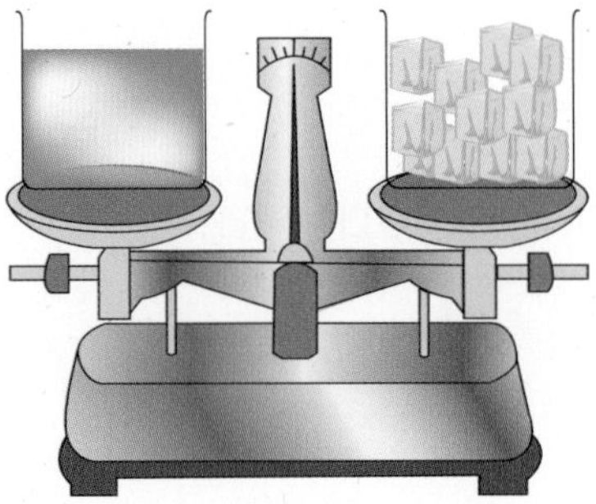

일정한 시간이 지나 얼음이 대부분 녹았을 때 저울은 어떤 상태가 되었을까? 그렇게 된 이유도 함께 설명하시오.

영재교육원 기출 유형

10 다음 그림과 같이 크기와 모양, 두께가 같은 철판과 나무판이 있다. 철판과 나무판의 열전도율 차이를 확인할 수 있는 방법을 서술하시오.

- ◯ 유창성
- ✔ 융통성
- ◯ 독창성
- ◯ 정교성

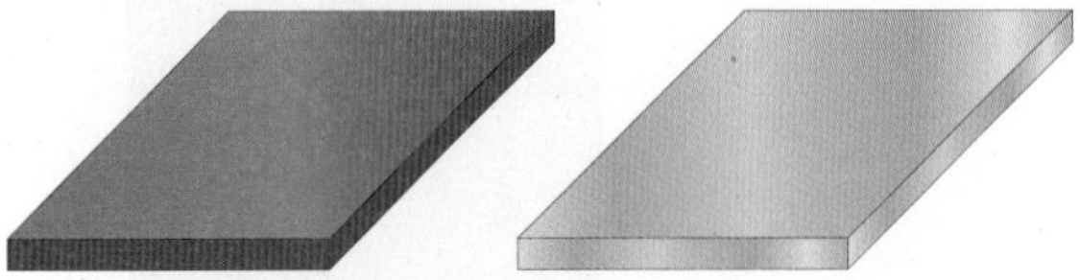

대회 기출 유형

11

✔ 유창성
○ 융통성
○ 독창성
✔ 정교성

낮에 나무와 풀이 무성한 산 속에 가면 공기가 맑고 시원하다. 이것은 식물이 이산화 탄소를 흡수하고 공기 중으로 산소를 내뿜기 때문이며 이러한 역할을 하는 것은 잎에 있는 기공이다.

다음 자료는 현미경으로 관찰하여 얻은 여러 식물의 잎에 있는 기공의 수를 정리한 것이다. 물음에 답하시오.

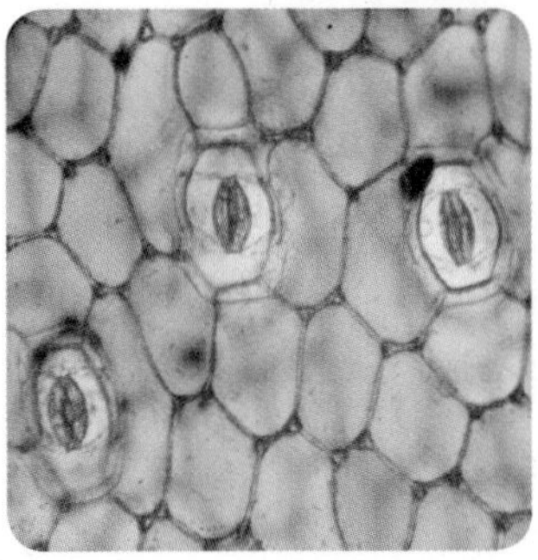

▲ 기공

식물	앞 면	뒷 면
라일락	0	33,000
호박	2,800	26,900
보리	4,800	3,200
옥수수	5,200	6,800
완두	10,100	21,000
봉선화	10,900	31,500
수련	13,000	0

(1) 이 자료를 통해 알 수 있는 사실을 있는 대로 쓰시오.

(2) 잎의 앞면과 뒷면의 기공의 수가 다르게 분포함으로써 식물에게 이로운 점을 3가지 이상 쓰시오.

5 과학 창의성

영재교육원 기출

12 무한이는 꼬마 전구 4개와 전지 1개를 이용하여 전기 회로를 만드려고 한다. 다음 조건을 만족하는 전기 회로를 그리시오.

○ 유창성
✔ 융통성
○ 독창성
○ 정교성

보기

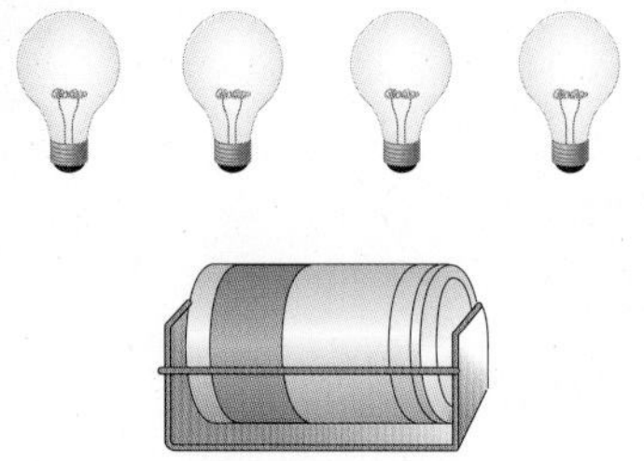

제거 전구	상태
A	모두 꺼진다
B	모두 꺼진다
C	모두 켜진다
D	모두 켜진다

영재교육원 기출 유형

13 다음 그림과 같이 바퀴는 나무로 만든 바퀴를 시작으로 현재 고무 재질을 이용한 고무 바퀴로 발달되어 왔다.

○ 유창성
✔ 융통성
○ 독창성
✔ 정교성

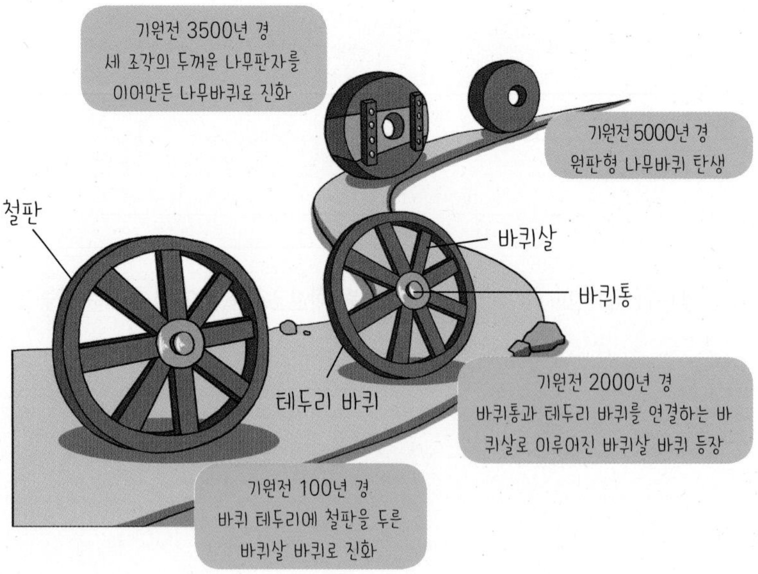

나무로 만든 바퀴가 고무 재질로 대체된 이유를 설명하고, 고무 타이어의 장점을 설명하시오.

14 다음은 수심이 200m 보다 깊은 바다에서 서식하는 심해어와 그 특징을 설명한 것이다.

- ○ 유창성
- ☑ 융통성
- ○ 독창성
- ○ 정교성

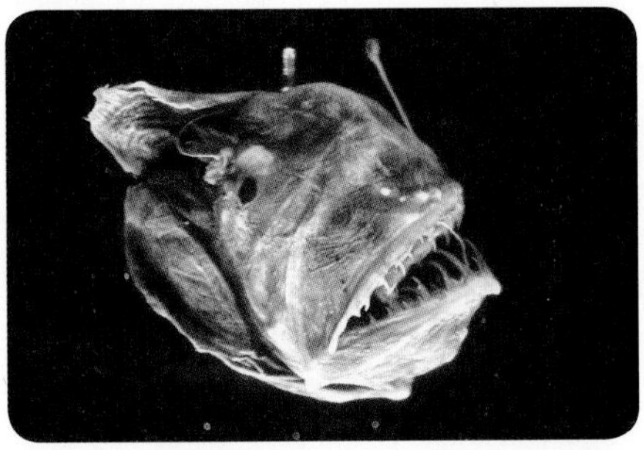

▲ 심해어 멜라노세투스(Melanocetus)

발견 장소 : 수심 3,000m 부근
크기 : 수컷의 가장 큰 크기는 2cm 내외
특징 : 머리에 발광기가 있음
몸에 비해 큰 입을 가지고 있으며 근육이 매우 적어 먹이를 쫓아가서 사냥을 하지 못함

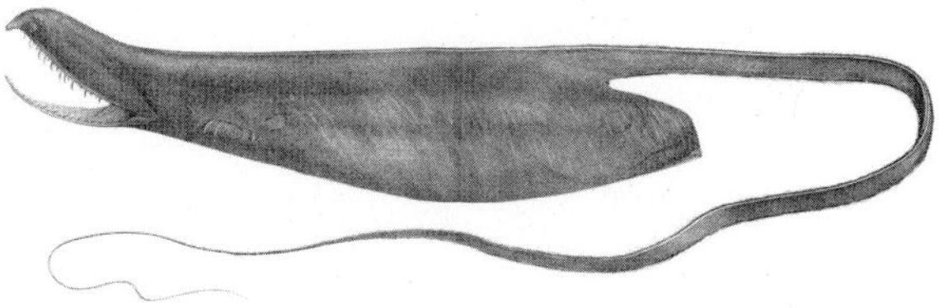

▲ 심해어 사코파린크스(Saccopharynx)

발견 장소 : 수심 1800m 부근
크기 : 최대 2m까지 자람
특징 : 입과 턱이 발달되어 있으며, 위의 크기가 몸길이의 절반에 가까움

심해어들이 이러한 특징을 갖게 된 이유에 대하여 서술하시오.

5 과학 창의성

15 다음은 유산소 운동과 무산소 운동의 에너지 대사 과정과 젖산에 대한 설명이다.

- ✔ 유창성
- ✔ 융통성
- ○ 독창성
- ○ 정교성

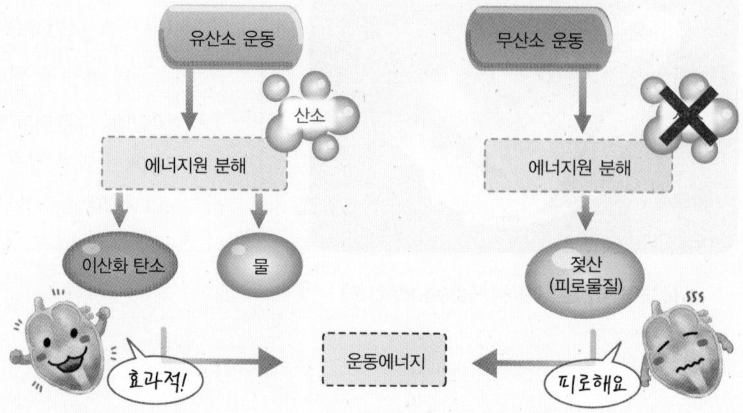

피로 물질 젖산은 심한 운동시 증가하는 물질이다. 신체의 피로 증상이 나타나는 것은 글리코겐(에너지원)이 분해되면서, 젖산의 양이 증가되어 축적되기 때문이다. 이러한 젖산은 소변과 땀으로 배출되거나 자동 소멸되거나 단백질로 전환되기도 하지만 대부분은 에너지원으로 재사용된다.

어느 날 밤 갑자기 날씨가 추워진다고 하여 무한이는 밖에 두었던 식물들을 모두 방 안으로 들여 놓았다. 그리고 찬 바람이 문 사이로 들어오는 것을 방지하기 위해 모든 빈 틈을 차단하고 잠자리에 들었다. 다음 날 잠에서 깬 무한이는 잠을 잤음에도 불구하고 몸의 피로가 오히려 더 많이 쌓인 것처럼 느껴졌다.

무한이가 잠을 자고 난 후 오히려 피로를 느끼는 이유를 설명하고, 피로가 쌓이지 않게 할 수 있는 다양한 방법을 제시하시오.

영재교육원 기출

16

다음 <보기>에 제시된 실험 준비물을 이용하여 무한이와 상상이가 결정 만들기 실험을 하였다. 그런데 무한이의 결정은 크고, 상상이의 결정은 작았다. 결정의 크기 차이가 나는 이유를 실험 과정과 관련지어 3가지 이상 설명하시오.

✔ 유창성
✔ 융통성
○ 독창성
○ 정교성

보기

<실험 준비물>

백반, 물(500mL), 비커, 알코올램프, 페트리 접시, 유리 막대, 점화기, 보안경, 장갑, 약숟가락, 철사, 털실, 종이, 스티로폼 상자, 쇠 그물망, 삼발이

영재교육원 기출 유형

17

다음은 개미의 눈에 대한 설명이다.

✔ 유창성
✔ 융통성
○ 독창성
○ 정교성

개미 머리에는 많은 감각 기관이 있으며, 다른 곤충들 처럼 개미는 작은 렌즈같은 홑눈이 수없이 달려있는 겹눈을 지니고 있다. 개미는 움직임에 매우 민감하지만, 대부분의 개미들은 시력이 좋지 못하며, 땅 밑에 사는 종류 중 몇몇은 시력을 완전히 상실하였다.

눈이 발달하지 않은 대신 더듬이가 매우 발달하여 사물을 구별하고 맛이나 향기도 알아낼 수 있다. 먹이를 찾았다고 동료들에게 알리는 것도, 진딧물의 배를 두드려 배설물을 내보내는 것도, 그리고 적과 자기 동료를 구별하는 것도 모두 더듬이의 역할이다.

시력이 나쁜 개미가 길을 찾아갈 때 시력을 이용하지 않고 더듬이를 이용한다는 것을 확인할 수 있는 방법을 3가지 이상 쓰시오.

영재교육원 기출 유형

18 더운 여름날 목이 말랐던 무한이는 1L 짜리 페트병에 든 사이다를 마신 다음 뚜껑을 꼭 닫고 냉장고에 넣어 두었다. 다음 날 냉장고를 연 무한이는 사이다가 든 페트병이 조금 찌그러져 있는 것을 발견하였다. 물음에 답하시오.

○ 유창성
✔ 융통성
○ 독창성
○ 정교성

(1) 사이다가 든 페트병이 찌그러진 이유는 무엇일까?

(2) 사이다가 든 페트병이 찌그러진 현상과 가장 관계가 깊은 것은?

① 탁구공을 밟으면 찌그러진다.

② 더운 날에는 마당에 물을 뿌리면 시원해진다.

③ 손바닥에 숨을 천천히 불면 따뜻하지만 세게 불면 시원해진다.

④ 냉동실에서 물을 얼릴 때에는 그릇의 크기보다 약간 물을 적게 넣어야 된다.

⑤ 지하철이나 기차가 덜컹거리는 이유는 레일과 레일 사이를 띄어놓았기 때문이다.

영재교육원 기출 유형

19 다음은 두부를 만드는 과정이다. 물음에 답하시오.

✔ 유창성
✔ 융통성
○ 독창성
○ 정교성

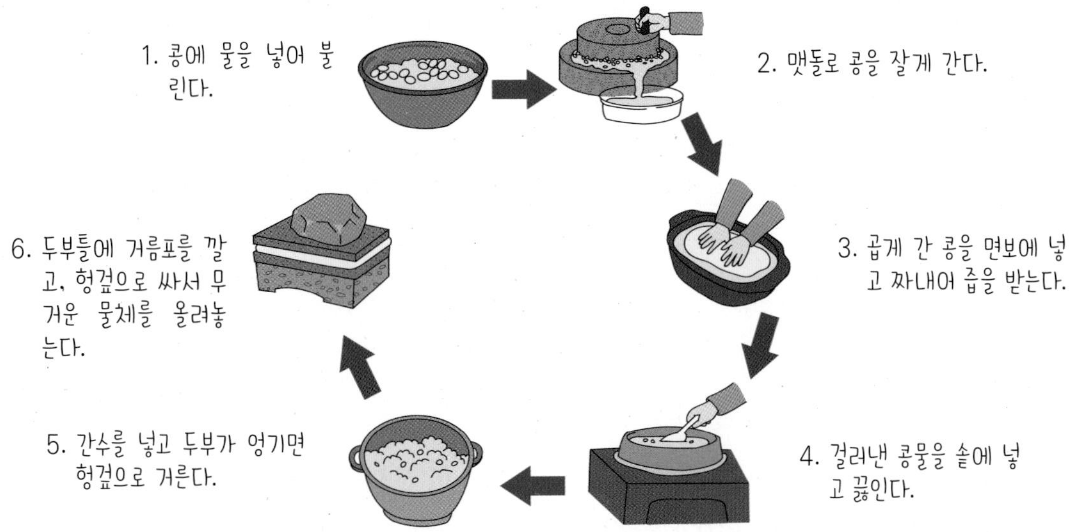

(1) 두부를 만드는 과정에서 사용되는 물질(혼합물)의 분리 방법을 있는 대로 쓰시오.

(2) 생활 속에서 물질의 분리(혼합물의 분리)를 활용하는 예를 3가지 이상 쓰시오.

20 마라톤을 하거나 축구를 하면 평상시보다 심장 박동수가 빨라지고, 호흡이 가빠진다. 이처럼 심한 운동을 할 때 심장 박동수와 호흡수가 증가하는 이유는 무엇일까?

- ○ 유창성
- ✔ 융통성
- ○ 독창성
- ✔ 정교성

영재교육원 기출 유형

21 생일을 맞은 상상이는 가족들과 레스토랑에 갔다. 이 레스토랑에서는 눈 앞에서 음식을 직접 요리해 주었다. 채소와 고기를 볶던 요리사가 프라이팬에 술을 넣었더니 불이 붙었다가 꺼졌다. 물음에 답하시오.

- ○ 유창성
- ✔ 융통성
- ○ 독창성
- ○ 정교성

(1) 술을 넣으면 불이 붙는 이유는 무엇일까?

(2) 불이 붙은 프라이팬 속에서 채소가 타지 않는 이유는 무엇일까?

영재교육원 기출

22 상상이는 해질 무렵 퇴근하는 아버지와 함께 집에 오는 길에 노을이 지는 것을 보았다. 상상이의 아버지는 '오늘 저녁에는 서쪽 하늘이 빨갛게 물든 것을 보니 내일은 날씨가 좋겠구나.' 라고 말씀하셨다. 아버지의 말씀을 과학적으로 설명해 보시오.

- ◯ 유창성
- ✔ 융통성
- ◯ 독창성
- ✔ 정교성

23 무더운 여름날 무한이는 냉장고 속에서 꽁꽁 얼어있던 아이스 바를 꺼냈다. 아이스 바를 먹기 위해 아이스 바에 혓바닥을 댄 순간 혀가 붙고 말았다. 혀가 아이스 바에 붙은 이유는 무엇일까?

- ◯ 유창성
- ✔ 융통성
- ◯ 독창성
- ◯ 정교성

영재교육원 기출 유형

24 다음 <보기>의 준비물을 이용하여 부피 측정 실험을 하려고 한다. 물음에 답하시오.

○ 유창성
✓ 융통성
○ 독창성
✓ 정교성

보기

<실험 준비물>

스티로폼 공, 15cm 나무 꼬치, 투명한 플라스틱 컵, 눈금 있는 주사기, 물, 검정색 유성펜

(1) 주어진 실험 준비물을 이용하여 스티로폼 공의 부피를 측정하는 방법과 실험을 진행할 때 주의해야 하는 점을 쓰시오.

(2) 내 몸의 부피를 측정하려고 한다. 욕조와 물을 이용해서 내 몸의 부피를 측정할 수 있는 아이디어를 2가지 이상 쓰시오.

영재교육원 기출 유형

25

○ 유창성
✓ 융통성
○ 독창성
○ 정교성

소금 성분이 강한 땅에서는 풀과 나무가 자라지 못한다. 땅의 수분을 빨아들이기는 커녕 식물에 있는 물마저 빠져나오는 역삼투압이 작용하기 때문이다.

하지만 소금기가 있는 토양에서 잘 자라는 식물도 있다. 이를 '염생식물'이라고 한다. 염생식물이란 바닷가의 모래땅이나 갯벌 주변의 염분이 많은 땅에서 자라는 생명력이 강한 식물이다.

대표적인 염생식물로는 나문재, 퉁퉁마디, 갯개미취, 칠면초 등이 있다.

▲ 나문재

▲ 퉁퉁마디

▲ 칠면초

바닷가에서 살아가는 이러한 염생식물들이 갖춰야할 조건을 서술하시오.

26

○ 유창성
✓ 융통성
○ 독창성
○ 정교성

상상이는 친구들과 식당에 가서 라면을 주문하였다. 맛있는 라면이 테이블 위에 놓여진 후 라면을 먹으려고 하는 순간 라면 그릇이 테이블 위에서 미끄러졌다. 이를 신기하게 여긴 상상이가 그릇의 바닥을 확인해보니 밑바닥이 오목하게 들어가 있는 것을 확인하였다. 물기도 없던 테이블 위에 놓인 그릇이 저절로 움직인 이유를 서술하시오.

27 일반적인 조명은 대부분 흰색이다. 하지만 터널에는 오렌지색 등을 사용한다. 그 이유는 무엇일까?

○ 유창성
✓ 융통성
○ 독창성
○ 정교성

영재교육원 기출 유형

28 제트기처럼 빠르게 날아가는 비행기가 지나간 뒤에는 길고 가늘게 구름이 생긴다. 이러한 비행기 구름이 생기는 이유를 쓰고, 우리 주변에서 이와 유사한 현상을 찾아 3가지 이상 쓰시오.

○ 유창성
✓ 융통성
○ 독창성
✓ 정교성

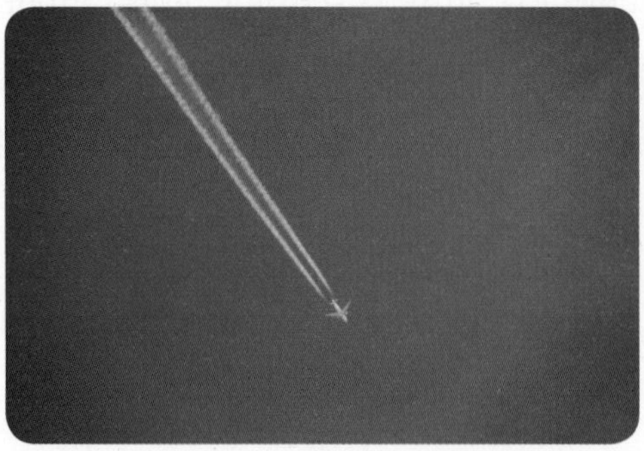

29 목소리는 폐에서 나온 공기가 목 아랫 부분에 있는 성대의 중앙을 통과한 다음 발성 통로를 지나 밖으로 나오면서 만들어진다. 이때 성대의 긴장으로 인해 공기의 압력이 변하면서 공기가 진동해 다양한 소리가 만들어진다. 물음에 답하시오.

- ○ 유창성
- ✓ 융통성
- ○ 독창성
- ○ 정교성

(1) 녹음기에 녹음한 내 목소리가 어색하게 들리는 이유는 무엇일까?

(2) 헬륨 가스를 마시면 목소리가 왜 변할까?

영재교육원 기출

30 다음은 바이오 디젤에 대한 설명이다.

- ✓ 유창성
- ○ 융통성
- ○ 독창성
- ✓ 정교성

> 경유를 대체할 친환경 연료로 주목받고 있는 바이오 디젤(bio-diesel)이란 콩기름·유채기름·폐식물기름·해조유(海藻油) 따위의 식물성 기름을 원료로 해서 만든 무공해 연료를 통틀어 말한다.
>
> 바이오 디젤은 경유와 달리 약 10퍼센트의 산소를 포함하고 있는 연료로서 연소 시 바이오 디젤에 포함된 산소로 인해 보다 완전한 연소가 일어나 경유에 비해 대기 오염 물질이 40 ~ 60퍼센트 이상 적게 배출된다.

기존의 휘발유나 경유와 같은 연료 대신 바이오 디젤의 사용이 인간 생활에 미칠 수 있는 영향을 3가지 이상 서술하시오.

31 북극이나 남극은 이 지구상에서 가장 추운 곳들이다. 남극과 북극 중 어느 곳이 더 추울까? 그 이유와 함께 서술하시오.

- ◯ 유창성
- ✔ 융통성
- ◯ 독창성
- ◯ 정교성

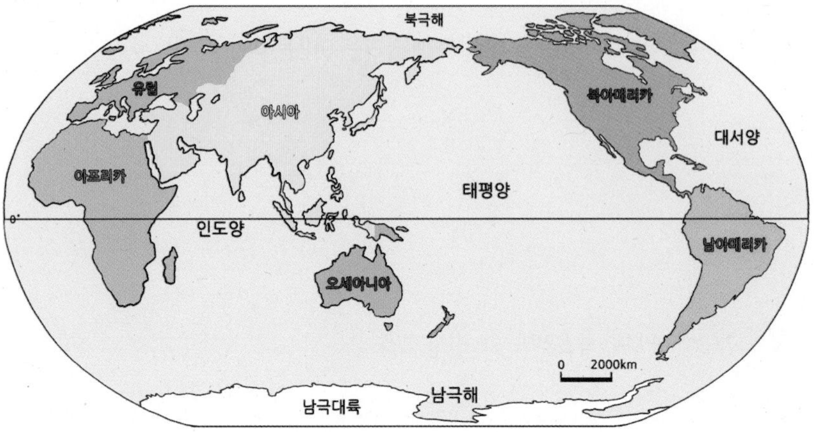

영재교육원 기출 유형

32 눈이 쌓인 겨울에 무한이와 상상이는 같은 크기의 눈사람을 만들었다. 이때 무한이는 눈사람에게 외투를 입혀 주었고, 상상이는 그대로 두었다. 기온이 영상으로 올라서 날이 따뜻해졌을 때 누구의 눈사람이 더 빨리 녹겠는가? 그 이유와 함께 서술하시오.

- ◯ 유창성
- ✔ 융통성
- ◯ 독창성
- ◯ 정교성

무한이가 만든 눈사람 상상이가 만든 눈사람

영재교육원 기출 유형

33 다음은 얼음과 눈덩이를 벽돌 모양으로 만들어 쌓아 올려 만든 이누이트족의 집 '이글루'를 만드는 과정이다. 물음에 답하시오.

○ 유창성
✔ 융통성
○ 독창성
✔ 정교성

① 고운 눈더미를 눈칼로 잘라 눈벽돌을 만든다.

② 평평하게 다진 눈 위에 눈벽돌을 둥글게 두르고 벽돌 위 표면을 안으로 기울게 깍는다.

③ 눈벽돌을 안으로 쏠리게 계속 쌓아올려 완전한 돔 형태로 만든다. 이때 눈벽돌은 엇갈리게 해서 쌓아 올린다.

(1) 눈벽돌로 만든 벽은 단단하게 고정해야 한다. 벽을 단단하게 하기 위해서는 어떻게 해야 할까?

(2) 이누이트족들은 날씨가 추운 날이면 이글루 내부 벽에 물을 뿌린다. 그 이유를 과학적 원리를 이용하여 설명하시오.

대회 기출 유형

34 미항공우주국(NASA)에서 개발한 에코스피어(ecosphere)는 단순한 어항과 같이 생겼지만 먹이를 주거나 물을 갈아 줄 필요가 없으며, 어항 속의 작은 새우 3마리는 먹이와 공기의 보충 없이 10년 동안 살 수 있다.

- ○ 유창성
- ✔ 융통성
- ○ 독창성
- ✔ 정교성

에코스피어 안에는 인공 바닷물과 자갈, 조개 껍데기, 해조류와 새우, 미생물이 들어있다. 이는 인간이 얼마나 적은 양의 음식으로 우주 공간에서 살아남을 수 있는 가를 연구하다 개발된 것이다. 물음에 답하시오.

(1) 에코스피어 안에서 일어나는 물질과 에너지 이동에 대하여 설명해 보시오.

(2) 에코스피어 안의 생태계가 유지되기 위해 필요한 조건에 대하여 서술해 보시오.

영재교육원 기출 유형

35 평면 거울 2개를 점에 대고 평면 거울 사이의 각도를 다음과 같은 각도로 각각 놓았을 때 어떻게 보이는지 각각 그리시오.

- ○ 유창성
- ○ 융통성
- ○ 독창성
- ✓ 정교성

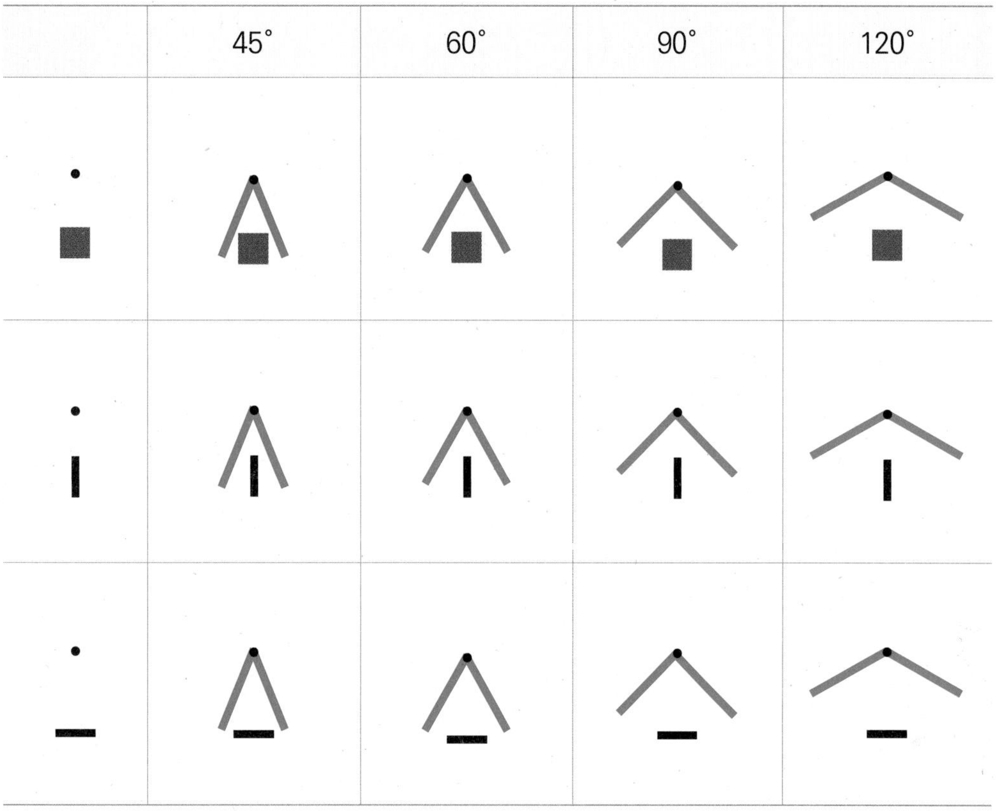

5 과학 창의성

영재교육원 기출 유형

36 오른쪽 그림은 2011년도 서리가 내린 첫날을 나타낸 지도이다. 지역별로 서리가 내리는 첫날이 다른 이유를 설명해 보고, 이를 이용하여 서리가 잘 발생하는 조건을 서술하시오.

- ○ 유창성
- ✓ 융통성
- ○ 독창성
- ○ 정교성

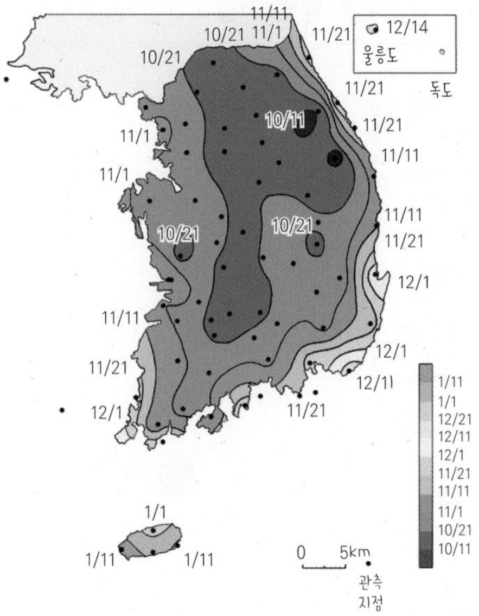

37 무한이는 하늘에 떠 있는 보름달을 보고 궁금한 점이 생겼다. 무한이의 물음에 답해 보시오.

- ○ 유창성
- ✓ 융통성
- ○ 독창성
- ✓ 정교성

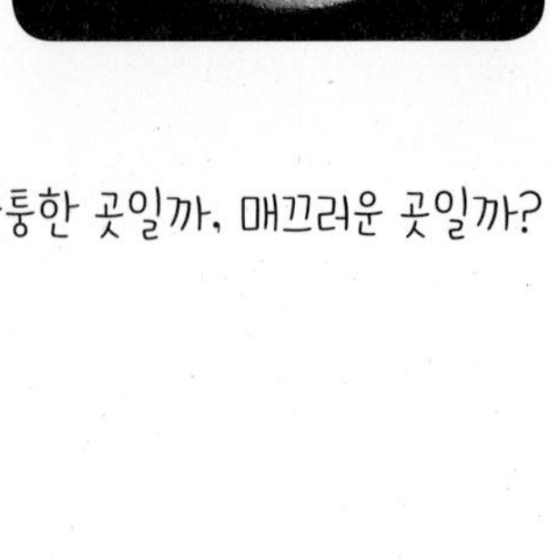

(1) 달의 표면에는 울퉁불퉁한 곳과 매끄러운 곳이 있다. 달이 밝게 보이는 부분은 울퉁불퉁한 곳일까, 매끄러운 곳일까?

(2) 만일 달에서 산다면 하루는 몇 시간이 될까?

영재교육원 기출 유형

38 다음은 우주 여행과 관련된 기사이다. 물음에 답하시오.

- 유창성
- ✓ 융통성
- 독창성
- ✓ 정교성

"2023년 지구를 떠나 화성에 정착할 주민을 모집합니다."

네덜란드 벤처업체 '마스 원'이 추진중인 화성 식민지 프로젝트에 지구촌 각지에서 10만 명 넘는 지원자가 몰렸습니다.

일단 2022년 선발대 4명을 보내고 이후 20명을 더 화성에 보낸다는 계획입니다. 마스원측은 올해 말까지 후보자를 40명으로 압축하고, 이들을 대상으로 8년간의 화성 정착 훈련을 실시합니다.

이 프로젝트는 우주 관광이 아닙니다. 최종 선발되는 우주인 4명은 화성에 정착촌을 짓고 여생을 보내야 하는 것입니다.

- 2010. 00. 00

(1) 내가 화성 식민지 프로젝트에 선발되었다면, 화성에 도착한 후 하고 싶은 활동과 그 이유를 3가지 이상 쓰시오.

(2) 2200년 1월 1일에 지구와 화성은 동시에 새해가 되었다. 이를 기념하기 위해 지구에서 화성으로 향하는 우주선이 2200년 1월 1일에 출발한 후 200일 후에 화성에 도착하였다. 우주선이 도착한 날짜를 화성 날짜로 구하시오. (단, 화성도 12개월이 1년이며, 2월의 1달이 가장 짧다.)

화성의 공전 주기	687일
화성의 1달	57 ~ 58일

5 과학 창의성

영재교육원 기출 유형

39 상상이는 시골 할머니 댁에 방문하였다. 할머니께서는 콩을 이용하여 메주를 쑤고 계셨고, 메주를 네모 모양으로 만드신 후, 꿀 단지가 들어있는 작은 방에 볏집을 깔아두고 건조시켰다.

✔ 유창성
✔ 융통성
○ 독창성
○ 정교성

얼마 후 할머니댁에 다시 방문한 상상이는 메주가 어떻게 변했을지 궁금하여 작은 방에 들어가 확인해 보니 메주에 곰팡이가 생긴 것을 보았다. 맛있는 꿀에도 곰팡이가 생기지 않을까 걱정되어 꿀단지를 열어보았더니 꿀에는 곰팡이가 전혀 생기지 않았다. 물음에 답하시오.

(1) 메주에 생긴 곰팡이가 하는 일은 무엇일까?

(2) 꿀에는 곰팡이가 생기지 않은 이유가 무엇일까?

대회 기출 유형

40

다음 그림은 균일한 판자의 가운데 A, B, C 세 개의 구멍을 뚫고 가운데 구멍인 B에 핀을 이용하여 판자가 회전할 수 있도록 고정하여 만든 양팔 저울이다. 이때 ㉠, ㉡은 판자의 중심에서 같은 거리만큼 떨어져 있는 구멍으로 ㉠과 ㉡에 같은 무게의 추를 매달면 저울은 수평을 유지한다. 물음에 답하시오.

- ○ 유창성
- ✔ 융통성
- ○ 독창성
- ✔ 정교성

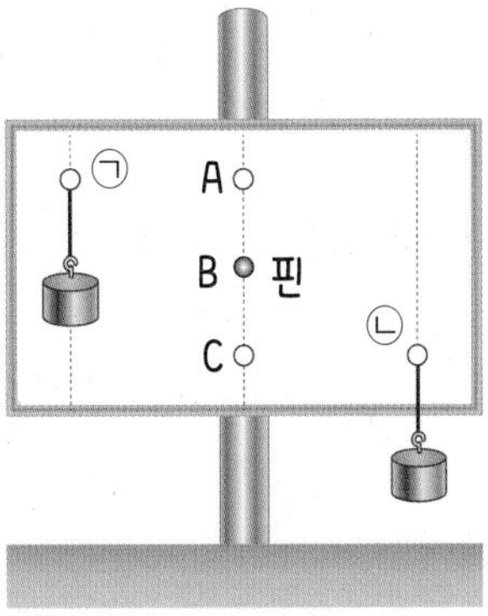

(1) 핀의 위치를 A로 옮기고 ㉠과 ㉡에 같은 무게의 추를 매달면 저울은 어떻게 될까? 그 이유를 함께 쓰시오.

(2) 다음 그림과 같이 무게 추를 매달지 않은 판자를 시계 방향으로 약간 회전시키면 저울은 어떻게 될까? 그 이유를 함께 쓰시오.

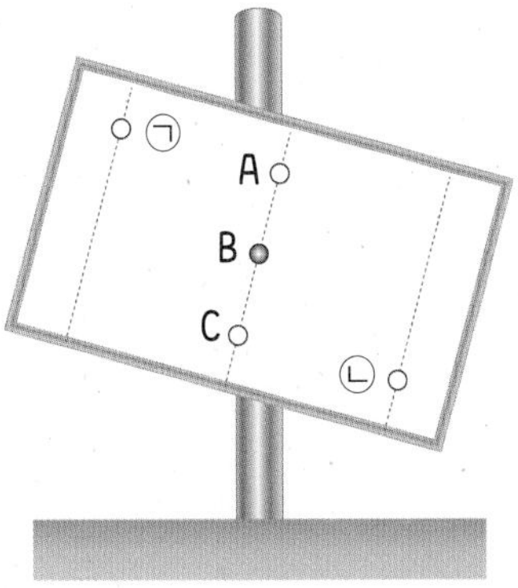

(3) 핀의 위치를 C로 옮긴 후 (2)와 같이 약간 회전시키면 저울은 어떻게 될까? 그 이유를 함께 쓰시오.

1회 모의고사

점수 /

[각 문제 배점 : 10점]

01 시계판에 선을 하나 그어서 나눠진 영역의 숫자들의 합이 다른 영역의 숫자들의 합의 2배가 되는 방법을 모두 찾아보시오.

정답 및 해설 / 예시 답안
p.90

02 다음 <보기>와 같이 주어진 선의 일부 또는 전부를 사용하고, 또 다른 선들을 그려 넣어 자기 만의 그림을 완성한 후, 그 그림의 제목을 쓰시오.

보기

선의 일부를 사용한 예_두 개만 이용한 경우

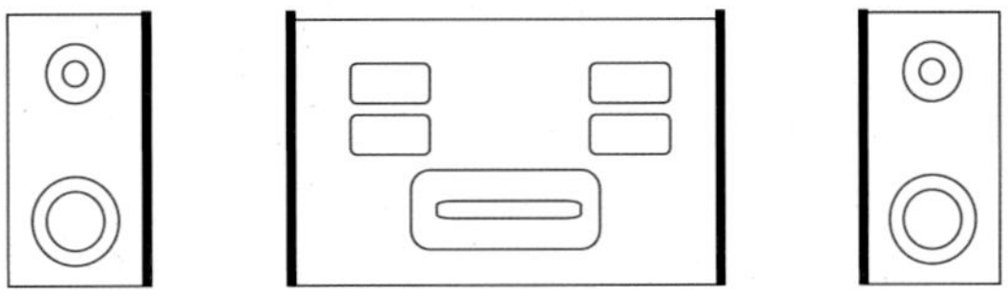

제목 : 내 책상위의 CD 플레이어

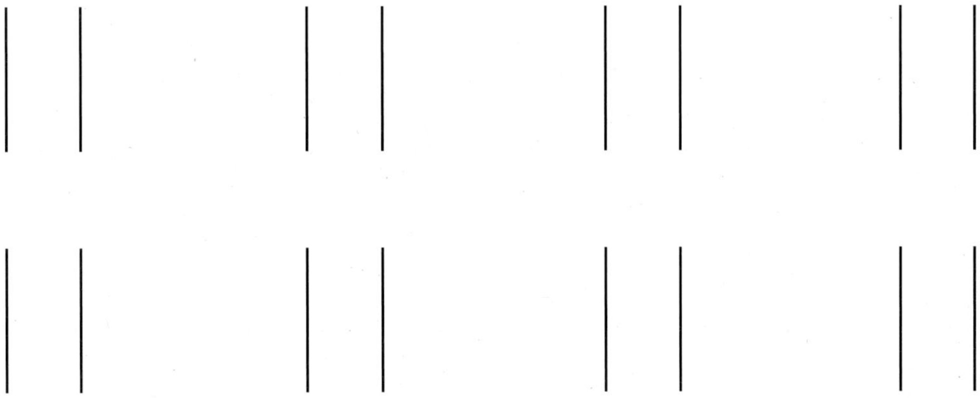

03 연필, 지우개, 볼펜, 색연필, 필통 이렇게 다섯 가지 상품만을 파는 문구점이 있다. 가게 주인은 다음과 같은 네 가지 조건을 내걸고 이를 지키는 손님에게만 상품을 팔았다. 무한이가 이 조건을 지키고 학용품을 구입해서 갔다면, 무한이가 구입한 상품은 무엇인가?

① 색연필과 필통 중 한 가지 이상을 반드시 사야 한다.
② 지우개와 볼펜 중에서는 한 가지밖에 살 수 없다.
③ 볼펜과 색연필을 사려면 둘 다 사야 한다.
④ 필통을 사려면 연필과 색연필을 모두 사야 한다.

① 필통, 색연필
② 볼펜, 지우개
③ 볼펜, 색연필
④ 연필, 볼펜, 필통
⑤ 연필, 지우개, 필통

04 다음은 10만 원권 지폐에 인쇄될 인물 선정에 대한 신문 기사이다.

"당신은 10만 원권 지폐의 인물로 누구를 선택하시겠습니까?"

한국은행이 5만원, 10만원짜리 고액권 지폐 초상인물 후보 10명을 공개하고 최종 인물 2명을 선정하기 위한 여론 수렴에 들어갔다. 후보 10명은 김구, 김정희, 신사임당, 안창호, 유관순, 장보고, 장영실, 정약용, 주시경, 한용운이다. 10명의 후보는 각계 전문가로 구성된 화폐도안자문위원회(도안자문위)가 1차로 추천한 20명 중에서 국민 여론조사와 전문가 조사를 거쳐 추려낸 것이다.

10명의 후보는 시대적으로 통일신라시대부터 근현대까지 분포돼 있고, 분야별로도 독립운동가, 학자, 과학자, 예술가 등이 고루 포함돼 있다. 여성도 2명 들어 있다.

- 2000. 00. 00

고액권 지폐에 인쇄될 적당한 인물을 위의 10명 중에서 선정을 하여 선정한 이유와 함께 100자 내외로 서술하시오.

1회 모의고사

05 어느 해의 8월에는 금요일이 5번, 토요일이 4번 있다. 이 해의 8월 1일은 무슨 요일일까?

06 동그라미 속에는 1 ~ 8 의 숫자가 한 번씩만 들어가며, 삼각형 속의 수는 주변 세 동그라미 숫자의 합이다. 동그라미를 숫자로 모두 채우시오.

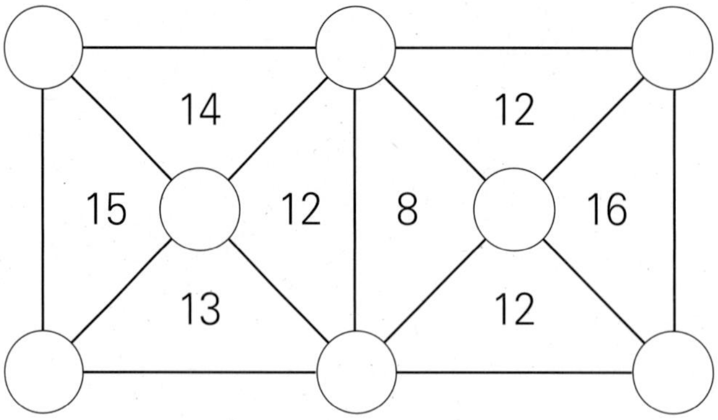

07 오른쪽 그림과 같이 보이는 정육면체의 전개도를 찾으시오.

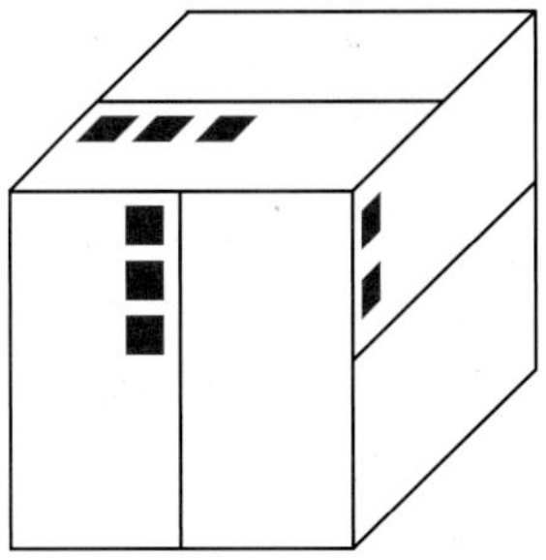

① 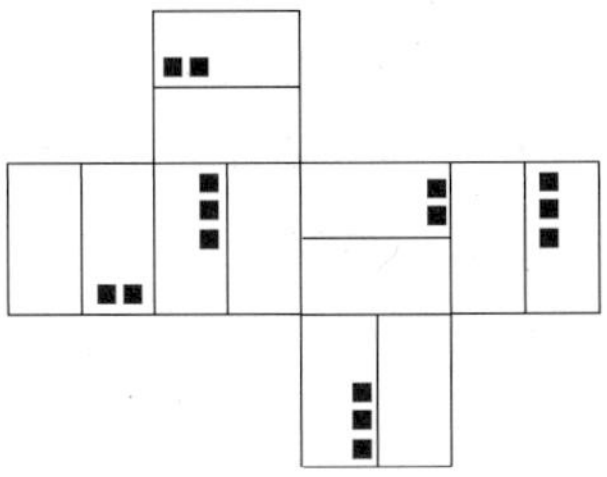

② 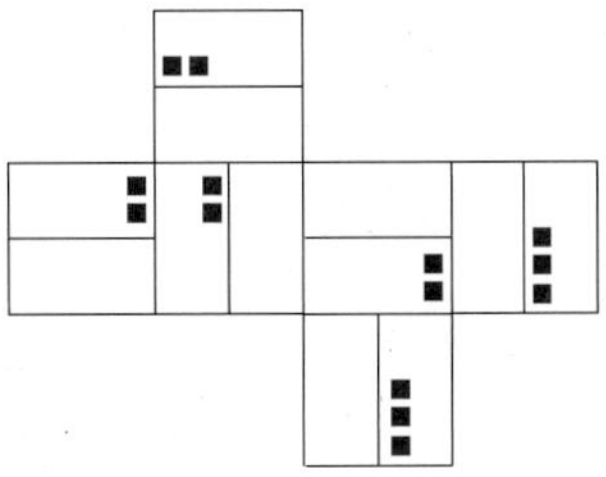

③ 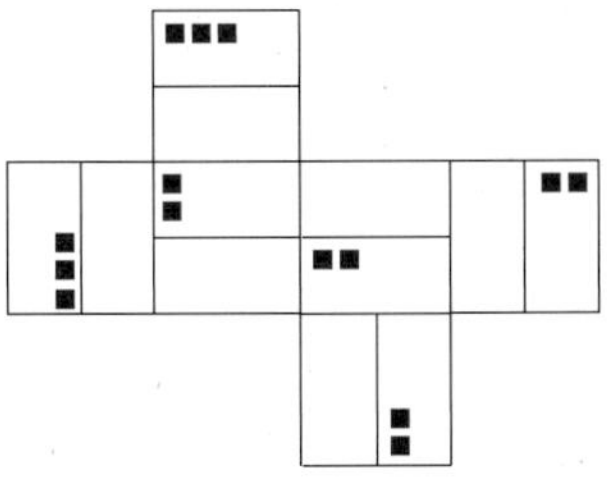

④ 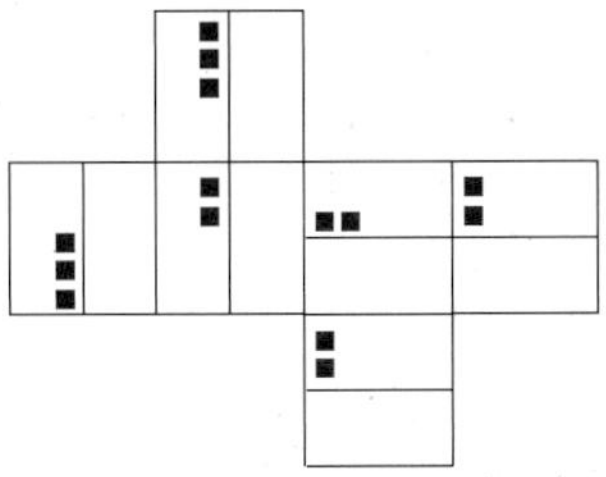

⑤ 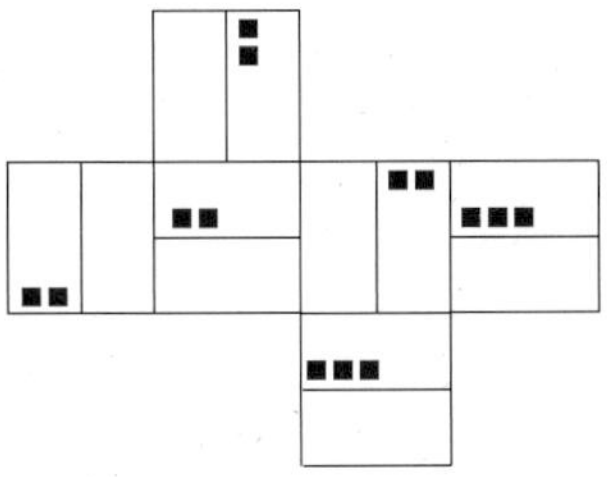

08 다음 <보기>의 도형이 만들어지는 규칙을 찾아내어 마지막 도형의 모습으로 옳은 것을 고르시오.

보기

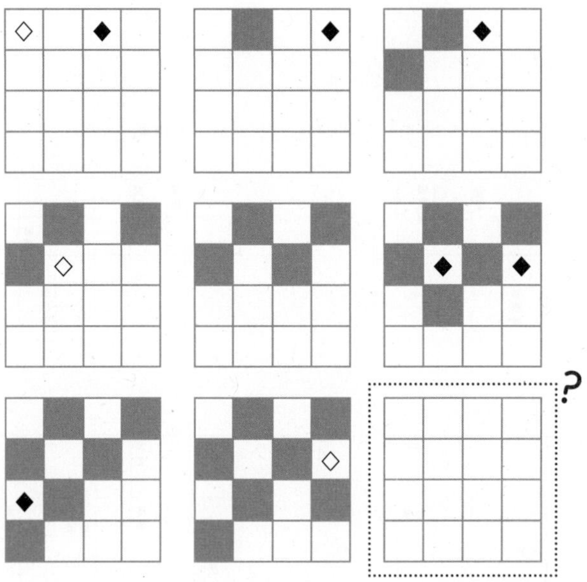

① 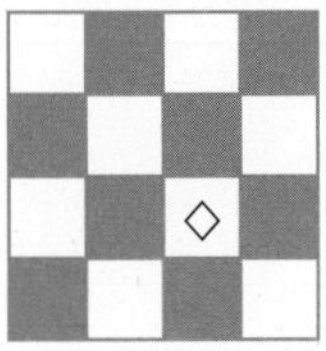

② 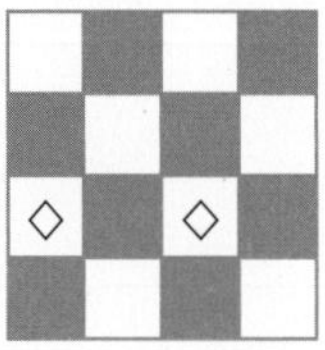

③ 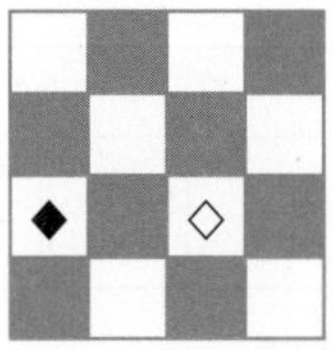

④ 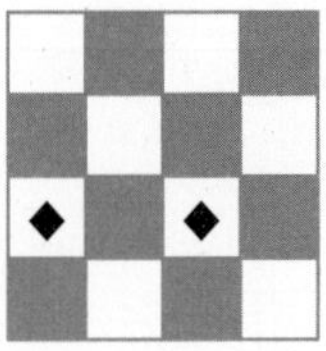

대회 기출 유형

09 우리 조상들은 김칫독에 배인 냄새를 없애기 위해 볏짚, 콩대, 쑥 등을 태운 재를 물과 함께 김칫독에 넣거나 조개껍데기를 잘게 갈아서 넣었다고 한다. 이와 비슷한 원리를 이용한 생활 속 지혜를 3가지 이상 서술하시오.

교육청 영재교육원 기출

10 다음의 문제를 창의적으로 해결할 방법을 찾아 보시오.

(1) 1년의 길이를 재는 방법

(2) 지구의 둘레를 재는 방법

2회 모의고사

점수 /

[각 문제 배점 : 10점]

01 1 ~ 9 까지의 수를 어떤 기준에 의해 다음과 같이 그룹 A와 B로 나누었다.

그룹 A : 1, 4, 7
그룹 B : 2, 3, 5, 6, 8, 9

위의 분류 기준에 의해 10은 그룹 B, 11은 그룹 A에 속한다. 분류 기준은 무엇일까? 그렇다면 36은 A, B 그룹 중 어디에 속할까?

02 무한이의 책상 위에는 오른쪽 그림과 같이 디지털 문자로 시간을 나타내는 탁상 시계가 놓여있다. 어느 날 아침 무한이가 일어나자마자 시계를 확인하니 6시 55분에서 56분으로 막 변하고 있었다. 2분이 흐른 뒤 시계를 다시 확인하였더니 디지털 시계는 아직도 56분을 가리켰고, 다시 1분이 지난 후에는 6시 55분을 가리켰다. 디지털 시계는 1분마다 시간이 정확하게 변하고 있다면, 무엇이 잘못된 것일까?

03

CCTV는 각종 범죄 수사 과정에서 해결사 역할을 하면서 설치율이 급속히 증가하고 있다. 학교 내에 CCTV의 설치율도 2010년도에는 10% 정도에 그쳤으나 현재는 거의 100% 에 육박하고 있다. 이에 따라 교실 내에도 CCTV 를 설치하고자 하였으나 찬반 논란이 계속되고 있다. 교실 내 CCTV를 설치하는 것에 대한 자신의 주장을 200자 내외로 써보시오.

04

A ~ E 다섯 명의 생일이 다음 <보기>와 같이 순서대로 각각 다른 달이다.

보기

ㄱ. C가 태어난 달은 A와 E가 태어난 달의 딱 중간이다.

ㄴ. C만 짝수 달에 태어났고, 나머지는 홀수 달에 태어났다.

ㄷ. C가 태어난 달은 A와 B가 태어난 달의 합과 같다.

D가 태어난 달은 몇 월인가?

05 일정한 규칙에 의해 숫자가 다음과 같이 배열되어 있다. '?'에 들어갈 숫자는 무엇인가?

2	5	1	2	6
4	4	7	3	2
6	9	8	5	8
3	3	2	1	4
2	3	4	5	?

06 시계가 없는 밀실 안에 8분과 5분을 잴 수 있는 모래시계 A, B가 있다. 정각을 알려주는 벨이 울린 후 모래시계 A와 B를 이용하여 정확히 11분에 주어진 암호를 입력하면 밀실에서 탈출할 수 있다. 밀실 안에서 정확한 시간에 암호를 입력하기 위해서는 처음 모래시계 A, B를 뒤집어 놓은 상태에서 시작하였을 때 그 이후로 어떤 순서로 뒤집어야 할까? (단, 모래시계를 옆으로 눕힐 수 없으며 암호를 입력하거나 모래시계를 뒤집는 데 걸리는 시간은 생각하지 않는다.)

A

B

07

다음은 어떤 입체 도형에 대한 위, 아래, 옆면에서 본 도면을 순서 없이 나타낸 것이다. 도면에 해당하는 입체 도형은 무엇인가?

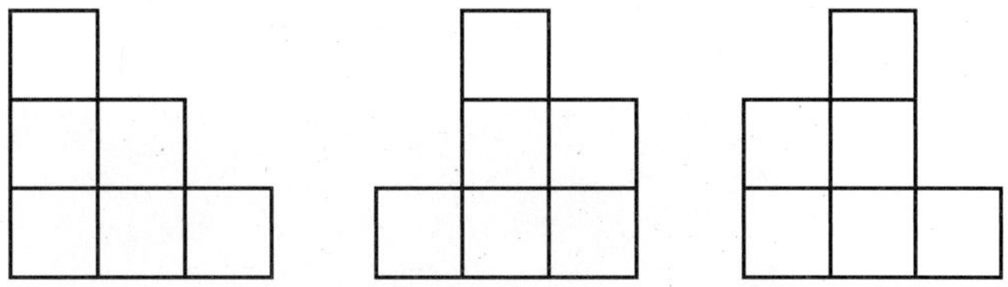

①
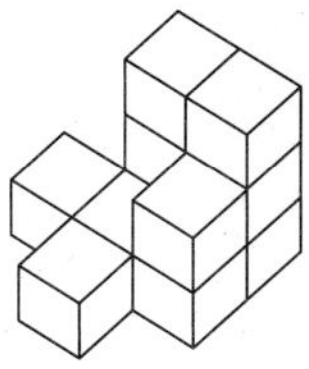
②
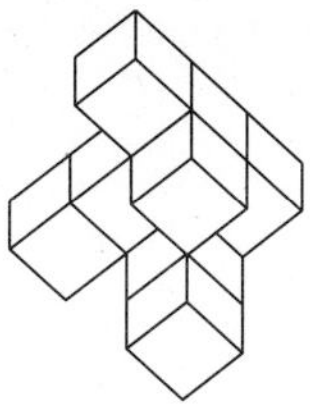
③
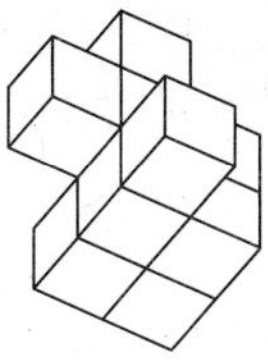
④
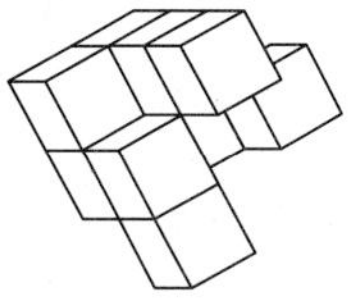
⑤
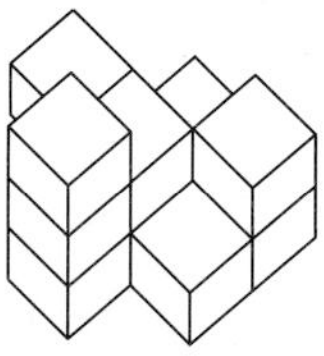

영재교육원 기출

08

오른쪽 그림은 정사각형 3개를 이용하여 하트 형태의 모양을 만든 것이다. 물음에 답하시오.

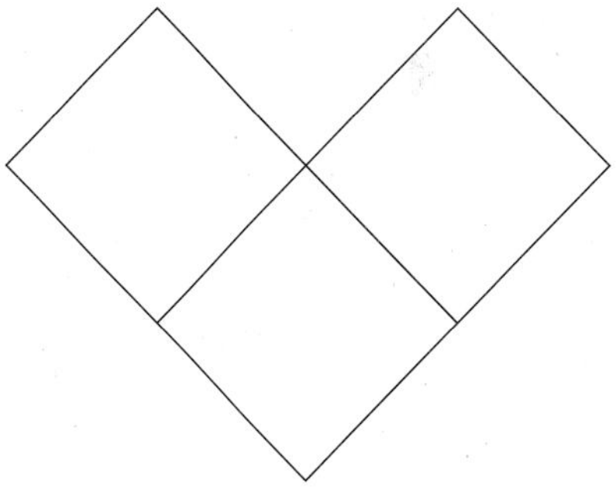

(1) 주어진 그림을 똑같이 8등분 하시오.

(2) 주어진 그림을 똑같이 9등분 하시오.

영재교육원 기출 유형

09 지구 밖에 있는 달을 관찰하기에 인간의 눈은 한계가 있으므로 망원경을 이용하여 관찰한다. 이처럼 인간의 감각 기관의 한계를 극복하기 위해 만든 기구를 5가지 이상 쓰시오.

정답 및 해설 / 예시 답안
p.97

대회 기출 유형

10

무한이는 물의 증발에 영향을 미치는 요인을 조사하기 위하여 다음과 같이 각각 다른 날씨에 빨래가 마르는 정도를 조사하였다. 물음에 답하시오.

(가) 덥고 건조하며 산들바람이 분다 (나) 춥고 건조하며 센바람이 분다. (다) 덥고 습하며 바람이 불지 않는다. (라) 춥고 건조하며 바람이 불지 않는다.

(1) 바람의 세기가 증발에 미치는 효과를 알아보려면 (가) ~ (라) 중 어느 실험을 비교해야 하는지 고르고, 그 이유를 서술하시오.

(2) 빨래가 (가) > (나) > (라) 순으로 빨리 말랐다면 실험을 통해 내릴 수 있는 결론은 무엇인가?

PART III

창의적 문제해결력

나는 창의적으로
문제를 해결할 수 있을까?

단원 살짝 엿보기

01 창의적 문제해결 수학

02 창의적 문제해결 과학

1 창의적 문제해결 수학

01

43년생으로 올해 76세가 된 재벌 김회장은 그동안 모은 재산을 개인 금고에 넣어 두었고, 죽기 전 자신의 금고 번호를 알아 맞출 수 있는 자식에게 전 재산을 물려주기로 유언하였다.

김회장은 금고 번호를 까다롭게 만들어 놓았는데 다음 <보기>와 같은 힌트를 남겨주었다.

보기

'4, 3, 7, 6 을 한 번씩 써서 만들 수 있는 모든 네 자리 수의 합'

비밀번호를 구하시오.

만들 수 있는 네 자리수는 모두 4 × 3 × 2 × 1 = 24(가지) 이다.

02

0 부터 2018 까지의 수를 다음과 같이 한 줄로 연결해서 쓸 때, 사용한 모든 숫자의 합을 구하시오.

0123456789101112131415 …… 2015201620172018

2001 ~ 2018까지의 수는 합이 4019가 되는 수끼리 짝을 짓는다.

03 무한이는 새로 이사 온 집의 비밀 번호를 적어 둔 종이에 잉크가 떨어져 다음과 같이 일부를 알아볼 수 없게 되었다.

다행히도 6자리의 숫자가 모두 다른 수로 이루어져 있으며, 11의 배수라는 사실은 기억하고 있었다. 6자리의 숫자가 11의 배수가 되기 위한 조건을 설명하고, 현관의 비밀 번호를 구하시오.

ABCDEF 가 11의 배수가 되기 위한 조건은 − A + B − C + D − E + F 가 0 또는 11의 배수가 되어야 한다.

영재교육원 기출

04 어떤 자연수의 각 자리에 있는 숫자들의 합을 17배 하면 다시 이 자연수가 된다. 이 자연수는 몇 자리의 수인지 알아보고, 그 수를 구하시오. 단, 두 자리 수부터 차례대로 생각하여 알아보되 풀이 과정을 설명하시오.

어떤 수가 두 자릿수 AB이면, 17(A + B) = 10A + B, 세 자릿수이면 17(A + B + C) = 100A + 10B + C 이다.

영재교육원 기출

05 500이하의 자연수 중에서 2로 나누어 떨어지지 않고, 3으로도 나누어떨어지지 않고, 5로도 나누어떨어지지 않는 수는 모두 몇 개인가?

2의 배수, 3의 배수, 5의 배수를 벤다이어그램으로 나타내본다.

06 키보드의 알파벳 'A'를 누르면 컴퓨터는 일정한 규칙에 따라 매겨진 코드 번호인 '1000001' 로 인식하여 그것을 'A'로 변환해서 보여준다. 예를 들어 키보드로 'BEE'를 입력하면 컴퓨터는 '1000010 1000101 1000101' 로 인식하고 화면에 'BEE' 를 변환해서 보여주는 것이다.

컴퓨터는 0과 1 두 종류의 숫자로 수를 나타내는 방식인 이진법을 사용한다.

알파벳	코드 번호	알파벳	코드 번호	알파벳	코드 번호
A	1000001	B	1000010	C	1000011
D	1000100	E	1000101	F	1000110
G	1000111	H	1001000	I	1001001
⋮	⋮	⋮	⋮	⋮	⋮

규칙을 찾아 자신의 영문 이름을 코드 번호로 나타내시오.

07 이진법 시계는 1시간-60분-60초 시간 체계의 일반적인 시간을 이진수로 표시해 주는 시계이다. 일반적으로는 3행 또는 3열의 LED에 0 또는 1을 표시하는 방식이 주로 쓰인다. 다음 그림은 이진법 시계로 10시 37분 49초를 나타낸 것으로 LED의 각 전구는 켜지면 1을 나타내고, 꺼지면 0을 나타낸다.

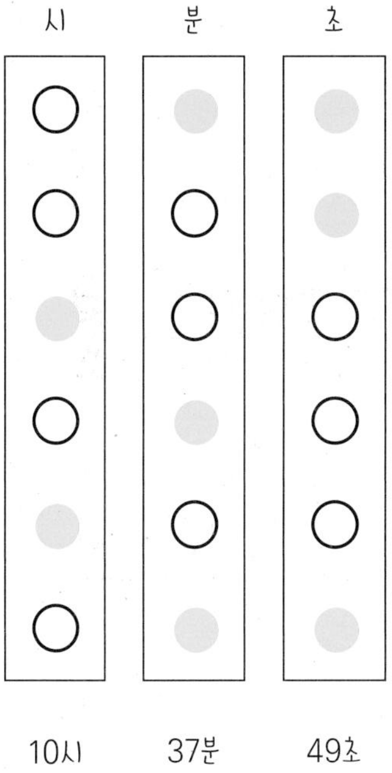

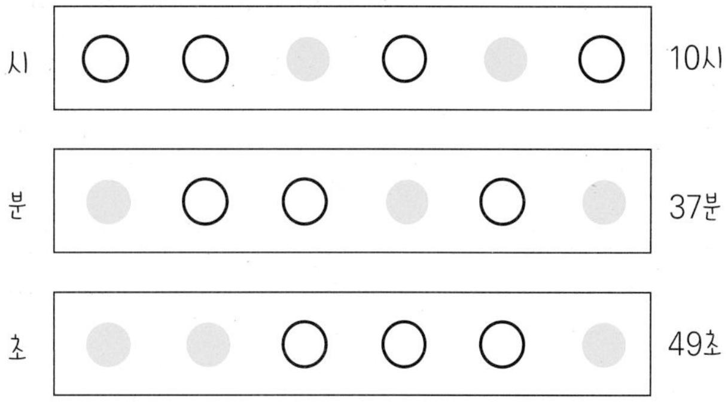

12시 26분 53초를 다음 LED 시계에 나타내 보시오.

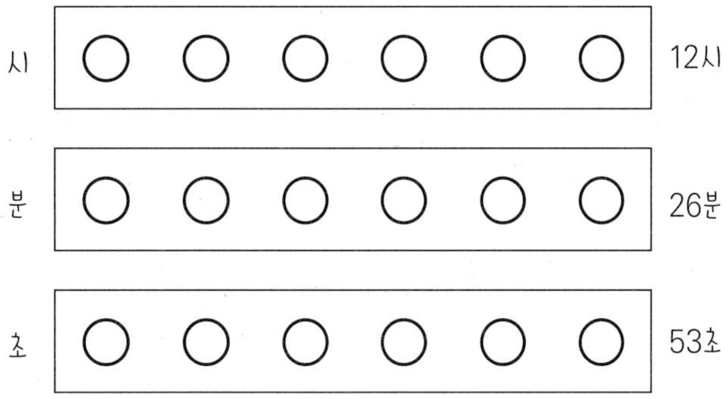

08 2^{33} 은 2를 연속하여 33번 곱한 수를 나타낸다. 다음 계산 결과를 5로 나눈 나머지를 구하시오.

$$2^{23} \times 3^{34} \times 4^{45}$$

같은 수를 계속 곱하면 일의 자리 숫자는 규칙적으로 반복된다.

09 다음 계산 결과의 일의 자리 숫자를 구하시오.

(1) $7 \times 17 \times 27 \times 37 \times \cdots \times 147 \times 157 \times 167$

곱하는 수에 2×5가 포함되어 있으면 계산 값의 일의 자리 숫자는 0이다.

(2) $1 + (1 \times 2) + (1 \times 2 \times 3) + \cdots + (1 \times 2 \times 3 \times \cdots \times 9 \times 10)$

10 같은 모양은 같은 숫자, 다른 모양은 다른 숫자를 나타낸다. ★ + △ + □ + ○ 을 구하시오.

$$\begin{array}{rccc} & & ★ & △ \\ \times & & ★ & △ \\ \hline & □ & ○ & △ \end{array} \qquad \begin{array}{rcc} & ★ & ★ \\ + & ○ & ○ \\ \hline & △ & △ \end{array}$$

곱셈식을 만족하는 ★, △, ○를 먼저 찾아본다.

11 무한이는 젤리가 한 가득 들어있는 주머니를 친구에게 선물로 받았다. 받은 첫날 전체 갯수의 $\frac{1}{10}$ 을 먹고, 둘째 날은 남은 젤리의 $\frac{1}{9}$, 셋째 날은 남은 젤리의 $\frac{1}{8}$, ⋯ , 9일 째 되는 날 남은 젤리의 $\frac{1}{2}$ 을 먹었더니 주머니 속에는 5개의 젤리만 남아있었다. 처음 주머니 속에 들어있던 젤리는 총 몇 개인가?

첫날 전체 갯수의 $\frac{1}{10}$ 젤리를 먹고 나면 $\frac{9}{10}$ 가 남고, 둘째날 $\frac{1}{9}$ 을 먹으면, 전체 갯수의 $\frac{9}{10} \times \frac{1}{9} = \frac{1}{10}$ 만큼 먹게 되므로 첫날과 같은 양을 먹게 된다.

영재교육원 기출

12 통의 무게까지 합쳐서 56kg 인 물 한 통이 있었다. 첫날은 물통에 담긴 물의 $\frac{1}{3}$ 을 사용하였고, 둘째 날은 남은 물의 $\frac{2}{3}$ 를 사용하였으며, 셋째 날은 남은 물을 모두 사용하였다. 셋째 날 사용한 물의 양은 이전 이틀 동안 사용한 양의 $\frac{3}{7}$ 보다 6kg 적었다. 물음에 답하시오.

전체 물의 양을 □ 라고 하면, 첫째 날과 둘째 날 사용한 물의 양은 각각 □ × $\frac{3}{9}$, □ × $\frac{4}{9}$ 이다.

(1) 3일 동안 각각 물을 몇 kg 씩 사용하였는지 구하시오.

(2) 물통의 무게를 구하시오.

영재교육원 기출

13 60점이 만점인 수학 시험에서 1번 문제를 맞으면 5점, 2번 문제는 10점, 3번 문제는 10점, 4번 문제는 15점, 5번 문제는 20점이다. 이 수학 시험을 치른 학생 50명의 평균은 정확히 40.3점이다. 1번 문제의 정답을 쓴 학생은 90%, 2번 문제의 정답을 쓴 학생은 86%, 3번 문제의 정답을 쓴 학생은 82%였다면, 5번 문제의 정답을 쓴 최소한의 학생 수를 구하고, 그 방법을 설명하시오.

1번 문제의 정답을 쓴 학생들의 총점은 5점 × 50명 × 0.9 = 225점이다.

대회 기출

14 그림 (가)는 점 0 에서 점 2 까지의 수직선에 한 개의 중점을 표시한 것이다. 그림 (가)에서 2개의 중점을 표시하여 그림 (나)와 같이 만들고, 다시 4개의 중점을 표시하여 그림 (다)와 같이 만든다. 이와 같이 계속할 때, 수직선에 표시된 수의 합이 처음으로 '500' 이 넘는 것은 몇 번째 그림일까?

추가 되는 수의 합, 전체 수의 합을 표로 나타내어 규칙을 찾아본다.

첫 번째 그림

(가)

두 번째 그림

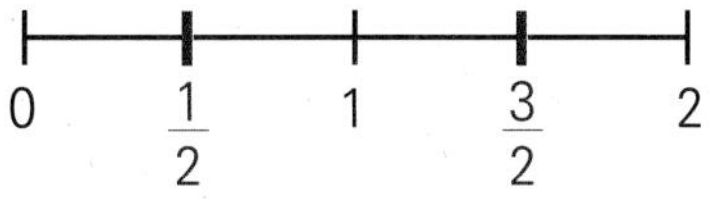

(나)

세 번째 그림

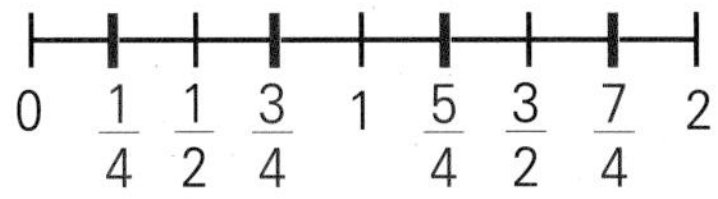

(다)

대회 기출

15 길이가 3cm, 6cm 인 빨간 막대, 4cm, 6cm, 11cm 인 노란 막대, 6cm, 13cm 인 파란 막대가 있다. 빨간, 노란, 파란 막대를 세 변으로 하는 삼각형을 만드려고 한다. 세 변의 길이가 모두 다른 삼각형을 △개, 이등변 삼각형을 ▲개라고 할 때, 10 × △ + ▲의 값은 얼마인가?

삼각형의 세 변이 A, B, C (A가 가장 긴 변) 일 때, B + C > A 이어야 한다.

대회 기출

16 정사각형 5개가 있을 때 그림 (가)와 같은 규칙으로 정사각형을 추가하면서 모양을 만들었다. 각 모양에 있는 정사각형을 그림 (나)와 같이 각각 다시 이어 붙여 2개의 정사각형으로 만드려고 한다.

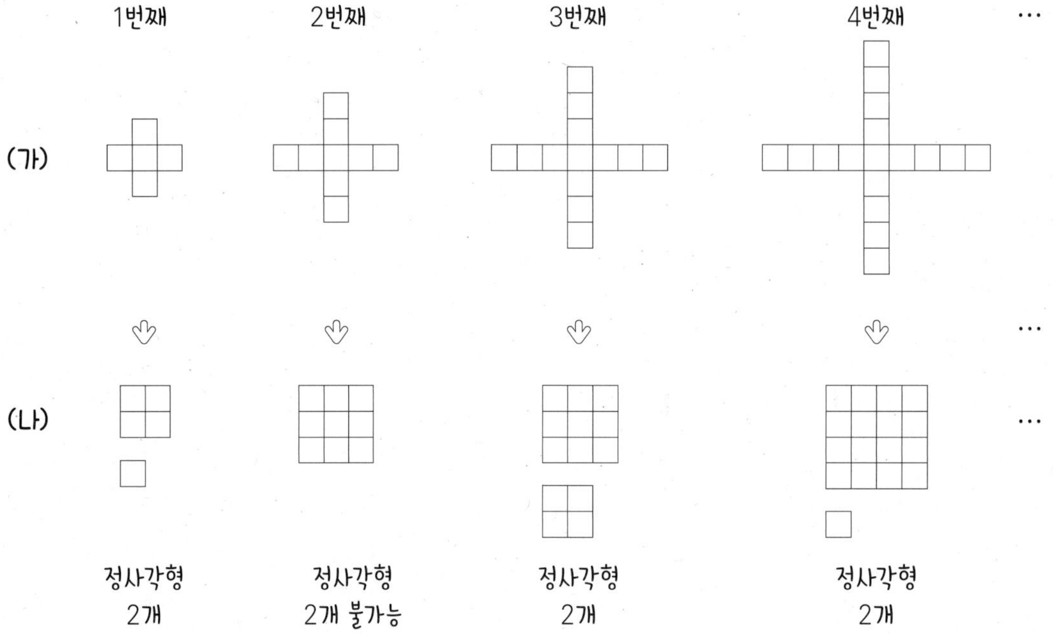

210개에 가장 가까운 수의 정사각형이 있을 때 위의 그림처럼 2개의 정사각형 모양으로 만들 수 있는 것은 몇 번째 것일까?

사용한 총 정사각형의 수, 작은 정사각형 모양을 이루는 정사각형 수, 큰 정사각형 모양을 이루는 정사각형 수를 표로 나타내어 규칙을 찾아본다.

영재교육원 기출

17 도형의 넓이를 각각 구하시오.

(1) 직사각형 ㄱㄴㄷㄹ 에서 각 변의 길이를 2배만큼 더 늘여서 평행사변형 ㅁㅂㅅㅇ 을 만들었다. 직사각형 ㄱㄴㄷㄹ 의 넓이가 $10cm^2$ 라면, 평행사변형 ㅁㅂㅅㅇ의 넓이는 몇 cm^2 인지 구하시오.

삼각형 ㅁㅂㄴ 과 삼각형 ㅅㅇㄹ, 삼각형 ㅁㄱㅇ 과 삼각형 ㅅㄷㅂ 은 닮음이다.

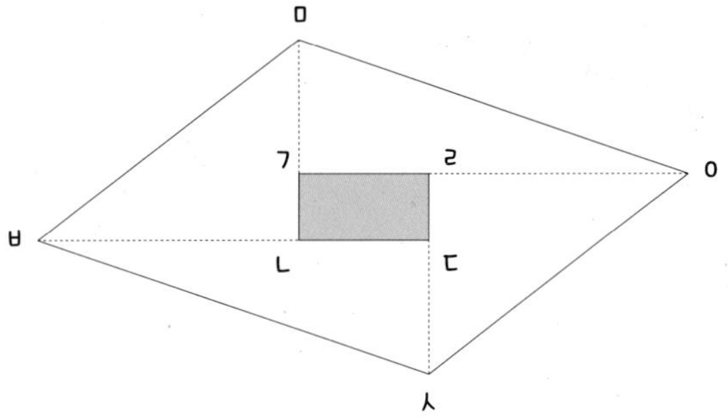

(2) 직사각형을 다음 그림과 같이 2개의 삼각형으로 나누었을 때, 삼각형 A의 넓이는 전체 직사각형 넓이의 $\frac{1}{8}$ 이고, 삼각형 B 의 넓이는 $12cm^2$ 이다. 직사각형 ㄱㄴㄷㄹ 의 넓이는 몇 cm^2 인지 구하시오.

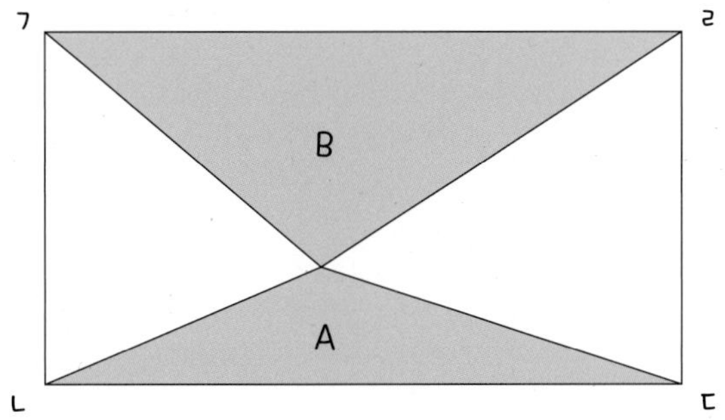

대회 기출

18 오른쪽 그림은 정사각형 A와 B를 겹쳤을 때 만들어진 정사각형 C를 나타낸 것이다.

$b > a$ 이므로, $\frac{b}{a} > 1$ 이다.

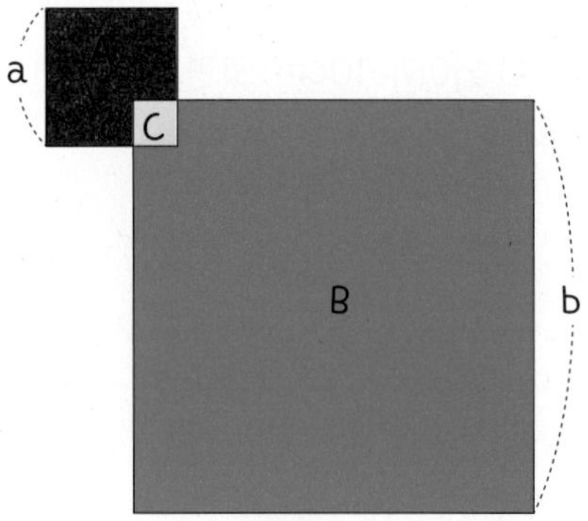

정사각형 A, B, C의 각 변의 길이가 각각 a(cm), b(cm), c(cm) 이고, 다음 <보기>의 조건을 만족할 때, a + b+ c 는 얼마인가?

보기

① a, b, c 은 모두 자연수이다.

② $\frac{b}{a} = \frac{a}{c}$ 이고, $\frac{b}{a}$, $\frac{a}{c}$ 도 각각 자연수이다.

③ 파란색으로 색칠된 도형의 넓이는 $720cm^2$ 이다.

영재교육원 기출

19 다음 <보기>의 조건을 보고 색칠한 도형의 넓이를 구하시오.

(1)

보기

① 전체 삼각형 ㄱ ㄴ ㄷ의 넓이는 10cm^2 이다.
② 선분 ㄱ ㅁ과 선분 ㅁ ㄹ의 길이는 같다.
③ 선분 ㄴ ㄹ 의 길이가 선분 ㄴ ㄷ의 길이의 $\frac{2}{3}$ 이다.

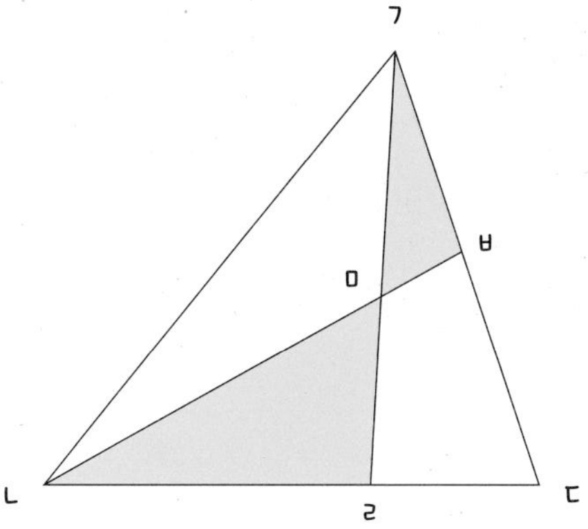

삼각형 ㅁㄴㄹ 과 넓이가 같은 삼각형을 찾아본다.

(2)

보기

① 직사각형 ㄱ ㄴ ㄷ ㄹ의 넓이는 72cm^2 이다.
② 가로 선분 ㄱ ㄴ의 길이는 세로 선분ㄴ ㄷ의 2배이다.
③ 점 ㅁ은 선분 ㄱ ㄴ을 이등분 한다.

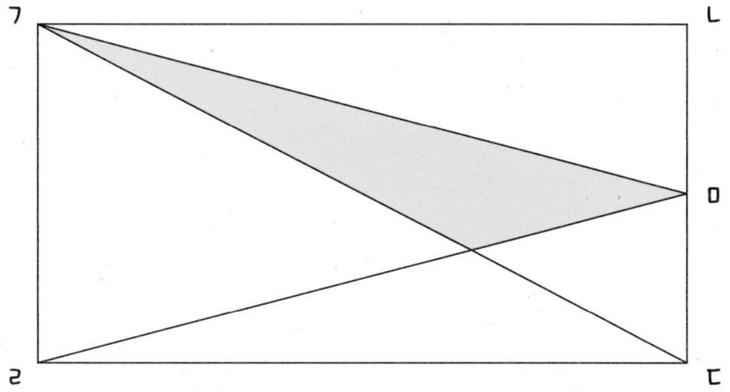

밑변과 높이가 같은 삼각형의 넓이는 서로 같다.

영재교육원 기출

20 그림 (가), (나)는 각각 정팔면체의 겨냥도와 전개도이다.

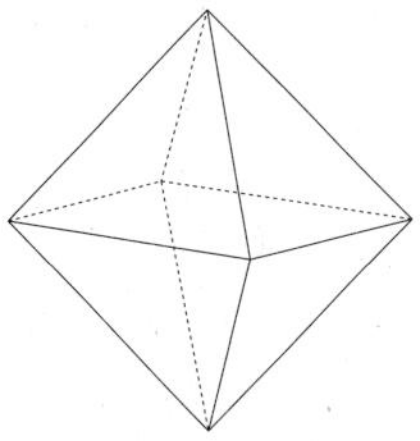

(가)

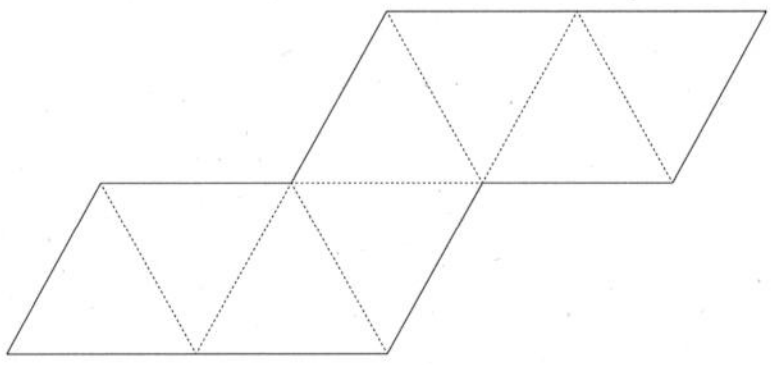

(나)

전개도의 각각의 면에 1, 2, 3, 4 의 각 숫자를 2번씩 적는데, 각 꼭지점에 닿아 있는 네 개의 면에 자연수 1, 2, 3, 4가 모두 있어야 한다. 아래 그림의 나머지 면에 알맞은 수를 채워 넣으시오.

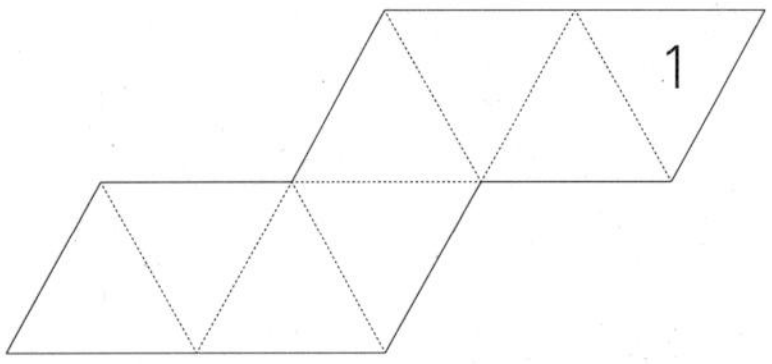

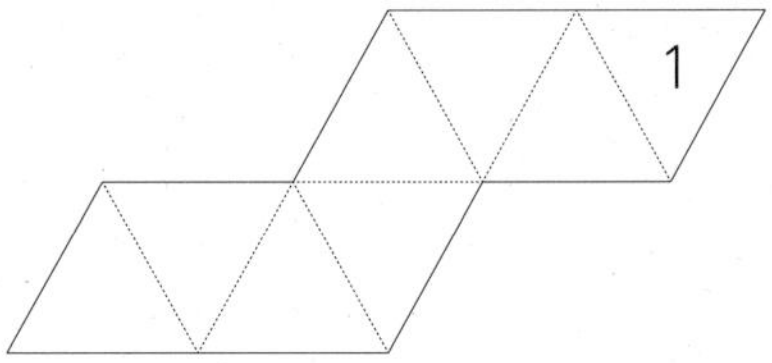

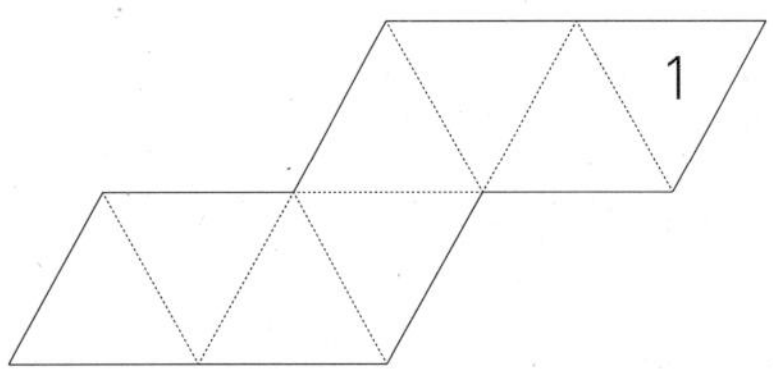

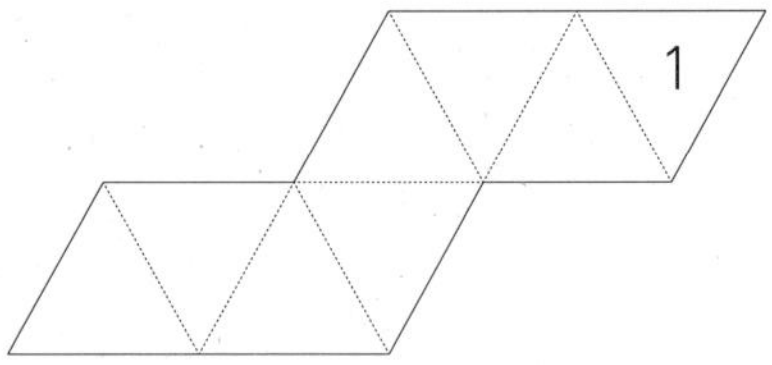

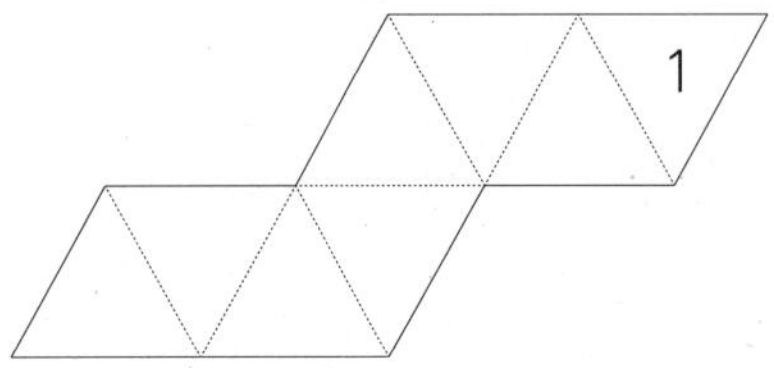

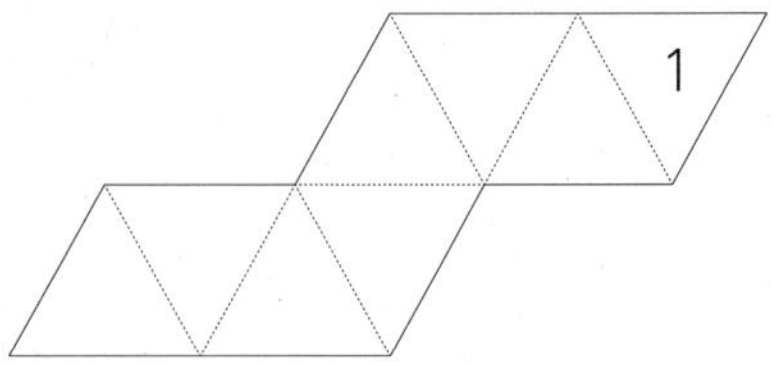

영재교육원 기출

21 다음 <보기>를 참고하여 문제를 해결하시오.

보기

오른쪽 그림은 같은 크기의 정육면체를 사용하여 만든 입체도형이다.

이 입체도형의 1층, 2층, 3층의 모습을 위에서 본 모습과 전체를 왼쪽에서 본 모습을 3 × 3 표에 표시해 보면 다음과 같다. (단, 정육면체를 면과 면이 일치하게 붙여 만든다.)

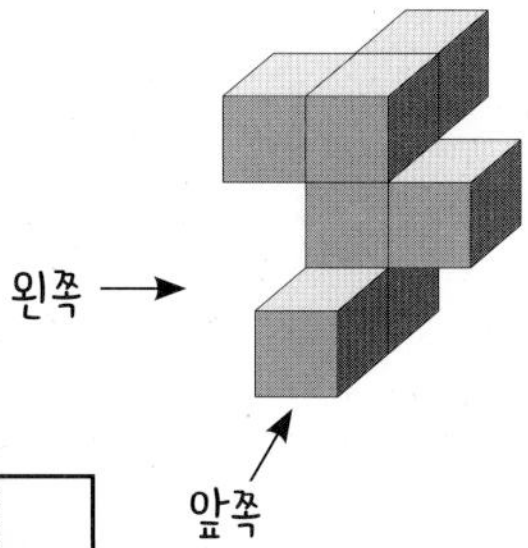

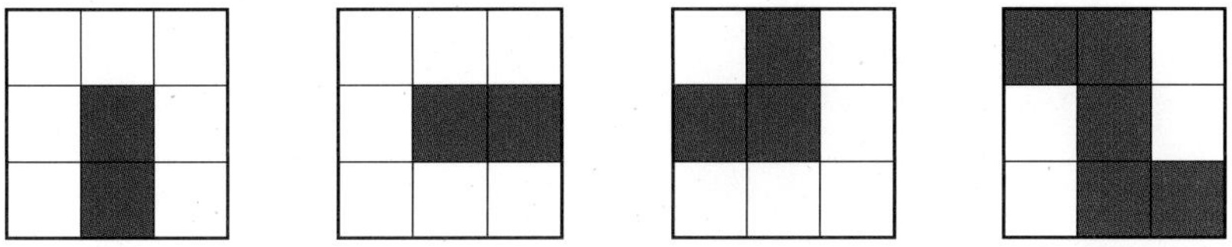

1층 2층 3층 왼쪽

(1) 같은 크기의 정육면체로 만든 입체도형의 1층, 2층, 3층을 위에서 본 모습이 다음과 같다. 한 개의 정육면체를 더 사용하여도 처음 입체도형의 앞에서 본 모습과 왼쪽에서 본 모습이 모두 변하지 않는 위치에 모두 O표 하시오.

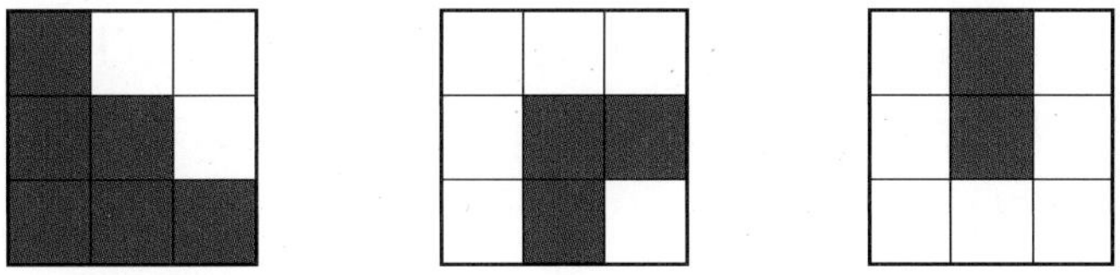

1층 2층 3층

(2) 오른쪽 그림과 같이 입체 도형의 앞에서 본 모습과 왼쪽에서 본 모습이 똑같은 입체 도형이 있다. 다음 그림과 같이 1층에 표시된 정육면체를 반드시 사용하면서 정육면체를 가장 적게 사용하여 이 입체도형을 만들었을 때 각 층의 모습을 3 × 3 표에 나타내시오.

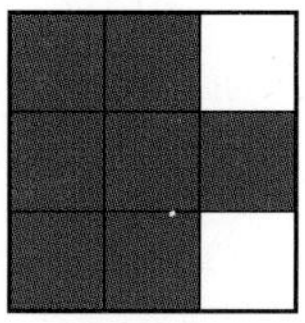

앞, 왼쪽

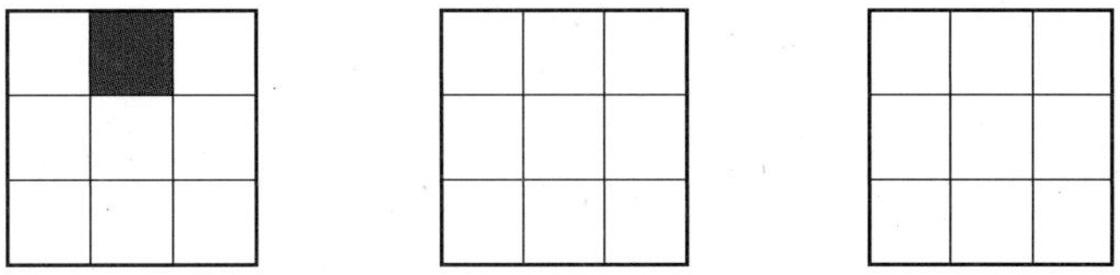

1층 2층 3층

영재교육원 기출

22 정육면체 모양의 쌓기 나무 16개를 이용하여 다음 그림과 같이 입체 도형을 만들었다. 이 입체 도형에 쌓기 나무 2개를 추가로 쌓은 후 바닥에 닿는 면을 제외한 바깥쪽 모든 면에 페인트를 칠하였을 때 색칠된 면의 수가 가장 많은 경우와 가장 적은 경우에 대하여 색칠된 면의 수는 각각 몇 개인지 구하시오.

사용된 정육면체의 겉면의 개수를 먼저 알아본다.

23 엉뚱한 발명가 무한이는 시침과 분침이 이루는 각이 90° 일 때마다 알람이 울리는 시계를 발명하였다. 지금 시각이 오전 12시일 때, 오후 12시까지 이 시계의 알람은 몇 번 울리겠는가?

분침은 1분에 6° 씩 움직이고, 시침은 1분에 0.5°씩 움직이므로 분침이 시침보다 1분에 5.5° 만큼 더 움직인다.

24 상상이가 가지고 있는 시계 A는 한 시간에 2분씩 느리게 가고, 시계 B는 한 시간에 1분씩 느리게 간다. 상상이는 월요일이 시작하는 자정에 두개의 시계의 시간을 정확하게 맞췄다. 물음에 답하시오.

시계 A

시계 B

(1) 두 시계가 처음으로 같은 시각을 가리키는 것은 언제가 되며, 몇 시를 가리킬까?

시계 A와 B는 N시간이 지날 때마다 N분씩 차이가 난다.

(2) 두 시계가 동시에 정확한 시간을 가리키는 것은 언제일까?

고장난 시계를 정상 시계의 시각에 맞추고 나서 고장난 시계가 처음으로 정상 시계와 같은 시각을 가리키는 때는 두 시계가 가리키는 시각의 차가 12시간일 때이다.

25 각 연산 기호의 규칙을 찾고, 마지막 식을 계산하시오.

주어진 규칙은 모두 곱과 연관된 규칙이다.

(1)

3 ◎ 4 = 14　　5 ◎ 5 = 25　　2 ◎ 6 = 28　　7 ◎ 3 =

(2)

3 ★ 4 = 8　　5 ★ 5 = 18　　2 ★ 6 = 12　　7 ★ 3 =

(3)

3 △ 4 = 21　　5 △ 5 = 50　　2 △ 6 = 16

3 ▽ 4 = 28　　5 ▽ 5 = 50　　2 ▽ 6 = 48

(7 △ 3) ▽ 1 =

정답 및 해설 / 예시 답안
p.110

영재교육원 기출

26 <보기>의 그림 (가)와 같이 2, 3, 1, 3 네 개의 수와 네 개의 꼭지점을 가진 그림이 있다. 이를 이용하여 그림 (나)와 같이 그래프의 꼭지점에 4개의 수를 분배한 다음, 각 꼭지점에서 자신이 가지고 있는 수와 자신과 연결된 꼭지점에 있는 수들을 합하여 적으면 그림 (다)와 같이 된다.

보기

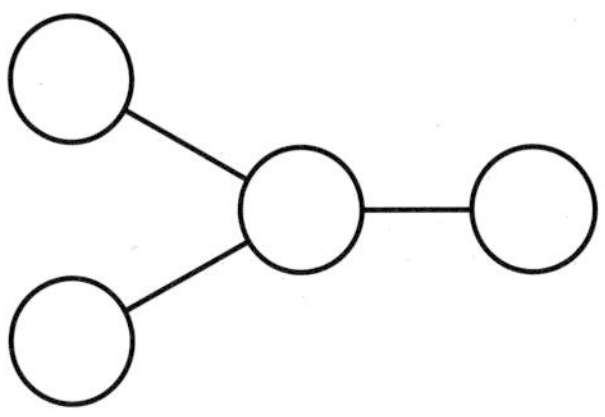

2, 3, 1, 3
(가)

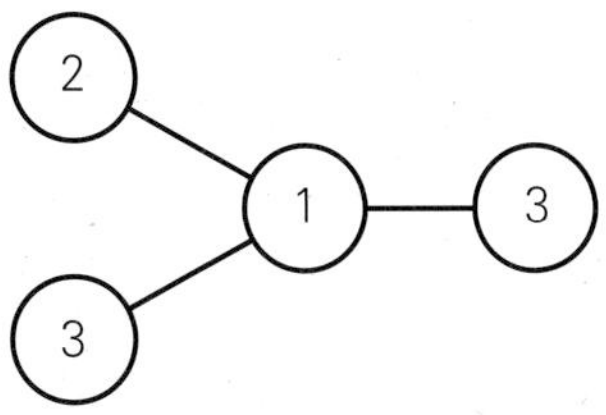

(나)

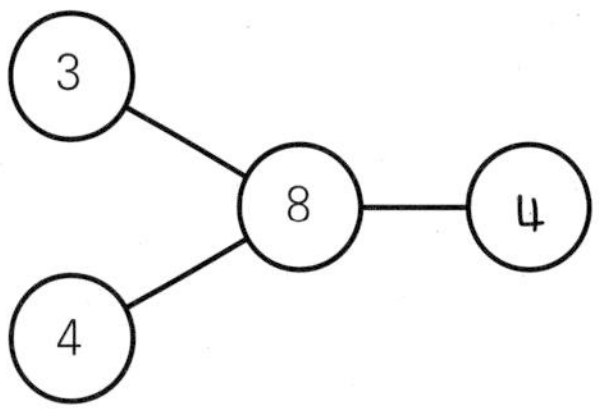

(다)

일곱 개의 수 A, B, C, D, E, F, G 와 일곱 개의 꼭지점을 가진 그래프를 이용하여 <보기>와 같은 작업을 하였더니 다음과 같았다. A + B + C + D + E + F + G 를 구하고, 그 과정을 설명하시오.

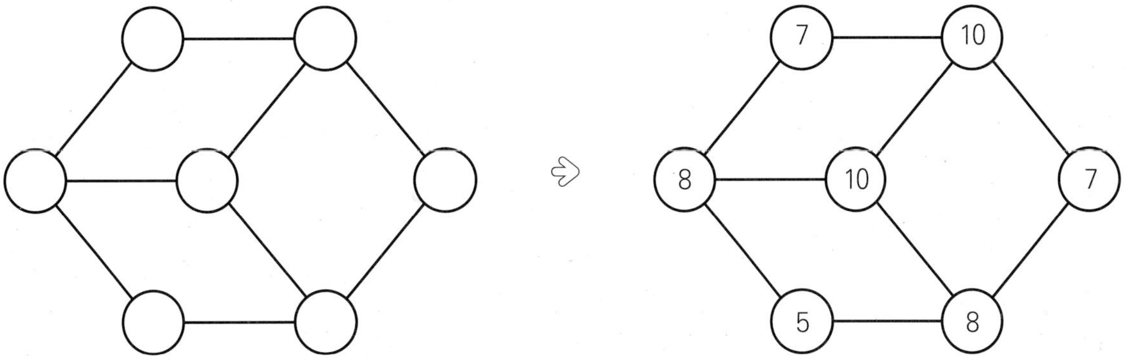

A, B, C, D, E, F, G

27 덧셈 암호는 가장 기초적인 단일 문자 암호로 이동 암호 또는 시저 암호라고도 불린다. 덧셈 암호를 사용하기 위해서는 다음과 같이 알파벳 26자에 번호를 매겨야 한다.

a	b	c	d	e	f	g	h	i	j	k	l	m
00	01	02	03	04	05	06	07	08	09	10	11	12
n	o	p	q	r	s	t	u	v	w	x	y	z
13	14	15	16	17	18	19	20	21	22	23	24	25

이렇게 정해진 번호에 key 값을 정한 후 각각의 값들에 key 값을 더하면 덧셈 암호가 완성된다. 예를 들어 key 값 = 15 일 때, "hello"를 암호화시키면 "wtaad" 가 되는 과정은 다음과 같다.

h → 07 + 15 = 22 → w
e → 04 + 15 = 19 → t
l → 11 + 15 = 26 → a
l → 11 + 15 = 26 → a
o → 14 + 15 = 29 = 26 + 03 → d

key 값 = 13인 덧셈 암호에 의해 만들어진 다음의 암호문을 해독하시오.

cevzney fpubby

영재교육원 기출

28 먼 거리에서 전파를 보내면 도중에 방해를 많이 받게 된다. 그래서 메시지 (a, b, c)를 전송하고자 할 때에는 (a, b, c, a + b, b + c, c + a) 의 방법으로 메시지를 전송한다. 이와 같이 전송할 경우 한 숫자가 틀릴 경우에도 수정해서 복원할 수 있기 때문이다.

다음 <보기>와 같이 받은 메시지 중 한 숫자가 틀렸거나 틀린 숫자가 하나도 없다면, 원래의 메시지 (a, b, c)는 무엇일까?

보기

(2, 0, 3, 3, 4, 5)

(2, 0, 3) 을 전송할 경우 수신되는 메시지를 알아본다.

29 상상이의 집에 가기 위해서는 10개의 계단을 올라가야 한다. 상상이는 이 계단을 매일 다른 방식으로 오르려고 한다. 계단을 올라갈 때 각 걸음마다 한 계단이나 두 계단을 오를 수 있다고 한다면, 모두 다른 방식으로 오를 수 있는 날은 총 몇 일일까?

1개의 계단을 올라가는 방법 : 1가지
2개의 계단을 올라가는 방법 : 2가지
3개의 계단을 올라가는 방법 : 3가지
⋮

30 50원짜리 사탕을 파는 기계가 있다. 이 기계에는 50원짜리나 100원짜리 동전만 넣을 수 있고, 거스름돈을 돌려주지는 않는다. 50원짜리 사탕 7개를 살 때, 동전을 넣을 수 있는 방법은 모두 몇 가지 인가?

사탕을 살 때 지불할 수 있는 방법의 수는 피보나치수열을 이룬다.

31 다음과 같은 규칙으로 수들이 놓여 있을 때, 11번째 줄의 수들의 합을 구하시오.

대각선 방향과 세로 방향으로 각각의 규칙에 따라 숫자가 커진다.

1
4 9
10 15 20
19 24 29 34
31 36 41 46 51
⋮

대회 기출

32 성냥개비를 이용하여 다음과 같은 규칙으로 모양을 만들려고 한다. 필요한 성냥개비의 개수가 처음으로 100개가 넘을 때는 몇 번째 인가?

단계가 진행할수록 성냥개비수의 더해지는 수가 어떤 규칙이 있는지 찾아본다.

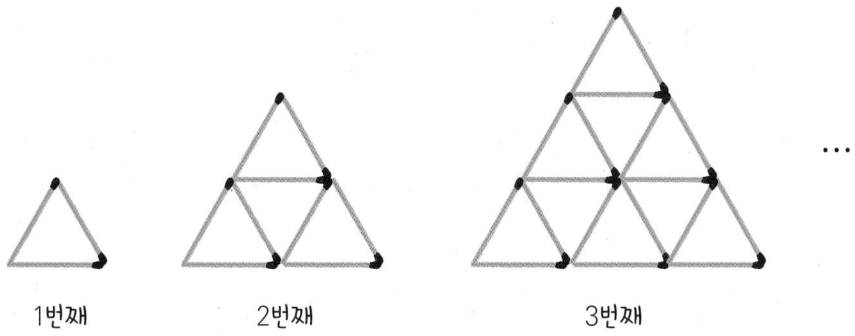

33 총 100장으로 이뤄진 소설책의 각 페이지에는 1 ~ 200 까지 페이지가 매겨 있다. 이를 이용하여 무한이와 상상이가 번갈아 가며 각각 소설책의 10장을 고르고, 10장에 적혀 있는 페이지 번호를 모두 더한다. 두 사람이 계산한 결과가 홀수이면 무한이가 이기고, 짝수이면 상상이가 이긴다고 할 때 누가 이기게 되는 지 설명해 보시오.

홀수 + 짝수 = 홀수이다.

영재교육원 기출

34 무한, 상상, 알탐, 창의 4명의 학생이 가지고 있는 구슬 수를 조사하였다. 무한이와 상상이가 가지고 있는 구슬 수의 합은 6개, 무한이와 알탐이가 가지고 있는 구슬 수의 합은 4개, 상상이와 창의가 가진 구슬 수의 합은 9개, 알탐이와 창의가 가지고 있는 구슬 수의 합은 7개이다. 물음에 답하시오. (단, 어느 한 사람이 구슬을 가지고 있지 않을 수도 있다.)

(1) 네 사람이 가진 구슬의 수를 모두 더하면 몇 개인가?

(2) 상상이와 알탐이가 가질 수 있는 구슬 수의 합으로 가능한 답을 모두 쓰시오.

영재교육원 기출

35 무한이와 상상이 두 사람이 창의력 대회의 결승전에서 맞붙게 되었다. 다음 <보기>의 규칙에 따라 우승자를 가린다면 무한이 또는 상상이가 우승자가 될 수 있는 경우는 모두 몇 가지인지 구하시오.

우승자를 가리기 위해 최소 2번 ~ 최대 5번의 경기를 치르면 된다.

보기

규칙 ① 전체 경기 중 세 경기를 먼저 이긴 사람이 우승자가 된다.

규칙 ② 처음 두 경기를 연속해서 이기면 두 경기만 이겨도 우승자가 된다.

규칙 ③ 무승부는 없다.

영재교육원 기출

36 크기와 모양이 같은 구슬 15개가 있다. 이중 1개의 구슬만 나머지 구슬들과 질량이 다르다. 질량이 다른 구슬 1개를 찾기 위해 윗접시 저울을 최소한의 횟수로 사용하는 방법을 설명하시오.

구슬 15개에 번호를 매긴 후, 5개씩 3개 묶음으로 나누어 각각을 비교한다.

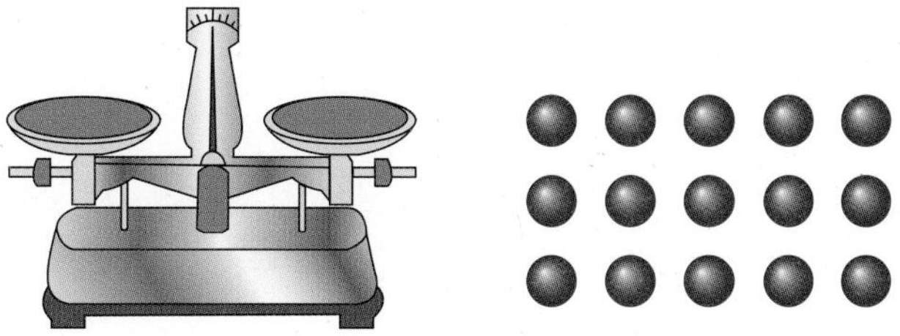

영재교육원 기출

37 17명의 아이들이 게임을 한다. 그 중 한 명이 술래가 되고, 술래를 제외한 16명의 아이들이 모두 불이 꺼진 교실에 한 명씩 차례대로 들어갔다가 나온다. 그 중에 한 명이 교실에 불을 켜고 나오면, 술래는 불을 켠 사람을 찾아낸다. 먼저 교실에 들어간 순서대로 16명을 한 줄로 세우고, 서로 다른 4명에게 각각

"교실에 들어갔을 때, 불이 켜져 있었는가?"

라는 질문을 하고, 질문을 받은 사람은 '예', '아니오'로만 대답한다. 네 번의 질문으로 불을 켠 사람을 찾고자 할 때, 다음 물음에 답하시오.

(1) 첫 번째 질문은 몇 번째 사람에게 해야 하나?

(2) 만약 첫 번째 질문을 받은 사람이 '예'라고 대답한다면, 두 번째로 질문을 해야 하는 사람은 다섯 번째 사람이다. 그 이유를 설명하시오.

(3) 만약 첫 번째 질문을 받은 사람이 '아니오', 두 번째 질문을 받은 사람이 '예', 세 번째 질문을 받은 사람이 '아니오'라고 대답한다면, 네 번째 질문을 해야 하는 사람은 몇 번째 사람인가?

영재교육원 기출

38 다음 표는 월드컵 경기에서 1조의 성적을 예상하여 적은 것이다.

순위	국가	승리	무승부	패배	승점
1	A	2	1		7
2	B	2		1	6
3	C		2	1	2
4	D		1	2	1

월드컵은 네 팀이 한 조가 되어 두 팀씩 모두 경기를 하여 한 팀당 3경기씩 총 6경기를 하게 된다. 승점이란 승리하면 3점, 무승부면 1점, 패하면 0점을 주어 계산한 점수이며, 순위는 승점을 기준으로 매긴다. 물음에 답하시오.

(1) 지금까지 한 경기를 모두 적고, 각 경기에 대하여 어느 팀이 이겼는 지, 혹은 무승부인지를 적으시오.

(2) 현재 1조의 승점의 총합은 16점, 2조의 승점의 총합은 14점이다. 2조의 결과를 예상하여 가능한 것을 모두 아래 표에 만들어 보시오. (단, 승점이 같은 경우는 같은 순위로 처리하고, 그 다음 순위는 비워둔다. 예를 들어 1위가 2팀인 경우, 1위, 1위, 3위, 4위로 되어 2위는 비워진다.)

순위	승리	무승부	패배	승점

영재교육원 기출

39 다음은 여러 나라가 참가한 세계 게임 대회의 중간 메달 집계 상황이다.

1위부터 5위까지 메달 개수의 총합이 최소가 되는 경우는 15개인 경우이다.

순위	금메달	은메달	동메달
1			
2			
3			
4			
5			
6	1	1	1
7	1	0	3
⋮	⋮	⋮	⋮

이 대회에는 여러 종류의 게임이 있고, 각 나라에서는 각 게임에 한 팀만 참가할 수 있다. 순위는 금메달을 기준으로 매기고, 금메달의 수가 같은 경우 은메달의 수를 기준으로, 금메달과 은메달의 수가 같은 경우 동메달의 수를 기준으로 한다. 금, 은, 동메달의 수가 모두 같으면 같은 순위가 된다. 물음에 답하시오.

(1) 1위부터 5위까지 메달 개수의 총합이 최소가 되도록 각 순위의 메달 수를 알맞게 채워 넣으시오.

(2) 위의 결과 이후에 한 게임이 더 진행되어 금, 은, 동메달이 한 개씩 추가되었다. 이때 금, 은, 동메달은 1위부터 5위까지의 나라에게 돌아갔지만 메달이 추가된 후에도 순위에는 변화가 없었다. 이와 같이 메달이 추가될 수 있는 경우는 모두 몇 가지 일까?

대회 기출 유형

40 무한이네 학교의 학생들 중에서 여동생이 있는 학생은 235명, 남동생이 있는 학생은 187명이다. 그 중에서 89명의 학생은 여동생과 남동생이 모두 있다. 무한이네 학교의 학생수가 총 420명이라면, 남동생도 여동생도 없는 학생은 총 몇 명인가?

대회 기출 유형

41 무한, 상상, 알탐, 창의, 철수, 민수, 성재는 100m 달리기를 하여 다음과 같은 결과를 얻었다.

① 민수는 창의보다 3m 앞에서 결승선을 통과했다.
② 민수는 알탐이보다 2m 뒤에서 결승선을 통과했으나, 철수보다는 5m 앞에서 결승선을 통과했다.
③ 무한이는 창의보다 1m 뒤에서 결승선을 통과했으나, 제일 뒤에 들어온 성재보다는 빨리 결승선을 통과했다.
④ 상상이는 중간 순위로 결승선을 통과했다.

결승선에 들어온 순서대로 이름을 쓰시오.

42 반 친구들에게 독일의 7개 주를 소개하기로 한 무한이는 다음과 같은 지도를 준비하였다.

각 도시가 구분될 수 있도록 서로 다른 색을 칠하려고 한다면, 무한이는 최소 몇 가지의 색이 필요할까? (단, 이웃하지 않은 영역은 같은 색으로 칠할 수 있다.)

각 영역을 단순한 도형으로 나타내고, 서로 연결되지 않은 영역은 같은 색을 사용하여 필요한 색을 최소화한다.

경시 대회 기출

43 다음 그림과 같이 직사각형 모양의 도로망이 있다. 점 A에서 점 B까지 가는 가장 빠른 길은 모두 몇 가지인가?

두 선이 만나는 모든 지점의 경우의 수를 적어 나간다.

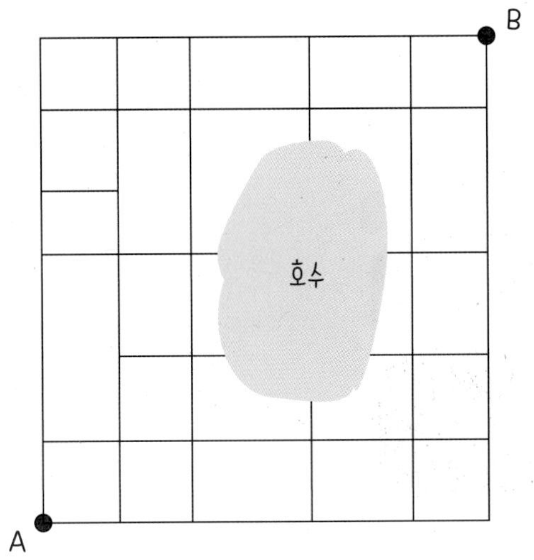

44 다음 숫자 카드를 한 번씩만 사용하여 세 자리 수를 만들려고 한다. 이때 300 이하의 홀수가 나올 확률은 얼마인가?

세 자리 수 중 홀수는 일의 자리가 1, 3, 5, 7, 9 인 경우이다.

영재교육원 기출

45 다음 그림과 같은 물탱크가 있다. 비어 있는 물탱크에 위의 밸브 A를 열어 물을 받기 시작하다가 물탱크의 표시선까지 물이 차면 밸브 A는 계속 열어둔 채 아래의 밸브를 연다. 아래의 밸브 두 개를 열면 24분 후에 고여 있는 물은 하나도 없고, 세 개의 밸브를 열면 8분 후에 고여 있는 물이 하나도 없다. 아래의 밸브에서 나가는 물의 양은 각각 1분에 10L 이다. 물음에 답하시오.

24분 동안 나가는 물의 양과 8분 동안 나가는 물의 양의 차이는 16분 동안 밸브 A에서 들어온 물의 양과 같다.

(1) 위의 밸브 A에서 1분 동안 들어오는 물의 양은 몇 L 인가?

(2) 물탱크의 표시선까지의 용량은 몇 L 인가?

영재교육원 기출

46 상상이네 집에서 하루에 우유 1개씩 배달을 받는다. 원래 하루에 우유 1개가 270원이었다가 320원으로 인상되었다. 10월의 우유값으로 8470원을 냈다면 우유 가격이 인상된 날짜는?

10월은 총 31일까지 있다.

대회 기출

47 하룻동안 서울과 부산 두 도시에서 내린 비의 양을 측정하였다. 서울에서는 오전 6시부터 한시간에 6mm씩 비가 내렸고, 부산에서는 오전 7시 30분부터 일정하게 계속해서 비가 내렸다. 오전 10시 30분까지 서울과 부산에서 내린 비의 양은 같다고 한다. 계속해서 같은 양으로 비가 내릴 때 부산에 내린 비의 양이 서울에 내린 비의 $\frac{1}{4}$ 만큼 더 많아지는 시각은 몇 시 몇 분인지 구하시오.

대회 기출

48 어떤 일을 하는 데 2일이 걸리는 사람은 그룹 A, 3일이 걸리는 사람은 그룹 B로 나누었다. 그룹 A의 10명의 사람이 5일 동안 끝낼 수 있는 일을 그룹 A 2명과 그룹 B 2명이 한다면 며칠 만에 끝낼 수 있겠는가? (단, 그룹에 속한 사람들끼리 일하는 능력은 같다.)

전체 일의 양을 1이라고 할 때, 그룹 A, B에 각각 속한 사람이 1일 동안 할 수 있는 일의 양은 각각 $\frac{1}{2}$, $\frac{1}{3}$ 이다.

49 다음과 같은 원형 트랙의 양쪽 끝에서 상상이와 무한이가 동시에 출발하여 시계 반대 방향으로 각각 10분/1바퀴, 14분/1바퀴 의 일정한 속력으로 달린다고 할 때, 몇 분 뒤 누가 누구의 뒤를 따라잡는지 서술하시오.

원형 트랙 둘레의 길이를 1이라고 하면, 상상이의 속력은 $\frac{1}{10}$, 무한이의 속력은 $\frac{1}{14}$ 이다.

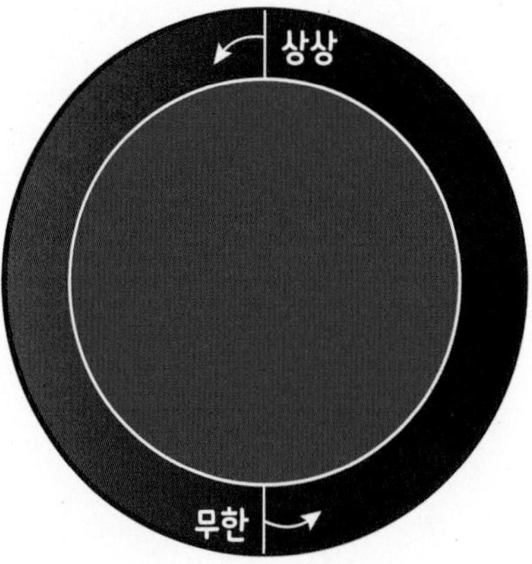

50 다음 그림과 같이 25개의 정사각형 칸으로 이루어진 도형이 있다. 각 칸에 1 ~ 5까지의 자연수를 중복으로 사용하여 <보기>와 같은 규칙으로 채워보시오.

보기

① 가로, 세로, 대각선 방향으로 같은 숫자가 나와서는 안된다.

② 5개의 칸을 감싸고 있는 중간 크기의 굵은 도형 속에 적혀 있는 숫자는 도형 속에 있는 5개의 칸 숫자를 모두 합한 것이다.

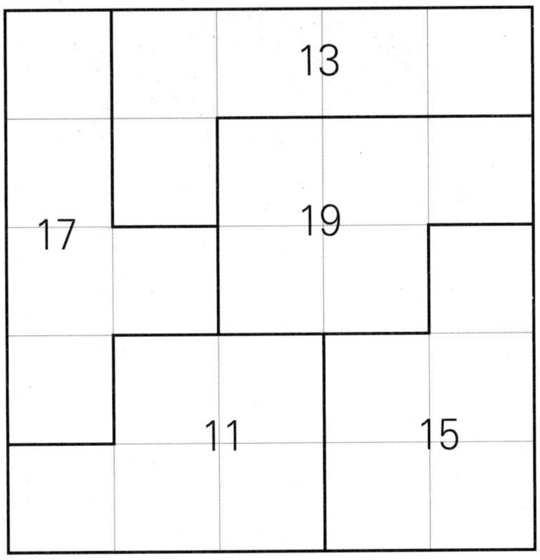

2 창의적 문제해결 과학

영재교육원 기출

01 바다 속의 잠수부가 숨을 쉴 때 내뿜는 공기 방울의 크기는 물 위로 올라가면서 어떻게 변화하는지 고르고, 그 이유를 설명하시오.

○ 유창성
✔ 융통성
○ 독창성
○ 정교성

① 점점 커진다. ② 점점 작아진다. ③ 크기에는 변화가 없다.

영재교육원 기출

02 북반구에 위치한 서울에 살고 있는 무한이는 남반구에 위치한 호주 캘거리(Kalgoorlie)로 유학을 간 상상이와 통화를 하고 있다.

○ 유창성
✔ 융통성
○ 독창성
✔ 정교성

하늘에 떠 있는 달이 멋지다는 상상이의 이야기에 무한이는 창밖을 내다보았더니 초승달이 보였다. 그렇다면 상상이가 본 달은 어떤 모양일까? 달의 모양을 그리고 그 이유를 설명하시오.

03 그림 (가)는 사람 팔의 내부 구조를 나타낸 것이고, 그림 (나)는 메뚜기의 다리 내부 구조를 나타낸 것이다. 물음에 답하시오.

○ 유창성
✔ 융통성
○ 독창성
✔ 정교성

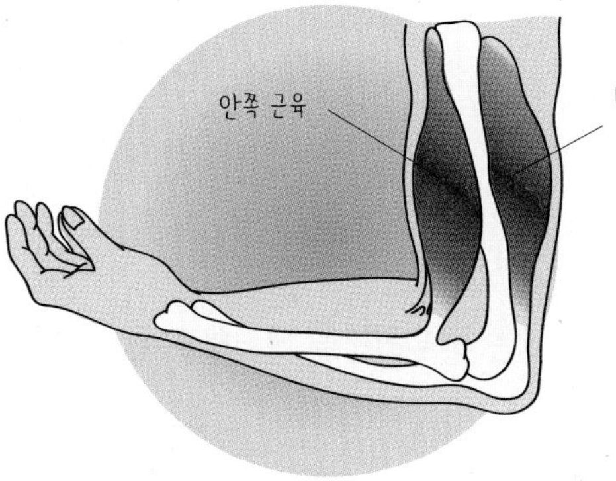

(가)

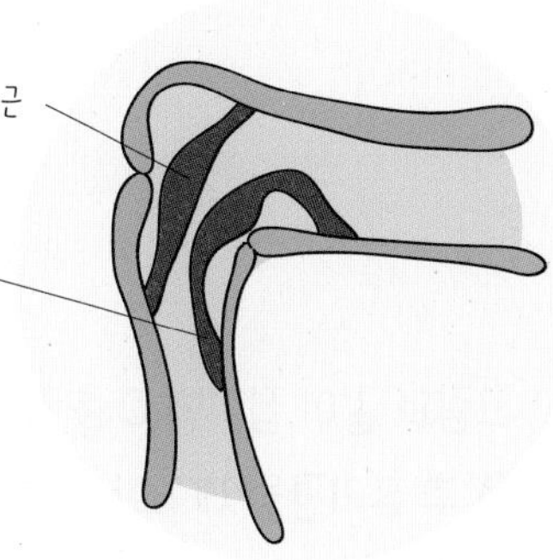

(나)

(1) 사람 팔과 메뚜기 다리의 뼈와 근육의 차이점을 쓰시오.

(2) 그림 (가)와 같은 사람의 팔을 굽히고 펼 때와 그림 (나)와 같은 곤충의 다리를 움직일 때 각각의 근육의 움직임을 설명하시오.

(3) 오른쪽 그림의 로봇의 팔은 (가)와 (나) 중 어느 것과 비슷한지 쓰고, 그 이유를 서술하시오.

04 집기병 A, B 에는 이산화 탄소가 들어있고, 집기병 C, D 에는 공기가 들어있다.

◯ 유창성
✔ 융통성
◯ 독창성
◯ 정교성

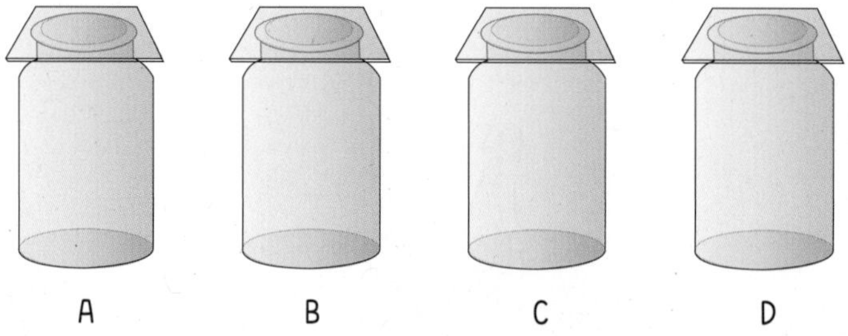

그림과 같이 집기병 C 를 집기병 A 위에 거꾸로 세운 후 유리판을 제거하고, 집기병 B를 집기병 D 위에 세운 후 유리판을 제거한 뒤 잠시 놓아두었다.

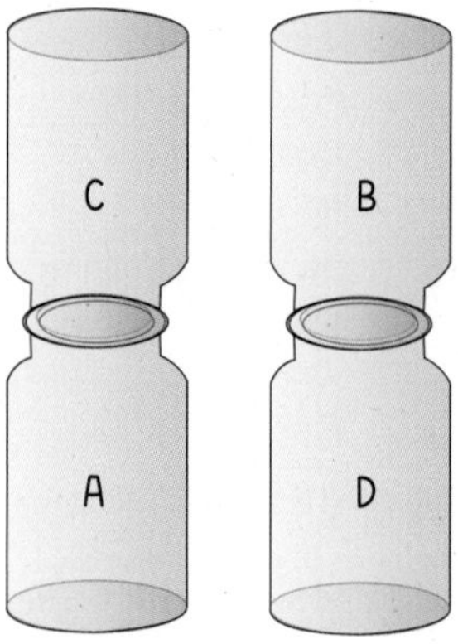

그런 다음 집기병들을 바로 세우고, 네 개의 집기병에 각각 촛불을 넣었다.

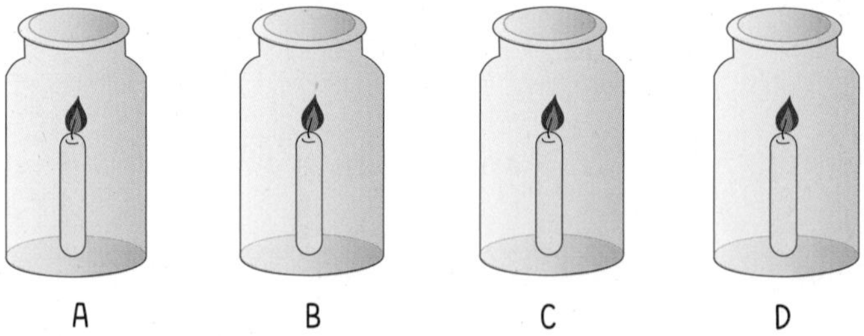

A, B, C, D 중 촛불이 꺼질 확률이 가장 낮은 집기병을 고르고, 그렇게 생각한 이유를 서술하시오.

대회 기출 유형

05 상상이는 방학을 맞아 시골에 계신 할아버지의 일손을 돕기 위해 외가댁을 방문하였다. 마침 할아버지께서는 밭에 씨앗을 심고 계셨다. 할아버지를 돕기 위해 씨앗을 심는 방법을 여쭤보니 검은 비닐에 구멍을 뚫고 씨앗을 심은 다음 흙으로 구멍을 막으라고 하셨다.

- ○ 유창성
- ✔ 융통성
- ○ 독창성
- ✔ 정교성

상상이는 밭의 이랑에 검은 비닐을 씌우고 씨앗을 심는 이유가 궁금하였다. 그 이유를 서술하시오.

06 그림 (가)는 '제너럴 셔먼'이라고 불리는 세계에서 가장 큰 나무인 아메리카 삼나무이다. 이 나무는 높이 84m, 지름 11m, 둘레 34m 이다. 그림 (나)는 지구에서 살았던 동물 중 가장 큰 동물인 흰긴수염고래이다. 흰긴수염고래는 최대 몸길이가 33m, 몸무게는 180t 으로 코끼리 25마리를 합한 것과 같은 크기이다.

- ○ 유창성
- ✔ 융통성
- ○ 독창성
- ○ 정교성

(가)

(나)

동물과 달리 식물은 계속해서 크게 자랄 수 있다. 그 이유는 무엇일까? 자신의 생각을 서술하시오.

영재교육원 기출

07

크기와 모양이 같은 5개의 나무도막 (가), (나), (다), (라), (마) 가 있다. 비커에 물을 담고 각각의 나무도막이 완전히 잠길 때까지 눌렀을 때 넘친 물의 양은 각 경우 모두 1kg 이었다. 나무 도막의 질량이 아래와 같을 때, A, B, C, D, E 중 각각의 나무도막이 수조에서 있을 수 있는 위치를 모두 고르시오.

- ○ 유창성
- ✔ 융통성
- ○ 독창성
- ✔ 정교성

(가) 0.5kg (나) 0.75kg (다) 1kg (라) 1.5kg (마) 1.75kg

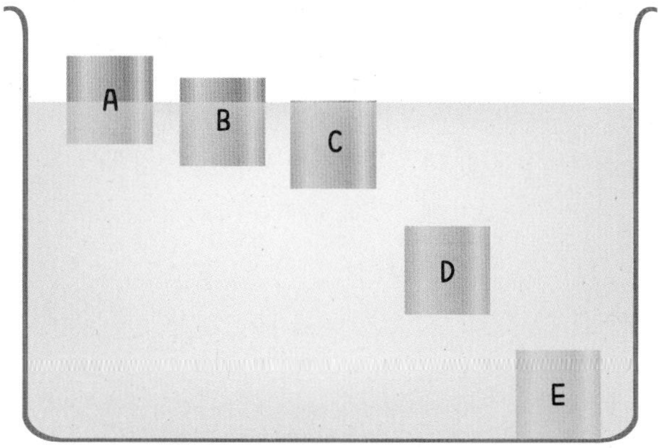

(가)	
(나)	
(다)	
(라)	
(마)	

영재교육원 기출 유형

08 높은 산에서 밥을 지으면 밥이 설익는다. 무한이는 밥이 설익는 것과 산의 고도가 어떤 관계가 있는지 알아보기 위하여 다음과 같이 자료를 조사하였다. 물음에 답하시오.

- ○ 유창성
- ✔ 융통성
- ○ 독창성
- ✔ 정교성

고도(m)	대기 압력(mmHg)	물이 끓는 온도(℃)	쌀이 익는 시간(분)
해수면, 0m	760	100	30
1,500	634	95.2	43
3,040	562	90	50

(1) 고도가 높은 곳에서 밥을 지을 때 밥이 설익는 이유는 무엇인가?

(2) 산 위에서 밥을 할 때 밥을 설익지 않게 하기 위해서는 어떻게 해야 할까?

(3) 내부 압력을 1,200mmHg 로 유지할 수 있는 압력솥을 화력의 세기가 일정한 불 위에 올려 밥을 지으려고 한다. 이에 대한 설명으로 옳은 것은?

① 물은 항상 100℃에서 끓기 때문에 이 압력솥도 30분에 밥이 된다.
② 이 압력솥으로 밥을 하는 장소의 고도에 따라 밥이 되는 시간이 다르다.
③ 이 압력솥에 있는 물은 해수면에서보다 낮은 온도에서 끓으므로 밥이 더 빨리 된다.
④ 이 압력솥에 있는 물은 100℃보다 높은 온도에서 끓으므로 30분보다 더 짧은 시간에 밥이 된다.
⑤ 이 압력솥은 해수면에서의 대기 압력 보다 큰 압력을 유지하므로 산이나 해변에서보다 밥이 되는 시간이 더 걸린다.

영재교육원 기출

09 상상이네 가족 4명의 혈액형은 모두 다르다. 2년 전 아버지가 교통 사고로 다쳐 혈액이 필요하게 되었을 때 어머니로부터 수혈을 받았다. 그러나 얼마 전, 어머니가 혈액이 필요하였을 때는 가족 중 누구로부터도 수혈을 받을 수 없다는 판정을 받았다. 상상이와 상상이 동생의 혈액형으로 바르게 짝지어진 것은?

○ 유창성
✔ 융통성
○ 독창성
○ 정교성

① AA-AO ② AO-BB ③ AO-AB ④ BO-OO ⑤ AO-BO

영재교육원 기출

10 몸무게가 50kg 인 사람이 번지점프를 했을 때 줄이 4m 늘어났다. 이 줄의 길이를 반으로 자른 후, 자른 두 줄을 겹쳐서 50kg 인 물체를 들 때 늘어나는 줄의 길이는 몇 m 인가?

○ 유창성
✔ 융통성
○ 독창성
○ 정교성

영재교육원 기출

11 다음은 사막에 사는 캥거루쥐에 대한 설명이다.

○ 유창성
✓ 융통성
○ 독창성
✓ 정교성

북아메리카의 건조한 초원이나 사막지대에 사는 캥거루쥐는 건조한 식물의 씨를 주식으로 살아간다. 씨에 포함된 약 10%의 수분과 체내 세포 호흡 결과 생긴 물을 활용함으로써 물을 마시지 않고도 수개월간 살아갈 수 있다. 캥거루쥐는 땀샘이 없거나 대변의 수분을 거의 완전히 흡수하고 염분과 요소 농도가 높은 진한 오줌을 배설하는 등의 생리적인 적응을 하고 있다.

오줌의 생성 과정을 다음 그림과 같이 나타낼 때 캥거루쥐가 건조한 환경에서 생존할 수 있게 적응된 신장의 특징을 유추한 것으로 옳은 것은?

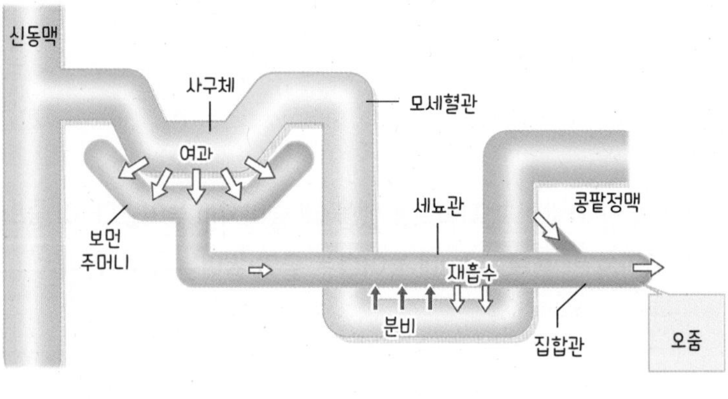

① 몸의 크기에 비해 세뇨관의 길이가 길 것이다.

② 세뇨관에서 요소의 재흡수는 전혀 일어나지 않을 것이다.

③ 사구체의 혈압이 높아 요소의 재흡수는 전혀 일어나지 않을 것이다.

④ 단백질이 많은 먹이를 섭취하여 오줌 속의 요소 농도가 높아질 것이다

⑤ 다른 포유류에 비해 체액의 수분의 양이 많아 배설되는 오줌의 양이 적을 것이다.

영재교육원 기출 유형

12

무한이는 '효모는 영양분이 부족하게 되면 개체수가 감소할 것이다.'는 가설을 세우고 이 가설을 검증하기 위해 다음 <보기>와 같이 실험하였다.

- ○ 유창성
- ✓ 융통성
- ○ 독창성
- ✓ 정교성

보기

① 크기가 같은 세 개의 시험관 A, B, C 에 배양액을 15mL씩 넣고, 여기에 효모액을 3ml씩 추가했다.

② 30℃ 항온기에서 배양하면서 각 시험관 내의 효모 수를 매일 측정했다.

③ 배양 기간 중 어느날, 시험관 A 에는 5mL의 배양액을, 시험관 B 에는 5mL의 증류수를 추가하고 시험관 C 에는 아무것도 첨가하지 않았다.

④ 30℃ 항온기에서 계속 배양하면서 각 시험관 내의 효모 수를 매일 측정했다.

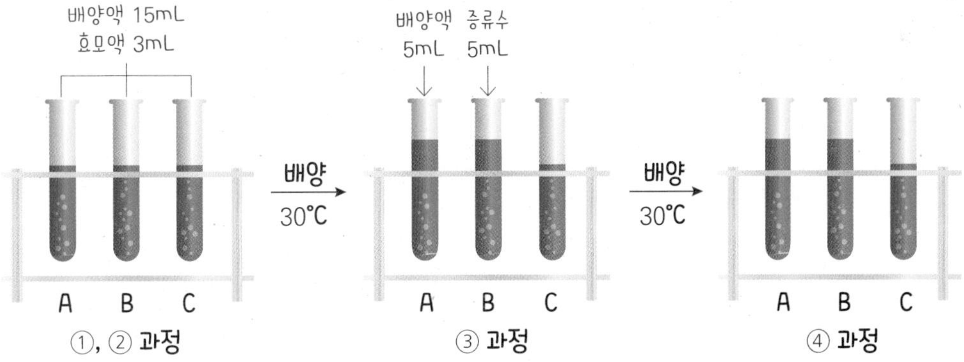

(1) <보기>의 실험에서 ③의 과정을 실시해야 하는 시기는 언제인가?

(2) <보기>의 실험에서 시험관 B를 포함시키는 이유는 어떤 조건을 같게 해주기 위해서 인가?

① 배양 온도 ② 배양 기간 ③ 배양 공간 ④ 효모의 수 ⑤ 영양분의 양

영재교육원 기출 유형

13 빛의 세기가 광합성 속도에 어떤 영향을 미치는지 알아보기 위하여 다음 그림과 같이 실험 장치를 설계한 후, 전구와 물풀과의 거리를 변화시키면서 물풀에서 나오는 기체를 모으고 부피를 측정하였다. 물음에 답하시오.

- ◯ 유창성
- ✔ 융통성
- ◯ 독창성
- ✔ 정교성

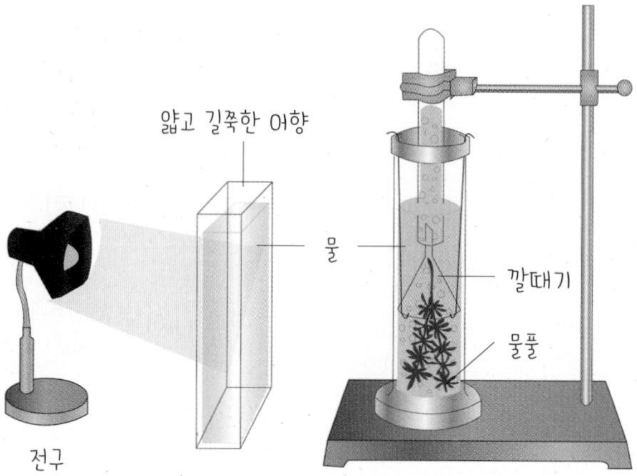

(1) 이 실험을 설계할 때 가정한 것을 있는 대로 적어보시오.

(2) 물풀을 넣은 수조와 전구 사이에 얇고 길쭉한 어항을 놓은 이유는 무엇일까?

(3) 오른쪽 거꾸로 세운 시험관에 모아지는 기체에 대한 설명으로 옳은 것은?

① 공기 중에 가장 많이 존재하는 기체이다.
② 이 기체에 성냥 불똥을 넣으면 불꽃이 타오른다.
③ 이 기체는 사람이 내쉬는 숨에 많이 포함되어 있다.
④ 이 기체는 생물이 생활하는 데 필요한 에너지를 많이 가지고 있다.

영재교육원 기출 유형

14 다음 그림과 같이 슈퍼맨이 아주 긴 빨대를 이용하여 그릇 속의 물을 빨아서 마시려 하고 있다. 물음에 답하시오.

○ 유창성
✔ 융통성
○ 독창성
○ 정교성

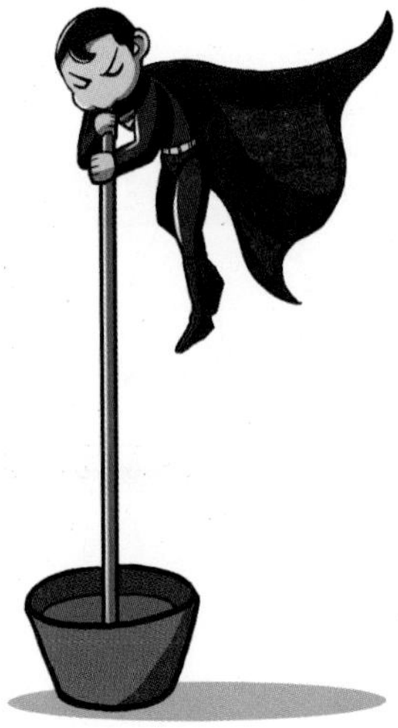

(1) 이 상황을 가장 정확하게 분석한 것은 무엇인가?

① 빨대의 길이와 무관하게 물을 빨아 먹지 못한다.
② 빨대의 길이와 무관하게 물을 빨아 먹을 수 있다.
③ 빨대가 76cm 보다 길면 물을 빨아먹지 못한다.
④ 슈퍼맨이 공중에 떠 있는 한 물을 빨아먹지 못한다.
⑤ 빨대가 약 10m 보다 길면 물을 빨아먹지 못한다.

(2) 슈퍼맨이 달에서도 똑같이 물을 마시려고 한다. 달에서는 어떤 일이 일어날까?

① 빨대의 길이와 무관하게 물을 빨아 먹지 못한다.
② 빨대의 길이와 무관하게 물을 빨아 먹을 수 있다.
③ 빨대가 76cm 보다 길면 물을 빨아먹지 못한다.
④ 슈퍼맨이 공중에 떠 있는 한 물을 빨아먹지 못한다.
⑤ 빨대가 약 10m 보다 길면 물을 빨아먹지 못한다.

영재교육원 기출 유형

15 양팔저울에서 접시를 왼쪽 세 번째 칸에 달고 추 한 개를 오른쪽 첫 번째 칸에 걸었더니 저울이 그림 (가)와 같이 수평으로 되었다.

- ○ 유창성
- ✔ 융통성
- ○ 독창성
- ○ 정교성

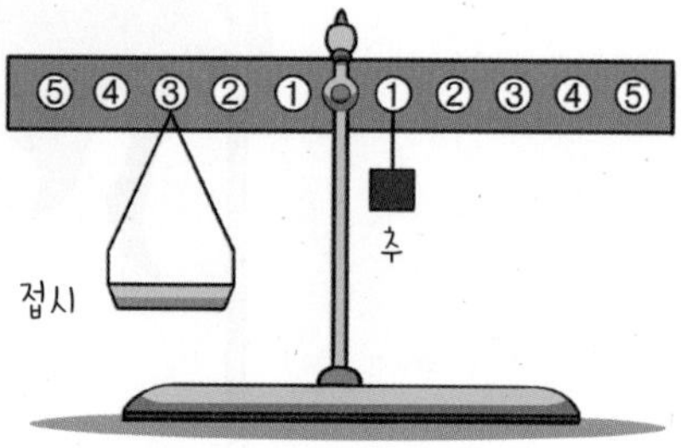

(가)

그림 (가)의 양팔저울에서 접시를 ⑤로 옮긴 뒤, 추를 접시 위에 올렸다. 양팔저울이 수평을 이루기 위해서는 저울의 오른쪽 ②에 매단 접시에는 몇 개의 추를 올려야 할까? (단, 접시의 질량은 모두 같으며, 추는 모두 같은 질량의 추를 사용한다.)

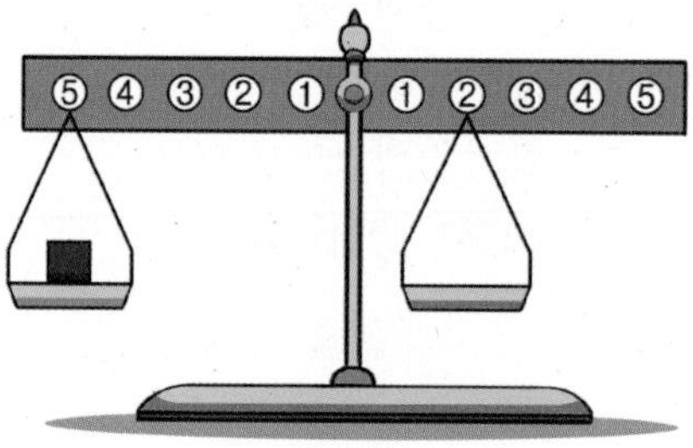

(나)

정답 및 해설 / 예시 답안
p.128

영재교육원 기출 유형

16 상상이는 1초에 한 방울씩 떨어지는 기름통을 들고 일직선으로 달렸다. 다음 그림은 처음 출발 위치부터 각각의 기름 방울이 떨어진 지점까지의 거리를 측정한 후 기록한 것이다. 물음에 답하시오.

- ☐ 유창성
- ☑ 융통성
- ☐ 독창성
- ☐ 정교성

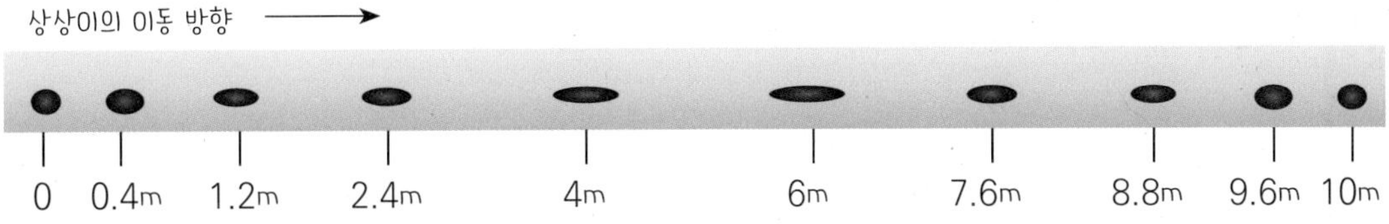

(1) 상상이는 일정한 간격으로 가속하였다가 일정한 간격으로 감속하였다. 다음 그래프를 채우시오.

시간(초)	0 ~ 1	1 ~ 2	2 ~ 3	3 ~ 4	4 ~ 5	5 ~ 6	6 ~ 7	7 ~ 8	8 ~ 9
평균 속력 (m/s)									

(2) 상상이는 처음 5초 동안 6m를 달렸다. 처음 5초 동안 상상이의 평균 속력을 구하시오.

영재교육원 기출 유형

17

✔ 유창성
✔ 융통성
○ 독창성
○ 정교성

상상이는 날콩과 삶은 콩이 물을 얼마나 흡수하는지를 조사하기 위하여 각각 같은 양이 들어간 날콩 6봉지와 삶은 콩 6봉지를 준비하였다. 그 열두 봉지를 따뜻하고 습한 곳에 두고 매일 같은 시각에 각각 한 봉지씩 꺼내 콩 표면의 물기를 제거한 후 무게를 쟀다. 그 결과는 다음과 같았다. 물음에 답하시오. (단, 봉지는 종이 봉투이고, 0초일 때는 처음 실험을 시작할 때의 콩의 무게이며, 표에 있는 콩의 무게는 여러 개의 무게를 재어 평균한 것이다.)

	0	1	2	3	4	5	6
날 콩의 무게(mg)	64.0	66.7	70.1	73.4	73.6	73.4	73.5
삶은 콩의 무게 (mg)	60.0	62.4	64.7	68.3	70.1	73.4	78.2

(1) 실험 결과를 통해 관찰된 사실만을 있는 대로 적어 보시오.

(2) 실험 결과를 통해 유추할 수 있는 결론을 <보기>에서 있는 대로 고르시오.

보기

ㄱ. 콩껍질을 통해 물이 흡수되기 위해 콩이 살아있지 않아도 된다.

ㄴ. 콩들은 싹이 트기 시작한 직후 며칠 동안 물을 흡수하지 않는다.

ㄷ. 삶은 콩의 무게가 증가하는 것은 곰팡이와 세균의 번식 때문이다.

ㄹ. 날콩은 콩에 저장되어 있는 물을 모두 소비한 후에 물을 흡수한다.

영재교육원 기출 유형

18 다음 그래프는 무한이가 얼음 위를 미끄러지고 있는 물체의 위치를 1초 간격으로 재어 그래프로 나타낸 것이다.

- ◯ 유창성
- ✔ 융통성
- ◯ 독창성
- ◯ 정교성

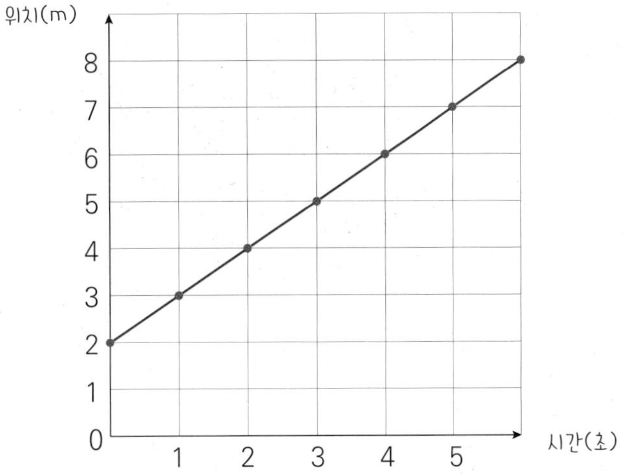

이에 대한 설명으로 옳은 것만을 <보기>에서 있는 대로 고르시오.

보기

ㄱ. 이 물체의 처음 속력은 2m/초 이다

ㄴ. 이 물체의 속력은 1m/초 이다.

ㄷ. 이 물체가 움직이는데 아무런 힘도 작용하지 않고 않다.

ㄹ. 이 물체는 시간에 따라 일정한 비율로 이동하고 있다.

ㅁ. 이 물체의 최종 속도는 7m/초이다.

영재교육원 기출 유형

19 얼룩말 거미는 다른 거미가 자신의 영역에 침범하면 다리를 휘둘러 위협하여 적을 도망가게 한다. 스노우베리파리는 날개에 거미다리처럼 얼룩무늬가 있는데 다른 거미들이 다가오면 날개를 펼친다. 이때 모습이 거미와 유사하다. 이런 현상을 다음과 같은 과학적인 방법으로 서술하시오.

○ 유창성
✓ 융통성
○ 독창성
○ 정교성

얼룩말 거미

과학적인 방법이란?

(관찰) 손전등의 불이 꺼짐

(궁금증) 왜 불이 꺼졌을까?

(가설) 배터리가 다 닳았을 것이다.

(예측) 위의 가설이 맞았다면 배터리를 교체하면 불이 켜진다.

(실험) 배터리를 갈았다.

(결과) 가설이 맞았다면 배터리를 갈면 불이 다시 들어 올 것이다. 만약 불이 들어오지 않는다면 새로운 가설을 세워 다시 실험한다.

영재교육원 기출 유형

20 다음은 단세포 생물과 다세포 생물의 특징을 각각 설명한 것이다. 물음에 답하시오.

- ☑ 유창성
- ☑ 융통성
- ○ 독창성
- ○ 정교성

(1) 단세포 생물 : 몸이 한 개의 세포로 이루어진 생물로 하나의 세포 안에서 모든 생명 활동이 일어난다.

예) 아메바, 짚신벌레, 유글레나, 종벌레, 반달말 등

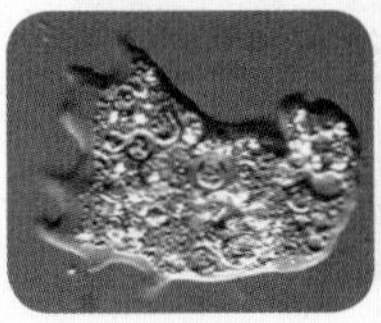
아메바

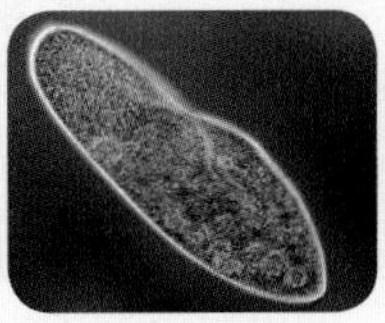
짚신벌레

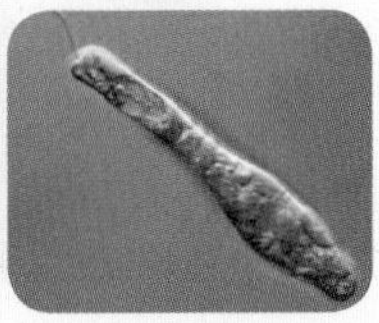
유글레나

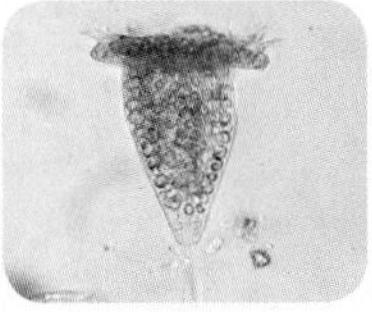
종벌레

(2) 다세포 생물 : 몸이 여러 개의 세포로 이루어진 생물로 크기는 단세포 생물보다 크다. 세포들이 특정한 기능을 하도록 분업화되어 있기 때문에 살아가는데 단세포 생물보다 더 효율적이다.

예) 물벼룩, 해캄, 백합, 비둘기, 상어 등

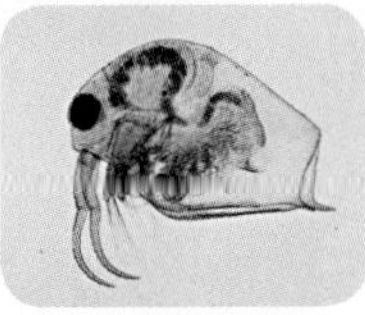
물벼룩

백합

비둘기

상어

(1) 다세포 생물이 단세포 생물에 비해 생존에 유리한 점을 2가지 이상 서술하시오.

(2) 생물들은 단세포 생물이 다세포 생물을 거쳐 고등한 생물로 진화하였다. 왜 단세포 생물로부터 다세포로 진화하게 되었는지 그 이유를 추론하여 서술하시오.

21 다음은 비가 갠 날 땅바닥에서 볼 수 있는 지렁이의 모습이다. 물음에 답하시오.

○ 유창성
✔ 융통성
○ 독창성
✔ 정교성

(1) 다음 중 지렁이의 생김새와 특징에 대한 설명으로 옳은 것만을 <보기>에서 있는 대로 고르시오.

보기

① 지렁이는 피부로 호흡을 한다.
② 연한 갈색의 환대가 나 있는 쪽이 지렁이의 뒤쪽이다.
③ 지렁이는 배 쪽에 나 있는 강모를 이용해 앞뒤로 움직인다.
④ 지렁이의 몸은 가늘고 길며, 여러 개의 고리 모양의 마디가 있다.
⑤ 지렁이는 몸을 움츠렸다 폈다 근육 운동을 하면서 앞으로 나아간다.

(2) 지렁이가 우리 생활에 주는 이로움을 2가지 쓰시오.

(3) 지렁이와 습기와의 관계를 알아보기 위한 실험 과정을 간단히 쓰시오.

22 식물의 길이 생장을 촉진하는 호르몬의 일종인 '옥신'은 줄기나 뿌리 끝에서 만들어지고 빛의 반대 방향으로 이동하는 성질을 지니고 있다. 그 과정에서 식물이 빛을 향해서 굽어지게 된다. 다음과 같은 조건에서 식물의 줄기는 어떻게 될지 이유와 함께 각각 쓰시오.

○ 유창성
✔ 융통성
○ 독창성
○ 정교성

(1) 식물의 줄기 끝을 잘라낸 후, 한쪽 방향으로만 빛을 받게 한 경우

(2) 식물의 줄기 끝에 은박지를 씌워두고, 한쪽 방향으로만 빛을 받게 한 경우

(3) 식물의 줄기 중간 부분을 은박지로 감싸고 한쪽 방향으로만 빛을 받게 한 경우

23 다음 그림과 같이 폭이 20cm 인 상자에 나란한 빛이 상자의 왼쪽에서 들어와서 오른쪽으로 진행하였다. 이때 상자 안에는 두 개의 렌즈가 들어 있다.

○ 유창성
✔ 융통성
○ 독창성
○ 정교성

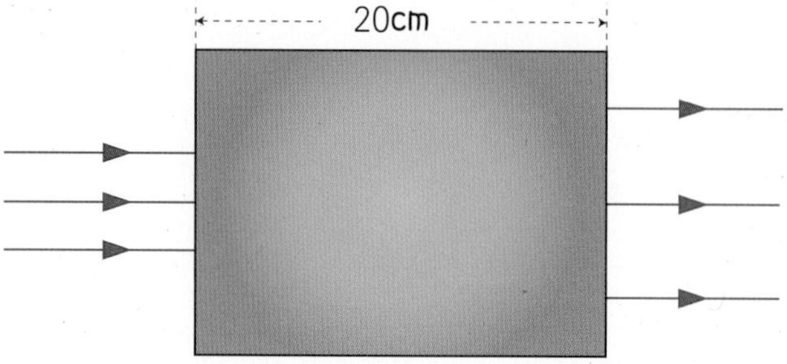

<보기>의 렌즈들 중 상자 안에 들어있는 2개의 렌즈라고 생각되는 것을 골라 각각을 그린 후, 빛이 이동하는 경로를 표시하시오.

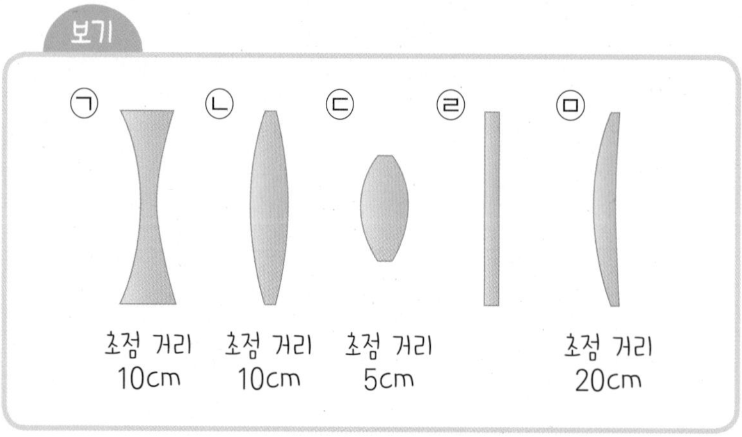

24 상상이는 주사기 2개를 이용하여 다음과 같은 실험을 하였다. 물음에 답하시오.

○ 유창성
✔ 융통성
○ 독창성
○ 정교성

㉠ 주사기 A에 건조한 공기 50mL를 넣는다.
㉡ 그림 (가)와 같이 주사기 A와 공기를 넣지 않은 주사기 B를 구리 코일이 들어있는 유리관으로 연결한다.
㉢ 유리관을 충분히 가열한 다음 그림 (나)와 같이 주사기 A의 공기를 주사기 B쪽으로 모두 밀어낸다.
㉣ 장치를 충분히 식혀서 가열 전과 같은 온도가 되도록 한 다음, 주사기 B에 들어있는 기체의 부피를 측정한다.

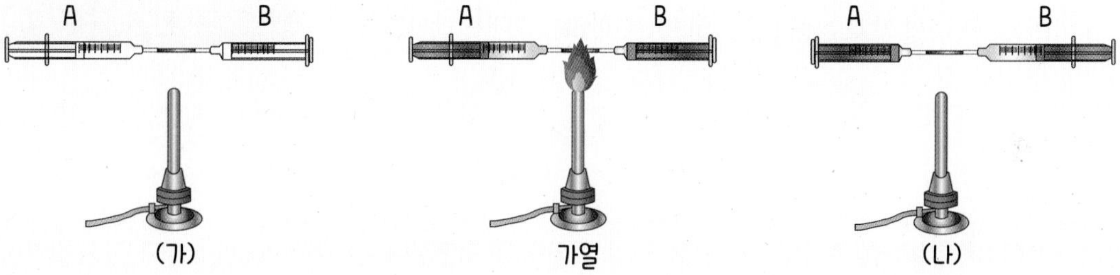

(1) 그림 (나)의 주사기 B 속에 남아있는 기체의 대부분을 차지하는 기체는 무엇인가?

(2) ㉣에서 주사기 B 속에 들어있는 기체의 부피는 몇 mL 인가? (단, 유리관 속에 넣어준 구리의 양은 충분했고, 충분히 가열하였기 때문에 ㉢ 가열 과정 중 연소에 필요한 기체는 모두 소모되었다.)

25 다음은 1937년 독일을 출발하여 미국에 착륙을 시도하다 추락하는 대참사를 일으킨 비행선 '힌덴부르크호'에 대한 설명이다. 물음에 답하시오.

○ 유창성
✓ 융통성
○ 독창성
✓ 정교성

수소가 주연료인 독일의 체펠린 비행선 '힌덴부르크호'는 비행기가 본격적으로 개발되기 이전인 19세기 초 승객 탑승용 비행선으로 상용화되면서 '하늘의 거인'이라 불렸다. 1937년 5월 6일 오후 7시, 힌덴부르크호가 미국 뉴저지 주 레이크 허스트에 착륙하는 순간 대폭발을 일으키고 말았다. 이 대형 참사로 승객 중 35명이 사망하는 불행을 낳았다.

(1) 힌덴부르크호와 같은 비행선에 수소를 채웠을 때 비행선이 뜨는 것은 수소의 어떤 성질과 관련이 있을까?

(2) 힌덴부르크호가 불길에 휩싸인 것은 수소의 어떤 성질과 관련이 있을까?

(3) 수소 대신 어떤 기체를 사용했더라면 힌덴부르크호의 불행을 막을 수 있었을지 자신의 생각을 서술하시오.

26 다음 표는 현재 도시 가스로 주로 사용되는 LNG(액화천연가스)와 휴대용 버너와 자동차에 주로 사용되는 LPG(액화석유가스)에 대한 몇 가지 성질을 나타낸 것이다. 물음에 답하시오. (단, 공기의 밀도는 25℃ 에서 1.25g/mL 이고, 1kJ [킬로줄] = 1,000J [줄] 이다.)

- ○ 유창성
- ✓ 융통성
- ○ 독창성
- ✓ 정교성

구분	주성분	발열량(kJ/g)	가격(원/kg)	25℃에서 밀도(g/L)
LNG	메테인	56	1,200	0.71
LPG	프로페인, 뷰테인	50	1,500	2.28

(1) LNG와 LPG의 가스 누출 경보기의 위치는 천장과 바닥 중 각각 어느 곳에 달아야 할까? 이유와 함께 서술하시오.

(2) LPG 21g 을 연소시키면 물 10g의 온도를 몇 ℃ 올릴 수 있을까? (단, 물 1g 을 1℃ 높이는데 필요한 열 에너지는 4.2kJ 이며, 연료의 연소로 방출되는 열은 모두 물의 온도를 높이는데 쓰였다고 가정한다.)

(3) 같은 금액에 해당되는 양의 LNG와 LPG를 연소시킬 때 LNG와 LPG로부터 방출되는 열량의 비를 구하시오.

27 무한이는 과학 시간에 공기도 무게를 가진다는 사실을 배운 후, 자신의 방 안을 채우고 있는 공기의 무게가 얼마나 될지 궁금하였다. 과학 도서를 찾아보니 0℃, 1기압의 조건에서 공기 28.8g(공기의 평균 무게)이 차지하는 부피가 22.4L라는 사실을 알 수 있었다. 물음에 답하시오. (단, 1L는 가로, 세로, 높이가 각각 10cm 인 정육면체의 부피와 같고, 무한이 방의 크기는 가로 5m, 세로 4m, 높이 2.5m 이다.)

○ 유창성
✔ 융통성
○ 독창성
○ 정교성

(1) 무한이 방의 온도가 0℃, 1기압이라면 무한이 방을 채우고 있는 공기의 질량은 얼마인가?

(2) 실제 무한이 방안의 공기의 압력은 1기압, 온도는 20℃ 였다. 실제 무한이 방을 채우고 있는 공기의 질량은 (1)에서 구한 값보다 큰 값일지, 작은 값일지 판단하고 그 근거를 제시하시오.

28 무한이는 가족들과 함께 비행기를 타고 일본 여행을 갔다. 일본에 도착한 후 짐을 받아 본 무한이는 통 속에 있던 김치의 비닐 포장이 터져 있는 것을 발견하였다. 통이 보관되어 있던 화물칸의 온도는 일정하게 유지되었고, 비행하는 동안 김치는 전혀 발효되지 않았다. 물음에 답하시오.

○ 유창성
✔ 융통성
○ 독창성
✔ 정교성

(1) 김치의 비닐 포장이 터진 이유는 무엇일까? 과학적 이유를 들어 설명하시오.

(2) 일상생활 속에서 이러한 현상을 관찰할 수 있는 경우를 2가지 이상 서술하시오.

영재교육원 기출

29 다음 그림은 어느 날 밤 8시 북쪽 하늘에 보이는 북두칠성과 카시오페이아자리의 모습을 나타낸 것이다. 물음에 답하시오.

- ○ 유창성
- ✔ 융통성
- ○ 독창성
- ✔ 정교성

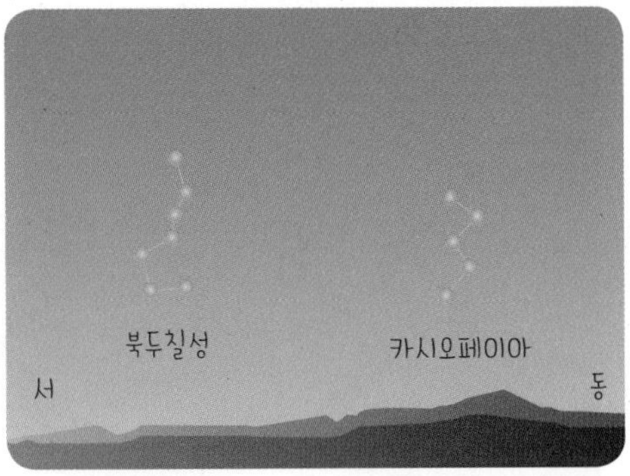

(1) 북극성의 위치를 찾아 그리시오. (단, 북극성을 찾기 위해 이용한 방법도 그림으로 나타내시오.)

(2) 위의 모습이 새벽 2시에 어떻게 변할지 그려보고, 그렇게 생각한 이유를 설명하시오.

30 다윈은 비글호를 타고 갈라파고스 군도를 여행하였다. 그는 이 섬에서 여러 종류의 작은 핀치새를 관찰한 후 진화론을 생각했다고 한다. 다음 그림은 다윈이 관찰한 다양한 종류의 핀치새이다. 물음에 답하시오.

- ◯ 유창성
- ✓ 융통성
- ◯ 독창성
- ◯ 정교성

(1) 그림 속 갈라파고스 군도의 핀치새를 분류하는 기준을 정하고, 그렇게 나눈 이유를 쓰시오.

(2) 갈라파고스 군도의 핀치새는 대륙의 핀치새와는 다른 여러 가지 특징을 갖고 있었다. 이를 통해 무생물과 달리 생물이 갖는 특징은 무엇인지 쓰시오.

31 다음은 우리 주변에서 볼 수 있는 전기 회로를 이용한 기구들의 모습이다. 각 전기 회로의 연결 방법을 쓰고, 그 이유를 쓰시오.

◯ 유창성
✔ 융통성
◯ 독창성
◯ 정교성

(1) 가로등

(2) 장식용 전구

(3) 누전 차단기

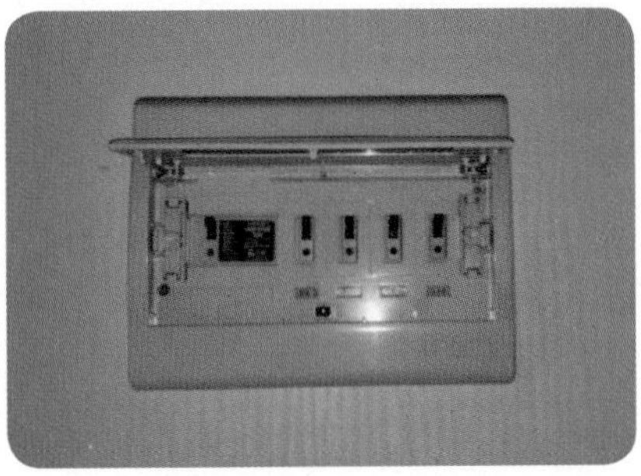

32 아이스크림을 사온 무한이는 아이스크림이 녹지 말라고 봉투에 함께 넣어준 하얀 알갱이를 관찰하였다. 하얀 알갱이 주위로 하얀 연기가 발생하였고, 시간이 지나면서 점차 작아졌다. 물음에 답하시오.

○ 유창성
✓ 융통성
○ 독창성
✓ 정교성

(1) 하얀 알갱이 주위로 하얀 연기가 발생할 때 일어나는 상태 변화를 있는 대로 서술하시오.

(2) 하얀 알갱이에서 나온 하얀 연기는 바닥으로 가라앉았다. 반면에 물을 주전자에 넣고 끓이면 발생하는 하얀 연기는 위로 올라간다. 비슷하게 보이는 하얀 연기의 흐름이 다른 이유를 설명하시오.

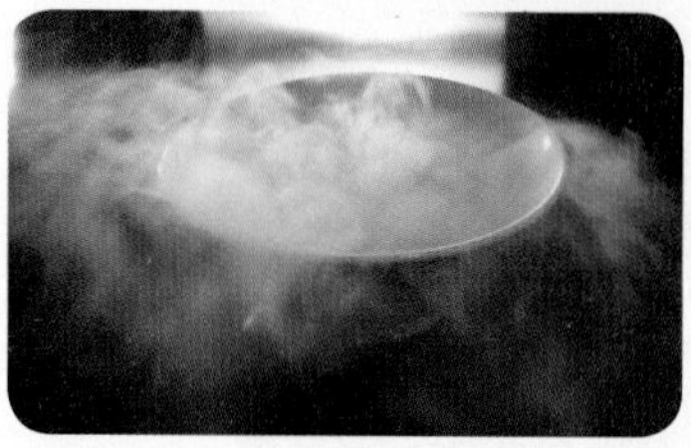

대회 기출 유형

33 과학자들이 예상한 1억 년 후 지구의 모습에 대한 설명이다.

- 유창성
- 융통성
- ✓ 독창성
- ✓ 정교성

1억 년 후의 지구

1억 년 후 지구는 끔찍한 빙하기에서 벗어난다.
육지의 판이 이동하여 대륙의 위치와 모양이 바뀌며, 지구의 기온은 오늘날 보다 조금 높아져 북극과 남극을 뒤덮고 있던 얼음이 완전히 녹는다.
해수면이 높아지고, 넓은 면적의 육지가 바다에 잠기고, 따뜻하고 습한 세상은 생물이 번성하기에 좋은 조건을 제공하여 다양한 생물이 출현한다.

다음 그림은 1억 년 후 인도 벵골 습지에 살고 있는 초식 거북이가 진화한 거대 파충류 '토라톤'의 예상 모습이다.

토라톤의 미래 모습에 대하여 다음과 같이 상상한 이유를 각각 서술하시오.

(1) 지구상에 존재해 온 동물 중에서 가장 몸집이 클 것으로 예상하고 있다.

(2) 몸의 단단한 껍질이 일부만 남아 있을 것이다.

(3) 턱뼈 근육이 발달할 것이다.

(4) 다리가 굵고, 튼튼해질 것이다.

대회 기출 유형

34 다음은 초대형 연이 이끄는 화물선에 대한 기사이다. 물음에 답하시오.

- ✔ 유창성
- ○ 융통성
- ✔ 독창성
- ○ 정교성

초대형 연 매달아 풍력 에너지로… 연료 35% 절감

초대형 연을 매달아 동력을 보충하는 세계 최초의 화물선이 첫 항해에 나섰다

22일 독일 브레멘에서 베네수엘라까지 처녀 항해에 나선 1만 톤 급 '벨루가 스카이세일스'에는 해상 100～300m 상공에서 부는 시속 12～74km의 바람을 타고 작동하는 패러글라이딩 방식의 연이 설치되어 있다.

비행기 날개 모양의 연은 바람 속도, 프로펠러 회전 등의 데이터를 읽을 수 있는 컴퓨터와 연결되어 있고 크기는 160㎡이다.

선박 설계자들은 연을 매단 덕에 연료 소비가 20% 줄고 이산화 탄소 배출 역시 감소할 전망이라고 전했다. 비용절감과 환경보호 면의 일석이조의 효과를 노린 것이다.

현재 선박이 내뿜는 온실가스는 전 세계 이탄화 탄소 배출량의 4%를 차지하며 이는 항공기 배출량의 2배에 달한다.

(1) 선박이 연을 사용할 때의 장점과 단점을 돛을 사용할 때와 비교하여 서술하시오.

(2) (1)에서 예상한 것 중 1가지를 선정하여 배를 직접 만들지 않고 확인할 수 있는 방법을 서술하시오.

대회 기출 유형

35 오늘날 과학자들의 견해에 따르면 식물은 원래 물속에서 살다가 육상으로 진출한 것으로 보고 있다. 식물은 다음 그림들과 같이 다양한 환경에서 다양한 형태로 육지에 성공적으로 정착하였다. 물음에 답하시오.

○ 유창성
✔ 융통성
✔ 독창성
✔ 정교성

(1) 물속에서 육상으로 진출하면서 식물들이 얻을 수 있었던 장점을 2가지 이상 서술하시오.

(2) 육상의 새로운 환경에 적응한 식물의 형태적 특징을 2가지 이상 쓰고, 그 특성이 어떤 환경에 적응한 것인지 각각 서술하시오.

대회 기출 유형

36 다음 그림은 우리나라의 어떤 달에 달의 위상을 표시한 천문 달력이다. 물음에 답하시오.

- ○ 유창성
- ✓ 융통성
- ○ 독창성
- ○ 정교성

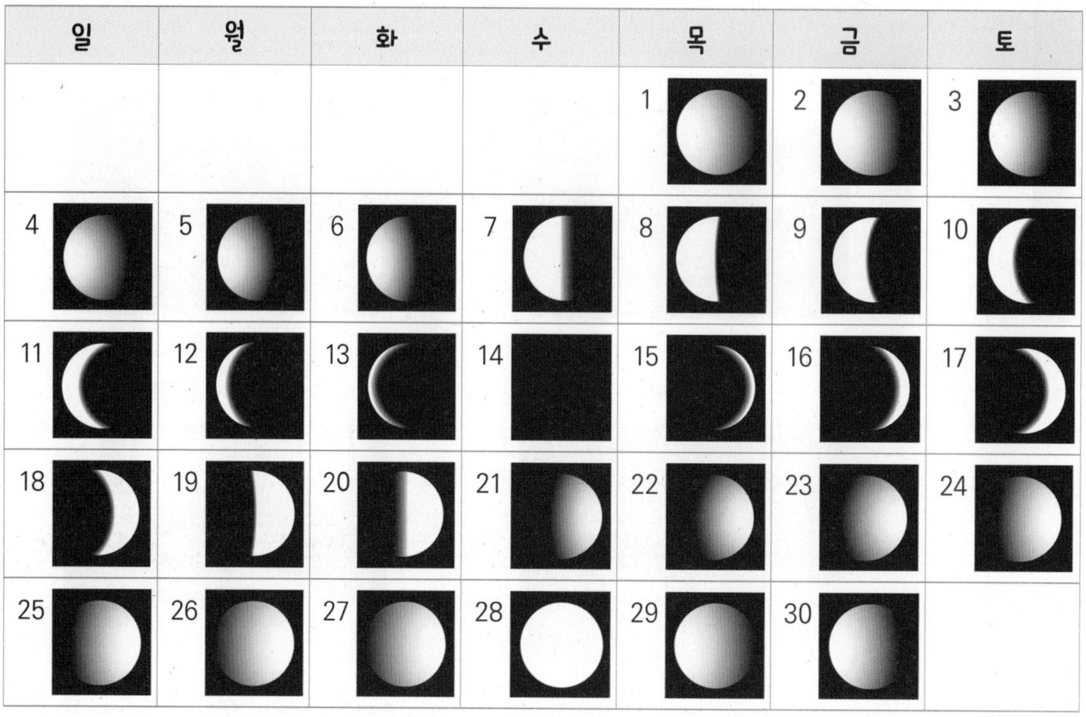

일	월	화	수	목	금	토
				1	2	3
4	5	6	7	8	9	10
11	12	13	14	15	16	17
18	19	20	21	22	23	24
25	26	27	28	29	30	

(1) 천문 달력을 통해 알 수 있는 달의 공전 주기는 며칠인가?

(2) 달과 태양 사이의 거리가 점점 가까워지는 시기는 며칠 ~ 며칠까지인가?

(3) 해가 진 직후 18시경 남쪽 하늘에서 달을 관측할 수 있는 날은 언제인가?

대회 기출 유형

37 4개의 전구 A, B, C, D, 3개의 스위치 (가), (나), (다), 2개의 전지, 다수의 전선을 이용하여 다음의 조건 만족하는 전기 회로를 꾸미려고 한다.

◯ 유창성
✔ 융통성
◯ 독창성
◯ 정교성

① 스위치 (가)와 (나)는 닫고, (다)만 열면 전구 A와 B만 꺼진다.
② 스위치 (가)와 (다)는 닫고, (나)만 열면, 전구 C만 꺼진다.
③ 스위치 (나)와 (다)는 닫고, (가)만 열면 전구가 모두 꺼진다.

위의 설명을 만족하는 전기 회로도를 그려보시오.

38 다음 그림과 같이 화살표 방향으로 전류가 흐르는 원형 도선 주위에 나침반 A, B, C 를 놓았다. 나침반 A, B, C 의 N 극이 가리키는 방향을 각각 쓰시오. (단, 그림 속 방위판을 보고 답하며, 지구에 의한 자기력의 영향은 무시한다.)

◯ 유창성
✔ 융통성
◯ 독창성
◯ 정교성

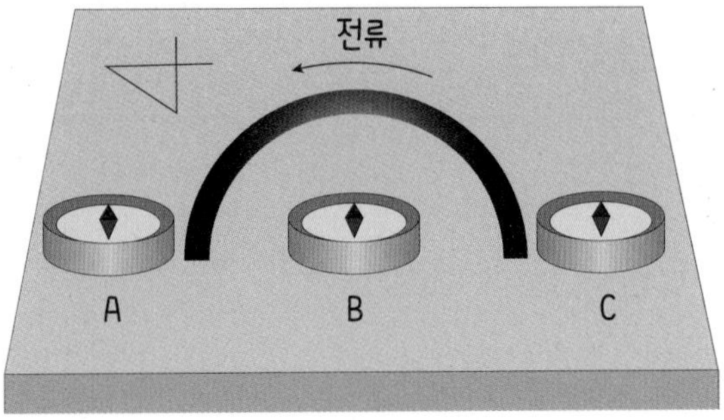

2 창의적 문제해결 과학

39 무한이와 상상이는 추를 이용하여 무게의 증가를 느끼는 시점을 확인하는 실험을 하였다. 구슬 3개를 들고 있던 무한이는 구슬 1개를 추가하자 바로 무게의 증가를 느꼈다. 반면에 처음에 구슬 6개를 들고 있던 무한이는 구슬 1개를 추가하였을 때는 무게의 증가를 느끼지 못하였으나, 구슬을 2개를 추가하였을 때 처음으로 무게의 증가를 느꼈다.

○ 유창성
✓ 융통성
○ 독창성
○ 정교성

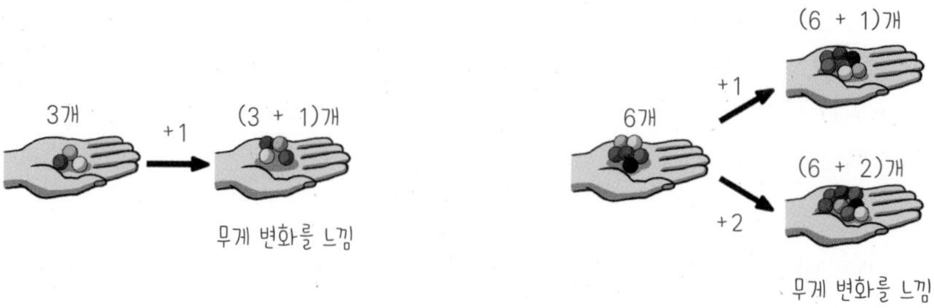

이와 같은 원리로 설명할 수 있는 현상으로 옳은 것만을 <보기>에서 있는 대로 고르시오.

보기

① 달콤한 초코렛을 먹은 후 과일을 먹으면 단맛이 잘 느껴지지 않는다.

② 환한 낮에는 네온 사인이 밝게 느껴지지 않지만 밤에는 휘황찬란하게 느껴진다.

③ 환한 대낮에 어두운 영화관 안으로 들어가면 처음에는 잘 안보이다가 서서히 보인다.

④ 냄새가 심한 화장실에 처음 들어가면 냄새가 강하지만 시간이 지날수록 잘 느껴지지 않는다.

⑤ 조용한 도서관에서 이야기 할 때보다 시끄러운 공연장에서는 더 큰 소리로 이야기해야 알아들을 수 있다.

⑥ 목욕탕의 뜨거운 물이 담긴 탕에 처음 들어가면 뜨거워서 뛰쳐나오지만, 일단 들어가고 나서 시간이 흐르면 편안하게 있을 수 있다.

40 그림 (가)는 현재 지구가 자전축이 23.5° 기울어져서 태양 주위를 공전하고 있는 것을, 그림 (나)는 지구의 자전축이 90°로 기울어지지 않은 채 태양 주위를 공전하고 있다고 가정할 때를 나타낸 것이다. 물음에 답하시오.

○ 유창성
✔ 융통성
○ 독창성
○ 정교성

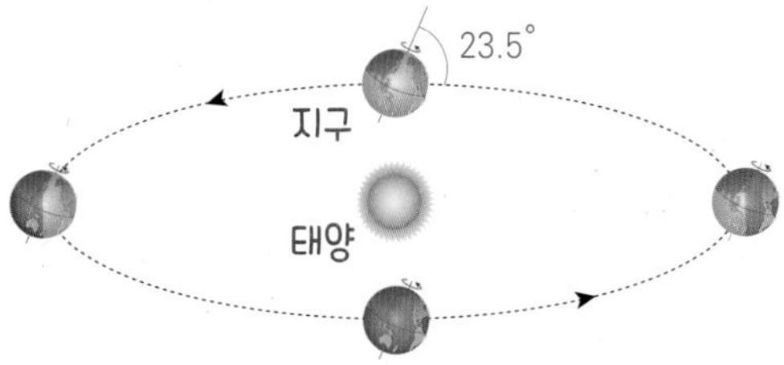

(가)

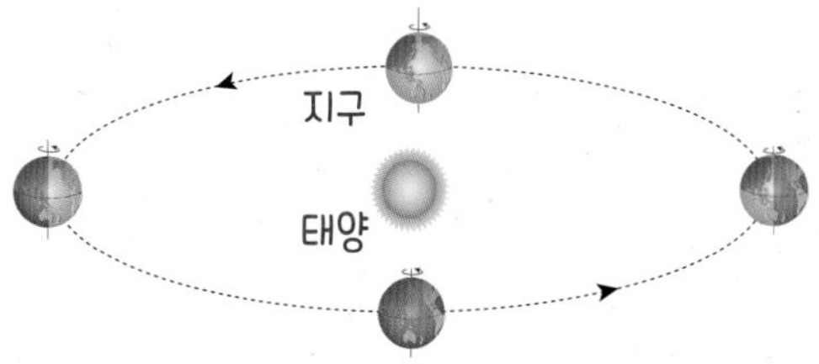

(나)

(1) (가)에서 (나)로 변하였을 때 우리나라의 계절은 어떻게 변할까?

(2) (가)에서 (나)로 변하였을 때 우리나라의 낮의 길이는 어떻게 변할까?

(3) (가)에서 (나)로 변하였을 때 지구가 공전하는 동안 적도 지방의 태양의 남중 고도는 어떻게 변할까?

영재교육원 기출 유형

41

○ 유창성
✔ 융통성
○ 독창성
✔ 정교성

1989년 3월 24일 알래스카 인근 해역에서 유조선 엑손 발데스 호가 산호초에 부딪히는 사고가 발생했다. 모두 24만 배럴의 원유가 바다로 유출되었는데 100nm의 두께로 기름 층이 퍼졌다고 한다. 물음에 답하시오. (단, 1배럴 = 160L, 100nm = 0.000001m = 10^{-7}m 라고 한다.)

(1) 1배럴은 몇 km^3인지 계산하시오.

(2) 유출된 기름 층의 면적은 제주도의 면적 (약 2,000km^2)의 몇 배인가?

(3) 바닷물에 원유가 유출되면 해양 생태계에 심각한 피해를 가져온다. 유출된 원유를 제거하기 위한 다양한 방법을 서술해 보시오.

탐구력 문제

42 상상이는 압력이 상태 변화를 일으킨다는 내용을 배운 후 실험을 통해 이를 확인해 보기로 했다. 아래 그림과 같이 두 개의 책상 사이에 얼음 덩어리가 떨어지지 않도록 걸쳐 놓고 얼음 덩어리 위에 10g, 20g, 30g 짜리 추를 매단 실을 올려 놓았다. 시간이 지나자 실과 닿은 부분의 얼음이 녹으면서 실이 아래로 내려가기 시작했다. 물음에 답하시오.

- ◯ 유창성
- ✔ 융통성
- ◯ 독창성
- ✔ 정교성

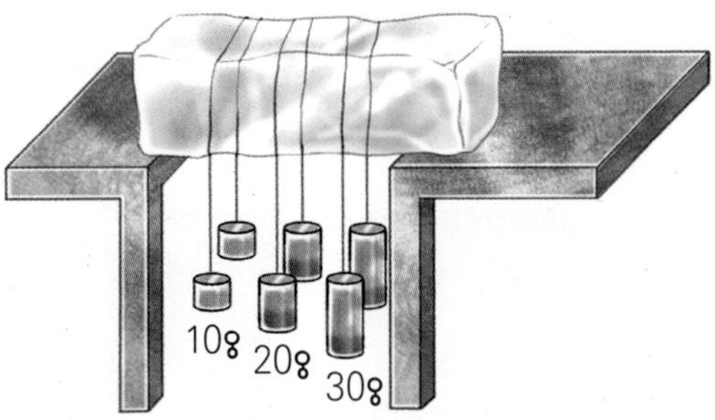

(1) 이 실험에서 얼음이 상태 변화하는데 영향을 준 가장 주요한 원인은 무엇인가?

(2) 어떤 추가 가장 먼저 떨어질지 이유와 함께 쓰시오.

(3) 상상이는 첫번째 추가 떨어지고 나면 얼음이 두 개로 나뉘면서 얼음과 추가 모두 바닥에 떨어질거라고 예상했다. 그런데 실이 통과하고 난 후에도 얼음은 쪼개지지 않고 실과 추만 바닥에 떨어졌다. 그 이유는 무엇일까?

탐구력 문제

43 다음은 분광 필름을 이용해 빛의 스펙트럼을 관찰하는 실험 방법을 나타낸 것이다. 물음에 답하시오.

- ○ 유창성
- ✓ 융통성
- ○ 독창성
- ○ 정교성

① 종이컵 2개의 바닥의 앞뒷면을 매직으로 검게 칠한다.

② 종이컵의 바닥에 핀으로 구멍을 뚫어준다.

③ 검은색 도화지를 말아서 종이컵 안에 꽉차게 말아 넣은 후, 종이컵 2개를 맞대어 붙인다.

④ 또 다른 종이컵 바닥에 구멍을 뚫고, 분광 필름을 붙인다.

⑤ 분광 필름을 통해 빛을 본다.

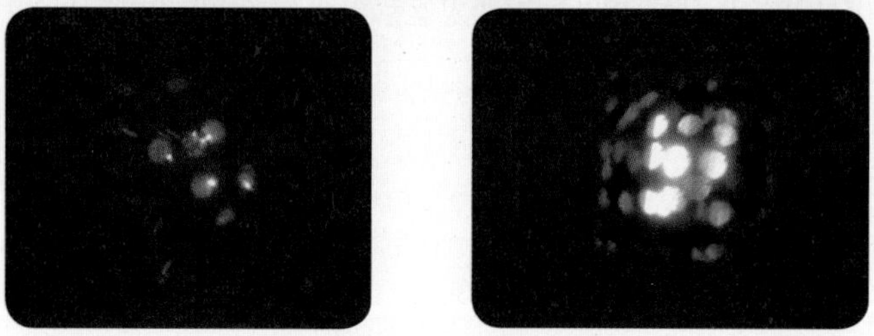

▲ 분광 필름을 통해 바라본 빛의 모습

(1) 매직과 도화지를 이용해 종이컵 안을 까맣게 하는 이유는 무엇인가?

(2) 실험에서 분광 필름의 역할은 무엇인가?

(3) 태양 광선은 몇 가지 색깔로 나누어 질까?

탐구력 문제

44 무한이는 콩이 잘 자라는 환경을 알아보기 위해 다음과 같은 실험을 하였다. 물음에 답하시오.

○ 유창성
✔ 융통성
○ 독창성
○ 정교성

① 페트리 접시 3개에 각각 솜을 깐다.

② 첫 번째 페트리 접시에는 물을 붓고, 두 번째 페트리 접시에는 비눗물을, 세 번째 페트리 접시에는 합성 세제를 탄 물을 같은 양만큼 넣는다.

③ 각 페트리 접시에 강낭콩을 올려 놓는다.

④ 페트리 접시를 덮고 햇빛이 들지 않는 곳에 놓은 후 관찰하며, 이때 솜의 물이 마르지 않도록 한다.

물

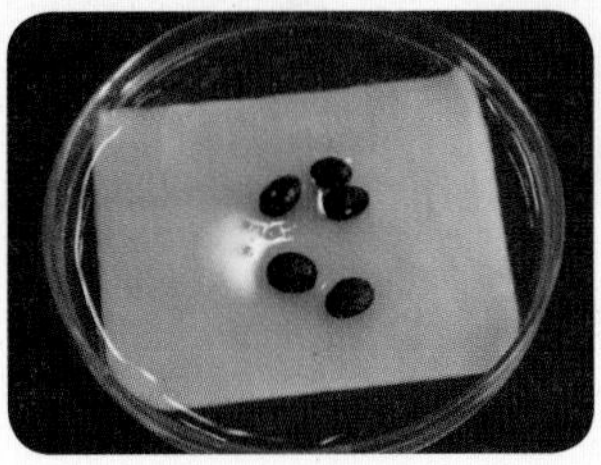
비눗물

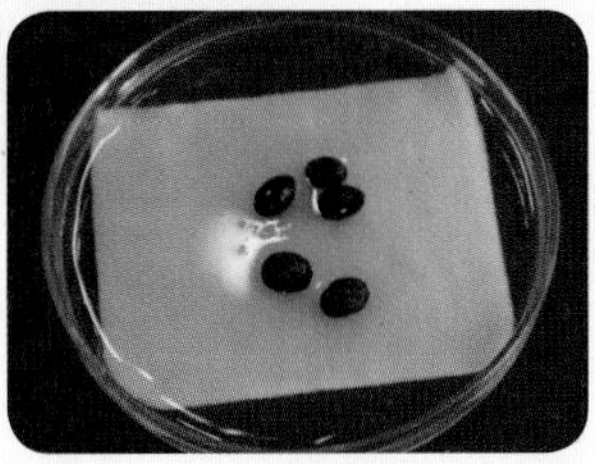
합성세제물

(1) 무한이가 생각한 가설은 무엇인지 쓰고, 예상 실험 결과를 서술하시오.

(2) 위 실험 과정에서 실험 결과에 변화를 줄 수 있는 요인을 쓰시오.

(3) 다음 <보기>와 같은 현상이 일어난 이유를 위 실험과 관련지어 설명하시오.

보기

무한이네 동네에 공장이 들어서면서 동네 근처의 호수에서 냄새가 나고, 몇 년 후에는 물고기들이 죽기 시작했다.

(4) 무한이네 동네에 있는 호수를 깨끗하게 하는 방법에 대한 자신의 생각을 서술하시오.

탐구력 문제

45 상상이는 어떤 물질이 탈 때 무게의 변화를 알아보기 위하여 다음과 같은 실험을 하였다. 물음에 답하시오.

- ○ 유창성
- ✓ 융통성
- ○ 독창성
- ○ 정교성

① 윗접시 저울의 양쪽에 수평이 되도록 강철솜을 놓는다.

② 한쪽 접시의 강철솜만 내려 놓고 점화기(또는 알코올램프)를 이용하여 연소시킨다.

③ 연소시킨 강철솜을 윗접시 저울에 올려 연소시키지 않은 강철솜과 비교해 본다.

④ 나무 도막을 이용하여 ① ~ ③의 과정을 반복한다.

(1) 연소 전 후 강철솜의 무게는 어떻게 변하였는가? 그렇게 변한 이유도 함께 서술하시오.

(2) 연소 전 후 나무 도막의 무게는 어떻게 변하였는가? 그렇게 변한 이유도 함께 서술하시오.

(3) 강철솜의 연소와 나무의 연소와의 차이점을 설명하시오.

탐구력 문제

- 유창성
- ✔ 융통성
- 독창성
- 정교성

46 다음과 같이 중성의 BTB 용액을 같은 양 넣고 각각 다른 조건으로 실험 설계를 하여 시간이 지남에 따라 BTB 용액의 색깔 변화를 관찰하였다. 물음에 답하시오.

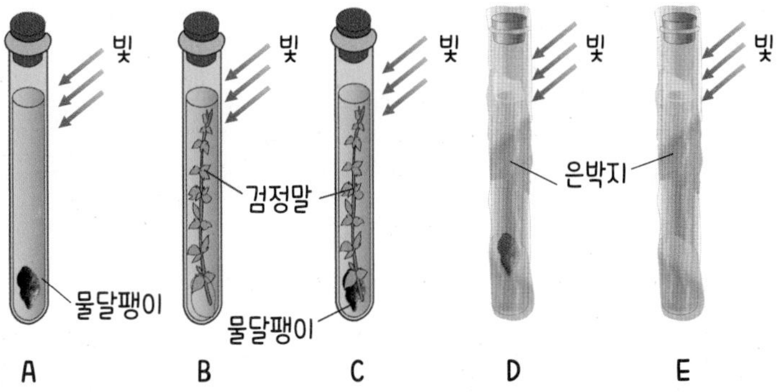

A	B	C	D	E
물달팽이	검정말	검정말	검정말	검정말
		물달팽이	물달팽이	은박지
			은박지	

(1) 가장 빨리 황색으로 변하는 시험관과 가장 빨리 청색으로 변하는 시험관의 기호를 고르고 그 이유를 쓰시오.

	기호	이유
가장 빨리 황색으로 변하는 시험관	㉠	㉡
가장 빨리 청색으로 변하는 시험관	㉢	㉣

(2) 이 실험을 통해 알 수 있는 사실을 <보기>에서 있는 대로 고르시오.

보기

ㄱ. 물달팽이는 호흡 결과 이산화 탄소를 방출한다.
ㄴ. 빛의 세기는 광합성량에 영향을 미친다.
ㄷ. 식물은 빛이 없을 때 산소를 흡수하고, 이산화 탄소를 방출한다.
ㄹ. 빛이 없어도 물달팽이와 식물을 함께 넣어 두면 물달팽이는 계속 살 수 있다.
ㅁ. 물에 녹아 있는 산소의 농도는 식물의 광합성량에 영향을 준다.
ㅂ. 식물은 빛을 이용하여 광합성 작용을 한 결과, 산소를 방출한다.

탐구력 문제

47 다음은 25℃에서 실행한 실험 과정을 나타낸 것이다. 물음에 답하시오.

- ○ 유창성
- ✔ 융통성
- ○ 독창성
- ○ 정교성

① 잘 세척하여 말린 둥근바닥플라스크에 암모니아 기체를 가득 채우고, 유리관과 물이 든 스포이드를 끼운 고무마개로 암모니아 기체가 든 플라스크의 입구를 막는다.

② 비커에 물을 반 정도 넣고 페놀프탈레인 용액을 몇 방울 떨어뜨린 다음, 유리관의 아랫 부분이 물에 잠기도록 왼쪽 그림과 같이 장치한다.

③ 스포이드를 눌러 물이 플라스크 속으로 들어가게 한다.

④ 그 결과 오른쪽 그림과 같이 비커의 물이 플라스크 속으로 빨려 올라가 분수가 되어 플라스크 속을 채우게 되었다.

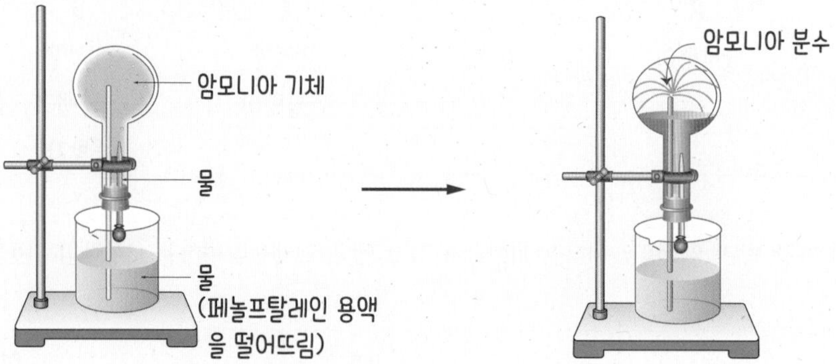

(1) 플라스크 속으로 들어간 물의 색깔 변화와 그런 색이 나타난 이유는 무엇인지 설명하시오.

(2) 스포이드를 눌러 주었을 때 물이 유리관을 통해 플라스크 속으로 올라가는 것은 암모니아의 어떤 성질을 이용한 것인가?

(3) 암모니아 분수가 만들어질 때, 플라스크 안의 내부 압력은 어떤 변화가 일어난 것인가?

탐구력 문제

48 무한이와 상상이는 자극이 전달되는 속도를 알아보기 위해 다음과 같은 실험을 하였다. 물음에 답하시오.

- 유창성
- ✓ 융통성
- 독창성
- 정교성

[실험 과정]

① 두 명이 한 조가 되어 한 사람은 자의 윗 부분을 잡고, 다른 한 사람은 기준선에서 두 손가락을 벌려 자를 잡을 준비를 한다.

② 자의 윗 부분을 잡고 있는 사람이 자를 놓으면 다른 한 사람은 떨어지는 자를 재빨리 잡은 후, 기준선에서부터 잡은 위치까지의 거리를 측정한다.

③ 위 과정을 5회 반복하여 평균값을 구한 후 다음 그래프를 이용하여 자를 잡을 때까지 걸린 시간을 구한다.

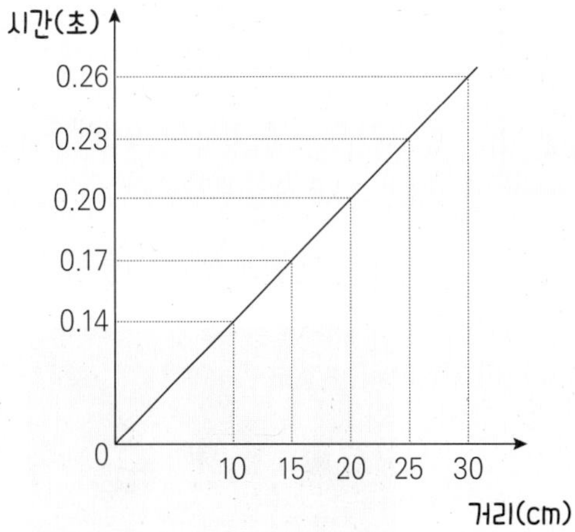

다음은 실험을 통해 측정된 값을 표로 나타낸 것이다. 물음에 답하시오.

실험 횟수	1회	2회	3회	4회	5회
기준선으로부터 자를 잡은 지점까지의 거리(cm)	20	18	19	22	21

(1) 기준선으로부터 자를 잡은 지점까지의 거리의 평균값을 구하여 떨어지는 자를 잡기까지 걸린 시간을 구하시오.

(2) 신경의 자극 전달 속도를 구하시오. (단, 눈에서 손 끝까지의 자극 전달 거리는 2m로 가정한다.)

(3) 다음 그림은 전화 통화 과정을 간단히 나타낸 것이다. 전화 통화 과정을 신경 전달 과정과 비교했을 때 해당하는 것을 각각 쓰시오.

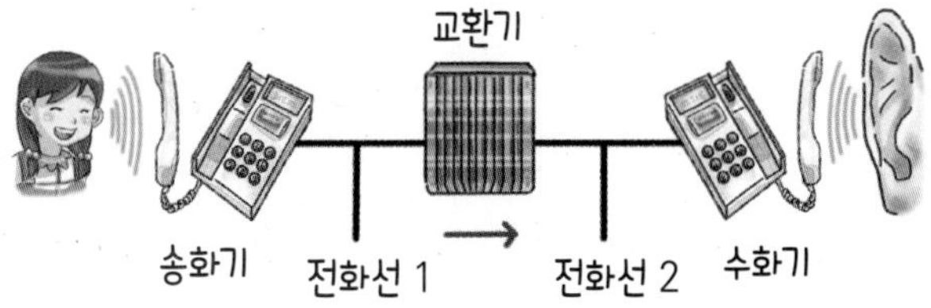

㉠ 송화기 : ㉡ 전화선1 : ㉢ 교환기 :

㉣ 전화선2 : ㉤ 수화기 :

탐구력 문제

49 무한이는 정육점의 빨간색 조명 아래 놓여 있는 고기들을 보고 조명색에 따라 색이 어떻게 달라보이는지 궁금하여 다음과 같은 실험을 하였다. 물음에 답하시오.

○ 유창성
✓ 융통성
○ 독창성
○ 정교성

① 그림과 같이 3개의 손전등에 빨강, 파랑, 초록 셀로판지를 씌우고 고무밴드로 고정한다.

② 빨간색, 파란색, 노란색 등 다양한 색의 물체를 준비하고 주위를 캄캄하게 한 후 각 물체에 백색광을 비추고 색을 관찰한다.

③ 각 물체에 셀로판지를 씌운 손전등을 각각 비추고 물체의 색을 관찰한다.

(1) 다음은 색이 다른 여러 물체에 서로 다른 색의 광원을 비추었을 때 보이는 색을 정리한 표이다. 빈칸을 채워 보시오.

비추는 전등 / 물체	빨간 셀로판지	파란 셀로판지	초록 셀로판지
초록색			
파란색			
빨간색			
노란색			

(2) 각 색깔의 셀로판지를 통과할 수 있는 빛은 어떤 빛인가?

(3) 정육점에서 사용하는 조명이 일반적으로 사용하는 조명인 하얀색이나 노란색 조명이 아닌 빨간색 조명을 사용하는 이유는 무엇인지 서술하시오.

영재교육원 기출 유형

50 다음 준비물을 이용하여 그림과 같이 온도를 측정하는 장비를 만들었다. 물음에 답하시오.

- 유창성
- ✔ 융통성
- 독창성
- 정교성

[준비물] 물, 굵기가 같은 빨대, 유리병, 고무마개(유리병에 꼭 맞는), 사인펜

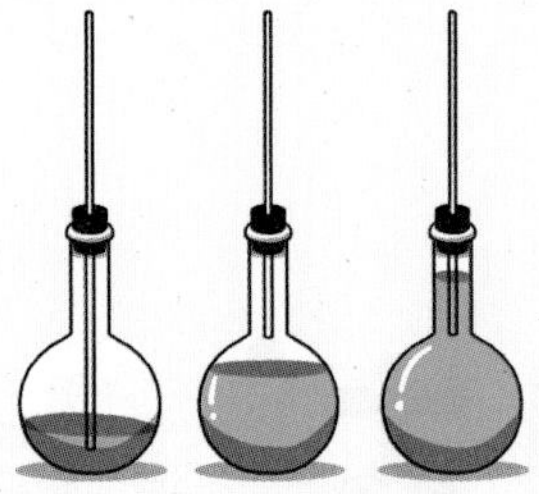

(1) 빨대에 온도 눈금을 표시할 때 10℃와 20℃의 눈금간격이 가장 긴 것은?

(2) 빨대에 온도 눈금을 표시할 때 10℃와 20℃의 눈금간격이 가장 짧은 것은?

PART IV

심층 면접

나는 면접에서 나의 창의성을
마음껏 발휘할 수 있을까?

단원 살짝 엿보기

01 인성 면접 유형
인성 관련 기출문제를 통한 심층면접 문제 유형 익히기

02 창의성 면접 유형
일반·수학·과학 창의성 관련 기출문제를 통한 심층면접 문제 유형 익히기

03 토론 면접 유형
토론형 기출문제를 통한 심층면접 문제 유형 익히기

[심층 면접 Tip]

① 자기소개서의 내용 숙지가 필요하다. 자기소개서에 쓴 내용과 상반된 내용을 말하거나 외운 내용을 확인하는 것처럼 말하면 다른 영역이 뛰어나도 합격이 어렵다.

② 문장의 어미 사용을 보다 명확하게 사용하는 것이 좋다. '~ 인 것 같습니다.' 보다는 '~ 입니다.' 등의 자신감 있는 표현으로 이야기 하는 것이 좋다.

③ 심층 면접은 정답이 따로 정해져 있지 않은 문제로 창의성과 과제 집착력을 평가하는 것이다. 따라서 틀릴까 봐 머뭇거리지 말고 자신감 있게, 그러면서도 신중하게 생각했다는 인상을 줄 수 있도록 대답하는 태도가 필요하다.

④ 수학 면접의 경우 수학을 배워야 하는 이유, 평소 자신이 배우는 수학이 실생활에 어떻게 활용되는지, 어디에 적용되는지 등의 자신만의 경험을 정리해 보고 이를 숙지해 가는 것이 바람직하다.

⑤ 과학 면접은 과학적 지식을 묻는 질문에서 생활 속에서 과학과 관련 내용을 어떤 동기로 알게 됐는지에 대한 것으로 바뀌고 있고 면접관들은 개성 있는 경험을 듣고 싶어 한다. 선행 개념을 바탕으로 답을 하는 경우, 궁금증에 의해 자발적으로 탐구해 인지했음을 밝히는 것이 좋다.

⑥ 지원자들을 그룹을 지어 특정 주제에 대해 토론을 시키는 방식인 토론 면접의 경우 면접관은 이것을 지켜보면서 여러 지원자들의 지식 수준, 리더쉽, 적극성, 협동성, 발표력, 진실성, 의사소통능력, 표현 능력, 위기 상황에서의 대처능력 등을 평가한다. 따라서 타인의 발언을 경청하고, 어떠한 상황이든지 자신감 있게 행동하고 차분하게 자신의 주장을 논리적으로 이야기하는 것이 좋다. 너무 튀어보이려고 하는 태도나 반대로 너무 소극적인 태도도 바람직하지 않으며, 지나친 흥분이나 과격한 언행도 피해야 한다.

1 인성 면접 유형

영재교육원 기출문제로 구성하였습니다.

01 자기 소개를 면접관들에게 해 보시오.

02 영재교육원에 지원한 이유를 말해 보시오. (또는 다른 학교 및 영재교육원에 시험을 본 적이 있는가? 왜 이 곳에 지원했는지 이유를 말해 보시오.)

03 영재교육원에서 어떤 형식, 어떤 내용의 교육을 받았으면 좋겠습니까?

04 해당 분야에(예를 들어 수학, 물리 등) 응시한 이유를 말해 보시오.

05 자신이 영재아라고 생각하십니까? 영재는 어떤 학생을 지칭하는 것일까요? 각각의 이유와 자신의 생각을 말해 보시오.

06 다른 친구들과 차별화된 나만의 공부 방법이 있다면 말해 보시오.

07 친구가 화를 내고 있을 때 풀어줄 수 있는 방법은 무엇인가요?

08 영재교육원에 합격한다면(혹은 불합격한다면) 어떻게 할 것인가요?

09 평소 장난 친이 심하고, 수업 시간에 질문을 많이 하여 수업 시간을 줄이는 철수가 있습니다. 반 아이들과 당신은 철수를 매우 싫어합니다. 바람이 많이 불고 추운 어느 날, 철수가 환기를 한다며 창문을 열었습니다. 아이들은 창문을 닫으라고 소리를 질렀으나 당신이 보기에는 환기가 꼭 필요한 상황이었습니다. 당신은 어떻게 행동할 것인가요?

10 영재교육원에서 모둠 발표가 있습니다. 모둠 발표를 준비할 때 내가 친구들에게 줄 수 있는 도움은 무엇입니까?

11 실험 도중에 너와 의견이 맞지 않아서 계속 말다툼하는 친구 때문에 말다툼도 하기 싫고, 도저히 계속 같이 실험하기 싫어진다면 어떻게 하겠습니까?

12 삼십 년 후 나는 어떤 직업을 갖고 있을까요? 자신의 모습을 구체적으로 설명하고, 그 직업이 다른 사람들에게 어떤 도움을 줄 수 있는지 세 가지 이상 말해 보시오.

13 모둠 활동시 혼자서 다 하려고 고집부리는 친구가 있을 때 어떻게 대처할 것인가요? 본인 의견이 무시되어도 괜찮은가요?

14 최근에 사회적으로 일어난 사건들 중에서 관심이 있는 사건과 그 이유를 말해 보시오.

15 지금까지 가장 슬펐던 때(혹은 기뻤던 때)는 언제인가요? 그 이유와 함께 말해 보시오.

16 다른 사람에게 가장 많이 듣는 이야기는 무엇인가요?

17 자신의 장래 희망을 이루기 위해 필요한 습관 3가지와 그 이유를 말해 보시오.

18 지금까지 부모님을 제외하고 자신에게 가장 많은 영향을 끼친 사람은 누구인지 그 이유와 함께 말해 보시오.

19 영재네 모둠은 역할 놀이를 하려고 합니다. 그런데 영재는 역할놀이가 싫다며 그림만 그리고 있습니다. 선생님께서는 모든 모둠원이 참여하여 역할놀이를 하라고 하셨고, 우리 모둠원들이 영재에게 함께 하자고 다시 말하자 영재는 짜증을 내며 울기까지 하였습니다. 우리 모둠원들은 어떻게 해야 할지 몰라 그런 영재를 바라보고만 있었습니다. 모둠원들이 영재에게 어떻게 하면 좋을지 이야기해 보시오.

20 요즘 비둘기는 유해동물에 포함되는데, 날개를 다친 비둘기가 길바닥에 있다면 어떻게 하겠습니까?

21 다음 주 월요일에 아주 중요한 시험이 있습니다. 그 때문에 이번 주말에는 그 시험 준비를 반드시 해야 합니다. 그런데 이번 주 토요일에 영재교육원 수업이 있습니다. 당신이라면 어떻게 하시겠습니까? 그리고 그 이유는 무엇입니까?

22 과학 영재교육원 과제로 프로젝트 준비를 해야 합니다. 선생님께서는 혼자서 프로젝트 준비를 하거나 여러 명이 함께 프로젝트 준비를 해도 된다고 말씀하셨습니다. 당신은 두 방법 중 어느 것이 더 바람직하다고 생각하십니까? 그리고 그 이유는 무엇입니까?

23 여러분이 철수라면 다음 상황을 어떻게 해결할 수 있을까요?

철수네 집에서 경복궁까지 지하철로 서른 정거장이나 가야 한다. 철수네 집에서 가장 가까운 지하철역은 환승역이라 사람들이 붐벼 자리에 앉아 갈 수 없다. 철수와 친구는 앉아가기 위해 경복궁역 반대 방향으로 두 정거장을 갔다. 그 결과 철수와 친구는 자리에 앉아갈 수 있었다. 그런데 얼마 지나지 않아 갓난 아이를 안은 아주머니가 철수와 친구의 가운데에 섰다.

24 좋아하는 과목과 싫어하는 과목을 말하고, 그 이유를 설명 하시오.

25 '지는 것이 이기는 것이다.' 라는 말을 자신의 경험을 통해서 말해 보시오.

26 영재교육원에 들어오면 좋은 점 3가지를 말해 보시오.

27 남에게 도움을 줬던 경험(혹은 봉사활동) 중 가장 인상 깊게 기억이 나는 경험은 무엇인가?

28 나와 가장 친한 친구의 장점에 대하여 설명해 보시오.

29 내가 지금까지 받아온 영재 수업 중에서 기억에 남는 영재 수업은 무엇이었는가? 그 이유와 함께 말해 보시오.

30 다음 글을 읽고 질문에 답하시오.

> 은주네 학급에서는 체육대회 때 응원상을 받아 생긴 학급비로 무엇을 할까 회의를 하였다. 결국 교실에서 모두가 함께 쓸 수 있는 휴지를 사서 쓰기로 하였다. 그런데 휴지를 산 지 얼마 되지 않아서 다 써버렸다. 그 이유는 학급 휴지를 쓸 때 아껴 쓰지 않아 개인 휴지를 쓸 때보다 휴지가 빨리 떨어지게 된 것이다.

위 사례와 같은 문제가 나타난 이유와 이를 해결하기 위한 방법을 제시하시오.

31 (자기소개서에 기재된 장래희망 중 특이한 경우 - 수학자, 과학자 등이 아닌 경우) 자신의 꿈을 이루는 과정에서 (수학, 과학) 영재 교육은 왜 필요하다고 생각하나요?

32 자기소개서에 기록된 내용 중 남들과 다른 부분이 있다면 어떤 것인지, 그리고 왜 그렇게 생각하는지 설명 하시오.

33 자신의 장점, 단점을 하나씩 쓰고, 장점을 키우기 위해 어떻게 할 것인지, 단점을 고치기 위해서는 어떻게 노력할 것인지 설명하시오.

34 자신이 지원한 분야에 관심을 갖게 된 시기는 언제이며, 그 계기는 무엇인가요?

2 창의성 면접 유형

영재교육원 기출문제로 구성하였습니다.

01 커피잔에 반지를 빠트렸는데 젖지 않았다. 어떻게 가능할까?

02 어제 정전이 났음에도 영희는 책을 읽었다. 어떻게 가능할까?

03 사람들이 전단지를 길에 버리지 않게 할 수 있는 방법에 대한 아이디어를 내보시오.

04 영국까지 물고기를 가장 신선하게 운반할 수 있는 방법에 대한 아이디어를 내보시오.

05 사막에 간다면 가져갈 5가지 물건을 고르고 고른 이유를 설명하시오.

06 쓰레기를 뒤적이며 살아갈 정도로 가난한 아프리카 난민들을 위해 할 수 있는 일은 무엇이 있을까? 3가지를 말해 보시오.

07 한 달 동안 집에 전기가 들어오지 않는다면 어떻게 생활해야 할까?

[08 ~ 10] 문제는 면접 준비실에서 제시된 문제 풀이 후 면접 장소에 들어가서 자신의 풀이 내용에 관한 것을 면접관들이 질문할 때 답변하는 형태의 문제입니다.

08 다음 글을 읽고 얻을 수 있는 교훈을 2가지 쓰고, 그 이유를 각각 서술하시오.

10년째 매주 한 번씩 안마 봉사에 나서고 있는 이들이 있다. 이들은 시각 장애인들로 이루어진 봉사단체로 지역 주민들을 위해 꾸준히 무료 안마봉사를 해오고 있다.
이 단체 회원들은 자신들이 정부 지원을 받아 안마를 배운 만큼 그 기술을 되돌려주고, 사람들을 도울 수 있다는 데 기쁨을 느낀다고 말하였다. 또한 안마 봉사를 통해 주민들과 따뜻한 교류를 지속하면서 자신의 상처도 치유했다고 말했다.

교훈 1	
이유	

교훈 2	
이유	

09 다음 글을 읽고 질문에 답하시오.

- 언제나 쉴 새 없이 움직이는 개미는 수십 마리에서 수백만 마리까지 한 집단을 이루며 산다. 먹이를 모아오고 애벌레를 키우며 집을 짓는 등의 일을 하는 일개미, 큰 턱을 이용해 적으로부터 무리를 지키고 먹이를 부수는 병정개미, 마지막으로 알을 낳아 번식을 하는 여왕개미로 각자의 역할을 나누어 함께 산다.
- 아프리카 사막의 미어캣은 새끼를 낳는 암컷과 새끼를 낳지 않는 암컷이 있다. 새끼를 낳지 않는 암컷은 새끼 미어캣을 키운다. 또한 낮에 햇볕을 쬘 때 두발로 서서 주변을 살피는 보초서기를 서로 돌아가면서 한다. 보초를 서지 않는 미어캣은 사냥을 해 온다.
- 동아프리카의 '벌거숭이 두더지쥐'는 최대 300마리가 무리를 지어 산다. 새끼를 낳는 여왕, 땅굴에 침입하는 뱀과 같은 적에게 맞서는 군인, 하루 종일 굴을 파고 먹이를 구하는 일꾼으로 나누어 좁고 어두운 땅굴에서 살아간다.

위 동물들에게서 배울 수 있는 장점을 2가지 이상 이야기해 보시오.

10 그림은 OECD 국가 성별 임금 격차 비율과 유리천장지수 비율을 나타낸 것이다.

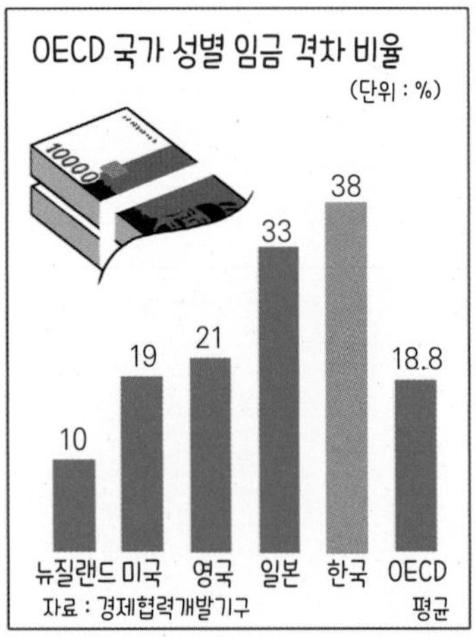

동일 국가 내 성별 임금 격차 비율이 클수록 여성 차별이 심한 것이다.

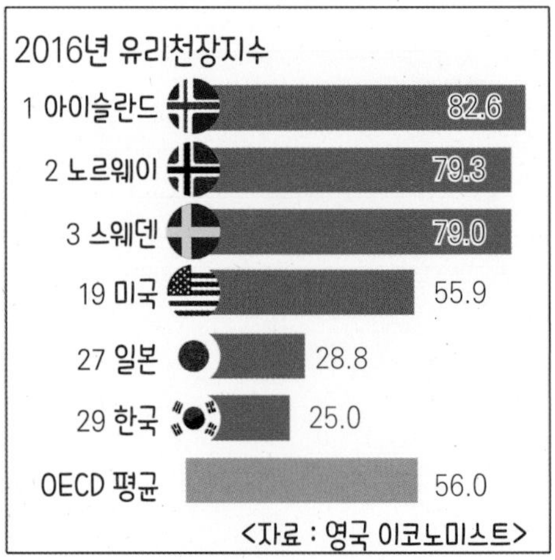

유리천장지수는 임금이나 승진 등 직장 내 여성 차별을 보여주는 지표로 수치가 낮을수록 차별이 심한 것이다.

그림에서 공통으로 나타난 문제점을 제시하고, 이를 해결하기 위한 방안을 사회적 측면에서 2가지 설명하시오.

11 자신이 수학적으로 가장 아름답다고 생각하거나 실용적이라고 생각하는 수학 공식 한 가지를 말하고, 그 이유를 설명하시오.

12 수학의 원리를 이용한 물체 3가지를 고르고, 그렇게 생각한 이유를 말해 보시오.

13 수학이란 무엇이고, 우리가 수학을 배워야 하는 이유는 무엇인지 말해 보시오.

14 가장 좋아하는 수학자는 누구인가? 그 수학자의 업적에는 어떠한 것들이 있는지 말해 보시오. (좋아하는 수학자가 없는 경우 면접관이 지정해 줌.)

15 오늘은 월요일이다. 365일 후에는 무슨 요일일까?

16 집에서 여기까지 온 시간과 교통 수단을 감안하여, 집에서 여기까지의 거리를 계산하는 방법에 대하여 설명하시오.

17 직사각형의 넓이는 가로 × 세로이다. 왜 그렇게 되는지 설명하시오.

18 운동장의 면적을 구할 수 있는 방법을 설명하시오.

19 월드컵 경기장에 관중이 꽉 차 있다. 관중의 수를 셀 수 있는 방법을 말해 보시오.

[20 ~ 32] 문제는 면접 준비실에서 제시된 문제 풀이 후 면접 장소에 들어가서 자신의 풀이 내용에 관한 것을 면접관들이 질문할 때 답변하는 형태의 문제입니다.

20 20개의 상자에 각각 20개의 금반지가 들어있다. 금반지 1개의 무게는 10g 이다. 그러나 20개의 상자 중 1개의 상자에는 모두 가짜 금반지가 들어있다. 가짜 금반지의 무게는 9g 이다. 전자저울을 한 번만 사용하여 가짜 금반지가 들어있는 상자를 찾을 수 있는 방법을 설명하시오.

21 A, B, C 세 사람이 테스트를 했다. 테스트는 O, X 중에서 하나를 고르는 방식인데 반드시 둘 중 하나가 정답이다. A, B, C가 각각 맞힌 개수가 1개, 4개, 2개라는 결과가 나왔다. 이 결과를 바탕으로 이 테스트의 각 문항의 정답을 구하고 그 풀이과정을 쓰시오.

	1번	2번	3번	4번	5번	맞힌 개수
A	×	O	O	×	O	1개
B	O	O	O	O	×	4개
C	O	O	×	O	O	2개

	1번	2번	3번	4번	5번
정답					

22 다음은 일정한 규칙에 따라 만들어진 다양한 문제이다. 각 문제에 알맞은 답을 하시오.

(1) 영재 아버지는 비밀 금고를 갖고 계시는데 오래된 탓에 비밀 번호를 잊어버렸다. 영재는 비밀번호를 찾기 위해 금고의 보안 장치에 특수한 물질을 묻혔더니 그림과 같은 지문 자국이 나타났다. 비밀번호가 4자리 숫자로 되어 있다면, 가능한 비밀번호를 모두 구하시오.

(2) 다음 도형은 일정한 규칙에 따라 색칠한 것이다. 어떠한 규칙인지 설명하고, 도형 5를 그 규칙에 따라 색칠하고, 색칠된 칸의 숫자를 더한 값을 구하시오. (규칙은 2가지로 나누어 설명한다.)

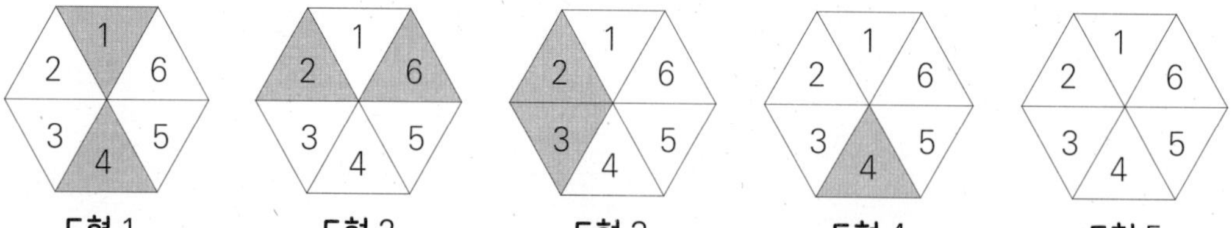

23 한 변의 길이가 1cm인 정삼각형의 타일을 서로 마주보게 붙이면 다양한 모양을 만들 수 있다. 예를 들어 정삼각형 타일 5개로는 다음과 같은 모양을 만들 수 있다.

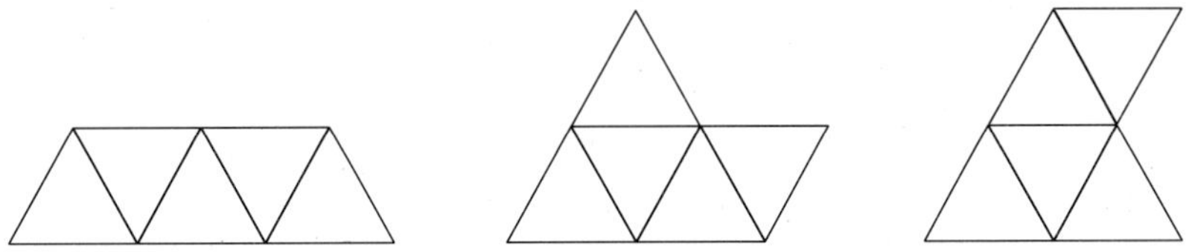

한 변의 길이가 1cm인 정삼각형의 타일 12개를 서로 마주보게 붙여 모양을 만들려고 한다. 물음에 답하시오.

(1) 정삼각형 타일 12개로 둘레의 길이가 가장 짧은 모양을 만들었을 때, 둘레의 길이를 구하시오.

(2) 정삼각형 타일 12개로 만들 수 있는 둘레의 길이가 가장 짧은 모양을 5가지 이상 그리시오. (단, 돌리거나 뒤집었을 때 같은 모양인 경우 1개로 인정한다.)

24 그림과 같이 정사각형 5개를 변과 변이 최소 1개씩 서로 맞닿도록 만든 평면 도형은 12가지 종류가 있으며, 이를 펜토미노라 한다. 정사각형 6개를 변과 변이 맞닿도록 만든 평면도형을 헥소미노라 하며, 35가지 종류가 있다. 답안지에 그려 35가지 종류를 확인하시오. (단, 회전이나 뒤집어서 겹쳐지는 경우는 같은 모양으로 간주하며, 제시한 헥소미노의 종류가 35가지 초과 시 감점 처리 된다.)

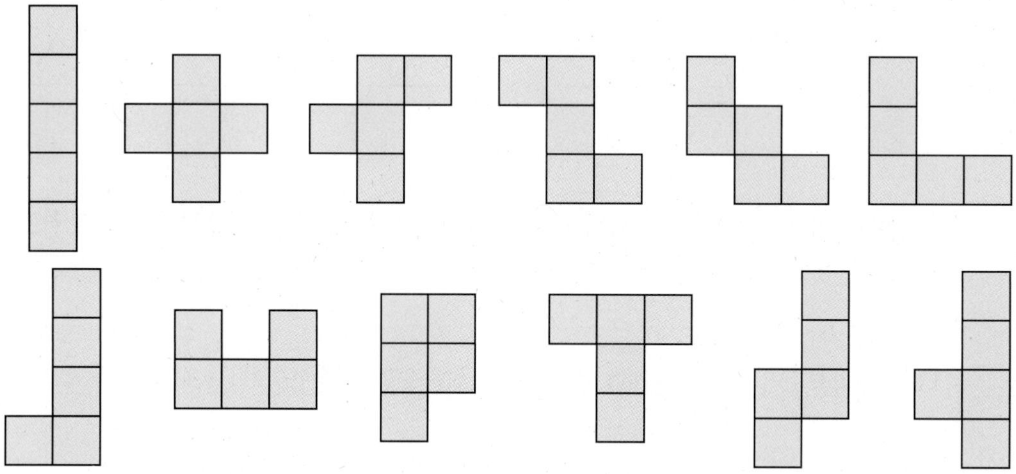

25 다음 그림과 같이 둘레가 12cm, 넓이가 5cm^2 인 도형 10개를 만드시오. (단, 도형을 뒤집거나 회전했을 때 모양이 같은 경우는 동일한 것으로 취급한다.)

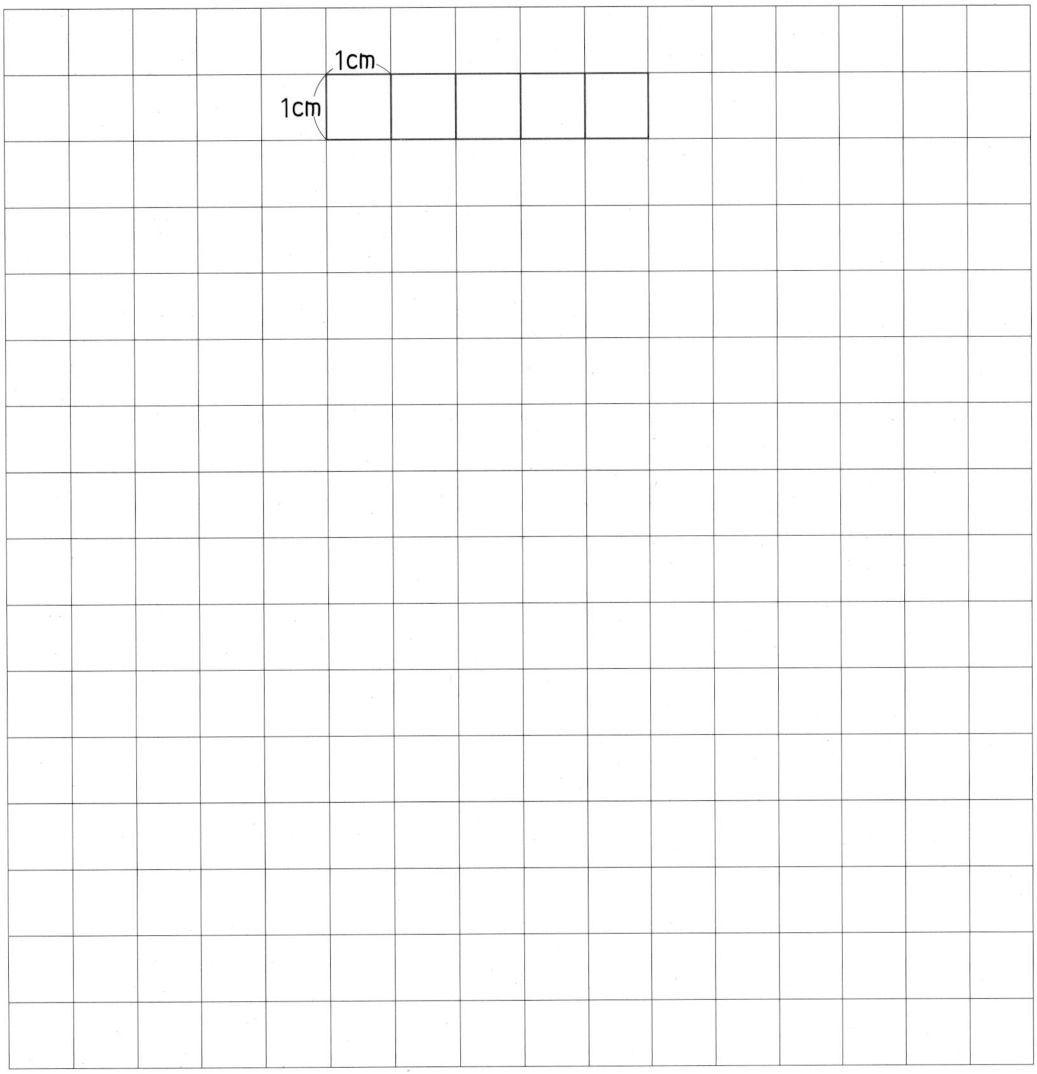

26 그림과 같이 정사각형 모양의 타일이 24개 있다. 타일의 모퉁이에 있는 원은 사분원이다. 이 타일들을 적당히 배열하여 다음 <보기>의 조건을 만족하는 하나의 도형을 만드시오.

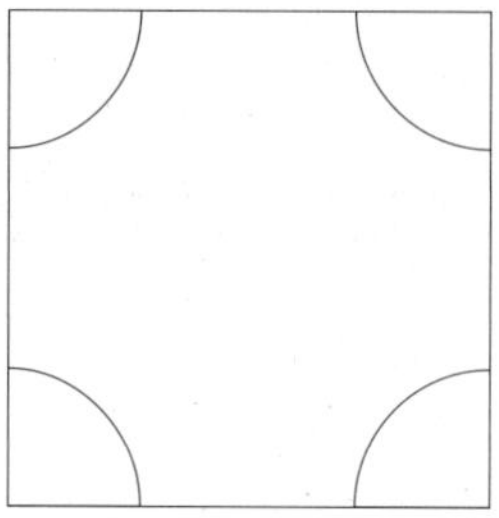

보기

<조건 1> 타일을 배열하여 남는 타일이 없어야 한다.

<조건 2> 모두 15개의 원을 만든다.

<조건 3> 1개의 타일은 반드시 1개 이상의 원을 구성해야 한다.

예) 다음과 같은 경우 '가, 나, 다, 라'의 타일은 1개의 원을 구성하고 있지만 '마'의 경우는 원을 만들지 못하고 있다.

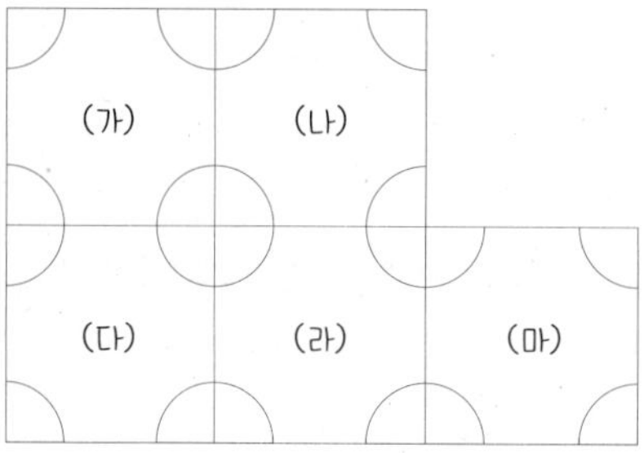

정답 및 해설 / 예시 답안
p.163

27 다음 표에서 찾을 수 있는 규칙을 7가지 이상 적으시오.

									1
								1	1
							1	2	1
						1	3	3	1
					1	4	6	4	1
				1	5	10	10	5	1
			1	6	15	20	15	6	1
		1	7	21	35	35	21	7	1
	1	8	28	56	70	56	28	8	1
1	9	36	84	126	126	84	36	9	1

28 다음 <보기>를 보고 질문에 답하시오.

보기

ㄱ. $\frac{2}{3} = \frac{1}{2} + \frac{1}{6}$　　ㄴ. $\frac{2}{5} = \frac{1}{3} + \frac{1}{15}$　　ㄷ. $\frac{2}{7} = \frac{1}{4} + \frac{1}{28}$

위와 같은 방법으로 $\frac{2}{11}$, $\frac{2}{17}$ 도 바꾸어 보시오.

29 무한이네 마을에 도서관을 지으려고 한다. 다음 조건에 맞도록 도서관의 위치를 선택하여 번호를 쓰시오.

1. 지도에 동그라미는 건물을 의미하고 연결된 선은 건물과 건물 사이의 길을 의미한다. 이동 시간은 선의 길이에 상관없이 모두 동일하다.
2. 각각의 건물에서 도서관에 갈 때 한 개의 길(선)만 이용할 수 있다.
3. 모든 건물에서 도서관에 갈 수 있어야 하며, 도서관의 수는 최소로 지어야 한다.

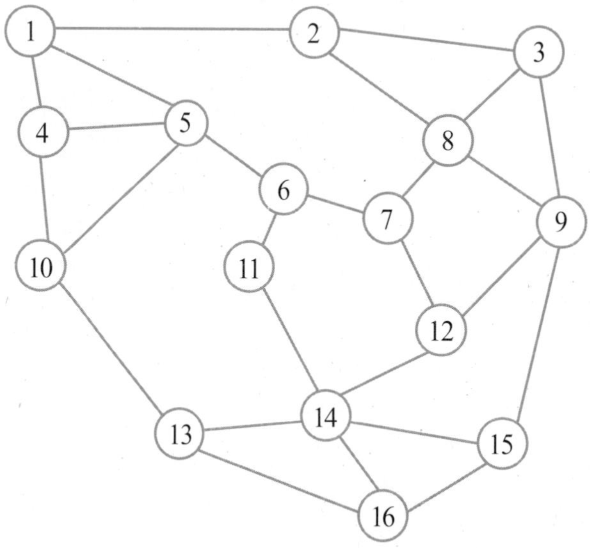

30 0 ~ 9까지의 수를 이용하여 (두 자리 수) ÷ (두 자리 수) 나눗셈 식을 다음 조건에 맞게 최대한 많이 만들어 보시오.

[조건 1] 나눗셈식 한 개에는 같은 수를 중복하여 사용할 수 없다.

[조건 2] 나머지가 없는 나눗셈식을 만든다.

(단, 틀리거나 중복된 나눗셈식을 만들 경우 1개당 1점씩 감점 처리 된다.)

나눗셈식	나눗셈식
÷ =	÷ =
÷ =	÷ =
÷ =	÷ =
÷ =	÷ =
÷ =	÷ =
÷ =	÷ =
÷ =	÷ =
÷ =	÷ =
÷ =	÷ =

31 상상이네 가족은 방학을 맞아 5개의 도시 A, B C, D, E 를 모두 여행을 해보려고 한다. 각 도시 간 이동 시간은 아래 표와 같다. 물음에 답하시오.

구분	A 도시	B 도시	C 도시	D 도시	E 도시
A 도시		17	33	22	25
B 도시	17		56	15	30
C 도시	33	56		56	37
D 도시	22	15	56		37
E 도시	25	30	37	37	

< 도시 간 걸리는 시간, 단위 : 분 >

(1) 도시 간 걸리는 시간을 아래의 그림에 표현해 보시오. (단, 주어진 예시처럼 도시 간 걸리는 시간은 연결된 선 중앙에 쓴다.)

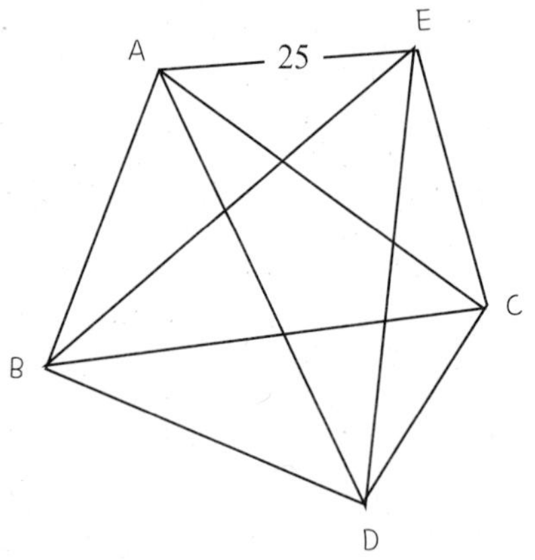

(2) 위의 표와 그림을 바탕으로 아래의 조건에 맞는 여행 경로를 정해 보시오.

[조건 1] 여행경로는 최단시간으로 만들어져야 한다.
[조건 2] 도시 간 거리는 상관하지 않으며, 오직 걸리는 시간만 생각한다.
[조건 3] 각 도시는 한 번씩만 방문해야 한다.

- 여행 경로 :
- 걸리는 시간 :

32 다음 <보기>와 같은 조건을 만족하는 활동을 하려고 한다. 24개의 성냥개비를 이용하여 [그림 1]과 같은 모양을 만든 후, 6개의 성냥개비를 제거하여 [그림 2]와 같이 단 3개의 정사각형을 포함한 도형을 만들려고 한다. 이와 같은 활동을 하여 [그림 2]를 제외하고 만들 수 있는, 단 3개의 정사각형을 포함한 도형을 6가지 이상 그려 보시오.

보기

<조건 1> 만들어진 도형은 반드시 연결되어 있어야 한다.

<조건 2> 성냥개비의 양끝은 연결되어 있어야 한다.

<조건 3> 대칭이나 회전하여 모양이 같은 경우는 한 가지로 간주한다.

<안되는 예>

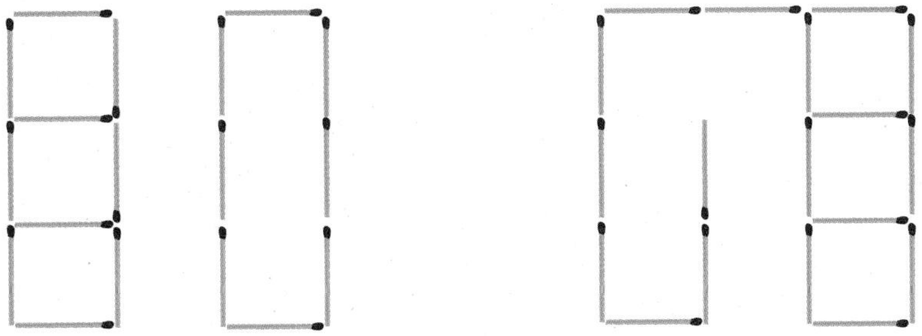

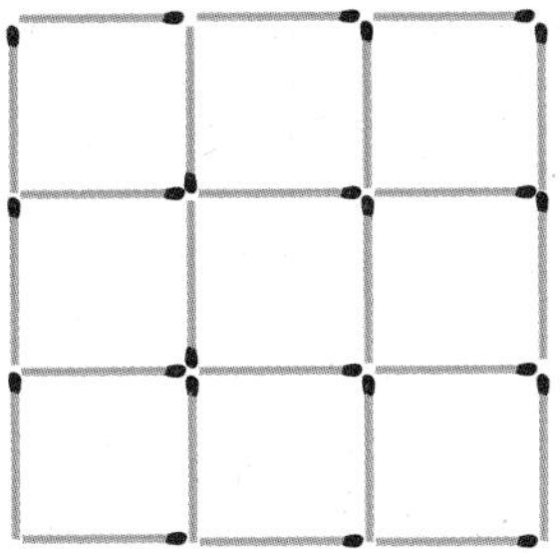

[그림 1]

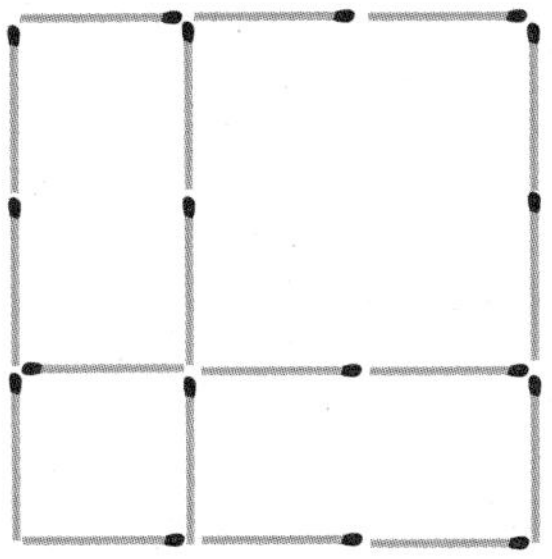

[그림 2]

2 창의성 면접 유형

33 과학이란 무엇이고, 우리가 과학을 배워야 하는 이유는 무엇인지 말해 보시오.

34 면접을 보러 오기 전에 있었던 일에 숨어있는 과학 원리를 설명하시오.

35 지금까지 진행한 실험 중 가장 특이한 실험을 설명하시오.

36 우리 문화재 중 과학적으로 우수한 것에는 무엇이 있고, 그렇게 생각한 이유를 말해 보시오.

37 우주인이 되어 달에서 생활을 해야 한다면 어떠한 기능을 갖춘 우주복을 입어야 할지 달의 환경을 고려하여 7가지 설명하시오.

38 우리나라 4계절의 대표적인 별자리를 하나씩 이야기 하시오.

39 벌집의 형태가 육각형이라 좋은 점은 무엇인가?

40 물방울이 동그란 모양을 유지하는 이유를 말해 보시오.

41 지구에서 달을 볼 때 같은 면만 보이는 이유는 무엇인가?

42 200℃ 의 물은 존재할 수 있을까?

2 창의성 면접 유형

[43 ~ 51] 문제는 면접 준비실에서 제시된 문제 풀이 후 면접 장소에 들어가서 자신의 풀이 내용에 관한 것을 면접관들이 질문할 때 답변하는 형태의 문제입니다.

43 다음 <보기>는 지진 발생시 지켜야 할 안전 수칙이다.

보기

[지진 발생 시 안전 수칙]
① 가스레인지에 불을 끄고, 밸브를 잠근다.
② 손전등을 휴대한다.
③ 식탁 아래에 몸을 숨기고, 지진이 끝날 때까지 대기한다.
④ 지진이 멈춘 후 승강기를 이용하지 않고, 비상 계단을 이용하여 건물 바깥으로 대피한다.

안전 수칙 ① ~ ④를 각각 지켜야 하는 이유를 서술하시오.

① 가스레인지에 불을 끄고, 밸브를 잠근다.

이유	

② 손전등을 휴대한다.

이유	

③ 식탁 아래에 몸을 숨기고, 지진이 끝날 때까지 대기한다.

이유	

④ 지진이 멈춘 후 승강기를 이용하지 않고, 비상 계단을 이용하여 건물 바깥으로 대피한다.

이유	

44 2018 평창 동계올림픽 컬링 국가대표팀은 결승전에 진출하였다. 현재 3 : 2로 지고 있는 상황에서 우리나라의 마지막 스톤만이 남아있다. 아래의 내용을 참고하여 ① ~ ③번 위치 중 어디에서 밀어야 역전할 수 있을지 고르고, 그 이유를 설명하시오.

◆ 컬링 규칙

A. 스톤의 반지름은 50cm 이다.

B. 하우스(네 개의 원으로 이루어진 부분)의 중심에서 가장 가까운 스톤이 있는 팀만 점수를 획득한다.

C. 중심에 가장 가까운 상대방의 스톤보다 안쪽에 있는 우리 팀 스톤의 개수만큼 점수를 획득한다.

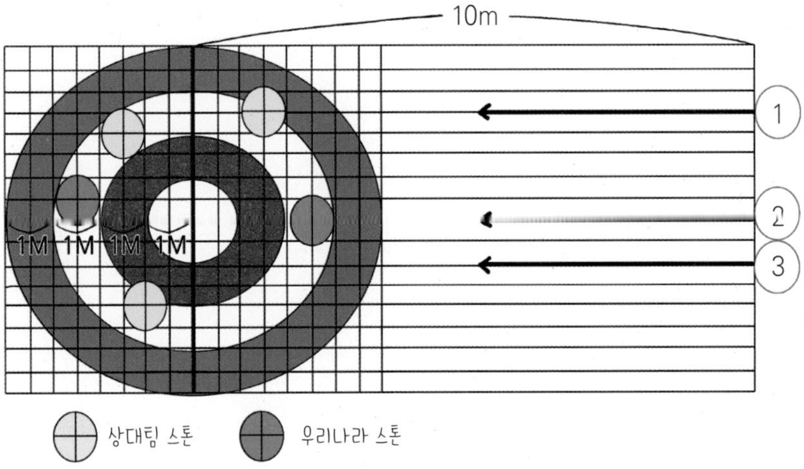

◆ 조건

ㄱ. 출발선에서 스톤을 밀면 초당 10m 의 속도로 전진한다.

ㄴ. 스톤은 1m 움직일 때마다 초당 1m 씩 속도가 감소한다.

ㄷ. 움직이는 스톤은 다른 스톤에 부딪치면 충격에 의해 절반으로 속도가 감소한다.

ㄹ. 움직이는 스톤에 부딪친 스톤은 움직이는 스톤 속도의 절반만큼의 추진력으로 튕겨나간다.

ㅁ. 속도가 0이 되면 스톤은 더 이상 움직이지 않는다.

45 다음 <보기>의 내용을 참고하여 조선시대 한 겨울에도 꽃을 피우고 신선한 야채를 기를 수 있었던 방법을 아래 <조건>에 맞추어 설명하시오.

보기

(1) 1471년 1월의 추운 어느 날, 궁궐에 쓰이는 꽃을 키우는 기관인 장원서(掌苑署)에서 철쭉과의 일종인 영산홍(暎山紅) 한 분(盆)을 임금님께 올렸다.

-이하생략-

『성종실록 제13권』

(2) 겨울에 시금치를 기르게 하다.

『조선왕조실록(연산군)』

<조건>

1. 식물이 자라는 데 필요한 조건 중 햇빛과 온도와 관련지을 것.
2. 비닐, 플라스틱 등과 같이 조선시대에 구할 수 없었던 재료를 이용한 방법은 제외함.

46 다음 자료를 보고 물음에 답하시오.

영희는 물의 상태변화에 대해서 공부하고 난 후, 어떻게 하면 얼음을 오랫동안 보관할 수 있을지에 대해 탐구해 보기로 하였다.

영희가 실험계획을 세울 때, 실험에서 다르게 해야 할 조건 3가지를 쓰시오.

47 다음을 읽고 물음에 답하시오.

생물은 빙하기와 같은 큰 환경의 변화가 왔을 때 급격히 변화하거나 사라지곤 했다. 현재 인간은 풍부해진 식생활과 의료기술의 발달로 매우 안정적인 환경을 유지하고 있다. 그러나 정보과학기술의 급격한 발전은 인간이 살아가는 환경에도 거대한 변화를 가져와 인간의 모습에도 큰 변화가 생길 것이라고 예고하고 있다.

미래 인간의 신체는 어떤 모습으로 변화할지 예상하여 2가지로 설명하고, 그 근거를 각각 3가지씩 제시하시오.

예상되는 신체 변화 1	
근거 1	
근거 2	
근거 3	

예상되는 신체 변화 2	
근거 1	
근거 2	
근거 3	

48 그림은 육식동물과 초식동물의 소화관을 나타낸 것이다.

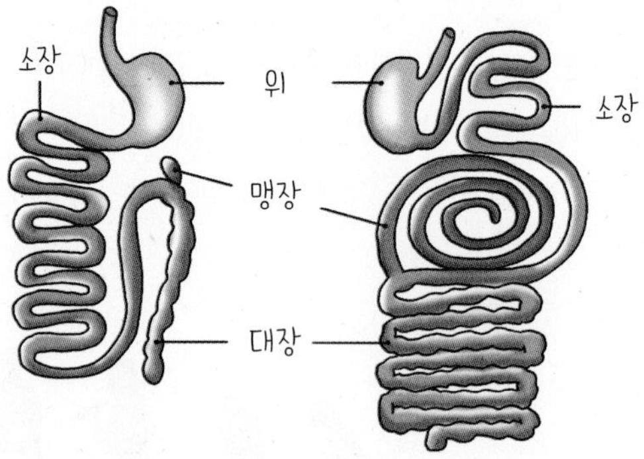

▲ (좌) 육식동물(코요태), (우) 초식동물(코알라)

육식동물과 초식동물의 소화관의 차이를 비교하고, 그 이유를 과학적으로 4가지 설명하시오.

49 다음은 폐활량 측정 실험을 위한 준비물이다.

<준비물>
물, 수조, 풍선, PET병, 고무관 또는 비닐관, 자, 네임펜(유성펜), 고무줄

가족 3명의 폐활량을 측정하여 비교하기 위한 서로 다른 실험을 2가지 설계해 보시오. (단, 위 준비물 이외의 다른 준비물을 사용할 수는 없다.)

* <폐활량이란?> 사람이 숨을 가득 들이마신 다음 내쉬는 공기의 양을 말합니다.

50 열의 이동 방법에는 세 가지가 있다. 그 중 다음에 설명하는 석빙고의 경우와 같이 열이 이동하는 예를 우리 생활에서 5가지 이상 찾아 서술하시오.

경상북도 경주시에는 신라 시대 지증왕 22년에 축조되어 조선 시대에 개축된 돌로 만든 석빙고가 있다. 그리고 서울에는 조선 시대에 만든 동빙고, 서빙고 등의 여러 얼음 창고가 있다. 석빙고 내부는 차가운 공기를 가두고 더운 공기는 환풍구를 통해 나오게 하여 한여름에도 일정한 온도를 유지할 수 있었다.

51 전기난로는 전류가 흐를 때 발생하는 열로 실내의 온도를 따뜻하게 해 주는 기구이다. 하지만 편한 만큼 위험성도 안고 있기 때문에 사용과 관리에 있어 안전을 우선 고려해야 한다. 아래 제시된 사진을 보고 전기난로에 적용할 수 있는 안전장치들을 5가지 이상 제시하시오.

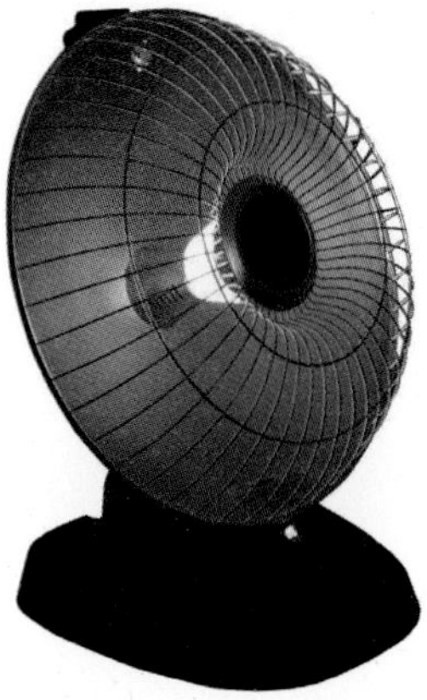

3 토론 면접 유형

영재교육원 기출문제로 구성하였습니다.

01 다음은 인공강우에 대한 읽기 자료이다.

인공강우는 구름 속의 작은 물방울이 빗방울로 성장하지 못할 때에 하늘에 구름 씨를 뿌려 강수(비, 눈, 우박 등)를 만들어 내는 것이다. 미국과 오스트레일리아에서는 여름철에 농작물 재배를 위한 수자원 확보를 위해 실시한 적이 있으며, 또 중국에서도 먼지나 황사 제거를 위해서 실시한 경우가 있다. 하지만, 인공적으로 비를 내리게 하기 위해서는 비용이 많이 들며 성공률이 낮다. 또한 주변 지역에서는 인공 강우의 부작용으로 가뭄이 들 수도 있어 지역간 갈등의 원인이 될 수도 있다.

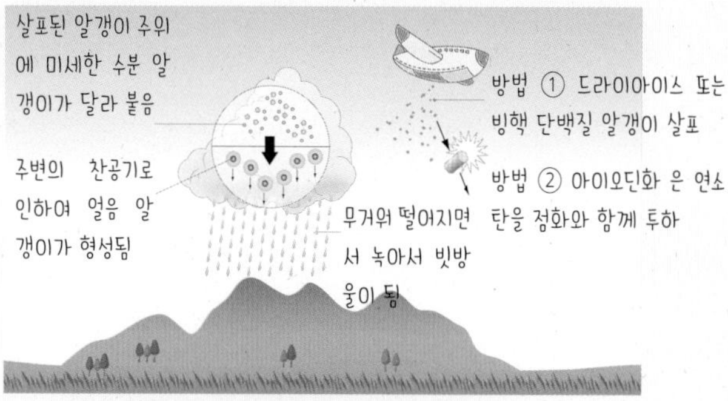

▲ 인공 강우 실험 방법 (출처 : 한국 수자원 공사)

다음 중 한 가지 입장을 선택하고, 적절한 근거를 들어 토론하시오.

- 입장 1 : 인공강우는 물 부족 문제를 해결할 수 있어 필요하다.
- 입장 2 : 인공강우는 또 다른 문제를 일으킬 수 있어 필요하지 않다.

02 환경 보존과 경제 개발의 관계에 대하여 토의하시오.

03 다음은 미래 통일 한국에서 발행된 신문기사이다.

대한민국 정부는 2036년 8월 1일 기자회견을 열어 DMG(비무장지대)생태환경국제관광단지 조성 사업 계획을 발표하였다. 지금까지 개발금지 구역으로 묶여있던 비무장지대를 활용하여 건설되는 이번 관광단지에는 리조트를 비롯하여 각종 편의 시설 등이 들어설 예정이다. 정부는 관광단지가 건설될 경우 연간 300만 명 가량의 관광객을 유치할 것이라고 예상하고 있다. 하지만 환경 단체에서는 환경 보호를 위해 개발에 반대하고 있다.

다음 중 한 가지 입장을 선택하고, 적절한 근거를 들어 토론하시오.

- 입장 1(정부) : DMZ(비무장지대) 생태환경국제관광단지 조성 사업을 찬성한다.
- 입장 2(환경단체) : DMZ(비무장지대) 생태환경국제관광단지 조성 사업을 반대한다.

04 사이버 세상의 범죄를 방지할 수 있는 방법을 모둠을 지어 토론하시오.

05 다음 글을 읽고 질문에 답하시오.

민수네 학급은 오늘 미술 시간에 협동화 그리기를 했다. 그러나 민수는 자기가 맡은 그림에 색칠도 안하고 놀기만 했다. 끝날 시간이 되자 모둠 아이들은 마음이 급한 나머지 민수의 그림까지 함께 색칠해서 냈다. 선생님은 민수네 모둠의 협동화가 가장 멋있다고 칭찬을 해 주시며 모둠원 전체에게 스티커를 한 장씩 주셨다. 모둠원들은 민수가 협동화 그리기는 하지 않고 장난만 치고 스티커를 받았다는 사실을 선생님께 말씀드려야 할지 고민했다.

모둠원들이 민수의 행동을 선생님께 말씀 드려야 할지에 대해 자신의 입장을 정하여 토론하시오.

06 책을 사용하는데 있어 디지털책과 종이책에 대하여 어떤 종류의 책이 좋을지 자신의 입장을 정하여 토론하시오.

07 내가 무인도에 가게 되었을 때 다음 제시된 12가지 도구 중 필요한 것 5개의 우선 순위를 정하려고 한다. 자신의 입장을 정하여 토론하시오.

나침반, 담요, 우산, 우비, 플라스틱 물병, 라이터, 필름 카메라, 망치, 숯, 서바이벌 칼, 두꺼운 책, 냄비

08 다음 글을 읽고 질문에 답하시오.

1년 동안 주인으로부터 버려지는 동물의 수는 약 10만 마리 정도이다. 그 중에서 30% 정도는 새 가정으로 분양이 되지만 그 나머지는 안락사를 시키고 있다. 버림받은 동물들을 구조하고 보호하는데 1년 동안 약 16억 원이 쓰이고 있다. 이런 동물의 피해를 막기 위해 서울시에서 '동물 고아원' 계획을 발표했다.
'동물 고아원'은 더 이상 반려 동물을 기를 수 없게 된 사람들에게 동물을 넘겨받아 새로운 가정을 찾아주는 방식으로 운영된다.
'동물 고아원'의 운영 비용은 1년 동안 12억 2000만원 정도이다.

'동물 고아원' 설립에 대한 찬성과 반대의 입장을 정해 자신의 생각을 이야기 하시오.

09 다음 글을 읽고 질문에 답하시오.

봉사활동은 대가나 목적없이 선한 의도로 남을 돕거나 사회에 기여하는 활동이다. 문제는 스스로 봉사활동을 하는 학생이 거의 없다는 사실이다. 그래서 중학교에서는 3년동안 의무적으로 60시간의 봉사활동 시간을 채우는 의무 봉사활동 제도를 실시하여 지식 위주 교육을 보완하고 인성교육을 강화하고자 하고 있다.

학교 교육에서 봉사활동을 의무화한 것에 대한 찬성과 반대 중 자신의 의견을 정하고 그 근거를 쓰시오.

자신의 입장	
근거	

10 철도청 홈페이지에 다음과 같은 의견이 올라와 있다.

기차 사고는 대형 사고로 이어질 수 있으므로 기차에도 안전벨트를 설치하는 방안을 고려해 주세요.

철도청 관계자들은 이 의견에 대한 논의를 거쳤으나 결론을 내리지 못하였다. 안전벨트 설치에 관한 찬성과 반대에 대한 의견을 현실 상황과 관련지어 과학적 근거를 바탕으로 답변하시오.

자신의 입장	
근거	

정답 및 해설
예시 답안

나의 문제 해결력이 맞는지 체크하고
창의력 점수를 매겨보자.

II 영재성 검사

01 일반 창의성

1. 각 문제의 배점은 5점이며, 각 평가표에 점수 기준이 있습니다. / 단원 말미에서 성취도 등급을 확인하세요.
2. 학생들 샘플 답안은 서울시 서초구 소재의 한 초등학교 학생들이 직접 푼 것입니다.

문제 01 p.22

문항 분석 및 **평가표**

◆ 문항 분석 : • 서로 관계가 없어 보이는 두 단어(혹은 물체)의 공통점을 다양한 관점에서 많은 수를 찾아낼 수 있는 지를 통해 유창성과 융통성을 평가하는 문항이다.
• 사물 자체에 대한 공통점, 글자 자체에 대한 공통점 등 다양한 접근 방식으로 공통점을 생각한다.

◆ 평가표 : '내가 좋아하는 것이다.' 와 같이 주관적인 답안은 적절하지 않으며, 같은 의미의 아이디어가 반복되는 경우 1개의 아이디어로 평가한다.

공통점 1개 작성	1점	공통점 3 ~ 4개 작성	4점
2개 작성	3점	5개 이상 작성	5점

출제자 **예시 답안**

수박과 축구	① 수박과 축구에 사용되는 공은 모두 동그란 모양이다.(수박과 축구에 사용되는 공은 모두 껍질이 있다, 수박과 축구에 사용되는 공은 모두 무늬가 있다.) ② 좋아하는 사람도 있지만 싫어하는 사람도 있다. ③ 'ㄱ' 받침을 갖고 있다.(2글자이다, 'ㅜ' 가 들어가는 단어이다.) ④ 초록색과 관련이 있다. (수박의 바탕색은 초록색, 축구 필드도 초록색)
의사와 비	① 꼭 필요한 존재이다. ② 늘 만나고 싶은 것은 아니다. ③ 받침이 없는 단어로 되어 있다.
수박과 비	① 갈증을 해소시켜 준다.(시원하게 해준다.) ② 물로 되어 있다. ③ 주로 여름에 많이 만난다. ④ 먹을 수 있다. ⑤ 좋아하는 사람도 있지만 싫어하는 사람도 있다. ⑥ 'ㅂ' 이 들어가는 단어이다.
수박과 의사	① 초록색과 관련이 있다(수박의 겉면은 초록색, 의사의 수술복도 초록색). ② 다루기 어렵다(수박은 떨어뜨리면 깨질 염려가 있으며, 의술은 매우 신중히 다뤄야 한다).
의사와 축구	① 전문가가 있다.(직업이 된다.) ② 유니폼을 입는 경우가 많다. ③ 사람들에게 무언가를 준다. (의사는 도움, 축구는 재미) ④ 결과가 있다. ⑤ 바로 실전에 투입될 수 없다. ⑥ 꾸준한 연습과 실력이 필요하다.

학생들 **샘플 답안**

의사, 축구

공통점

- 둘다 사람이 하는 것이다.

- 노력할 수록 더 잘할 수 있다.

- 여러가지 기술들이 있다.

문제 02 p.23

문항 분석 및 평가표

◆ 문항 분석 : 우산에 대한 고정관념을 탈피하여 새로운 아이디어를 제시하고(융통성), 이름에 재미있고 톡톡 튀는 신선한 표현을 가미했는지를 통해 독창성을 평가하는 문항이다. 단, 실현 가능성이 없는 아이디어는 좋은 답안이 될 수 없다.

◆ 평가표

아이디어 1개 – 단순한 기능만을 서술하고 이름 붙인 경우	1점
아이디어 2개 – 창의적인 기능을 서술하고 단순한 이름을 붙인 경우	3점
아이디어 3개 이상 – 창의적인 기능을 상세히 서술하고 창의적인 이름을 붙인 경우	5점

출제자 예시 답안

우산의 이름	기능
내맘대로 우산	우산을 위쪽과 아래쪽 중 펼치고 싶은 방향으로 편 후 우산대의 고정 장치로 고정하여 사용한다. 우산살이 뒤집혀도 우산 모양을 유지할 수 있으므로 바람이 불어 우산이 뒤집혀도 망가지지 않는다.
Free Hand 우산	뒤로 매는 가방 위쪽으로 접이식 우산이 장착되어 비가 오는 날엔 우산으로, 비가 오지 않는 날에는 그냥 책가방으로 사용한다. 비가 오는 날 짐이 많을 때도 손이 자유로운 장점이 있다.

학생들 샘플 답안

우산의 이름	기능
핫우산	우산 안쪽에 따뜻하게 해주는 기능이 있어서 우산도 금방 마르고 비오는 날에도 머리카락이 얼거나 머리가 춥지 않다.
모자 우산	평소에는 모자로 쓰고 다니다가 비가 오면 모자의 윗부분에서 우산이 튀어나와서 우산을 가지고 다닐 필요가 없고, 양손이 모두 자유롭다.
호신용 우산	기능 ① 몽둥이로 변한다. 기능 ② 우산 끝에서 전기가 나와 범죄자를 제압할 수 있다. 기능 ③ 우산 끝에서 고춧가루나 나이프, 호루라기 등이 나온다.

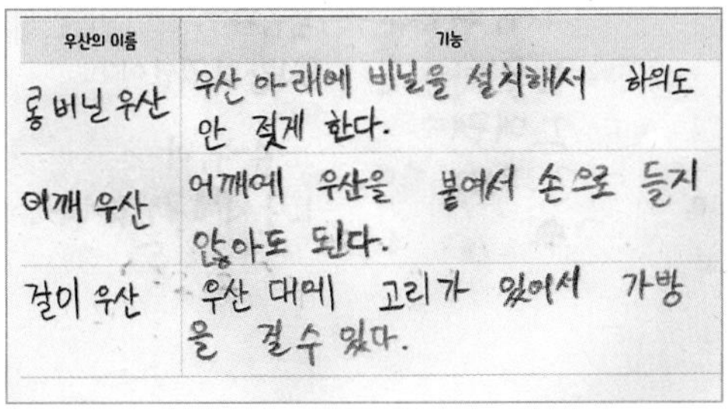

우산의 이름	기능
롱비닐 우산	우산 아래에 비닐을 설치해서 하의도 안 젖게 한다.
어깨 우산	어깨에 우산을 붙여서 손으로 들지 않아도 된다.
걸이 우산	우산 대에 고리가 있어서 가방을 걸 수 있다.

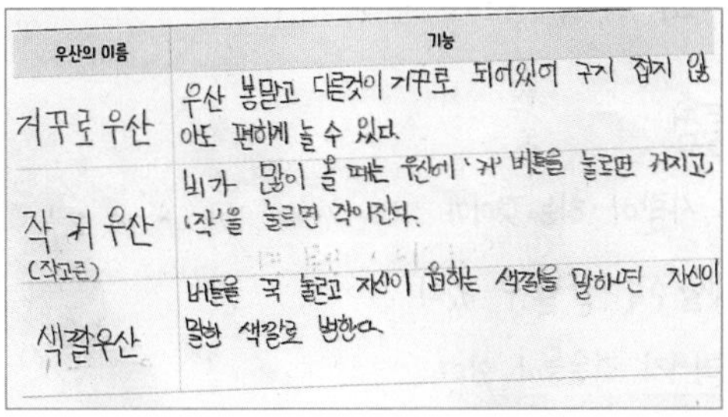

우산의 이름	기능
거꾸로 우산	우산 봉말고 다른것이 거꾸로 되어있어 구지 잡지 않아도 편하게 놀 수 있다.
작 커 우산 (작고큰)	비가 많이 올 때는 우산에 '커' 버튼을 누르면 커지고, '작'을 누르면 작아진다.
색깔우산	버튼을 꾹 눌르고 자신이 원하는 색깔을 말하면 자신이 말한 색깔로 변한다.

문제 03 p.24

문항 분석 및 평가표

◆ 문항 분석 : • 일상생활 속 물체들에 대해 많은 관심을 갖고 항상 주변을 주의 깊게 관찰하는 습관이 필요하다.
• 평범한 물건에 대하여 다양하게 생각해 보는 훈련이 이러한 평가 문항을 답하는 데 도움이 된다.

◆ 평가표

2개	3개	4개	5 ~ 6개	7개 이상
1점	2점	3점	4점	5점

출제자 예시 답안

① 구슬 ② 의자 ③ 모니터 ④ 책장 ⑤ 유리컵

⑥ 밥그릇　　⑦ 거울　　⑧ 포스트 잇　　⑨ 두루마리 휴지　　⑩ 얼굴
⑪ 휴대전화　　⑫ A4 용지　　⑬ 숟가락　　⑭ 청바지　　……

문제 04 p.24

문항 분석 및 **평가표**

◆ 문항 분석 : 주어진 문장 속 단어를 나타낸 그림이 얼마나 독창적인지, 그 단어 뜻을 정교하게 잘 나타내는 지를 통해 독창성과 정교성을 평가하는 문항이다. 명사/동사보다 형용사나 부사를 창의적으로 나타내면 좋은 점수를 얻을 수 있다.

◆ 평가표

(1) 채점 기준

8개 이하의 단어를 그림으로 표현	1점
9 ~ 10개 이상의 단어를 그림으로 표현	2점
창의적인 그림 표현	+0.5점

(2) 채점 기준

5개 이하의 단어를 그림으로 표현	1점
6개 이상의 단어를 그림으로 표현	2점
창의적인 그림 표현	+0.5점

학생들 **샘플 답안**

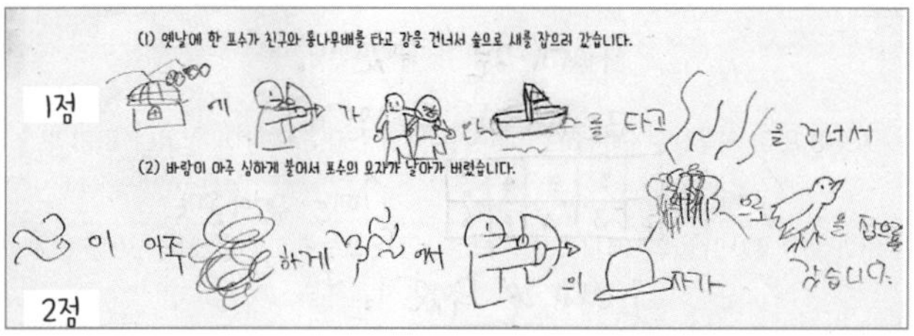

2점
+ 0.5
2점

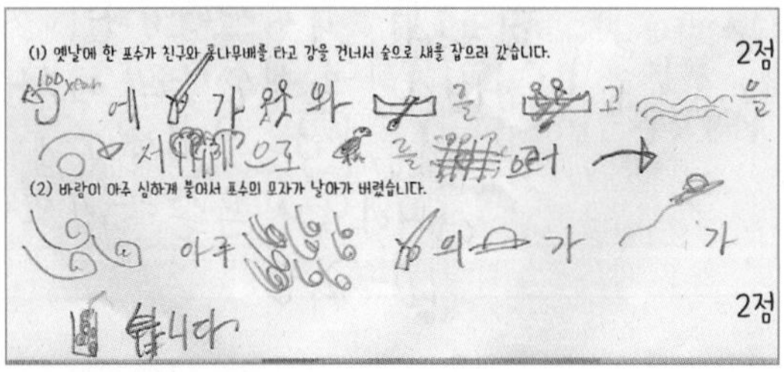

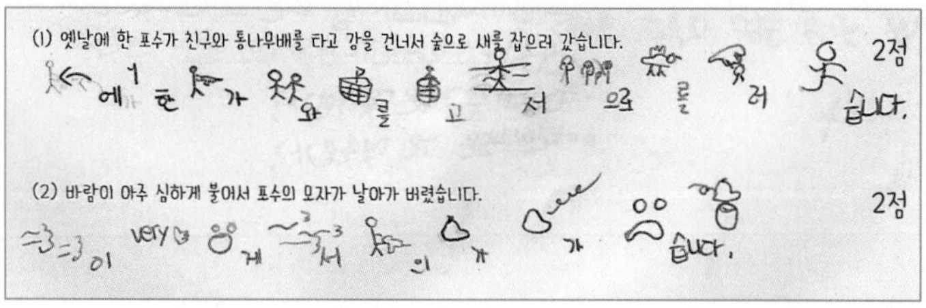

문제 05 p.25

문항 분석 및 **평가표**

◆ 문항 분석 : • 그림 속 상황을 자유로운 사고를 통해 다양하게 표현하는지(유창성, 융통성)를 평가하는 문항이다.
• 평소에도 같은 그림이나 상황에 대하여 다양한 관점에서 해석해 보는 습관이 문제 해결에 많은 도움이 된다.

◆ 평가표

단순한 단어만 나열한 경우	2점
1개 - 구체적으로 설명한 경우	

2 ~ 3개 - 구체적으로 설명한 경우	3점
4 ~ 5개 - 구체적으로 설명한 경우	4점
5개 이상 - 구체적이고, 창의적으로 설명한 경우	5점

출제자 **예시 답안**

① 7집이 사는 산골 마을을 촬영한 것이다.　　② 커다란 소나무 7그루를 촬영한 것이다.
③ 하늘에 떠 있는 열기구 7대를 촬영한 것이다.

④ 바다 위에 떠 있는 커다란 배 7척을 촬영한 것이다.
⑤ 먼저 스카이다이빙을 하여 낙하산을 펼친 7명의 친구들의 모습이다.
⑥ 바다 위의 조그만 섬들이다.

문제 06 p.25

◆ 평가표 : 답이 5가 아니거나 정확하지 않은 것은 아이디어 개수로 평가하지 않으며, 같은 아이디어(예 : 사칙연산 이용)가 반복되는 경우 1개의 아이디어로 평가한다.

1개	2개	3개	4 ~ 5개	5개 이상 창의적인 질문
1점	2점	3점	4점	5점

출제자 **예시 답안**

① 한 손(발)의 손가락(발가락)의 갯수는 몇 개인가?
② 2 + 3 = ? / ③ 5 × 1 = ? / ④ 30 ÷ 6 = ?
③ 4월의 다음 달은 몇 월인가?
④ 4보다 크고 6보다 작은 자연수는?
⑤ 농구 경기에서 주전 선수는 몇 명인가?
⑥ 어린이날은 5월 몇 일인가? (가정의 달은 몇 월인가?)

학생들 **샘플 답안**

① 카시오페이아 별자리를 이루는 별의 갯수는 몇 개인가?
② 우리 학교에서 모든 학년이 동시에 끝나는 수요일의 교시 수는 몇 교시 인가?
③ 오각형의 각은 모두 몇 개인가?
④ 야구에서는 경기 중간에 다시 선을 긋는 등 정리하는 회가 있다. 이는 몇 회 이후인가?
⑤ '안녕하세요?'의 글자 수는?
⑥ 이 문제의 전 문제의 번호는 몇 번인가?
⑦ 일주일에 평일은 몇 번일까?
⑧ 다섯을 숫자로 쓰면?
⑨ 필통 속 샤프와 연필의 수가 같을 때 필통 속 샤프와 연필 수의 합은 10이라면, 샤프는 몇 개 있을까?

문제 07 p.26

문항 분석 및 **평가표**

◆ 문항 분석 : • 그림 속 상황에서 적절한 단어를 선택한 후, 문장으로 자신의 아이디어를 발전시켜 표현하는지(정교성)를 평가하는 문항이다.
• 사진을 보았을 때 단순히 보이는 그대로 '사과'라는 단어를 이용하는 대신 그림을 상징적으로 나타내는 '아이폰'과 같은 단어를 이용한 글이 더 높은 점수를 받을 수 있다.

◆ 평가표

(가)와 (나)에서 1가지만 선택하여 글을 완성한 경우	2점
문제에서 제시한 사항에 맞추어 글을 적절히 작성하였으나 글자수가 부족하거나 초과한 경우	3점
글자수와 문제에서 제시한 사항에 모두 맞추어 창의적인 글을 작성한 경우	5점

출제자 **예시 답안**

① 인공위성에 문제가 생겨 태풍의 경로를 제대로 예측하지 못하여 큰 피해를 입었다. 이러한 일이 생기지 않도록 인공위성 관리를 철저히 해야 한다(79자).
② 자동차의 사용이 늘어나면서 비만 인구가 점차 증가하고 있다. 비만을 예방하기 위하여 가까운 거리는 걸어서 이동하는 습관을 들이는 것이 좋다(78자).
③ 매 끼니를 사과만 먹는 사과 다이어트가 유행하고 있다. 한 가지 종류만 먹는 습관은 건강을 해칠 수가 있으므로 체중 관리를 위해 규칙적인 식사와 운동을 함께 하는 것이 좋다(99자).

④ 태풍으로 인한 폭우로 자동차 침수 사고가 많이 발생하였다. 비가 많이 오거나 태풍이 발생하면 될 수 있으면 자동차를 이용하지 않고, 지하 주차장에 주차하는 것이 좋다(94자).

⑤ 태풍으로 인해 잘 익은 사과가 많이 떨어지게 되어 농가가 큰 피해를 입었다. 상품성이 떨어진 사과를 이용한 잼이나 식품을 개발하여 자연재해로 인한 피해를 최소화해야 한다. (95자).

학생들 샘플 답안

① 거대한 태풍이 와서 도로를 지나가던 가벼운 차가 뒤집히면서 연쇄 충돌이 일어나 도로가 엉망이 됐다. 해결 방법은 인공위성으로 얼마나 더 태풍이 올지를 예상해 그 기간 동안은 사람들의 외출을 자제시킨다.(82자)

② 오늘은 바람이 너무 부는 날입니다. 바람이 너무 세서 차 사고가 많이 났고, 나무들도 하나둘 쓰러지기 일쑤였습니다. 그래서 정부측에서 센 태풍이 오기 바로 전이기도 하고, 타격이 매우 클 것 같기 때문에 바람막이 시설을 꼭 설치할 것을 밝혔습니다(136자).

③ 당이 높은 사과를 너무 많이 먹어서 비만이 됐다. 꾸준히 운동을 하고 식단을 조절하여 비만을 탈출한다.(58자)

문제 08 p.27

문항 분석 및 평가표

◆ 문항 분석 :
- 서로 관계가 없어 보이는 두 물체를 이용하여 새로운 아이디어를 창출해낸 뒤, 그 아이디어를 발전시켜 표현하는 지를 통해 정교성을, 이름에 재미있고 톡톡 튀는 신선한 표현을 가미했는지를 통해 독창성을 평가하는 문항이다.
- 주어진 물건을 본래 용도와 다르게 활용하는 방법을 적는 것이 좋다.
- 일상생활 속 다양한 물건을 정해 원래의 성질과 용도를 정리하고, 각각을 조합할 때 새로운 기능을 가지게 되거나 본래의 특성을 발전시키고, 다른 용도로 어떻게 사용할 수 있을지 연습해 보는 것이 도움이 된다.

◆ 평가표

이름과 용도가 적절하게 어울리는 단순한 아이디어 1 ~ 2개	1점
이름과 용도가 적절하게 어울리고, 용도가 구체적이고 창의적인 아이디어 1 ~ 2개	3점
독특한 이름이 용도와 적절하게 어울리고, 용도가 구체적이고 창의적인 아이디어 3개 이상	5점

출제자 예시 답안

이름	용도
쓰러지지 않는 초	넓적하고 두꺼운 스펀지의 가운데 구멍 안에 초를 세워서 촛대 없이도 흔들리지 않고 서 있도록 한다.
소리없이 조용한 창틀 도우미	초의 한쪽 부분에 스펀지를 끼워서 손잡이를 만든 후, 창틀이나 경첩의 삐걱거리는 소리가 나는 곳에 초를 문질러 소리가 나지 않도록 한다.

문제 09 p.28

문항 분석 및 평가표

◆ 문항 분석 : 평소에 물건에 대한 특성을 생각해 보고, '좀 더 좋게 만들기 위해 어떻게 하면 좋을까?' 라는 희망 사항을 적어 보는 습관이 문제 해결에 도움이 된다.

◆ 평가표

(1) 채점 기준

1 ~ 2가지 작성	1점
3가지 이상 작성	2점

(2) 채점 기준

(1)의 불편한 점에 대한 개선을 모두 작성	1점
동전에 넣고 싶은 도안만 작성	
개선점과 도안에 대한 설명을 모두 작성	2점
자세한 개선점과 창의적인 도안에 대한 설명을 모두 작성	3점

출제자 **예시 답안**

(1) ① 동전이 많이 모이면 무거워 들고 다니기 불편하고, 부딪치면 소리가 난다.
② 크기가 제각각이라서 휴대하기 불편하다.
③ 동그랗고 납작하여 떨어뜨리면 굴러가서 잃어버리거나 줍기가 불편하다.
④ 작고 동그랗다 보니 아이들이 입에 넣을 위험이 있다.

(2) [불편한 점을 개선한 동전]
① 더 가벼운 소재를 이용하여 동전을 만든다.
② 10원, 50원, 100원, 500원짜리 동전을 같은 크기로 만든다.
③ 동전을 네모난 모양, 자석에 붙는 소재를 이용하여 만들면 굴러가지도 않고 떨어뜨려도 자석을 이용하여 쉽게 주울 수 있도록 한다.

[도안] 우리나라 국기인 태극기나 국화인 무궁화를 넣고 싶다. 다른 나라들과 같이 유명한 위인들과 대표적인 건축물들은 이미 화폐 도안으로 쓰이고 있다. 하지만 나라를 상징하는 국기와 국화는 아직 사용하고 있지 않기 때문에 나라를 상징하는 의미로 동전에 도안으로 넣고 싶다.

문제 10 p.29

문항 분석 및 **평가표**

◆ 문항 분석 : 서로 관계가 없어 보이는 물건들을 이용하여 최대한 실현 가능한 방법을 다양하게 설명하는 것이 중요하다. 이때 주어진 물건을 본래 용도와 다르게 활용한다면 좋은 점수를 얻을 수 있다.

◆ 평가표

1개	2개	3개	4 ~ 5개	5개 이상 창의적인 질문
1점	2점	3점	4점	5점

출제자 **예시 답안**

① 늦잠을 잘 때마다 통장에 벌금을 넣게 한다.
② 매일 운동화를 신고 조깅을 하거나 규칙적인 운동을 하여 일찍 잠자리에 들 수 있도록 한다.
③ 책상 위에 알람 시계를 5개 이상 놓고 5분 간격으로 울리도록 한다.
④ 지각하지 않을 때마다 통장에 용돈을 넣어준 후 지각을 극복하면 원하는 것을 사준다고 한다.
⑤ 신발을 이용한 골드버그 장치를 만들어 자명종이 울리면 머리 위에 신발이 떨어지도록 한다

문제 11 p.29

문항 분석 및 **평가표**

◆ 문항 분석 : 일상생활 속에서 쉽게 접할 수 있는 물건들을 다양하게 떠올려보고, 이들이 각각 어떻게 구성되어 있는지를 생각해 본다면 답을 구하기 쉽다.

◆ 평가표

조건에 알맞은 물체를 2가지 이하로 서술한 경우	1점
조건에 알맞은 물체를 3 ~ 4가지 서술한 경우	3점
조건에 알맞은 물체를 5가지 이상 서술한 경우	5점

출제자 **예시 답안**

① 창문틀 + 창문
② 반찬통 뚜껑 + 유리 반찬통
③ 음료수 병 라벨 + 음료수 병
④ 전구, 안경, 주사기, 볼펜
⑤ 아동용 우산의 투명 창
⑥ 음료수 병 뚜껑 + 음료수 병
⑦ 바닥이 뚫린 해상 케이블 카
⑧ 테이크 아웃 컵에 세겨진 커피숍 로고 + 테이크 아웃 컵

문제 12 p.30

문항 분석 및 평가표

◆ 문항 분석 : • 그림에 자신이 없다면 설명을 자세하게 작성하여 설득력있게 표현하면 된다.
• 지나치게 억지스러우면 좋은 점수를 받을 수 없다.

◆ 평가표

기존의 인사법으로 사용하고 있는 것과 비슷하게 단순하게 표현한 경우	1점
기존의 인사법으로 사용하고 있는 것과 비슷한 것이나 창의적인 이름을 붙인 경우	3점
기존의 인사법과 다른 인사법을 표현하였지만 설명이 다소 부족한 경우	
창의적인 인사법과 인사법의 이름에 대하여 자세히 설명한 경우	5점

출제자 예시 답안

그림과 설명	양손을 머리 위로 들어 하이파이브를 하며 '아자' 라고 외친다.
인사법의 이름	활기찬 아침~!
이러한 이름을 붙인 이유	학교에 등교한 후 처음 만나 인사를 할 때 하이파이브를 하면서 화이팅을 외치며 인사를 하면 활기찬 하루를 시작할 수 있을 것 같아서

학생들 샘플 답안

1점

그림과 설명	
인사법의 이름	손 하이
이러한 이름을 붙인 이유	손으로 '안녕' 이라고 하기에 손하이라고 하였다.

1점

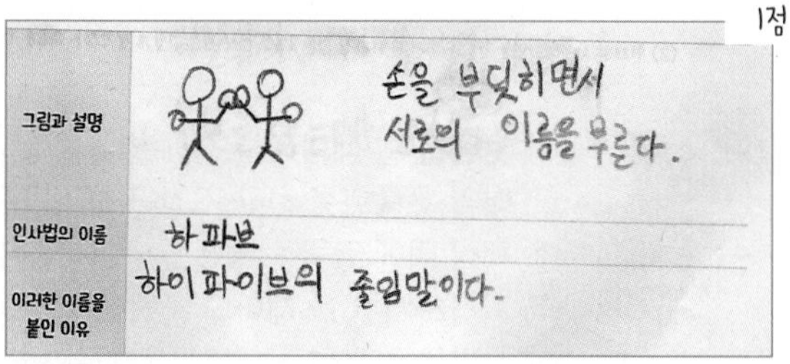

그림과 설명	손을 부딪히면서 서로의 이름을 부른다.
인사법의 이름	하파브
이러한 이름을 붙인 이유	하이파이브의 줄임말이다.

3점

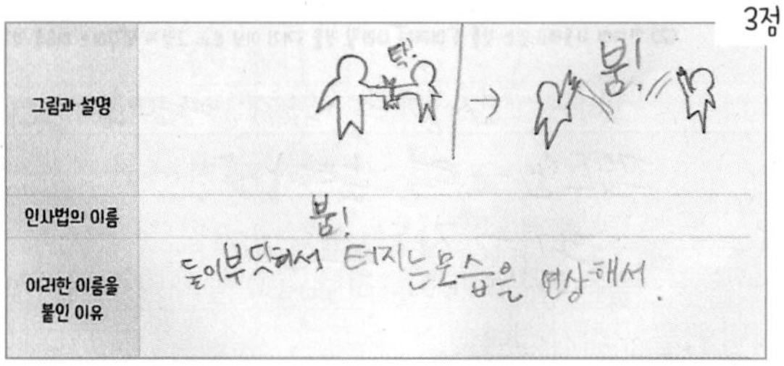

그림과 설명	붐!
인사법의 이름	붐!
이러한 이름을 붙인 이유	둘이부딪혀서 터지는모습을 연상해서.

3점

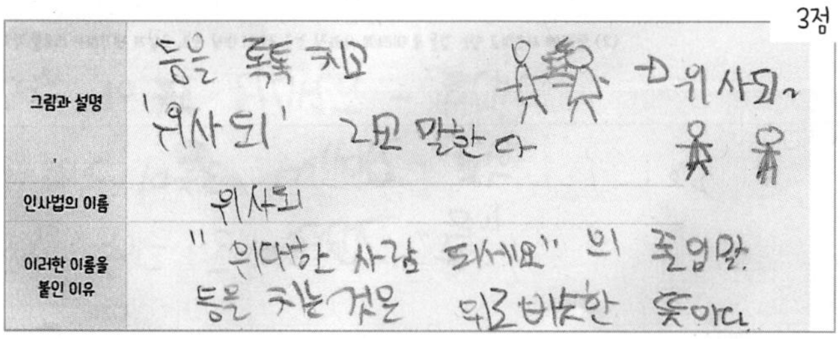

그림과 설명	등을 톡톡 치고 '위사되' 라고 말한다 → 위사되~
인사법의 이름	위사되
이러한 이름을 붙인 이유	"위대한 사람 되세요" 의 줄임말. 등을 치는 것은 뒤로 [illegible] 뜻이다.

문제 13 p.31

문항 분석 및 평가표

◆ 문항 분석 : • 현재 사용하고 있는 물건을 대체할 수 있는 과거의 물건들을 떠올려보면 답을 구하기 쉽다.
• 단순히 '기술이 발달하기 때문에' 와 같은 답변은 좋은 점수를 받을 수 없다.

◆ 평가표

(1) 채점 기준

3 ~ 4 개	1점
5개 이상	2점

(2) 채점 기준

1 ~ 2개	1점
3개 이상	2점
각각의 이유를 논리적으로 서술	3점

출제자 예시 답안

(1) ① 인터넷 - 종이 신문　② 다운 로드 음악 - CD, LP　③ 휴대전화 - 공중 전화, 전화 카드
④ 라이터 - 성냥　⑤ 가스레인지 - 아궁이　⑥ 믹서기 - 맷돌
⑦ 전등 - 호롱불　⑧ 도시락 - 급식　⑨ 교통 카드 - 회수권, 토큰
⑩ 전자계산기 - 주판

(2) ① 종이가 사라질 것이다.
☞ 책은 점차 전자책으로 대체되고 있으며, 현금 또한 전자 지불 시스템 등으로 바뀌고, 도서관도 컴퓨터를 통한 정보의 습득으로 사라지게 되어 종이가 점차 사라질 것이다.
② 도로표지판과 내비게이션이 사라질 것이다.
☞ GPS 를 통해 운전하는 무인 자동차가 활성화되면 표지판이나 내비게이션은 사라지게 될 것이다.
③ 상점(가게)들이 사라질 것이다.
☞ 점차 온라인 구매가 확대되면서 오프라인 매장은 사라지게 될 것이다.

문제 14 p.32

문항 분석 및 평가표

◆ 문항 분석 : 각각의 표정을 지을 수 있는 경우를 떠올려 보고, 이들을 연결할 수 있는 구체적인 상황 설정을 해 보면 답을 구하기 쉽다.

◆ 평가표

상황을 단순하게 1가지만 설명	1점
1 ~ 2 가지 상황을 자세하게 설명	3점
창의적인 상황을 자세하게 3가지 이상 설명	5점

출제자 예시 답안

"돼지 피로 만든 음식을 어떻게 먹니? 난 그런 음식은 못먹어"
"이? 순대에도 돼지 피가 들어간다구?"
"헉! 순대는 내가 제일 좋아하는 음식인데?"

학생들 샘플 답안

① 누군가가 여자에게 잘못했다고 지적하자 여자가 자신이 그런 것이 아니라고 한 뒤 휴대 전화를 확인하니 자신이 잘못한 증거가 나와 있어 매우 놀랐다.
② 복권에 당첨되었다고 해서 그럴 리 없다고 했는데 휴대 전화를 보니 당첨이 되어서 놀랐다.
③ 경찰이 찾아왔는데 시치미를 떼다가 경찰이 '당신을 고소한 문자입니다.' 하고 보여주자 충격과 겁을 먹었다.
④ 할아버지께서 밥 한 끼만 차려달라고 하셨는데 거절하였다. 다음날 인터넷 기사에 그 할아버지에게 밥 한 끼를 차려준 사람에게 할아버지께서 1000만 원을 주셨다고 해서 엄청나게 놀랐다.

문제 15 p.32

문항 분석 및 평가표

◆ 문항 분석 : 연관이 없어 보이는 물건들에 대해 공통점 · 차이점 등을 생각해 보고 정리하는 습관이 문제 해결에 많은 도움이 된다.

◆ 평가표

1개	1점
2개	2점

3 ~ 4개	3점
5개 이상	4점

5개 이상 + 이유가 구체적이고 창의적인 내용 포함	5점

출제자 예시 답안

① 표지는 화려하고 멋있지만 재미없는 책 - 표지를 본 후 기대를 하고 속을 열어보지만 내용물이 실망스러운 것과 같이 과자 봉지만 보고 과자를 고른 후 막상 먹어보면 실망스러울 때도 있기 때문이다.
② 풍선 - 과자 봉지는 질소가 들어있어서 빵빵하고, 풍선은 공기가 들어있어서 빵빵하다.
③ 앙꼬없는 팥빵 - 앙꼬 없는 팥빵과 같이 겉보기엔 과자가 가득 차 있을 것 같지만 과자 봉지 속에 과자는 가득 들어있지 않다.

④ 겉과 속이 다른 친구 - 과자 봉지의 겉면과 속면이 다르다.
⑤ 에어캡(포장용 뽁뽁이) - 내용물이 깨지는 것을 방지해준다.
⑥ 바구니 - 무언가를 담을 수 있다.(담고 있다.)

문제 16 p.33

◆ 평가표 : 단순히 선분을 이어서 그린 그림보다는 그림 주변에 세부적인 표현을 하고, 그림을 표현하는 상징적이고 재치있는 제목을 붙이면 정교성에서 높은 점수를 받을 수 있다.

단순히 선분을 이어 그림 1개를 완성	1점
단순히 선분을 이어 그림 2개를 완성	2점
단순히 선분을 이어 그림 3 ~ 4개를 완성	3점

점을 여러 개 이용하여 세부적인 표현을 1개 이상 완성	4점
점을 여러 개 이용한 창의적인 그림 2개 이상을 완성하고 상징적인 제목을 붙인 경우	5점

학생들 **샘플 답안**

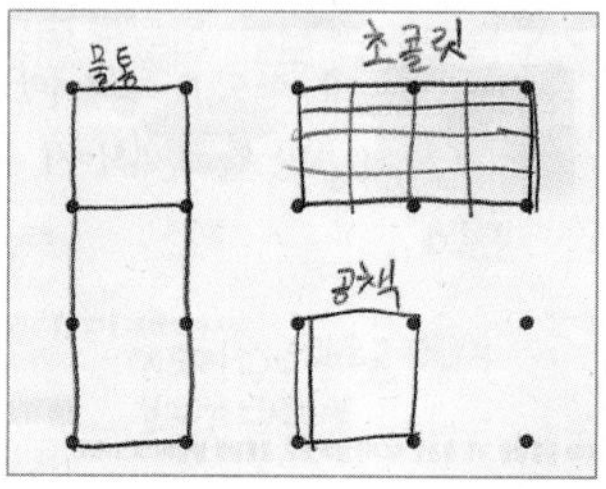

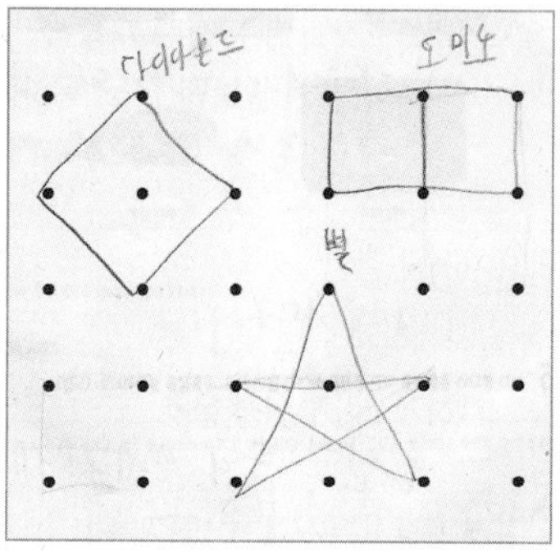

왼쪽과 같은 그림들은 창의적인 답변이라고 하기에는 부적절하다.

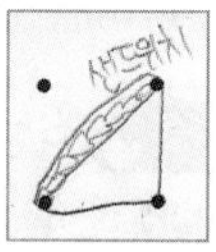

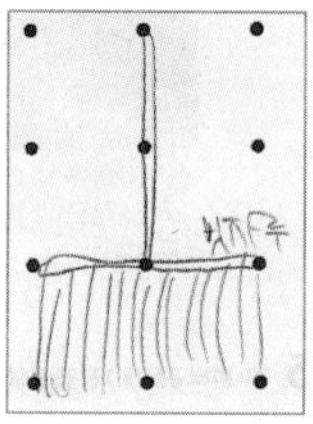

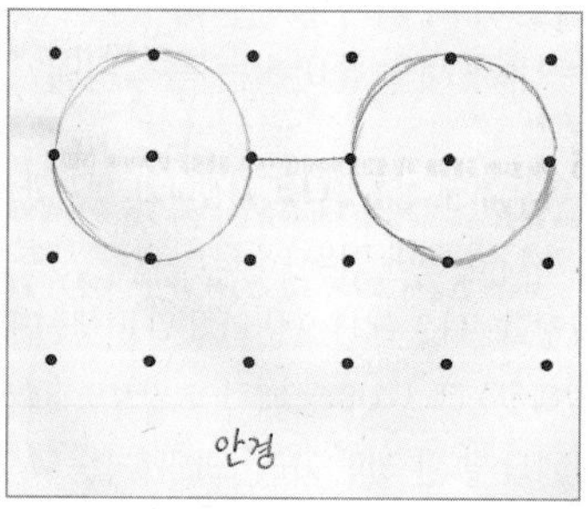

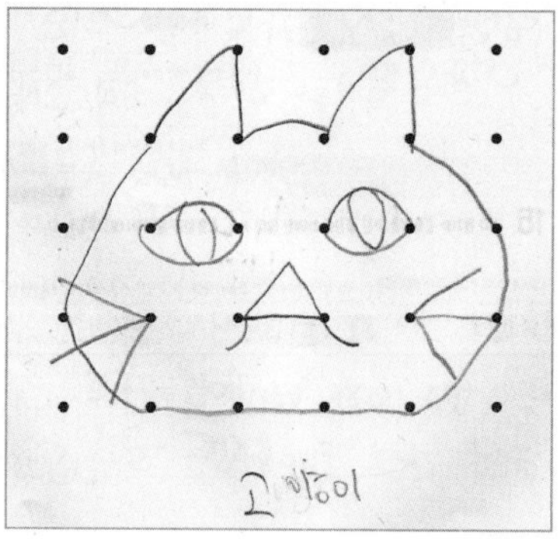

위의 네가지 그림도 주변에 세부적인 표현을 하고, 창의적인 제목을 붙였다면 좋은 점수를 받을 것이다. 예를 들어 안경을 쓴 할머니를 그리고, '사랑하는 할머니의 필수품' 과 같은 표현을 한다면 더 좋은 점수를 받을 수 있다.

문제 17 p.34

문항 분석 및 **평가표**

◆ 문항 분석 : 제시된 자음을 모두 사용한 그림이 얼마나 독창적인지, 그림과 제목을 얼마나 창의력 있고 정교하게 잘 나타내었는지를 평가하는 문항이다.

◆ 평가표

자음을 단순히 이어붙인 그림을 완성 단순한 도형을 이용하여 그림을 완성	1점
단순한 도형을 이용하여 그림을 완성한 후 창의적인 제목을 붙인 경우	3점

세부적인 표현이 풍부한 그림을 완성하였으나 제목이 단순한 경우	4점
세부적인 표현이 풍부한 그림을 완성한 후 창의적인 제목을 붙인 경우	5점

학생들 **샘플 답안**

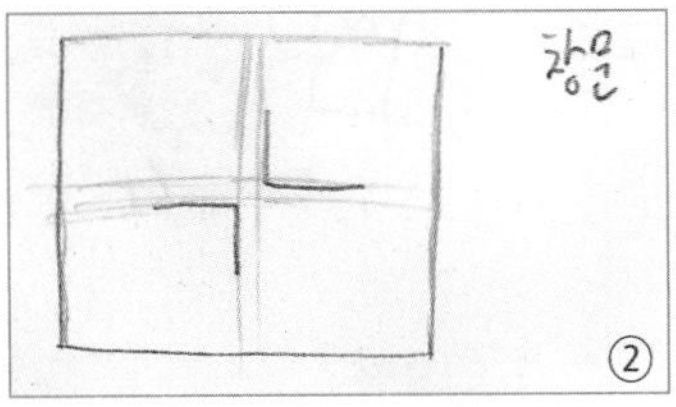

왼쪽 ①, ②와 같은 그림들은 창의적인 답변이라고 하기에는 부적절하다.

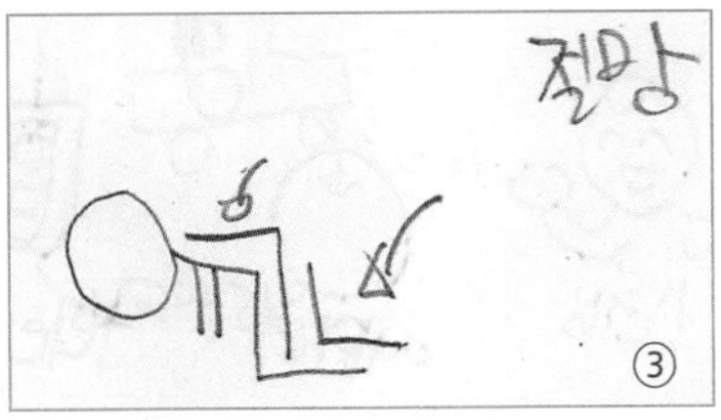

왼쪽 ③, ④와 같은 그림들의 경우 창의적인 제목을 붙인다면 더 좋은 점수를 받을 수 있다.

문제 18 p.35

문항 분석 및 **평가표**

◆ 문항 분석 : 복잡한 영어 단어를 이용하는 것보다, 단순한 영어 단어를 창의력 있는 그림으로 표현하는 것이 독창성에서 더 높은 점수를 받을 수 있다.

◆ 평가표

알파벳 2개 이하로 구성된 단어를 단순하게 표현	1점
중복된 단어를 사용하여 알파벳 4개 이하로 구성된 단어를 단순하게 표현	3점
올바른 영어 단어를 이용하여 그 단어를 의미하는 창의적인 그림을 그려서 완성	5점

출제자 **예시 답안**

[HAPPY]

Half Apple Plan Planet Youtube

학생들 **샘플 답안**

HOT

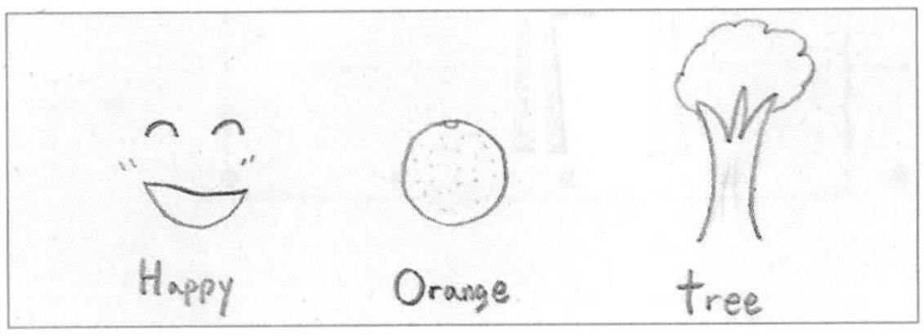

HOT

CLASS - 스펠링 한 개 틀림

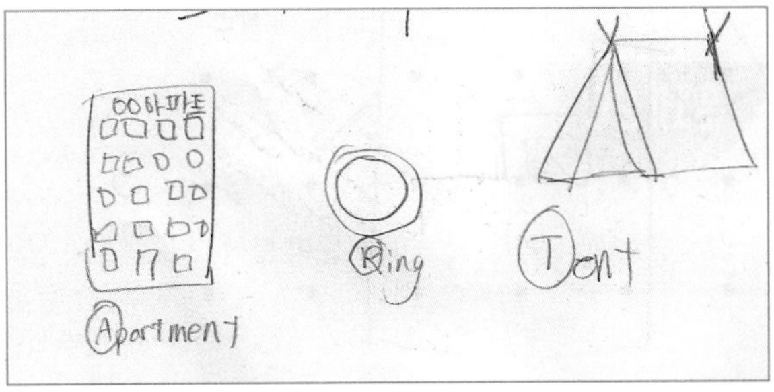

ART

문제 19 p.36

◆ 평가표

1개의 단어 – 그림만을 통해 이해할 수 있도록 창의적으로 표현	1점
2개의 단어 – 그림만을 통해 이해할 수 있도록 창의적으로 표현	3점
3개 이상의 단어 – 그림만을 통해 완벽하게 이해할 수 있도록 창의적으로 표현	5점

출제자 **예시 답안**

박스오피스 다이소 알파고 파스타 검문소 구명보트

학생들 **샘플 답안**

문제 20 p.37

문항 분석 및 **평가표**

◆ 문항 분석 : • 토랜스의 창의적 사고력 검사(TTCT) 중 도형 검사와 유사한 유형의 문항이다.
• 제시된 선분을 모두 사용하도록 하며, 단순히 선분을 이어서 그림을 완성하기보다는 주변에 세부적인 표현을 하고, 추상적이고 재미있는 제목을 붙인다면 좋은 점수를 받을 수 있다.

◆ 평가표

두 선을 연결만하여 단순하게 나타낸 그림만 그린 경우	1점
선을 여러 개 이용하여 그림을 그리고 단순히 보이는 그대로 제목을 붙인 경우	3점
선을 여러 개 이용하여 세부적인 표현을 하고, 상징적인 제목을 붙인경우	5점

출제자 **예시 답안**

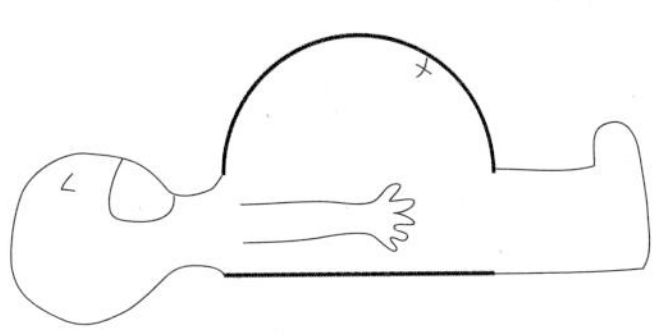

제목 : 배부른 아빠/ 임신한 엄마

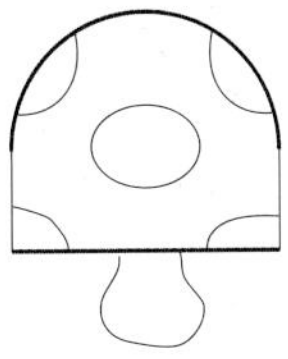

제목 : 게임 속 버섯

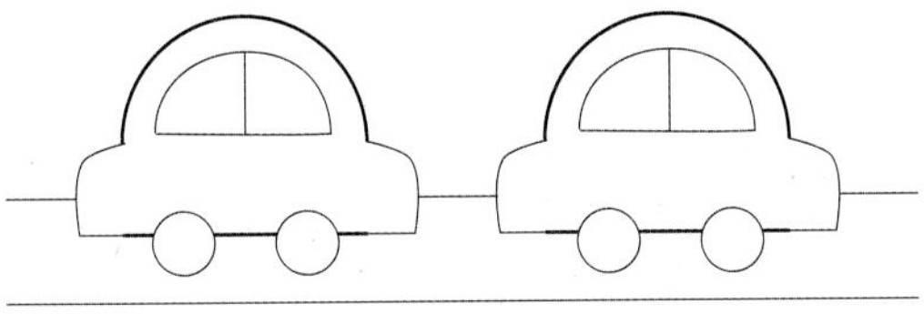

제목 : 꽉막힌 출퇴근길 도로 위

제목 : 한강 위 아치형 다리

학생들 **샘플 답안**

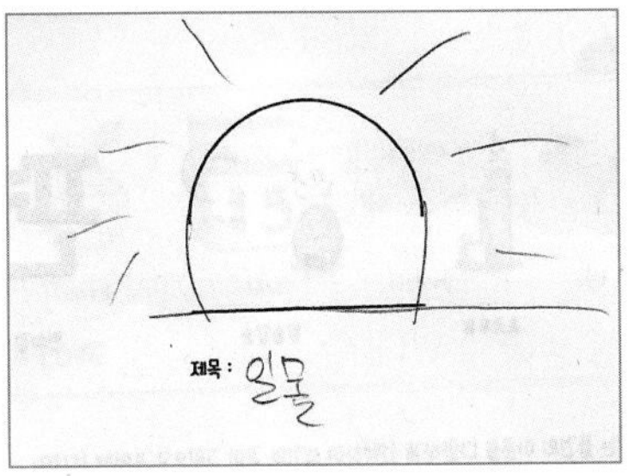

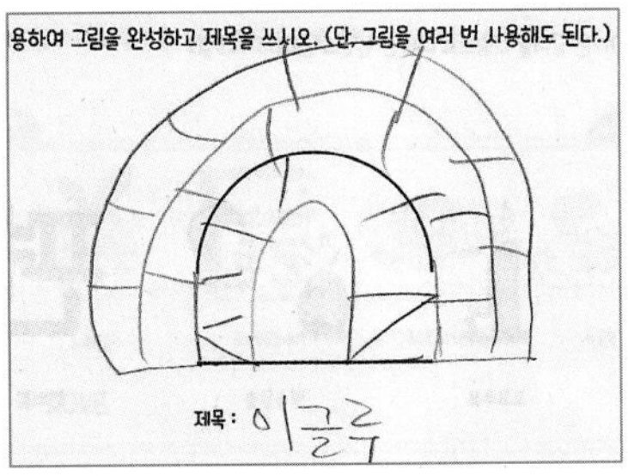

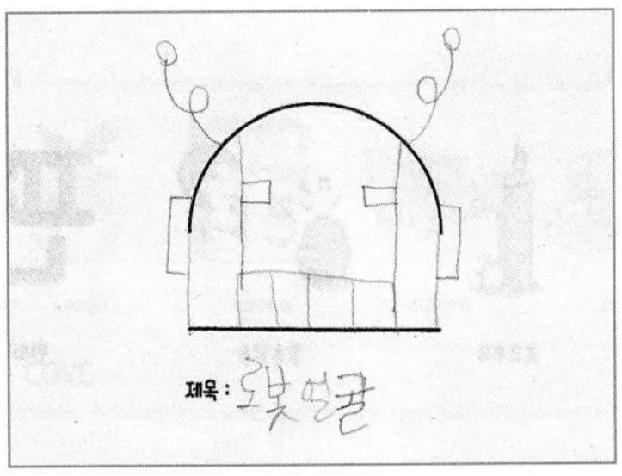

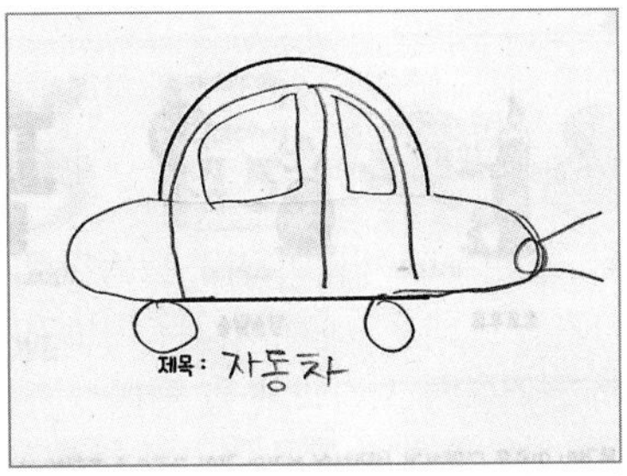

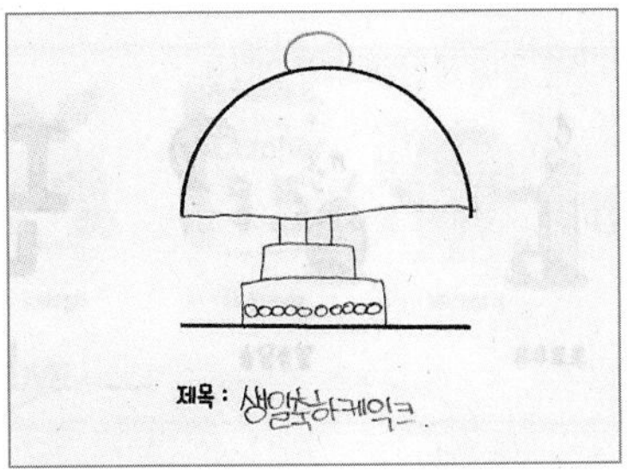

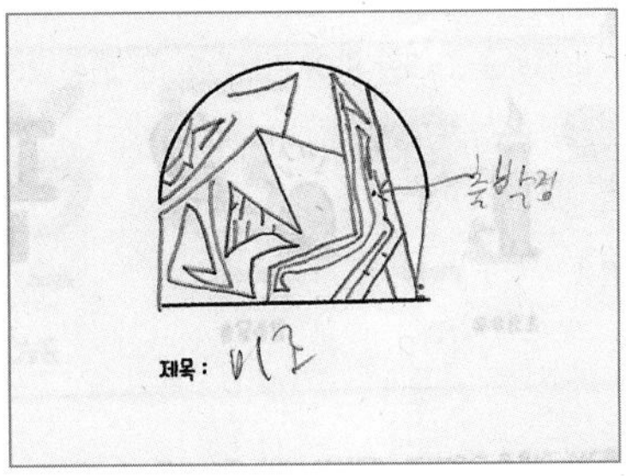

문제 21 p.38

문항 분석 및 평가표

◆ 문항 분석 : 충분한 조건이 제시되지 않은 상황에서도 포기하지 않고 해결 방법을 찾는 습관이 필요하다.

◆ 평가표

1개	2개	3 ~ 4개	5개 이상	5개 이상 + 창의적인 내용 포함
1점	2점	3점	4점	5점

출제자 예시 답안

① 두 도형 중 한 개의 도형을 작게 자른 후 나머지 도형에 채워본다.
② 일정한 두께의 매우 긴 줄을 이용하여 겹치지 않도록 하면서 각 도형을 채워본 후 채운 길이를 비교한다.
③ 각 도형을 밑면으로 하는 입체 도형을 만든 후 같은 높이만큼 물을 채우고, 그 양을 비교한다.
④ 각 도형을 밑면으로 하고 높이가 같은 물체를 같은 물질로 만든 후 그 무게를 비교한다.
⑤ 실을 이용하여 똑같은 모양을 만든 후, 그 실로 정사각형이나 직사각형을 만들어서 넓이를 비교한다.

학생들 샘플 답안

① 이 도형의 넓이를 비교해 줄 수 있는 사람에게 부탁한다.
② 점토를 이용하여 이 도형 모양을 그대로 찍어서 같은 높이의 그릇을 만든 후, 그 안에 물을 부어 물이 담기는 양을 비교한다.

문제 22 p.38

문항 분석 및 평가표

◆ 문항 분석 : 미래에 할 수 있는 여가 활동을 다양하게 나열하는 것도 좋지만 독특하고 기발한 여가 활동을 적고, 적절한 이유를 적는 경우 좋은 점수를 얻을 수 있다.

◆ 평가표

현재와 같은 여가 활동만 나열	1점
현재와 같은 여가 활동과 문제에 제시되어 있지 않은 미래의 여가 활동을 이유와 함께 1가지 서술	2점
현재와 같은 여가 활동과 문제에 제시되어 있지 않은 미래의 여가 활동을 이유와 함께 2가지 이상 서술	3점

출제자 예시 답안

미래에는 가상 현실을 이용한 체험이 여가 활동으로 자리 잡을 것 같다. 미래에는 발전된 기술로 집에서 가상 현실 기기를 통해 전 세계 어디든 가보거나, 해보지 못했던 다양한 체험들을 할 수 있게 될 것이다. 따라서 번거롭게 시간과 돈을 들여 외부로 나가기보다는 편리하면서도 재미있는 여가 활동인 가상 현실을 이용한 체험 활동을 많이 하게 될 것 같다.

학생들 샘플 답안

미래에 할 수 있는 여가 활동을 최대한 많이 써보시오. 만약 현재하고 있는 여가 활동이 아닌 경우 그 이유도 적으시오. [5점] 음악듣기, 컴퓨터, 게임, 운동, 콘서트 관람, TV, 인터넷, 독서, 산책, 드라이브, 취침, 공부, 물건 정리, 청소, 그림 그리기, 사진 찍기, 그림&사진 감상.

문제 23 p.39

◆ 평가표

1개	2개	3개	4 ~ 5개	6개 이상
1점	2점	3점	4점	5점

출제자 예시 답안

① 아침에 동쪽 하늘에서 떠오르는 것은?
② 지구 공전의 중심은?
③ 식물이 광합성을 하기 위해 꼭 필요한 것은 물, 이산화 탄소, 그리고 이것이다. 이것은 무엇인가?
④ 피부에서 바이타민 D를 합성하는데 도움이 되는 것은?
⑤ 해바라기가 항상 향하는 곳은?
⑥ 지구에서 가장 가까운 항성은?
⑦ 일식이란 달이 이것의 전부 또는 일부를 가리는 현상이다. 이것은 무엇인가?
⑧ 월식은 이것과 지구, 달이 일직선으로 배열될 때 일어나는 현상이다. 이것은 무엇인가?

학생들 샘플 답안

① 아침에 [　　　]이/가 떴다. [　　　]에 들어갈 알맞은 단어는?
② 만약 □□이/가 없다면 아침은 없을 것이다. □□은 무엇인가?
③ □□열 발전소에서는 □□열을 이용하여 에너지를 만든다. □□은 무엇인가?
④ 이게 없으면 식물이 죽어.

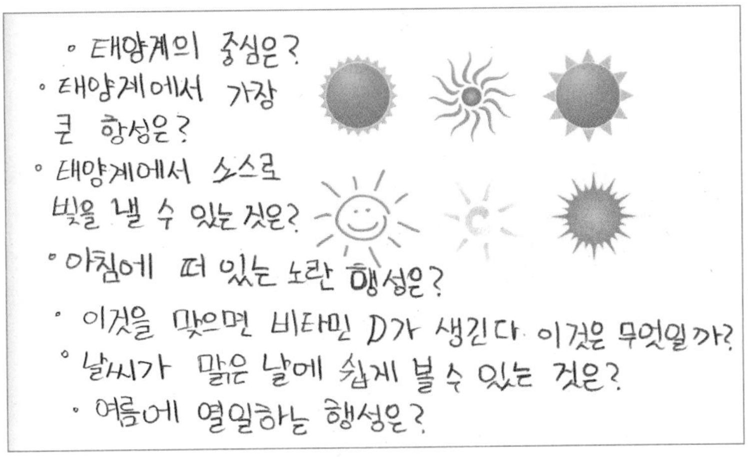

문제 24 p.39

문항 분석 및 평가표

◆ 문항 분석 : • 독특한 상황이 일어난 이유에 대하여 다양한 관점에서 얼마나 많은 아이디어를 산출하였는지를 통해 융통성과 유창성을 평가하는 문항이다.
• 불가능하다는 고정적인 사고를 피하고, 다양한 상상력을 이용하여 상황을 설정해보는 것이 좋다.

◆ 평가표

단순한 답을 1개 제시	1점
단순한 답을 2개 이상 제시	2점
상황에 맞는 창의적인 답 1개 제시	3점
상황에 맞는 창의적인 답 2개 제시	4점
상황에 맞는 창의적인 답 3개 이상 제시	5점

출제자 예시 답안

① 신용카드를 이용하여 물건값을 냈다.
② 어제 결제를 끝낸 기념품을 오늘 찾아왔다.
③ 함께 여행에 동행한 사람이 기념으로 무한이의 기념품 값까지 냈다.
④ 가게에서 개최한 행사에 당첨되어 무료로 기념품을 얻었다.
⑤ 지갑이 아닌 주머니에 있던 돈을 이용하여 기념품 값을 내고 나왔다.
⑥ 해외 여행지이기 때문에 원화가 아닌 달러(엔화, 유로)로 기념품 값을 냈다.

학생들 샘플 답안

① 처음부터 1만 원짜리가 한 장이 아니라 2장이 겹쳐 있던 것을 잘못 본 것이었다.
② 무한이는 물물교환을 통해 원하는 물건을 가지고 온 것이다.
③ 10,000원을 주고 5,000원짜리 물건을 산 후 거스름돈을 기념품 가게 주인이 만 원짜리로 잘못 주었다.

- 물건을 사지 않고 서비스로 받았다
- 그 날이 무슨 날이라서 누구든지 주는 날이다.
- 물건을 훔쳤다?!
- 돈을 탕진했는데 1만원을 주웠다

문제 25 p.40

◆ 평가표

1개	2개	3개	4 ~ 5개	6개 이상
1점	2점	3점	4점	5점

출제자 예시 답안

① 조랭이 떡국 모양이야.
② 몸통과 머리 크기가 같은 눈사람(오뚜기)이 오른쪽으로 기울어진 모양이야.
③ 껍질을 까지 않은 땅콩이 오른쪽으로 기울어진 모양이야.
④ 같은 크기의 원 두 개의 일부가 겹쳐져서 오른쪽으로 기울어진 모양이야.
⑤ 채워진 숫자 8이 오른쪽으로 기울어진 모양이야.
⑥ 동그랗게 만들어진 계란 후라이 2개가 겹쳐진 모습이야.
⑦ 벤다이어그램의 합집합 모습이야.

학생들 샘플 답안

① 망원경을 조금 옆으로 기울인 모양이야.
② 원이 두개가 합쳐져 있어. 다 만나지는 못했지만 검정색이야. 엉덩이 모양이기도 해. 하지만 삐뚤어져 있어. 오른쪽 원이 조금 위에 있고, 왼쪽 원이 아래에 있지.

문제 26 p.40

문항 분석 및 평가표

◆ 문항 분석 : • 평소에 실생활에서 '만약 ~ 상황이 벌어지면 어떤 일이 일어날까?, '어떤 일을 할 수 있을까?' 와 같은 생각을 해보는 습관이 문제 해결이 많은 도움이 된다.
• 일기 형태의 글이 바로 떠오르지 않는다면 우선 내 몸이 작아질 때 일어날 일들을 간단히 정리해 보거나, '내 몸이 작아진다면?' 이라는 생각에서 "자고 일어나서 침대 위의 내가 작아져 있다면?' 과 같이 구체적인 상황에 대하여 아이디어를 생각해 보는 것도 좋다.

◆ 평가표

내몸이 작아졌을 때의 상황만 단순하게 나열	1점
형식은 무시하였으나 내몸이 작아졌을 때의 상황을 문장으로 작성	2점
시간별로 구성한 일기 형식으로 작성은 하였으나 문장 구성이 미흡한 글을 작성	3점
시간별로 구성한 일기 형식으로 작성하지는 않았으나 창의적인 글을 작성	4점
시간별로 구성한 일기 형식으로 창의적이고 문장 구성이 적절한 글을 작성	5점

출제자 예시 답안

오늘은 작아진 나를 찾지 못한 엄마가 그대로 출근을 하시는 바람에 학교에 가질 못하였다.
거실로 들어서자 우리집 멍멍이가 위협적으로 다가왔으나 내 냄새를 알아차리곤 꼬리를 흔들며 달려든 통에 죽을 뻔하였다. 우리집 멍멍이의 등을 타고 우리집 탐험을 시작하였다.
침대 밑, 거실 장 밑에는 생각보다 동전과 지폐가 많았다. 이 사실을 엄마가 퇴근하시는 데로 알려드리자 참 좋아하셨다.

학생들 샘플 답안

① 난 아침에 일어났다. 쿵쿵 거리는 소리가 들리더니 거인이 왔다. 낯이 익어서 봤는데 엄마였다. 엄마를 불렀는데 엄마는 듣지 못하고 나를 밟을 뻔하였다. 난 물을 먹으러 갔는데 정수기를 겨우 눌렀더니 흘러나온 물에 잠겨서 어디론가 떠내려 갔다.

② 아침에 일어났는데 이불에 깔려서 겨우 빠져나왔다. 나는 아침을 먹으러 갔다. 케이크 위에 있는 체리의 1/100만 먹었을 뿐인데 배가 불렀다. 이 케이크를 다 먹으려면 죽을 때까지 먹어야 할 것이다. 숙제를 하기 위해 노트를 겨우 펼쳤지만 한 페이지를 쓰는 데 한나절이 걸렸다. 발 폭이 작으니 숙제를 마치고 침대로 오늘 밤 안에 갈 수 있을까?

아침 아침에 일어나서 침대에서 뛰어 멋지게 착륙하고 엄청큰 밥알을 먹음
점심 창문 밖으로 나갔다 고양이한테 밟혀 짜릴뻔함 개미라는 친구를 사귐
저녁 집에 돌아와 놓고 침대에 못 올라가 기타 속에서 잤다.

쓰시오. [5점] 나는 8시에 일어나서 물 컵에서 몸을 씻을 것이고, 10시에 TV로 큰 화면의 영화를 즐길 것이다. 12시에는 내 애완동물 강아지를 타며 놀 것이고, 1시에는 밥풀 하나로 배불리 점심을 먹을 것이다. 3시에는 잔디밭에서 탐험을 할 것이다.

5점] 내일 아침 나는, 커다란 밥풀 한톨을 먹을 것이다. 그리고는 칫솔의 솔을 몇개 빼서 만든 칫솔로 이를 닦고, 산책을 나가서 미니 사람 전용 버스를 타고 백화점에서 쇼핑을 할거다 너무 기대된다! 작은 사람의 삶이란 어떤 것일까~?! 그럼 과자상자로 만든 집에서 얼른 자야지!

형식으로 쓰시오. [5점] 아침에 일어날때 이불이 너무 무거워서 겨우 3시간 만에 일어나서 아침으로 빵을 먹으려고 오븐을 키려고 했다. 근데 오븐이 너무 높아서 의자 10개를 1시간 동안 옮겨서 겨우 빵을 먹게 되었다. 학교로 가는데는 차에 치일뻔 했는데 학교에서 아무도 날 알아보지 못했다. 집으로 와서 피곤해서 자려고 했는데 침대가 너무 높아서 그냥 바닥에서 잤다.

문제 27 p.41

◆ 평가표

단순한 상황만 1가지 서술한 경우	1점		구체적인 상황 설명을 2가지 서술한 경우	4점
단순한 상황만 2가지 이상 나열한 경우	2점		구체적인 상황 설명을 3가지 이상 서술한 경우	5점
구체적인 상황 설명을 1가지 서술한 경우	3점			

출제자 예시 답안

① 회사 상사인 남자가 지시한 일을 여직원이 제대로 처리하지 못하여 화를 내고 있고, 여직원은 죄송해하고 있다.
② 진상 고객인 남자가 아무 것도 아닌 일로 고객 센터에서 직원에게 트집을 잡아 직원이 당황하고 있다.
③ 공항에서 짐이 없어진 손님이 항공사 관계자에게 화를 내고 있다.

학생들 샘플 답안

① 회사의 사장인 남자가 여자 직원을 해고하고 있다.
② 청문회를 통해 남자가 여자에게 잘못된 일에 대하여 추궁하고 있다.
③ 아빠가 늦게 귀가한 딸을 혼내고 있다.
④ 식당 여직원이 음식을 너무 늦게 가져다 주어서(혹은 가져다 주지 않아서) 남자 손님이 화를 내고 있다.
⑤ 서빙을 잘못한 여직원(혹은 서빙 실수로 남자의 옷에 음식물을 쏟은 여직원)에게 남자 손님이 화를 내고 있다.
⑥ 식당에서 음식에 머리카락이 들어가 있어서 위생 문제로 여직원에게 남자 손님이 화를 내고 있다.

문제 28 p.41

문항 분석 및 평가표

◆ 문항 분석 : 문제의 상황을 보고 얼마나 재치있는 답안을 많이 제시하고, 고정 관념을 탈피하여 창의적인 답안을 제시하는지(유창성과 독창성)를 평가하는 문항이다.

◆ 평가표

단순한 상황만 1가지 서술한 경우	1점
단순한 상황만을 2가지 이상 경우	2점
대답 형태의 문장을 창의적으로 1가지 서술한 경우	3점
대답 형태의 문장을 창의적으로 2가지 서술한 경우	4점
대답 형태의 문장을 창의적으로 3가지 이상 서술한 경우	5점

출제자 예시 답안

① "엄마가 과학 백점 맞으면 컴퓨터 게임 원없이 할 수 있도록 해주신다고 하셨잖아요!"
② "엄마 화내실 때마다 저한테 컴퓨터 게임 할 수 있도록 해주신다고 하셨잖아요!"
③ "엄마 계속 화내시면 아빠에게 엄마가 아빠 몰래 백화점에서 옷 산거 다 말씀드릴 꺼에요!"
④ "한국게임과학고등학교에 가기 위해 출시된 게임에 대해 연구하고 있는 중이에요!"
⑤ "게임이 아니라 학교 숙제로 프로그램 만들고 있는 중이에요!"

학생들 샘플 답안

① "아빠(또는 엄마) 생신 선물을 사드릴려구요."
② "게임이 아니라 컴퓨터로 숙제를 하고 있는 중이에요."
③ "엄마, 게임은 창의력 향상에 도움을 준다구요."
④ "내가 프로 게이머가 되서 돈을 벌기 위해 게임을 하는 거야. 그니까 나한테 고마워 해야 해."
⑤ "이거 내가 만든 게임이 잘 작동하는지 시연해 보는 거야."

"엄마도 게임 하잖아"
"시험 100점 맞아서 상 주는 거잖아"
"이 게임을 알아서 소개하는 것이 학교 숙제야"

문제 29 p.42

문항 분석 및 평가표

◆ 문항 분석 : • 주어진 시간 안에 재활용품을 활용한 적절한 아이디어를 얼마나 생각해 낼 수 있는지, 경험에 제약을 받지 않고 고정관념을 탈피하여 아이디어를 낼 수 있는지를 통해 유창성과 독창성을 평가하는 문항이다.
• 재활용품이 각각 어떤 특성이 있는지 정리해보고, 그 특성을 어떻게 활용하면 좋을지 생각해 본 후, 각각에 살을 붙여 아이디어를 다듬는 것이 좋다.

◆ 평가표

단순하게 재사용하는 방법만 설명한 경우	1점
둘 중에 하나만을 활용한 방법만 그림 또는 글을 이용하여 설명한 경우	2점
그림만을 이용하여 각각의 활용법을 설명한 경우	3점
구체적인 방법을 논리적인 글로 각각 설명한 경우	4점
구체적인 방법을 그림과 글을 이용하여 창의적으로 각각 2가지 이상 서술한 경우	5점

출제자 예시 답안

① 플라스틱 물병을 반으로 자른 후 밑에 물빠짐 구멍을 뚫어 작은 화초를 기를 수 있는 화분으로 이용한다.
② 철사로 된 옷걸이를 잘라서 작품(인테리어 소품)을 만든다.
③ 철사로 된 옷걸이를 구부리거나 잘라서 신발 걸이, 핸드폰 거치대로 이용한다.

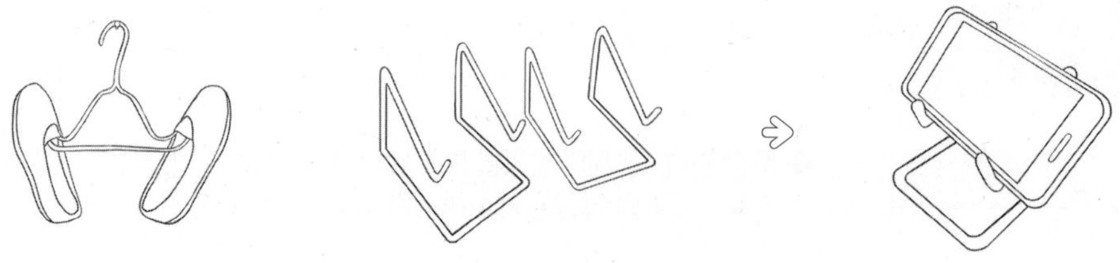

학생들 **샘플 답안**

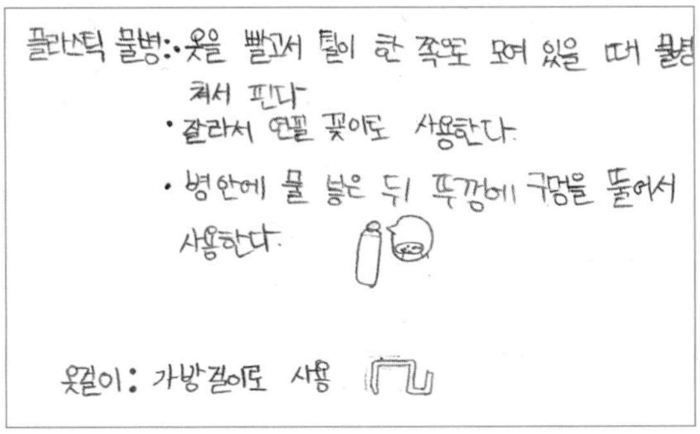

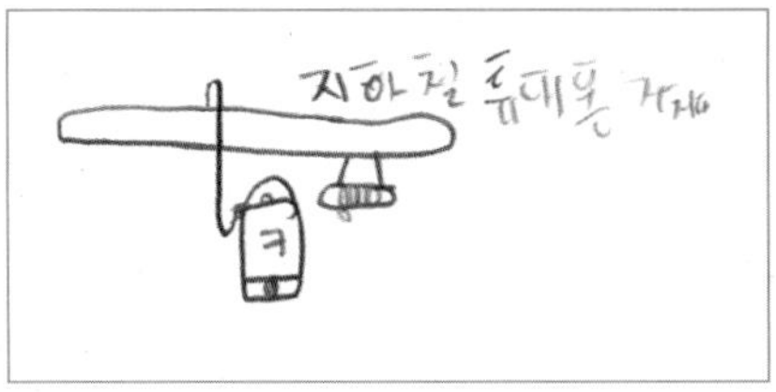

문제 30 p.43

문항 분석 및 **평가표**

◆ 문항 분석 : 주변에서 쉽게 사용하고 있는 물건들의 평소의 사용법을 생각하고, 이를 토대로 다양하게 활용할 수 있는 창의적인 방법들로 사고의 영역을 확대해 보는 것이 도움이 된다.

◆ 평가표

1개	2개	3 ~ 4개	5 ~ 6개	7개 이상
1점	2점	3점	4점	5점

출제자 **예시 답안**

① 얇은 종이나 찰흙 등을 뚫는 용도로 사용한다.
② 탑쌓기 놀이를 한다.
③ 연필을 깍고 남은 가루를 이용하여 미술 작품을 만든다.
④ 털실이나 실을 감는 실패로 사용한다.
⑤ 젓가락 대용으로 사용한다.
⑥ 비녀처럼 머리를 틀어올렸을 때 고정하는 용도로 사용한다.
⑦ 연필을 이용해 낱말 놀이를 한다. (동생에게 한글을 가르친다.)
⑧ 각진 연필을 이용하여 가구 균형 받침대로 사용한다.

문제 31 p.43

문항 분석 및 **평가표**

◆ 문항 분석 : 조선 시대에는 없었던 아주 신기한 물건들뿐만 아니라 그 시대에는 상상할 수도 없는 사회적, 문화적인 현상들도 그 대상이 될 수 있다.

◆ 평가표

알려주어야 할 것들만 3가지 제시한 경우	1점
1가지 사항을 이유와 함께 구체적으로 설명한 경우	2점
2가지 사항을 이유와 함께 구체적으로 설명한 경우	3점
3가지 사항을 이유와 함께 구체적으로 설명한 경우	4점
3가지 사항을 이유와 함께 구체적으로 설명한 경우 + 창의적인 사항 포함	5점

출제자 **예시 답안**

① 휴대 전화 사용법을 알려준다. 현대 사회는 휴대 전화로 기본적인 연락뿐만 아니라 사진도 찍을 수 있고, 정보 검색, 내비게이션, 결제 기능 등 생활하는 데 필요한 모든 것을 할 수 있기 때문이다.
② 교통 수단 이용법을 알려준다. 현재의 사회 모습을 알기 위해서는 직접 체험해 보는 것이 중요하다. 이때 교통 수단 이용법을 알려주면 자신이 가고 싶은 곳에 쉽게 갈 수 있기 때문이다.
③ 우리집 주소를 알려준다(우리 집을 찾아오는 길을 알려준다). 당분간 우리 집에서 지내야 하므로 반드시 알고 있어야 하기 때문이다.

학생들 샘플 답안

① 절대 옛날 사람인 척 하지 말라고 한다. 나만 알고 싶고, 자칫하면 이용당할 수 있기 때문이다.

> 1. 남녀구분이 심하지 않음.
> 2. 큰 건물이 있음
> 3. 임금은 대통령

왼쪽과 같은 답변에 대한 이유를 구체적으로 설명한다면 더 좋은 점수를 받을 수 있다.

문제 32 p.44

문항 분석 및 평가표

◆ 문항 분석 : • 모양 바꾸기 비법은 발명 기법의 하나이다.
• 물건의 특성을 아주 작은 부분까지 세세하게 기록한 후 조금씩 나은 것을 만들기 위해 어떻게 하면 좋을까를 생각해보고 정리하는 습관은 창의력을 키우기 위한 좋은 훈련법이다.

◆ 평가표

현실성 부족한 용품을 단순하게 표현한 경우	1점
현실성 있는 용품을 글로 표현하였지만 설명이 미흡한 경우	2점
그림과 설명을 이용하여 알기 쉽게 표현하였으나 현실성이 다소 부족한 경우	3점
현실성 있는 용품을 그림을 그려 표현하였으나 설명이 미흡한 경우	4점
그림과 설명을 이용하여 알기 쉽게 표현하고, 현실성있는 용품인 경우	5점

출제자 예시 답안

문어발 모양의 책갈피 - 여러 부분을 한꺼번에 표시해 둘 수 있다.

해설 모양 바꾸기 비법은 발명 기법 중 하나이다.
모양 바꾸기 비법으로 발명된 발명품은 다음과 같다.
① 일회용 종이컵 → 원불형 또는 봉투형 종이컵 : 쥐기 편하게 되었다.
② 일자형 물파스 → 구부러진 물파스 : 혼자서도 등 뒤쪽에 바를 수 있게 되었다.
③ 원통형 음료수병 → 콜라병 : 콜라가 적게 들어가면서 손으로 잡기 편함
④ 일반 화장지 → 표면이 올록볼록한 화장지 : 닿는 면적이 늘어나 더 잘 닦임
⑤ 일회용 반창고 → 골무형 반창고 : 잘 빠지지 않게 하여 상처를 보호함
⑥ 일반 의자 → 듀오백 의자
⑦ 1자 지팡이 → 구부러진 지팡이

문제 33 p.45

문항 분석 및 평가표

◆ 문항 분석 : 한식을 세계에 알릴 방법을 먼저 정리한 후, 각 방법의 키워드를 찾고, 그들을 연결하면 답안을 작성하기 수월하다.

◆ 평가표

마인드 맵은 부족하나 계획을 1가지 이상 세운 경우	1점
마인드 맵은 완성하였으나 방법이 현실성이 부족하고, 구체적이지 않은 경우	3점
마인드 맵을 완성하여 구체적이고 창의적인 계획을 3가지 이상 세운 경우	5점

출제자 **예시 답안**

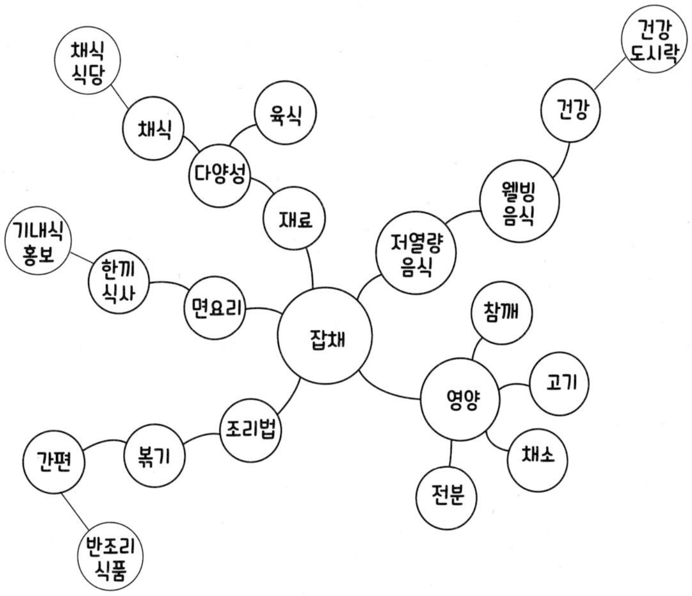

문제 34 p.45

문항 분석 및 **평가표**

◆ 문항 분석 : • 현실 속에서 접해보지 못한 어려운 상황과 관련하여 그 상황을 해결하는 방법에 대해 새롭고 독창적인 아이디어를 내고, 그 아이디어를 얼마나 세밀히 표현하였는지를 통해 독창성과 정교성을 평가하는 문항이다.
• 일상생활 속에서 쉽게 접하는 사건·사고나 영화 속에서 일어나는 특수한 상황 속에서 '어떻게 하면 ~ 할 수 있을까?'라는 생각을 해 보는 습관이 문제 해결에 많은 도움이 된다.

◆ 평가표

이유에 대한 설명없이 현실성 있는 방법만 간단하게 설명한 경우	1점
현실성있는 방법을 자세하게 설명한 경우	3점
현실성있고 창의적인 방법을 자세하고 논리적으로 설명한 경우	5점

출제자 **예시 답안**

① 대부분 휴대 전화를 보유하고 있으므로 긴급 재난 문자(대피 장소)를 발송한다.
② 모든 미디어(인터넷, TV, 라디오)에 대피 장소를 공지한다.
③ 스마트폰 폰 GPS를 이용하여 지진 대피 장소로 가는 가장 빠른 길을 안내해준다(정체된 도로, 붕괴된 다리 등을 피해서).

문제 35 p.46

문항 분석 및 **평가표**

◆ 문항 분석 : 학교에서 매일 이용하고 있는 사물함에 대한 개선점을 다양한 관점에서 얼마나 많이 찾아낼 수 있는 지(유창성, 융통성)를 평가하는 문항이다.

◆ 평가표 : '4차원 공간으로 만든 사물함'이나 '필요할 때 크기가 원하는 만큼 조절되는 사물함' 등은 틀리다고는 할 수 없겠지만 실현 가능성이 없어 보이므로 좋은 답안이 될 수 없다.

보완하고 싶은 점만 또는 개선 방안만 간단하게 서술한 경우	1점
보완하고 싶은 점 - 개선 방안을 1쌍만 상세하게 서술한 경우	2점
개선 방안을 창의적인 방법으로 상세하게 설명한 경우	3점

보완하고 싶은 점 - 개선 방안을 2쌍 이상 상세하게 서술한 경우	4점
보완하고 싶은 점 - 개선 방안을 2쌍 이상 상세하게 서술한 경우 + <u>창의성 있는 방안 포함</u>	5점

출제자 **예시 답안**

불편한 점	편리하게 바꿀 수 있는 방법
사물함 모서리가 너무 뾰족하여 부딪히면 다치기 쉽다.	모서리마다 보호대를 설치한다.
내부 공간이 넓지만 효율적이지 못하다.	내부 공간을 구획화하여 물건을 찾기 쉽도록 한다. 문에 작은 물건을 넣는 주머니를 설치한다.
한 친구가 열면 밑에 친구는 기다려야 한다. 사물함을 열면, 그 아래 사물함은 열 수 없다.	지그재그 형식으로 사물함의 각 칸을 배치한다.
물건이 잘 쏟아져 내린다.	각 칸 하단에 칸막이를 설치하여 쏟아져 내리는 물건을 막아준다.
사물함 키를 들고 다녀야 하는 번거로움이 있다.	지문인식이나 비밀번호 키로 교체한다.

문제 36

p.47

◆ 평가표

아래로 대칭하였을 때라는 조건은 이해하였으나 문장을 완성하지는 못한 경우	3점
아래로 대칭하였을 때라는 조건을 제대로 이해하고 적절한 단어를 선택하여 시를 완성한 경우	5점

정답 및 해설

첫 줄의 글자를 아래로 대칭하여 주어진 것과 같은 글씨의 형태가 나오는 글자는 다음과 같다.

 곰/놈/돔/롬/몸/봄/솜/옴/좀/촘/콤/폼/홈 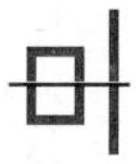 비/미 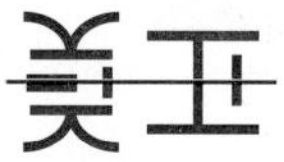 찾고/젖고/ 맞고

 새/재/채  군/눈/둔/룬/문/분/순/준/춘/쿤/푼/훈  느/드/르/트

따라서 이와 같이 각 줄의 글자를 찾은 후, 적절한 단어를 골라 시를 완성하면 다음과 같다.

봄비 맞고 새순 트고
여름비 맞고 몸집 크고
가을비 맞고 생각에 잠긴다.

문제 37

p.48

문항 분석 및 **평가표**

◆ 문항 분석 : 아이디어가 잘 떠오르지 않을 경우 구체적인 상황을 떠올려 보면 도움이 된다.

◆ 평가표

1개	2개	3개	4개	5개 이상
1점	2점	3점	4점	5점

출제자 **예시 답안**

① 혼자 할 수도 있지만, 여럿이서 할 수도 있다.
② 취미 활동이 될 수 있다.
③ 하는 과정은 힘들어도 끝까지 완수하면 성취감을 느낀다.
④ 좋아하는 사람도 있지만 싫어하는 사람도 있다.
⑤ 중간에 포기하는 사람도 있다.
⑥ 끝까지 완수하는데 일정한 시간이 필요하다.
⑦ 책은 끝까지 읽지 않으면 결론을 알 수가 없듯이, 산도 정상까지 오르지 않으면 정상에서 보는 멋

진 풍광은 알 수가 없다.
⑧ 책을 읽으면 지식을 얻을 수 있고, 등산을 하면 건강을 얻을 수 있다.
⑨ 누구나 할 수 있다.

학생들 **샘플 답안**

1. 조용하다
2 마음을 다듬는 행동이다.
3. 천천히 할 수 있다.
4. 감상할 수 있다.

문제 38 p.48

문항 분석 및 **평가표**

◆ 문항 분석 : 정답이 있는 문제가 아니므로 설득력있는 문장을 완성하는 것이 중요하다.

◆ 평가표

문장 구성은 다소 미흡하나 타당한 이유를 서술한 경우	3점
문장 구성이 올바르고, 창의적이고 설득력있는 이유를 서술한 경우	5점

출제자 **예시 답안**

① 자신이 좋아하는(또는 싫어하는) 요일을 순서대로 적은 것이다.
② 요일의 앞글자를 자음 순서대로(ㄱ - ㅁ - ㅅ - 월 - 일 - ㅌ - ㅎ) 적은 것이다.

문제 39 p.49

문항 분석 및 **평가표**

◆ 문항 분석 : • 정답이 있는 문제는 아니지만, 과거와 현재의 다양한 발명품들 중 생활을 가장 많이 변화시킨 발명품과 그 이유에 분명한 연결 관계가 존재해야 한다.
• 생활 용품, 교통 수단 등 다양한 범주에서 찾아본다.

◆ 평가표

문장 구성은 다소 미흡하나 타당한 이유를 서술한 경우	3점
문장 구성이 올바르고, 창의적이고 설득력있는 이유를 서술한 경우	5점

출제자 **예시 답안**

① 나는 비행기가 인류의 생활을 변하게 한 가장 창의적인 발명품이라고 생각한다. 비행기가 없었다면 전 세계가 교류하는 데 시간이 그만큼 오래 걸리기 때문에 정보를 교환하고, 물자를 교환해가면서 발전하기가 어려웠을 것이다.
② 나는 바퀴가 인류의 생활을 변하게 한 가장 창의적인 발명품이라고 생각한다. 바퀴가 없었다면 무거운 물건을 운반하는 것이 매우 어렵고, 운송 수단이 발달하지 않기 때문에 지금과 같은 건축물들이 생길 수 없었을 것이다.
③ 나는 컴퓨터가 인류의 생활을 변하게 한 가장 창의적인 발명품이라고 생각한다. 그 이유는 컴퓨터를 통해 모든 정보를 빠르고 쉽게 접할 수 있게 되었으며, 더욱 많은 사람을 만나고 의견을 교환할 수 있게 되었기 때문이다.

문제 40 p.49

문항 분석 및 평가표

◆ 문항 분석 : 주어진 인물들의 특성을 파악하고, 각 특성의 장단점을 정리해보면 답안을 작성하는 데 도움이 된다.

◆ 평가표

문장 구성은 다소 미흡하나 타당한 이유를 서술한 경우	3점
문장 구성이 올바르고, 창의적이고 설득렸있는 이유를 서술한 경우	5점

출제자 예시 답안

나는 변호사와 그 아내, 과학자만 선택하겠다. 현 상황의 가장 큰 핵심은 생존이다. 열거된 10명을 분류해 보면 남자와 여자로 각 특징적인 유전인자를 대표할 수 있다. 변호사와 그 아내는 부부이며, 따라서 자녀를 둘 수 있으므로 탑승시킬 것이다. 과학자를 선택한 이유는 캡슐을 만든 사람으로서 그에 대한 지식을 가진 사람이기 때문에 캡슐의 운행을 위해 꼭 필요하다.

학생들 샘플 답안

과학자, 소설가, 여배우. 소설가 - 우리가 살아남을 수 있는 안전한 과학적방법을 소설가니깐 그 창의성을 살려서 소설로 쓴다.
과학자 - 그 소설을 바탕으로 그걸 연구해서 개발한다.
여배우 - 남은 사람이(들이) 탈려고 하면 이건 캡슐이 아니라고 연기해서 잘 설득해서 못 타게 한다.

점수 통계

각 문항별 평균 점수

문항	1	2	3	4	5	6	7	8	9	10	11	12	13	14	15	16	17	18	19	20
학생들 평균 점수(점)	3.5	2.6	3.5	2.3	2.3	3.5	2.9	1.4	2.3	2.7	2.5	2.6	1.5	2.4	1.7	3.1	3.4	3.4	2.8	2.6

문항	21	22	23	24	25	26	27	28	29	30	31	32	33	34	35	36	37	38	39	40
학생들 평균 점수(점)	2.4	2.5	3.0	2.7	2.5	3.8	3.3	2.3	2.4	1.5	3.1	3.5	1.0	2.5	1.5	1.0	2.8	2.5	1.0	2.6

총점 평균 101.2/200점

점수에 따른 성취도 등급

등급	1등급	2등급	3등급	4등급	5등급
평가	150점 이상	120점 이상 ~ 149점 이하	90점 이상 ~ 119점 이하	60점 이상 ~ 89점 이하	59점 이하

02 언어 / 논리 / 추리

문제 01 p.50

단원 말미에서 성취도 등급을 확인하세요.

◆ 평가표

(1) ~ (5) 중 1문제 - 서로 다른 뜻으로 쓰인 문장을 3가지 이상 완성한 경우	1점
(1) ~ (5) 중 2문제 - 서로 다른 뜻으로 쓰인 문장을 3가지 이상 완성한 경우	2점

(1) ~ (5) 중 3문제 - 서로 다른 뜻으로 쓰인 문장을 3가지 이상 완성한 경우	3점
(1) ~ (5) 중 4문제 - 서로 다른 뜻으로 쓰인 문장을 3가지 이상 완성한 경우	4점
(1) ~ (5) 모두 서로 다른 뜻으로 쓰인 문장을 3가지 이상 완성한 경우	5점

출제자 **예시 답안**

(1) 머리	① 머리를 긁적였다. ② 내 동생은 머리가 좋다. ③ 아침마다 머리를 감는다. ④ 상상이는 모임의 머리 노릇을 하고 있다. ⑤ 공구 상자에 장도리 머리 부분이 삐죽 나와있다.
(2) 일	① 아빠는 일을 하러 나가셨다. ② 일이 잘 진행되고 있다. ③ 무한이는 엄마에게 혼날 일을 생각하니 눈앞이 깜깜하다. ④ 절대로 일어나서는 안 될 일이 생겼다. ⑤ 엄마는 나에게 한 번도 화를 낸 일이 없으시다.
(3) 다리	① 무한이의 다리는 굵다. ② 책상(안경) 다리가 부러졌다. ③ 한강 다리에서 보는 야경은 멋있었다. ④ 우리가 구매한 물건은 여러 다리를 거쳐 온다. ⑤ 내 동생은 무한이와 나를 친구로 이어주는 다리로서의 역할을 다했다.
(4) 쓰다	① 무한이는 일기를 쓰고 있다. ② 입에 쓴 약이 몸에는 좋다. ③ 상상이는 모자(마스크)를 쓰고 있다. ④ 비가 와서 우산을 쓰다. ⑤ 그는 억울하게 누명을 썼다.
(5) 타다	① 비행기(버스, 배)를 타다. ② 원숭이가 나무를 탄다. ③ 선생님이 보지 않는 틈을 타서 상상이는 딴짓을 하였다. ④ 상상이의 수상 소식은 방송을 타게 됐다. ⑤ 그는 억울하게 누명을 썼다. ⑥ 얼굴이 까맣게 탔다. ⑦ 애간장이 타다. ⑧ 고기가 까맣게 탔다. ⑨ 화재로 집이 모두 탔다.

문제 02 p.51

◆ 평가표 : 같은 의미로 쓰인 문장이 중복되는 경우 하나의 문장으로 간주한다.

(1) ~ (3) 모두 1문장씩만 완성한 경우	1점
(1) ~ (3) 중 1문제 - 서로 다른 뜻으로 쓰인 문장을 2가지 이상 완성한 경우	2점
(1) ~ (3) 중 2문제 - 서로 다른 뜻으로 쓰인 문장을 2가지 이상 완성한 경우	3점

(1) ~ (3) 모두 서로 다른 뜻으로 쓰인 문장을 2가지 이상 완성한 경우	4점
(1) ~ (3) 모두 서로 다른 뜻으로 쓰인 문장을 3가지 이상 완성한 경우	5점

출제자 **예시 답안**

(1) 발	① 이 장식장은 한쪽 발이 짧다. (가구 따위의 밑을 받쳐 균형을 잡고 있는, 짧게 도드라진 부분)

(1) 발	② 무한이는 발이 빠르다. (걸음을 비유적으로 이르는 말) ③ 총을 수십 발 쏘았다. (총알, 포탄, 화살 따위를 세는 단위) ④ 국수의 발이 가늘고, 쫀득쫀득하다. (실이나 국수 따위의 가늘고 긴 물체의 가락) ⑤ 햇빛을 가리기 위해 발을 내렸다. (가늘고 긴 대를 줄로 엮거나, 줄 따위를 여러 개 나란히 늘어뜨려 만든 물건)
(2) 눈	① 무한이의 보는 눈은 정확하다. (사물을 보고 판단하는 힘) ② 상상이는 눈이 나빠 안경을 쓴다. (시력) ③ 나를 의심하는 눈으로 보지마. (무엇을 보는 표정이나 태도) ④ 다른 사람의 눈을 의식하다. (사람들의 눈길) ⑤ 눈이 쌓였다. (대기 중의 수증기가 찬 기운을 만나 얼어서 땅 위로 떨어지는 얼음 결정체)
(3) 입	① 입이 빨갛다. (입술) ② 입이 하나 줄었다. (음식을 먹는 사람의 수요) ③ 그 사람은 입이 거칠다. (사람이 하는 말을 비유적으로 이르는 말) ④ 한 입만 먹어 보자. (한 번에 먹을 만한 음식물의 분량을 세는 단위)

문제 03 p.52

◆ 평가표

(1) ~ (3) 모두 1단어씩만 완성한 경우	1점
(1) ~ (3) 중 1문제 - 서로 다른 의미의 반대말을 2가지 이상 완성한 경우	2점
(1) ~ (3) 중 2문제 - 서로 다른 의미의 반대말을 2가지 이상 완성한 경우	3점
(1) ~ (3) 모두 서로 다른 의미의 반대말을 2가지 이상 완성한 경우	4점
(1) ~ (3) 모두 서로 다른 의미의 반대말을 3가지 이상 완성한 경우	5점

출제자 **예시 답안**

(1) 차다 ↔ (자리가) 비다.
↔ (날씨가) 덥다.
↔ (물이) 뜨겁다.
↔ (시계를) 풀다

(2) 걸다 ↔ (전화를) 끊다.
↔ (시동을) 끄다.
↔ (싸움을) 말리다.
↔ (문고리를) 풀다

(3) 싸다 ↔ (보따리를) 풀다.
↔ (가격이) 비싸다.
↔ (입이) 무겁다.

문제 04 p.53

◆ 평가표

적절한 단어만 채운 경우	1점
규칙만 설명한 경우	2점
규칙에 대한 설명은 부족하나 적절한 단어를 바르게 채운 경우	3점
규칙을 올바르게 이해하였으나, 그에 따라 적절한 단어를 일부 완성하지 못한 경우	4점
규칙을 올바르게 이해하고, 그에 따라 적절한 단어를 선택한 경우	5점

출제자 **예시 답안**

①, ④, ⑦ : ㉠ - ㉡ - ㉠ - ㉡ 의 관계는 ㉠은 ㉡의 하위 개념이다. - A
②, ⑤, ⑧ : ㉠ - ㉠ - ㉡ - ㉡ 의 관계는 ㉡은 ㉠의 일부(구성 부분)이다. - B
③, ⑥ : ㉠ - ㉡ - ㉠ - ㉡ 의 관계는 ㉡은 ㉠의 용도 또는 기능이다. - C
A - B - C 가 반복되고 있다.
따라서 ⑨에는 C 의 규칙을 따르는 단어의 배열이 된다. 즉, ㉠ - ㉡ - ㉠ - ㉡ 형식으로 ㉡은 ㉠의 용도 또는 기능을 나타내는 낱말이 된다.
⑨ 예) 비행기 - 운송 - 연필 - 필기 / 자 - 길이 - 저울 - 무게 / 나침반 - 방향 - 고도계 - 높이

문제 05 p.54

◆ 평가표

일부 적절하지 않은 단어를 사용하여 최종 단어를 완성한 경우	1점
최종 단어까지 2 ~ 3단어 연결하지 못한 경우	2점
최종 단어까지 1단어 연결하지 못한 경우	3점
단어의 연결이 매끄러우며 최종 단어까지 연결한 경우	4점
창의성 있는 단어를 사용하여 최종 단어까지 매끄럽게 연결한 경우	5점

출제자 **예시 답안**

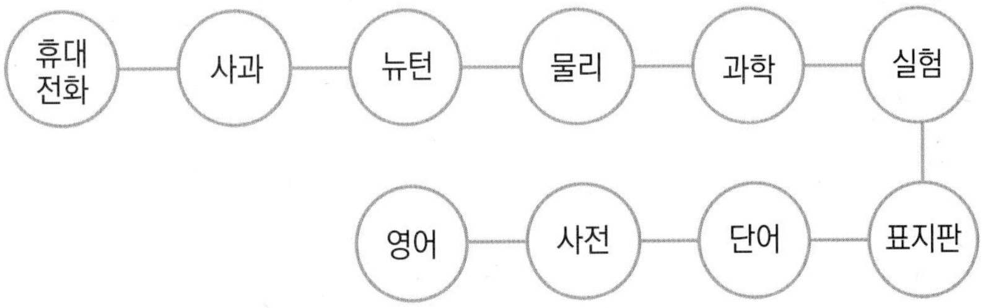

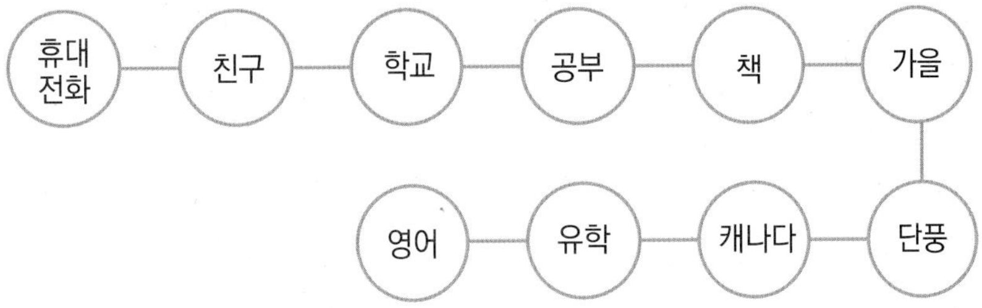

문제 06 p.55

◆ 평가표

(1) ~ (4) 각각 8단어 이상 작성한 경우	각 1점
(1) ~ (4) 모두 8단어 이상 작성한 경우	5점

출제자 **예시 답안**

(1) ㄱ ㅂ ㅊ - 책가방, 방청객, 반창고, 불청객, 보청기, 부침개, 근본책, 견본책, 금부처, 백김치,

(2) ㄱ ㅅ ㅈ - 사진관, 수집가, 선짓국, 수정과, 섬진강, 수족관, 성조기, 각성제, 가산점, 강심장, 공사중, 과실즙, 과실주, 중고생, 주관식, 증권사, 준결승, 고소장

(3) ㄹ ㅅ ㅈ - 잔소리, 정신력, 주소록, 적설량, 전속력, 정수리, 종소리, 지리산, 주름살, 전립선, 진료소, 장례식, 주례사, 정류소, 증류수, 자라섬, 조립식

(4) ㄱ ㄱ ㅇ ㅈ - 공공용지, 곡괭이질, 공공의자, 공공의적, 경기일정, 가재구이, 가정교육, 가죽공예, 가지구이, 국제기업, 국제인권, 안전기관, 우주공간, 육군장교, 외규장각, 우거지국

문제 07 p.56

◆ 평가표

문장 1개 완성	2개 완성	3개 완성	4개 완성	5개 이상 완성
1점	2점	3점	4점	5점

출제자 **예시 답안**

돈으로 (집)은/는 살 수 있지만, (가족)은/는 살 수 없다.
돈으로 (휴대 전화)은/는 살 수 있지만, (반가운 소식)은/는 살 수 없다.
돈으로 (문제집)은/는 살 수 있지만, (성적)은/는 살 수 없다.

돈으로 (시계)은/는 살 수 있지만, (시간)은/는 살 수 없다.
돈으로 (사진)은/는 살 수 있지만, (추억)은/는 살 수 없다.

문제 08 p.56

◆ 평가표

1글자 ~ 4글자로 된 단어 중 1개만 모두 완성한 경우	1점
1글자 ~ 4글자로 된 단어 중 2개만 모두 완성한 경우	2점
1글자 ~ 4글자로 된 단어 중 3개만 모두 완성한 경우	3점
1글자 ~ 4글자로 된 단어를 모두 완성하였으나 1군데 이하로 잘못된 기호가 있는 경우	4점
1글자 ~ 4글자로 된 단어를 모두 완성한 경우	5점

출제자 **예시 답안**

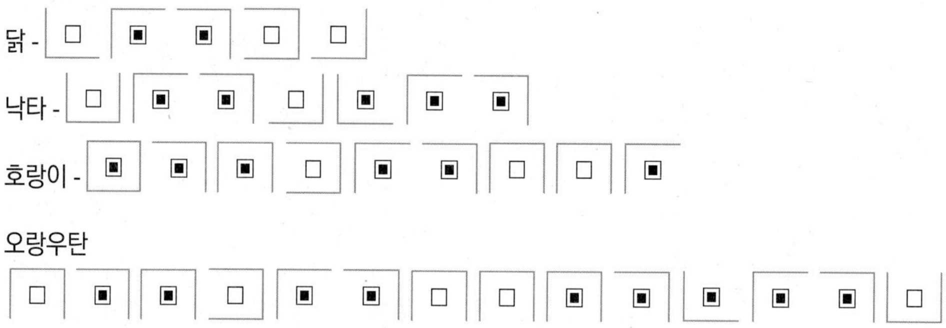

문제 09 p.57

◆ 평가표

(1) ~ (3) 중 2문제 - 3단어 이상 작성한 경우	1점
(1) ~ (3) 중 2문제 - 5단어 이상 작성한 경우	2점
(1) ~ (3) 모두 3단어 이상 작성한 경우	3점
(1) ~ (3) 모두 4단어 이상 작성한 경우	4점
(1) ~ (3) 모두 5단어 이상 작성한 경우	5점

정답 및 해설

답 (1) 무, 붓, 소, 조, 중, 총, 춤, 호, 흥
(2) 수소, 수조, 호소, 추수, 충주, 우주, 부추, 수표, 보충, 소송, 우표, 초보, 보수, 소포, 호흡, 무좀, 소묘, 보조, 보호, 보습, 보모, 주스, 조부, 조모, 효모, 호수, 호우, 추모
(3) 증조부, 무소유, 모조품, 주유소, 보호소

해설 모, 몸, 몽, 몹, 못, 묘, 무, 뭉, 뭅, 뭇, 뮤, 므, 믐, 믑, 믓
보, 봄, 봉, 봅, 봇, 뵤, 부, 붕, 붑, 붓, 뷰, 브, 븜, 븝, 븟
소, 솜, 솝, 솟, 송, 쇼, 수, 숨, 숩, 숫, 숭, 슈, 스, 슴, 습, 슷, 승
오, 옴, 옵, 옷, 옹, 요, 우, 움, 웁, 웃, 웅, 유, 으, 음, 읍, 읏, 응
조, 좀, 좁, 좃, 종, 좇, 좋, 죠, 주, 줌, 줍, 줏, 중, 쥬, 즈, 즘, 즙, 즛, 증
초, 촘, 촙, 촛, 총, 쵸, 추, 춤, 춥, 춧, 충, 츄, 츠, 츰, 츱, 츳, 층
포, 폼, 폽, 퐃, 퐁, 표, 퓨, 품, 풉, 풋, 풍, 퓨, 프, 픔, 픕, 픗, 픙
호, 홈, 홉, 홋, 홍, 효, 후, 훔, 훕, 훗, 훙, 휴, 흐, 흠, 흡, 흥
→ 이를 조합하여 단어를 만든다.

문제 10 p.58

◆ 평가표

단어를 사용한 문장만 완성한 경우	1점
단어의 의미에 대한 설명은 다소 부족하나, 적절한 문장을 완성한 경우	3점
단어의 의미가 정확하고, 적절한 문장도 완성한 경우	5점

출제자 **예시 답안**

① 멀티플렉스의 영화 관람료 꼼수 인상으로 소비자들이 화가 났다.
② 하고 싶은 것만 하고, 하기 싫은 것은 하지 않겠다는 꼼수를 부리고 있다.
③ 치킨 프렌차이즈 업체에서 배달비를 받는 것은 치킨값을 올리는 꼼수일 뿐이다.

해설 꼼수란 쩨쩨한 수단이나 방법, (바둑 용어) 상대의 실수를 노려 이득을 보려는 쩨쩨한 수단이나 방법을 의미한다.

문제 11 p.58

◆ 평가표

문장을 1가지 완성한 경우	1점
문장을 2가지 완성한 경우	2점
문장을 3가지 완성한 경우	3점
문장을 4가지 이상 완성한 경우	4점
창의적인 상황 설정을 하여 문장을 4가지 이상 완성한 경우	5점

출제자 **예시 답안**

① "내 몸엔 오염 물질이 가득차 있다구!"
② "내 몸엔 독소가 가득 퍼져 있다구!"
③ "날 먹는 다면 더 이상 이 숲엔 개구리가 생겨나지 않을꺼야!"

문제 12 p.59

◆ 평가표

문장 구성이 올바르지만 주제를 제대로 표현하지 못한 경우	1점
문장 구성이 올바르지만 주어진 주제를 20자 내외로 완성하지 못한 경우	3점
문장 구성이 올바르고, 주어진 주제를 20자 내외로 함축적으로 잘 표현한 경우	5점

출제자 **예시 답안**

① 자연, 쓴만큼 사라집니다.
② 단 한번을 쓰기 위해 50년을 키웠습니까?
③ 무언가를 버린다는 것, 무언가를 죽인다는 것
④ 쓰면 쓸수록 숲이 지워집니다.
⑤ 이민 갈 행성은 없습니다.
⑥ 먹는데 10분 소화시키는 데 100년
⑦ 푸른 숲, 숲이 살아야 우리 모두 살 수 있습니다.
⑧ 자연 그대로가 가장 좋은 집입니다.
⑨ 일회용품 사용으로 자연은 허리가 휩니다.

문제 13 p.60

◆ 평가표

독창적으로 쓴 문장이 2개 이하인 경우	1점
독창적으로 쓴 문장이 3개인 경우	2점
독창적으로 쓴 문장이 4개인 경우	3점
독창적으로 쓴 문장이 5개인 경우	4점
독창적으로 쓴 문장이 6개 이상인 경우	5점

출제자 예시 답안

① 노력은 절대 배신하지 않는다. ⇨ 가능성 없는 일에 노력하면 배신할 때도 있다.
② 하면 된다. ⇨ 해도 안 되는 일도 있다.
③ 간절히 원하면 이루어진다. ⇨ 간절히 원하기만 하면 이뤄지는 것은 없다. 행동으로 옮겨야 한다.
④ 미운 놈 떡 하나 더 준다. ⇨ 좋은 놈 신경 한 번 더 써준다.
⑤ 백지장도 맞들면 낫다. ⇨ 백지장도 같은 방향으로 맞들면 낫다. 다른 방향으로 들면 혼자 드는 것만 못하다.
⑥ 세월이 약이다. ⇨ 세월이 지나기만 기다리지 말고 그때그때 극복하자.
⑦ 아니 땐 굴뚝에 연기 날까 ⇨ 아니 땐 굴뚝에 연기 난다는 소문이 사실이 될 수 있다.
⑧ 오르지 못할 나무 쳐다보지도 말라 ⇨ 오르지 못할 나무는 없다. 계획하고 실행하라.
⑨ 우물을 파도 한 우물을 파라. ⇨ 한 우물만 파다 시대에 뒤처진다. 여러 우물을 고르게 파라.

문제 14 p.61

◆ 평가표

15자 문장으로만 완성한 경우	1점
창의적인 문장이나 15자 내외로 완성하지 못한 경우	2점
함축적 의미를 15자로 간결하게 표현한 문장이 1개인 경우	3점
함축적 의미를 15자로 간결하게 표현한 문장이 2개인 경우	4점
함축적 의미를 15자로 간결하게 표현한 문장이 3개 이상인 경우	5점

출제자 예시 답안

① 부딪쳐라 짜릿하게
② 나를 망치는 것은 환경이 아니라 내 생각이다.
③ 만족은 결과가 아니라 과정에서 온다.
④ 순간적인 유혹에 흔들리지 않고 실패에 굴하지 않는 사람이 되라.

문제 15 p.62

◆ 평가표

(1) 채점 기준

적절한 단어의 수가 1 ~ 2개	1점
적절한 단어의 수가 3개	2점

(2) 채점 기준

3개 이하의 단어가 들어간 시를 작성한 경우	1점
4 ~ 6개의 단어가 들어간 시를 작성한 경우	2점
7개의 단어가 모두 들어간 시를 작성한 경우	3점

출제자 예시 답안

(1) 구름, 우유 ⇨ 부드러움
섬, 시계 ⇨ 기다림
시계, 섬, 친구 ⇨ 설렘, 즐거움
친구, 햇살 ⇨ 따뜻함, 밝음
구름, 우유, 햇살 ⇨ 밝음, 부드러움, 희망

(2) 섬에 있는 나의 친구는
하늘에 떠 있는
우윳빛 구름을 보고 있을까

땅위에 내리 쬐는
따뜻한 햇살을 쬐고 있을까

시계는 친구를 만나게 될 날을
기다리는 나의 친구가 되어주네

나는 오늘도
연필을 잡고

친구를 위한
편지를 쓴다.

문제 16 p.62

◆ 평가표

두 단어가 모두 포함되어 있지만 문장 구성이 앞뒤가 맞지 않고 비합리적인 경우	1점
두 단어 중 한 단어만 포함되었지만 문장 구성이 앞뒤가 맞도록 합리적으로 작성한 경우	2점
두 단어가 포함된 문장 구성이 앞뒤가 맞도록 합리적으로 작성한 경우	5점

출제자 예시 답안

비행기가 하루 동안 날지 않는다면 불편한 일이 일어난다. 올해 치러질 국제 수학 경시대회가 열리는 곳은 국기에 단풍잎이 그려진 캐나다의 토론토이다. 토론토까지 비행기가 아닌 다른 교통수단을 이용하려면 배를 타고 태평양을 건너 또 기차를 타고 토론토까지 가야 하므로 오랜 여행으로 컨디션 조절에 실패하게 되어 시험을 잘 볼 수 없게 돼버린다.

문제 17 p.63

◆ 평가표

(1) ~ (4) 모두 참, 거짓만 맞춘 경우	1점
(1) ~ (4) 중 1개 – 참, 거짓을 맞추고 적절한 이유를 설명한 경우	2점
(1) ~ (4) 중 2개 – 참, 거짓을 맞추고 적절한 이유를 설명한 경우	3점
(1) ~ (4) 중 3개 – 참, 거짓을 맞추고 적절한 이유를 설명한 경우	4점
(1) ~ (4) 모두 참, 거짓을 맞추고 적절한 이유를 설명한 경우	5점

정답 및 해설

(1) 거짓 [이유 : 한국인의 일부(어떤)만 등산을 좋아하므로 등산을 좋아하지 않는다고 한국인이 아닌 것은 아니다.]

(2) 참 [이유 : 무한이는 학교에 있거나 집에 있다고 하였으므로 지금 집에 없기 때문에 학교에 있을 것이다.]

(3) 거짓 [이유 : 발전 가능성이 큰 어떤 사람은 성공한다. 또는 성공하는 어떤 사람은 발전 가능성이 크다가 된다.]

(4) 참 [이유 : 뉴스를 좋아하는 사람은 토론을 좋아하므로, 뉴스를 좋아하는 사람 중 토론을 좋아하지 않는 사람이 있으면 안 된다. 따라서 각각을 좋아하는 사람을 벤다이어그램으로 나타내면 오른쪽과 같다.]

문제 18 p.64

◆ 평가표

1개	2개	3개	4개	5개 이상
1점	2점	3점	4점	5점

출제자 예시 답안

① 파란색은 빨간색과 정반대되는 느낌의 색이다.
② 파란색은 차가운 느낌의 색이다.
③ 파란색은 겨울을 닮은 색이다.
④ 파란색은 젊음을 나타내는 색이다.
⑤ 파란색은 시원한 느낌의 색이다.

문제 19 p.65

◆ 평가표

(1) 채점 기준

문장 구성이 미흡한 경우	1점
문장 구성이 앞뒤가 맞도록 합리적으로 작성한 경우	2점

(2) 채점 기준

공감을 얻을 수 있는 슬로건을 작성한 경우	2점
독창적인 표현으로 공감을 얻을 수 있는 슬로건을 작성한 경우	3점

출제자 예시 답안

(1) 심리학에 특정 단어를 생각하지 말라하면 되레 더 많이 떠올리는 '백곰효과(White Bear Effedt)'라는 것이 있다. 자살을 하지 말라면서 다리를 꾸며 놓으니 오히려 자살을 부추긴 꼴이 된 것이다.

(2) ① '자살'을 거꾸로 크게 읽어보세요.
② 끝을 생각한 당신에게 시작을 선물합니다.
③ 소중한 생명, 당신을 지켜주세요.
④ 당신의 생각, 손내밀면 바뀝니다.
⑤ 절망의 끝자락 뒤돌아보면 희망이
⑥ 힘든 가요 함께 해요, 혼잔 가요 친구해요.
⑦ 놓고 팠던 삶, 한 발짝 뒤로 가면 소중한 삶
⑧ 마음 톡(talk), 관심 콕, 우울 뚝

문제 20 p.66

◆ 평가표

문장 구성이 미흡한 경우	2점
자신의 생각을 적절한 근거를 들어 독창적으로 완성한 경우	5점

출제자 예시 답안

나는 버튼을 누르지 않겠다. 모든 사람의 목숨은 금액으로 환산할 수 없을 만큼 소중하다. 따라서 단순히 돈이 생긴다는 이유로 다른 사람의 목숨을 빼앗는 일은 하지 않을 것이다.

문제 21 p.67

◆ 평가표

문장 구성이 미흡한 경우	2점
자신의 입장을 적절한 근거를 들어 독창적으로 완성한 경우	5점

출제자 예시 답안

[입장 1] 나는 휴일 근무 시 벌금을 내는 정책에 찬성한다.
그 이유는 일을 하여 돈을 많이 버는 것도 중요하지만 일과 휴식에 균형을 유지하는 것도 중요하다고 생각하기 때문이다. 일에 욕심이 있는 사람들이 쉬는 날 일을 하는 분위기가 지속된다면 경쟁에 밀리지 않기 위해 사람들은 너나 할 것 없이 싫어도 일을 계속하게 될 것이다. 그렇게 된다면 자발적으로 일하는 사람에게 좋겠지만 그렇지 않은 사람들마저 휴일에 편안하게 쉴 수 없는 상황이 되므로 법으로 휴일 근무를 막는 것이 좋다고 생각한다.

[입장 2] 나는 휴일 근무 시 벌금을 내는 정책에 반대한다.
그 이유는 원하는 사람들은 쉬는 날에도 일할 수 있어야 한다고 생각하기 때문이다. 상황에 따라 남들이 모두 쉬는 휴일에 근무해야만 이익을 얻을 수 있는 사람들까지 일하지 못하게 하거나 자발적으로 일을 하고 싶어서 하는 사람들에 벌금을 내게 하는 것은 지나친 것이라 생각한다.

문제 22 p.68

◆ 평가표

문장 구성이 미흡한 경우	2점
자신의 주장을 구체적인 이유를 들어 설명한 경우	5점

출제자 예시 답안

[입장 1] 나는 외래어를 모두 우리말로 고치는 국어 순화의 방향에 찬성한다. 네티즌이라는 말을 누리꾼으로 바꿔서 잘 사용하고 있는 것과 같이 외래어는 조금만 고민하면 아름답고 자연스러운 우리말로 바꿀 수 있을 것이기 때문이다. 고치려는 노력 없이 외래어를 받아들이기 시작하면 어느 순간에는 외래어가 넘쳐나서 고유한 우리말을 해치게 될지도 모른다.

[입장 2] 나는 외래어를 모두 우리말로 고칠 필요는 없다고 생각한다. 오히려 우리말로 고치려고 하다가 괜히 더 어색한 단어가 만들어지기도 하며, 이렇게 만들어진 단어는 사람들도 잘 쓰지 않기 때문에 무용지물이 될 것이다. 따라서 외래어를 무조건 막는 것이 아니라 필요한 단어는 받아들여서 사용하는 유연한 태도가 필요하다고 생각한다.

문제 23 p.69

◆ 평가표

300자 내외로 글을 완성하였으나 문장 구성이 미흡한 경우	1점
300자에 맞추진 못하였으나 적절한 근거를 들어 글을 완성한 경우	2점
적절한 근거를 들어 300자 내외의 글을 독창적으로 완성한 경우	5점

출제자 예시 답안

[입장 1] 나는 '맞춤형 아기'를 만드는 것에 반대한다.

특정한 질병이나 형질을 배제하는 기술은 이런 질병이나 형질을 가진 사람들에 대한 부정적 태도를 조장할 것이며 차별을 낳을 수 있다. 현재의 검사들은 장애인으로 살아가느니 태어나지 않는 편이 낫다는 생각에 근거하고 있으며, 이런 생각을 조장하기까지 한다. 또한, 이러한 검사들은 장애아를 낳기로 한 임산부에 대해서도 '그릇된 선택'을 했다는 생각을 조장하게 된다. 장애의 원인을 사회적, 환경적 요인들보다 유전적 요인에만 초점을 맞추게 된다면, 아동 보건의 질을 개선하기 위한 비유전적 방법은 관심을 잃게 되고 거기에 투입되는 자원도 줄어들 것이다. (310자)

[입장 2] 나는 '맞춤형 아기'를 만드는 것에 찬성한다.

부모들이 생식기술로 태어난 아이들을 '상품'처럼 여길 것이라는 주장은 입증되지 못한 추측일 뿐이다. 개개인이 그런 기술을 사용한다고 해서 결과적으로 다른 사람들의 기회가 감소하는 것은 아니며, 그 누구도 이에 의해 해를 입지는 않으며 생명의 기회가 줄어들지도 않는다. 착상 전 유전자 검사와 산전 검사를 통해 장애아를 선택하지 않는다고 하더라도 그것이 꼭 장애인에 대한 부정적 태도나 차별을 낳지는 않는다. 장애아를 낳지 않는 것과 이미 태어난 장애인에 대한 호의적인 정책을 채택하는 것은 동시에 가능하다. 생식적 선택은 누구나 누려야 할 중요한 자유이며, 당사자의 선택은 다른 누구의 선택보다 우선적이다. 따라서 장애아를 낳지 않기 위한 목적뿐만 아니라 가능하다면 자식의 형질을 선택하는 데에도 맞춤 아기를 사용하는 것이 허용될 필요가 있다. (416자)

문제 24 p.70

◆ 평가표

문장 구성이 올바르지 않은 경우	2점
자신의 입장을 적절한 근거를 들어 독창적으로 완성한 경우	5점

출제자 예시 답안

무한이의 주장은 잘못되었다.
없다는 것을 증명할 수 없다고 해서 당연히 있다고 한다면 귀신이나 외계인도 마찬가지일 것이다. 확실히 과학적으로 증명 가능한 사실이 있을 때에 있다, 없다 라는 사실을 확신할 수 있을 것이다. 따라서 UFO가 있는지, 없는지는 가정할 수는 있지만 당연시할 수는 없다고 생각한다. 과학적으로 증명하는 것은 '있다' 라는 가정하에 있다는 것을 증명하는 것이다. 없다는 것을 증명하려면 많은 사례를 제시해야 하므로 시간이 많이 필요하다.

문제 25 p.70

◆ 평가표

이야기 속에 담긴 교훈을 구구절절하게 서술한 경우	3점
이야기 속에 담긴 교훈을 함축적이고, 간결한 문장으로 서술한 경우	5점

출제자 예시 답안

① 욕심에 눈이 멀면 올바른 판단을 하기가 어렵다.
② 과유불급 - 정도를 지나치는 것은 미치지 못함과 같다.
③ 작은 것을 탐내다 큰 것을 잃는다.

문제 26 p.71

◆ 평가표

주제 파악은 미흡하나 문장을 어법에 맞게 서술한 경우	2점
주제를 포함한 문장을 어법에 맞게 서술한 경우	5점

출제자 예시 답안

① 인간이 무언가에 가치를 매기는 척도는 쓸모가 있느냐 없느냐이다.
② 인간은 유용함을 가치로 삼는다.
③ 사람은 이익이 있어야만 움직인다.
④ 내면의 가치가 주변 다른 사람들을 감동하게 한다.
⑤ 속에 숨겨진 가치를 발견하기 전까지 사람들은 그 사람을 천대한다.

문제 27 p.71

◆ 평가표

단순하게 등장 인물만 나타내어 제목을 표현한 경우	2점
이야기가 주는 교훈을 제대로 이해하고 제목을 정한 경우	5점

출제자 예시 답안

① 뿔과 다리, [이유] 자랑스러워했던 뿔로 인해 곤란을 겪고, 수치스럽게 느꼈던 다리로 도움을 받은 사슴을 통해 진정 중요한 것이 무엇인지 올바로 깨닫고 소중히 여기는 지혜를 가져야 한다는 교훈을 담고 있기 때문이다.
② 화려함과 빈약함, [이유] 눈에 보이는 화려한 것에 마음을 두기보다 진정 중요한 것이 무엇인지 올바로 깨닫고 소중히 여기는 지혜를 가져야 한다는 교훈을 담고 있기 때문이다.

해설 주어진 글은 눈에 보이는 화려한 것에 마음을 두기보다 진정 중요한 것이 무엇인지 올바로 깨닫고 소중히 여기는 지혜를 가져야 한다는 교훈을 담고있는 우화이다.

문제 28 p.72

◆ 평가표

제시어를 일부 포함하지는 못하였으나 300자 내외의 글을 완성한 경우	3점
300자에 맞추진 못하였으나 제시어를 모두 포함한 글을 완성한 경우	4점
제시어를 모두 포함한 300자 내외의 글을 독창적으로 완성한 경우	5점

출제자 예시 답안

쓰레기로 뒤덮인 바다

바닷가로 올라온 바다사자가 바다 쓰레기로 뒤덮인 바닷가에서 알을 낳을 곳을 찾지 못하고 방황하고 있는 사진이 화제가 되고 있다. 이 사진은 넘쳐나는 바다 쓰레기로 해양 생태계가 점차 파괴되고 있는 심각한 상황을 보여 주고 있는 것이다. 이불 속에 쓰레기를 가득 담아 덮어 놓은 것과 같이 당장 눈앞에 보이지는 않지만 바다 쓰레기는 어딘가로 모여서 산처럼 떠다니고 있다. 다음 세대에게 '황금 어장'인 바다를 물려주기 위해서는 시급한 대책이 필요하다.

문제 29 p.73

◆ 평가표

자신의 느낌을 100자 내외로 완성한 경우	3점
자신의 느낌을 100자 내외로 독창적으로 표현한 경우	5점

출제자 예시 답안

뜨거운 열정으로 독립을 위해 투쟁한 유관순 열사, 열일곱 소녀가 남긴 것은 '자유'였다. 지금 우리가 자유를 누릴 수 있는 것은 모두 유관순 열사와 같은 선조들의 피와 땀 덕분임을 잊지 말아야겠다(111자).

문제 30 p.74

◆ 평가표

속담 3개 중 1개만 포함한 문장을 어법에 맞게 서술한 경우	3점
속담 3개 중 2개만 포함한 문장을 어법에 맞게 서술한 경우	4점
속담 3개를 모두 포함한 문장을 어법에 맞고, 창의적으로 서술한 경우	5점

출제자 예시 답안

두 형사가 오랫동안 추적한 범인 집 앞에서 잠복 근무를 하고 있다. 고참 형사가
"꼬리가 길면 밟힌다구. 증거 모두 확보했으니 잡는 것은 시간 문제야"
라고 하는 순간 범인이 집에서 나왔다.
"저 새끼 잡아~!!" 라고 고참 형사가 외치자 이를 들은 범인이
"아 다르고 어 다르다고, 새끼가 뭡니까?"
라며 도망가기 시작하였다. 복잡한 도심으로 도망간 범인과 형사의 추격으로 고래 싸움에 새우등 터진다고 노점상들이 피해를 보았지만 그들의 도움으로 무사히 범인을 잡을 수 있었다.

31 ~ 40번 문제의 평가는 정답을 맞춘 경우에만 5점으로 평가한다.

문제 31 p.74

정답 및 해설

답

방	1층	2층	3층	4층	5층
사람	A	C	B	D	E

해설 주어진 조건에 의해 A ; 1, 2, 3, 4층 / B : 3, 4층 / C : 2, 3, 4층 중 한 층에 살고 있다.
만약 B가 3층에 산다면, B보다 낮은 층에 사는 C는 2층에 살게 되므로, A는 1층 아니면 4층에 살게 된다. 이때 D는 C와 서로 위아래층에 살고 있지 않다고 하였으므로 C의 바로 아래층인 1층에 A가 살게 된다.
마지막으로 E는 D의 바로 위층에 살고 있으므로 E는 5층, D는 4층에 살게 된다. 따라서 각 층에 사는 사람들은 다음과 같이 된다.

방	1층	2층	3층	4층	5층
사람	A	C	B	D	E

문제 32 p.75

정답 및 해설

답 광주

해설 3번째 버스 운전자의 입장
⇨ 부산행 버스는 2대이므로, 만약 자신의 앞쪽 버스의 목적지가 부산, 부산 이라면 3번 버스는 광주행이 되지만 목적지를 알 수 없다고 대답하였으므로 D는 해당되지 않는다.

	A	B	C	D
1번 버스 목적지	광주	광주	부산	부산
2번 버스 목적지	광주	부산	광주	부산

2번째 버스 운전자의 입장
⇨ 남은 경우의 수 3가지 중 1번 버스의 목적지가 부산이라면 본인은 광주행이라는 것을 알 수 있다. 하지만 목적지를 알 수 없다고 대답하였으므로 1번 버스의 목적지는 부산행이 아니다.

	A	B	C	D
1번 버스 목적지	광주	광주	부산	부산
2번 버스 목적지	광주	부산	광주	부산

따라서 1번째 운전자는 2, 3번째 버스 운전자의 대답을 통해 자신이 가능한 목적지는 광주 밖에 없다는 것을 알고 출발한 것이다.

문제 33 p.75

정답 및 해설

답 지훈

해설 ① 조건에 의해 다음과 같은 A, B, C 경우가 생긴다.

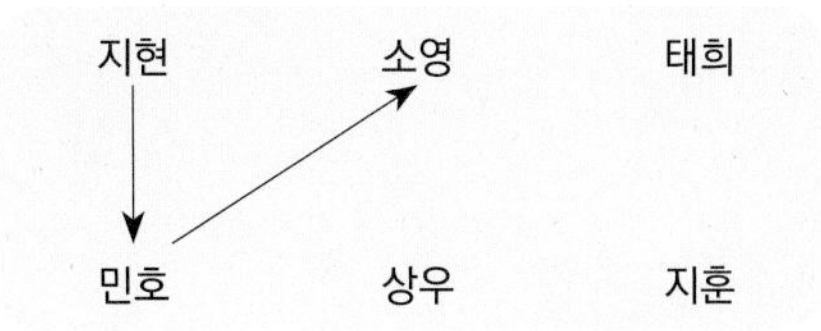

A

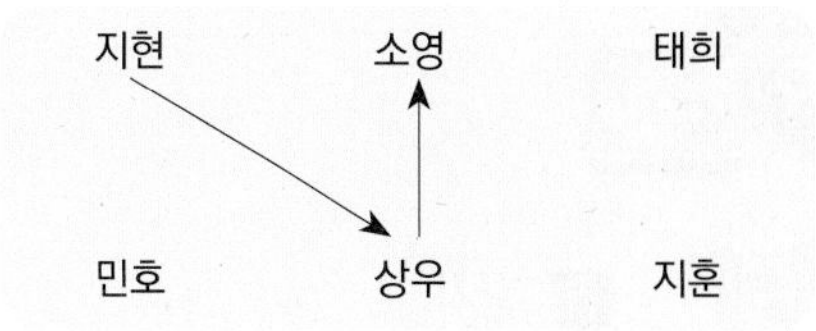

B

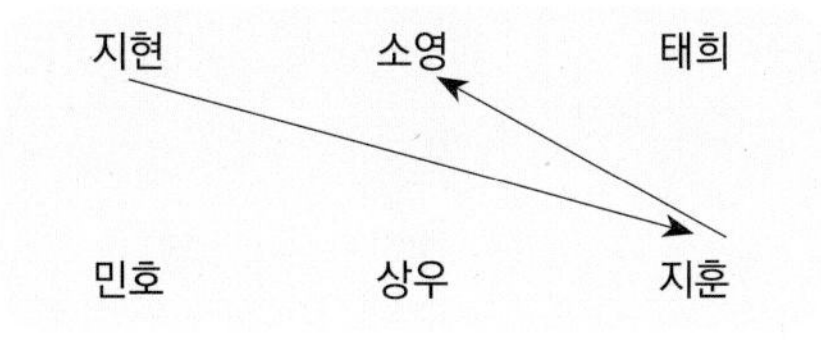

C

B, C 의 경우는 ②, ③ 조건에 의해 맞지 않으므로 다음 그림과 같이 선물을 주고 받게 된다.

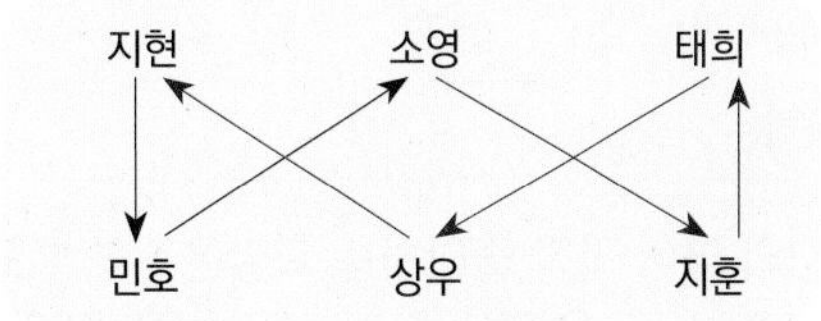

따라서 소영이는 지훈이에게 선물을 주었다.

문제 34 p.76

정답 및 해설

답 D

해설 A와 B는 항상 거짓을 남기므로 A 또는 B가 박물관에 다녀왔다면 C도 박물관에 다녀간 것이 된다. 이때 항상 참으로 글을 남기는 C가 방명록을 적을 것이므로 이는 조건에 맞지 않는다. 따라서 항상 참으로 글을 남기는 D가 방명록을 쓴 사람이라면 조건에 모두 만족한다.

문제 35 p.76

정답 및 해설

답 ①

해설

	참	거짓	
A	O		
B		O	➩ C는 도둑이 아니다.
C		O	➩ 나는 도둑이다. ➩ 모순
D		O	➩ A가 도둑이다.

	참	거짓	
A		O	➩ 우리 가운데 도둑이 있다.
B	O		➩ C가 도둑이다.
C		O	➩ 나는 도둑이다.
D		O	➩ A는 도둑이다.

도둑이 두 명(A, C)이 나온다.

	참	거짓	
A		O	
B		O	➩ C는 도둑이 아니다.
C		O	➩ 나는 도둑이다. ➩ 모순
D	O		➩ A가 도둑이다.

	참	거짓	
A		O	➩ 우리 가운데 도둑이 있다.
B		O	➩ C는 도둑이 아니다.
C	O		➩ 나는 도둑이 아니다.
D		O	➩ A는 도둑이다.

따라서 C가 참을 말하였고, A가 도둑이다.

문제 36 p.77

정답 및 해설 답 딸기

해설 조건을 표에 나타내면 다음과 같다.

학생	A	B	C	D	E
가장 좋아하는 과일	딸기	감	포도		키위
부모님이 판매하는 과일			키위	딸기	

① 여학생들은 서로 다른 과일을 가장 좋아하므로, 여학생 D는 사과를 좋아한다.

학생	A	B	C	D	E
가장 좋아하는 과일	딸기	감	포도	사과	키위
부모님이 판매하는 과일			키위	딸기	

⑥ 사과를 판매하는 부모님의 딸이 가장 좋아하는 과일은 E의 부모님이 판매하는 과일이므로 만약 A 학생의 부모님이 사과를 판매한다면, E의 부모님은 딸기를 판매해야 하므로 조건에 맞지 않는다.
B 학생의 부모님이 사과를 판매한다면 E의 부모님이 판매하는 과일은 감이 된다. 그러므로 다음과 같이 정리할 수 있다.

학생	A	B	C	D	E
가장 좋아하는 과일	딸기	감	포도	사과	키위
부모님이 판매하는 과일	포도	사과	키위	딸기	감

따라서 포도를 판매하는 부모님의 딸이 가장 좋아하는 과일은 딸기가 된다.

문제 37 p.77

정답 및 해설 답 서연

해설 ⑤ 현도의 방은 103호 이다.

방	101 호	102 호	103 호	104 호	105호
학생			현도		

③ 소희와 성재의 방은 이웃해야 하고, ⑤ 철수의 방은 105호가 아니므로 소희와 성재의 방은 104호, 105호 중에 각각 하나씩이 된다. 이때 ② 소희와 현도의 방은 이웃할 수 없으므로, 소희는 105호, 성재는 104호가 된다.

방	101 호	102 호	103 호	104 호	105호
학생			현도	성재	소희

④ 남학생 3명은 연속으로 이웃할 수 없으므로 102호는 서연, 101호는 철수가 된다. 따라서 102호에 배정을 받은 사람은 서연이다.

방	101 호	102 호	103 호	104 호	105호
학생	철수	서연	현도	성재	소희

문제 38 p.78

정답 및 해설 답 F

해설 ㄴ.

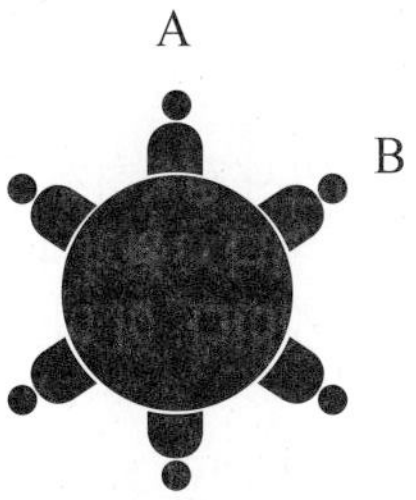

⇨ ㄷ, ㅁ

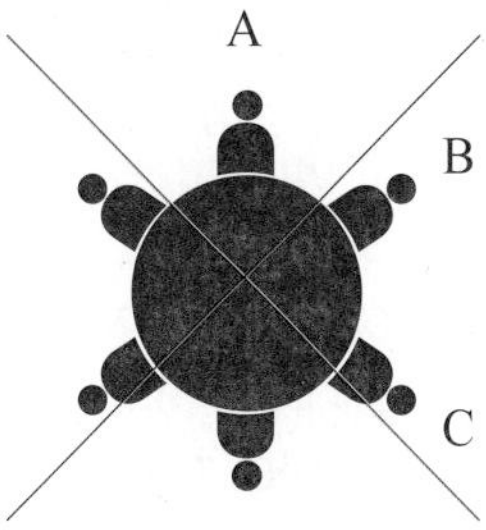

또는

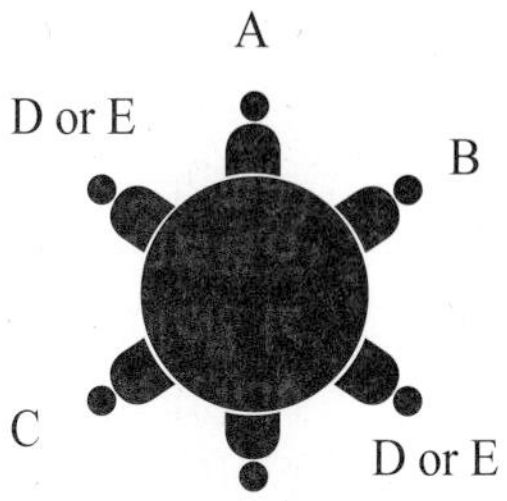

D와 E가 마주볼 수 없다.

ㄹ, ㅂ, ㅇ.

⇨

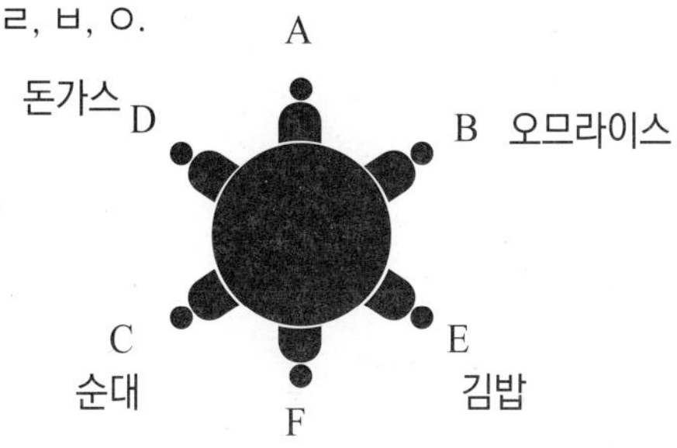

ㅅ.

⇨

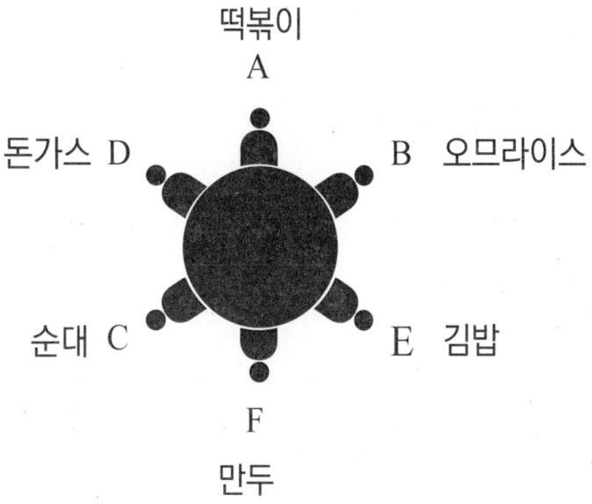

F는 떡볶이를 주문하지 않았으므로 A가 떡볶이, F는 만두를 주문하였다.

문제 39 p.78

정답 및 해설 답 B

해설 ㄴ.

	1인실	2인실
5층		
4층		
3층	X	
2층		X
1층		

ㄷ.

	1인실	2인실
5층	E	
4층		
3층	X	A, C
2층		X
1층		

	1인실	2인실
5층		
4층	E	
3층	X	
2층		A, C
1층		

ㄴ에 모순됨.

ㄹ.

	1인실	2인실
5층	E	H
4층	G	I
3층	X	A, C
2층		X
1층		

ㄱ에 모순됨.

	1인실	2인실
5층	E	
4층	B	
3층	X	A, C
2층	H	X
1층	G	I

따라서 4층 1인실에 투숙하는 사람은 B 이다.

문제 40 p.79

정답 및 해설　답 5월 16일

해설 개교기념일이 18일이나 19일[다른 일자에서 한 번씩만 나오는 날(日)]이라면 상상이는 당연히 4월 18일, 3월 19일 중 하나가 개교기념일임을 알게 된다.

무한이는 개교기념일의 달만 알고 있다. 따라서 무한이가 상상이가 언제인지 정확하게 모를 것이라고 확언하는 것으로부터 개교기념일이 18일이나 19일이 아니므로 3월과 4월이 아니게 된다. 3월과 4월이 아니라는 것을 무한이가 알기에 상상이도 개교기념일이 언제인지 정확하게 알지 못한다고 한 것이다. 이 이야기를 듣고 눈치 빠른 상상이가 바로 알아차린 것이다. "3월과 4월은 아니구나~"

상상이가 알았다고 하자, 곧바로 무한이 자신도 알았다고 한다. 만일 14일이라면 상상이가 알겠다고 할 수가 없다. 5월 14일 수도 있고, 6월 14일일 수도 있기 때문이다. 따라서 14일은 아니다.

개교기념일의 달이 6월이라면 남아 있는 일자가 6월 15일과 17일 두 개가 되므로 무한이도 알겠다고 할 수가 없게 되므로 남은 일자는 5월 16일이 된다.

점수 통계

점수에 따른 성취도 등급

등급	1등급	2등급	3등급	4등급	5등급
평가	160점 이상	130점 이상 ~ 159점 이하	100점 이상 ~ 129점 이하	50점 이상 ~ 99점 이하	49점 이하

총점 200점

II 영재성 검사

03 수리논리

1. 수리논리 단원의 01 ~ 40번 문제 배점은 각 5점씩이며, 예외인 경우에는 각 문항별 평가표를 참고하면 됩니다.
2. 단원 말미에서 성취도 등급을 확인하세요.

문제 01 p.80

정답 및 해설 답 목요일

해설 첫 번째 일요일의 날짜를 x 라고 하면, 2번째 일요일은 x + 7, 3번째 일요일은 x + 14, 4번째 일요일은 x + 21 이 된다. 일요일 중 3번의 날짜가 짝수 또는 홀수이기 위해서는 일요일이 5번이어야 한다.
따라서 5번째 일요일은 x + 28 이 된다. 이때 3번의 날짜가 짝수이기 위해서는 x 는 짝수이어야 한다.
$x + 28 \leq 31$ 이고, x 는 짝수 이어야 하므로, $x = 2$가 된다. 따라서 2번째 일요일은 9일이므로 13일은 목요일이다.

문제 02 p.80

정답 및 해설 답 12시 24분

해설 시침은 1분 동안 0.5°, 분침은 1분 동안 6° 움직인다.
시침과 분침 사이의 각도가 132°가 되는 시각까지 A분이 흘렀다고 하면, $6A - 0.5A = 132$ 가 된다.
따라서 $A = 24$분이므로, 24분이 흘렀을 때 시침은 12° 만큼 움직이고, 분침은 144° 움직이므로 시침과 분침 사이의 각도가 $144 - 12 = 132°$ 가 된다.

문제 03 p.80

정답 및 해설 답 70페이지

해설 문제를 표로 정리하면 다음과 같다.

	읽은 페이지	남은 페이지
첫째 날	$\frac{480}{4} = 120$	$480 - 120 = 360$
둘째 날	$\frac{360}{4} = 90$	$360 - 90 = 270$

	읽은 페이지	남은 페이지
셋째 날	110	$270 - 110 = 160$
넷째 날	$\frac{160}{2} + 10 = 90$	$160 - 90 = 70$
다섯째 날	70	

문제 04 p.81

정답 및 해설 답 72살

해설 할아버지의 나이는 무한이의 4배, 상상이의 3배이므로 12의 배수(12, 24, 36, 48, 60, 72,...)가 되는 것을 알 수 있다. 상상이가 무한이보다 6살 많으므로 가능한 조합은 (6, 12), (18, 24) 이다. 따라서 무한이는 18살, 상상이는 24살, 할아버지는 72살이다.

문제 05 p.81

정답 및 해설 답 2000개

해설 벽돌의 총 개수를 x 라고 하면,

1분 동안 상상이 혼자 옮길 수 있는 벽돌 수 = $\frac{x}{20}$, 1분 동안 무한이 혼자 옮길 수 있는 벽돌 수 = $\frac{x}{25}$

두 명이 함께 일을 하면 각자 할 때보다 매분 20개의 벽돌을 더 옮길 수 있으므로 둘이 함께 옮긴 총 벽돌의 수는 다음과 같이 나타낼 수 있다.

$$[(\frac{x}{20} + \frac{x}{25}) + 20] \times 10 = x \text{ (or } (\frac{x}{20} + \frac{x}{25}) + 20 = \frac{x}{10}), \therefore x = 2000$$

문제 06 p.81

정답 및 해설 답 9분

해설 다음 표와 같이 토스트 앞면을 F, 뒷면을 B 라고 한 후 토스트의 순서를 정해서 굽게 되면 다음과 같다.

시간	토스트기 A	토스트기 B	토스트기 C
1분	1F	2F	3F
2분	1F	2F	3F
3분	1F	2F	3F
4분	1B	4F	5F
5분	1B	4F	5F
6분	2B	4F	5F
7분	2B	4B	5B
8분	3B	4B	5B
9분	3B		

⇨ 총 9분이면 5개의 토스트를 앞뒷면 모두 구울 수 있다.

[참고] 토스트 1개를 앞뒷면 모두 굽는데 필요한 시간은 5분이다. 1개의 토스트기를 이용하여 5개의 토스트를 모두 굽기 위해서는 총 25분이 필요하다. 이때 동시에 3개를 구울 수 있는 토스트기를 사용하면 굽는 순서를 생각하지 않고 생각해도 8분보다 더 많은 시간이 필요하다. 만일 토스트 5개를 순서대로 굽는다면 세 개의 토스트를 먼저 굽고 다음번에 나머지 2개를 굽게 되므로 이 경우 10분의 시간이 걸린다. 따라서 산술적으로 5개를 모두 굽기 위해서는 8분보다 더 걸리고, 10분 보다는 덜 걸리는 방법을 찾으면 9분이 될 수 밖에 없다.

문제 07 p.82

정답 및 해설 답 29

해설 가로, 세로, 대각선에 놓여진 다섯 개의 수의 합은 모두 55이므로, 각각을 식으로 세우면 다음과 같다.

E = 55 - (4 + 18 + 15 + 2) = 16
F = 55 - (1 + 15 + 6 + 27) = 6
H = 55 - (14 + 4 + 15 + 6) = 16
D = 55 - (6 + 7 + 11 + 15) = 16

C = 55 - (14 + 16 + 11 + 8) = 6
J = 55 - (9 + 5 + 27 + 8) = 6
I = 55 - (16 + 4 + 6 + 22) = 7
A = 55 - (14 + 17 + 1 + 16) = 7

G = 55 - (16 + 2 + 22 + 8) = 7

B = 55 - (15 + 11 + 6 + 7) = 16

∴ A + B + C = 7 + 16 + 6 = 29

14	A	17	1	D
4	E	18	15	2
15	B	11	F	G
H	I	4	C	22
J	9	5	27	8

⇨

14	7	17	1	16
4	16	18	15	2
15	16	11	6	7
16	7	4	6	22
6	9	5	27	8

문제 08 p.82

정답 및 해설 답 18

해설 표를 식으로 정리하면 다음과 같다.

▲ + 2♥ + ◇ = 13 ⋯ ③

◇ + ▲ + □ + ♥ = 15

□ + ◇ + 2▲ = 11 ⋯ ①

□ + ◇ + 2♥ = 19 ⋯ ②

▲ + ◇ + 2□ = 17

♥ + ▲ + 2◇ = 10 ⋯ ④

◇ + 2♥ + ▲ = 13

② - ① = ♥ - ▲ = 4 ⇨ ♥ = ▲ + 4

이를 ③과 ④에 대입하면, ▲ = 1, ◇ = 2 이므로, ♥ = 5, □ = 7 이다.

∴ ♥ + □ + ▲ + ♥ = 5 + 7 + 1 + 5 = 18

문제 09 p.83

정답 및 해설 답 5

해설 핑크색으로 채워진 부분은 2자리 숫자만 들어갈 수 있으므로 다음 그림과 같이 채워질 수 있다.

①

②

①의 경우 :

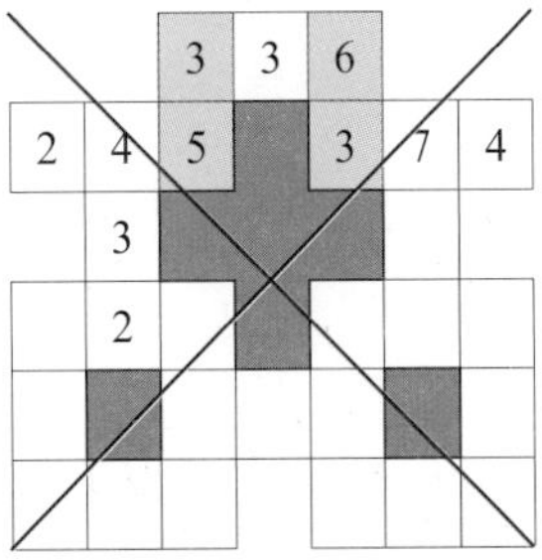

따라서 주어진 조건에 의해 빈 칸을 모두 채우면 다음과 같다.

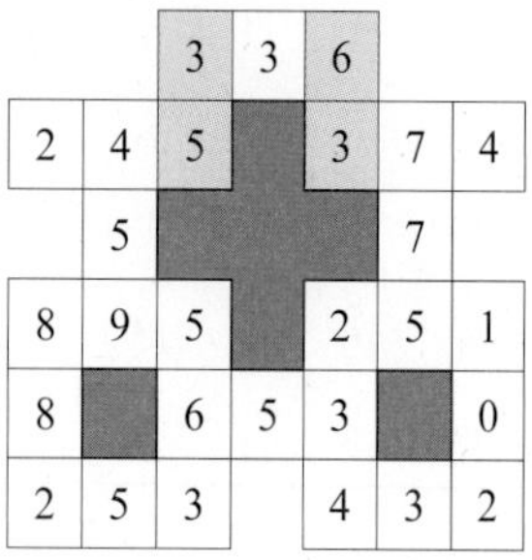

따라서 ㉠은 5, ㉡은 0 이므로,
㉠ + ㉡ = 5 + 0 = 5 이다.

문제 10 p.84

정답 및 해설

답

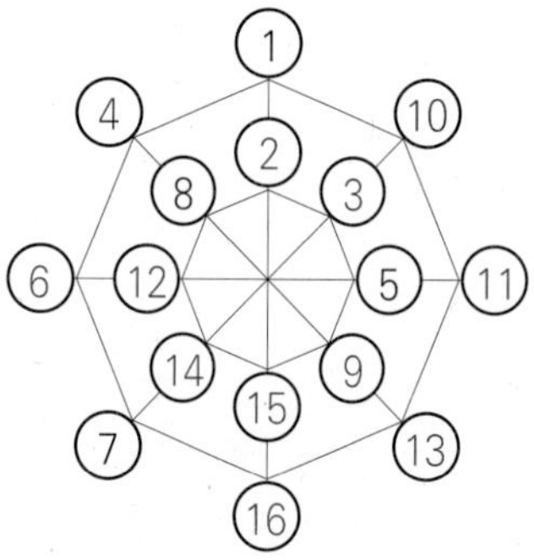

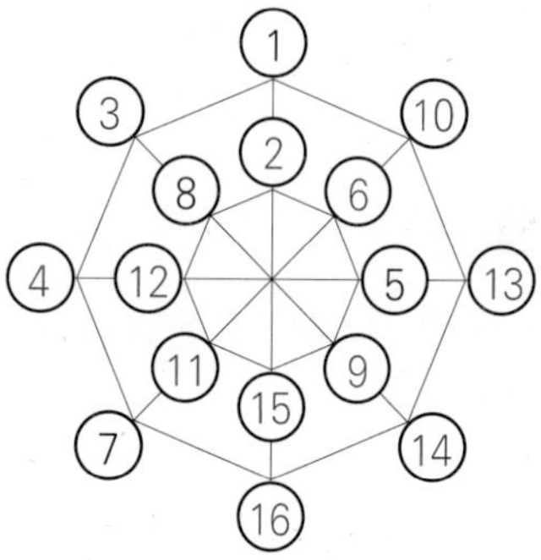

해설 1 ~ 16의 수 중 8개의 숫자를 골라 각 합이 같고, 1과 7, 8과 5가 함께 사용되는 경우는 다음과 같다.
1 + 16 + 4 + 13 + 6 + 11 + 7 + 10 = 68, 2 + 15 + 3 + 14 + 8 + 9 + 5 + 12 = 68
1 + 16 + 3 + 14 + 4 + 13 + 7 + 10 = 68, 8 + 9 + 2 + 15 + 6 + 11 + 5 + 12 = 68
즉, 숫자 2개가 결합하여 17이 되는 숫자를 배열하면 조건이 성립한다.

문제 11 p.84

정답 및 해설

답 15

해설

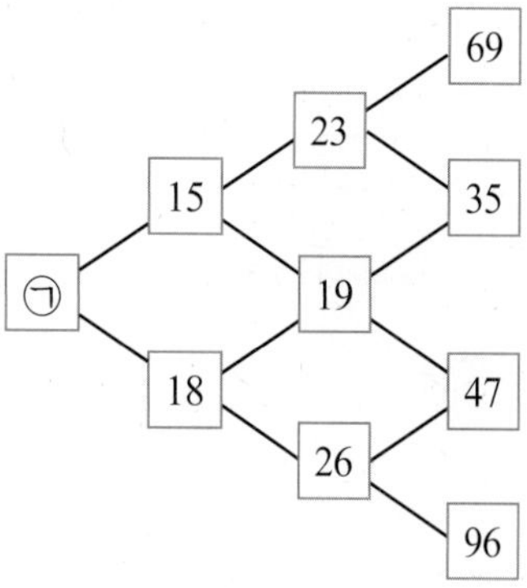

15에 연결되어 있는 가지에는 23, 19 이 연결되어 있고, 이는 2, 3, 1, 9 숫자의 조합으로 이들을 더하면 2 + 3 + 1 + 9 = 15 가 된다.
마찬가지로 18에 연결되어 있는 19, 26
⇨ 1 + 9 + 2 + 6 = 18
23 - 69, 35 ⇨ 6 + 9 + 3 + 5 = 23
…
따라서 15와 18 가지에 연결되어 있는
㉠ = 1 + 5 + 1 + 8 = 15 가 된다.

문제 12 p.85

정답 및 해설

답

2	5
8	32

6	9
24	28

11	14
44	23

해설

㉠	㉡
㉢	㉣

㉡ = ㉠ + 3
㉢ = ㉠ × 4
㉣ = 34 - ㉠

문제 13 p.85

정답 및 해설 답 A = 36, B = 5, C = 3

해설

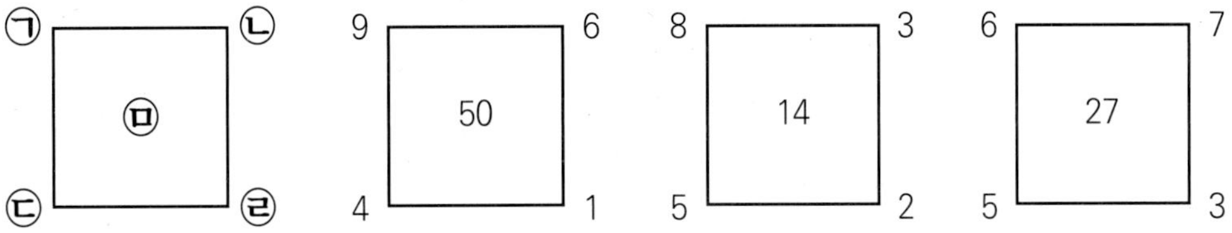

(㉠ × ㉡) - (㉢ × ㉣) = ㉤

9 × 6 = 54
4 × 1 = 4
54 - 4 = 50

8 × 3 = 24
5 × 2 = 10
24 - 10 = 14

6 × 7 = 42
5 × 3 = 15
42 - 15 = 27

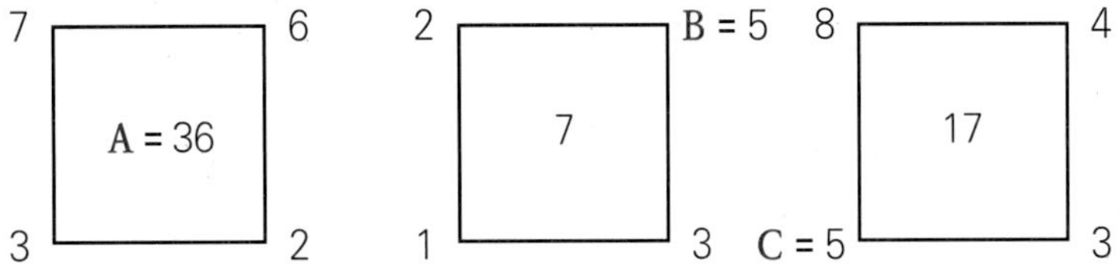

7 × 6 = 42
3 × 2 = 6
42 - 6 = 36 = A

1 × 3 = 3
(2 × B) - 3 = 7
B = 5

8 × 4 = 32
32 - (C × 3) = 17
C = 5

문제 14 p.86

정 답 답

	✶	←	↓	✶	2
↓		✶		←	1
	✶	↘	←		1
	↗		✶	↑	1
✶		↑	↖		1
1	2	1	1	1	

문제 15 p.86

정답 및 해설 답

15	1	14	2
5	11	6	10
12	13	4	16
3	7	8	9

해설 4개 영역의 숫자들이 각각 시계 방향으로 90° 씩 회전하고 있다.

문제 16 p.87

정답 및 해설 답 12

해설 ① 1 ~ 9 의 숫자를 모두 더하면 1 + 2 + ⋯ + 8 + 9 = 45 이다.
2와 3사이의 숫자를 모두 더하면 36이므로, 2와 3의 바깥쪽에 있는 수의 합은 45 - (36 + 2 + 3) = 4 이다. 따라서 2와 3을 제외한 숫자들 중 합이 4가 되는 경우는 숫자 4, 1개 뿐이므로 2와 3 바깥쪽에는 숫자 4만 있게 된다.

4	2				6			3

마찬가지로 ③ 1과 3 사이의 숫자를 모두 더하면 22이므로, 1, 2, 3, 4를 제외하고 합이 22가 되는 경우는 숫자 3개만 이용하는 경우인 5 + 8 + 9 = 22 와 6 + 7 + 9 = 22가 있다.
즉, 1과 3 사이에는 숫자 3개가 들어가야 하고, ① 이웃하는 두 숫자 사이의 차이는 1이 아니므로, 다음과 같다.

4	2			1	6	9	7	3

④ 6과 8 사이에는 2개의 숫자가 있으므로 다음과 같다.

4	2	8	5	1	6	9	7	3

따라서 ㉠ + ㉡ = 5 + 7 = 12 이다.

문제 17 p.87

정답 및 해설 답

9	2	1	5	4	3	8

해설 ③

A	B	C	5	D	E	F

② 0 ~ 9 까지의 숫자 중 가장 큰 숫자가 맨 앞 숫자이므로, 만약 A = 9 일 경우,
④ D = 4 가 된다.

9	B	C	5	4	E	F

⑥ 2E = F 이므로, E = 1, 2, 3, 4 이다. 이때 D = 4 이므로 E ≠ 4 이다.
⑤ B + C = E 이므로, E = 3 이 가능하다. 따라서 B, C 는 (1, 2) (2, 1)
따라서 가능한 7자리 숫자는

9	1	2	5	4	3	8

9	2	1	5	4	3	8

이므로, 가장 큰 수는

9	2	1	5	4	3	8

이다.

문제 18 p.88

정답 및 해설 답 454 ← 45 ↑ 90 ← 9 ↑ 18 ↑ 36 ↑ 72 ↑ 144 ← 14
454 ← 45 ↑ 90 ← 9 ↑ 18 ↑ 36 ↑ 72 ← 7 ↑ 14
454 ↑ 908 ← 90 ← 9 ↑ 18 ↑ 36 ↑ 72 ← 7 ↑ 14

454 ↑ 908 ← 90 ← 9 ↑ 18 ↑ 36 ↑ 72 ↑ 144 ← 14

해설 마지막 수 바꾸기 과정에서 144 ← 14 또는 7 ↑ 14 두 경우가 모두 가능하다.

문제 19 p.88

정답 및 해설 답 (2, 0), (5, 6), (9, 2)

해설 <조건 ②> 4 + 1 + 5 + 8 + 7 + □ + △ + 0 = 9의 배수 이다.
(□ + △)를 뺀 나머지의 합이 25 이므로, □ + △ = 2 (각 자리 숫자들의 전체 합 = 27) 또는 11(각 자리 숫자들의 전체 합 = 36) 이 된다.
⇨ □ + △ = 20 (각 자리 숫자들의 전체 합 = 45) 은 한 자리수의 숫자끼리 합하여 될 수 있는 최대 수는 18이므로 불가능하다.
<조건 ①> 이 수는 8의 배수이므로 마지막 백의 자리 숫자 □△0 이 8의 배수이어야 한다.
따라서 가능한 조합은 (2, 0), (5, 6), (9, 2) 이므로, 41587200, 41587560, 41587920 이 조건을 모두 만족하는 수이다.

문제 20 p.89

정답 및 해설 답 무한이가 꺼낸 카드의 수 = 1, 2, 3, 8, 상상이가 꺼낸 카드의 수 = 1, 2, 4, 6 이 된다.

해설 서로 다른 수로 되어 있는 4가지 숫자의 곱으로 이루어질 수 있는 50보다 작은 수에는 1과 2가 반드시 포함되어야 한다. 따라서 나올 수 있는 경우는 다음과 같다.

$1 \times 2 \times 3 \times 4 = 24$
$1 \times 2 \times 3 \times 6 = 36$
$1 \times 2 \times 3 \times 8 = 48$
$1 \times 2 \times 4 \times 6 = 48$
$1 \times 2 \times 3 \times 5 = 30$
$1 \times 2 \times 3 \times 7 = 42$
$1 \times 2 \times 4 \times 5 = 40$

따라서 두 사람이 꺼낸 카드에 적힌 수의 곱이 같은 경우는 1, 2, 3, 8/ 1, 2, 4, 6 인 경우가 되고, 상상이가 꺼낸 카드에 적힌 수의 합은 무한이가 꺼낸 카드에 적힌 수의 합보다 작으므로
$1 + 2 + 3 + 8 = 14$, $1 + 2 + 4 + 6 = 13$
무한이가 꺼낸 카드의 수 = 1, 2, 3, 8, 상상이가 꺼낸 카드의 수 = 1, 2, 4, 6 이 된다.

문제 21 p.89

◆ 평가표 : 등식이 성립하는 것을 각각 1개로 평가한다.

1개	2개	3개	4개	5개 이상
1점	2점	3점	4점	5점

정답 및 해설 답
$(4 + 3 + 2 + 1 + 2) \div 3 \times 4 = 16$
$(4 \times 3 \times 2) \div (1 \times 2) \div 3 \times 4 = 16$
$(4 - 3) \times 2 + 1 \times 2 + 3 \times 4 = 16$
$4 + 3 - (2 - 1) + (2 \times 3) + 4 = 16$
$4 \times 3 \times 2 \times 1 \div 2 \div 3 \times 4 = 16$
$4 \times 3 + (2 \times 1 \times 2 - 3) \times 4 = 16$
$4 \times 3 \div 2 + 1 + 2 + 3 + 4 = 16$

문제 22 p.89

◆ 평가표

(1), (2) 중 1개를 맞춘 경우	2점
(1), (2) 모두 맞춘 경우	5점

정답 및 해설

답 (1) 115 (2) 4

해설 (1) 주어진 숫자에서 찾을 수 있는 규칙은 다음과 같다.

	3		5		11		23		43		73	
두 숫자의 차이		2		6		12		20		30		
차이에 대한 차이			4		6		8		10			

따라서 73 다음에 오는 숫자는 73보다 (30 + 12) = 42 만큼 큰 115 이다.

(2) 주어진 숫자에서 찾을 수 있는 규칙은 다음과 같다.

① 홀수 번째 수 : × 2

1		2		4		8	
	× 2		× 2		× 2		

② 짝수 번째 수 : ÷ 2

32		16		8		( )	
	÷ 2		÷ 2		÷ 2		

따라서 8 다음에 오는 숫자는 8 ÷ 2 = 4 이다.

문제 23 p.90

정답 및 해설

답 2

해설 12123212343212345432 ⋯ (㉠ 1, ㉡ 232, ㉢ 12343, ㉣ 2123454)

⇨ ㉠ 2를 기준으로 대칭 : 121

㉡ 3을 기준으로 대칭 : 12321

㉢ 4를 기준으로 대칭 : 1234321

㉣ 5를 기준으로 대칭 : 12345432

주어진 숫자에서 ⋯ 12345654321 ⋯ 순으로 연결된다. 따라서 30번 째에 나올 숫자는 2이다.

문제 24 p.90

◆ 평가표

(1), (2) 중 1개를 맞춘 경우	2점
(1), (2) 모두 맞춘 경우	5점

정답 및 해설

답 (1) 37 (2) 45

해설 (1) ☆ 연산자는 주어진 두 수의 차와 합을 나란하게 쓰는 것이다.

4 ☆ 2 ⇨ 4 - 2 = 2, 4 + 2 = 6 ∴ 4 ☆ 2 = 26

8 ☆ 7 ⇨ 8 - 7 = 1, 8 + 7 = 15 ∴ 8 ☆ 7 = 115

9 ☆ 5 ⇨ 9 - 5 = 4, 9 + 5 = 14 ∴ 9 ☆ 5 = 414

6 ☆ 3 ⇨ 6 - 3 = 3, 6 + 3 = 9 ∴ 6 ☆ 3 = 39

∴ 5 ☆ 2 ⇨ 5 - 2 = 3, 5 + 2 = 7 ∴ 5 ☆ 2 = 37

(2) ◎ 연산자는 첫 번째 주어진 수부터 연속되는 수를 두 번째 주어진 수만큼 더하는 것이다.

2 ◎ 3 ⇨ 2 + 3 + 4 = 9 ∴ 2 ◎ 3 = 9

3 ◎ 4 ⇨ 3 + 4 + 5 + 6 = 18 ∴ 3 ◎ 4 = 18

6 ◎ 2 ⇨ 6 + 7 = 13 ∴ 6 ◎ 2 = 13

4 ◎ 5 ⇨ 4 + 5 + 6 + 7 + 8 = 30 ∴ 4 ◎ 5 = 30

∴ 5 ◎ 6 ⇨ 5 + 6 + 7 + 8 + 9 + 10 = 45 ∴ 5 ◎ 6 = 45

문제 25 p.91

◆ 평가표

식을 1개 만든 경우	3점
식을 2개 만든 경우	4점
3개 이상 식을 만든 경우	5점

정답 및 해설 답 $80\frac{27}{54} + 19\frac{3}{6}$, $19\frac{27}{54} + 80\frac{3}{6}$ $20\frac{56}{84} + 79\frac{1}{3}$ $79\frac{56}{84} + 20\frac{1}{3}$

문제 26 p.91

정답 및 해설 답 4

해설 일의 자리에서 1 과 곱해져 5가 되는 d = 5
십의 자리 c 와 1 이 곱해져 4가 되므로 c = 4 이다.
따라서 cd = 45 이다.
백의 자리에서 a에 대해
23,045 < (100 × a) × 45 < 23945 이다.
따라서 a = 5 이고, g + 4 = 4 이므로, g = 0 이다.
따라서 b = 0, 2, 4, 6, 8 이 올 수 있다.
b = 0 일 때, 501 × 45 = 22545 이므로 조건에 맞지 않는다.
b = 2 일 때, 521 × 45 = 23445 조건에 맞으므로, A = 4 이다.

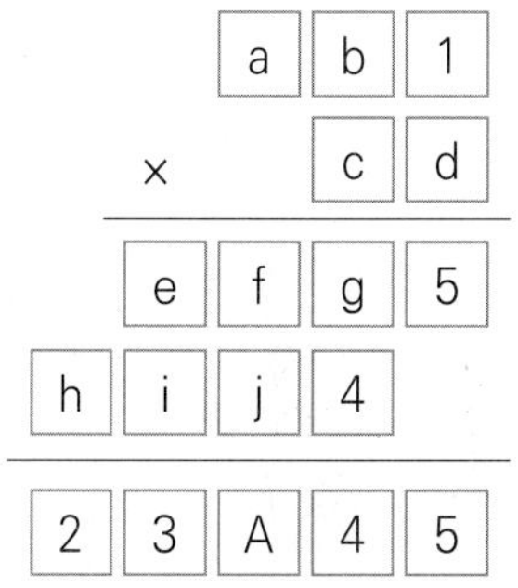

문제 27 p.91

정답 및 해설 답 4

해설 거꾸로 봤을 때에도 숫자가 성립하는 것은 1, 6, 9, 8 이다. 따라서 이를 조합한 결과는 다음과 같다.

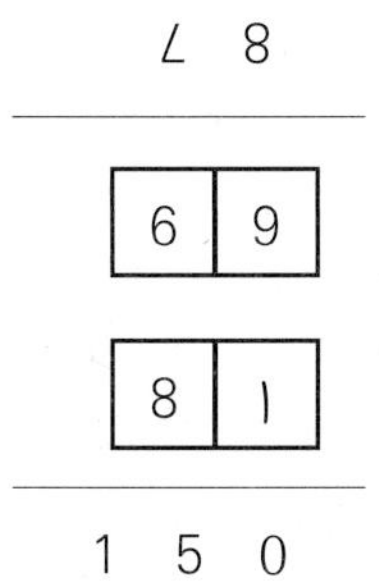

무한이가 본 숫자는
18과 69이므로
두 수의 합이 87
상상이가 본 숫자는
69와 81이므로
두 수의 합은 150

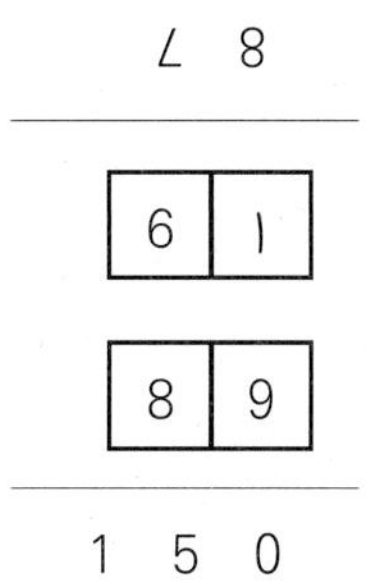

무한이가 본 숫자는
68과 19이므로
두 수의 합이 87
상상이가 본 숫자는
61와 89이므로
두 수의 합은 150

문제 28 p.92

정답 및 해설

답 29

해설 A에 들어갈 수 있는 숫자는 9 (∵ 나머지가 90이므로)

C에 들어갈 수 있는 숫자는 1 이다(∵ A B 와 한 자리수의 곱이 2자리수가 나오므로)

```
          1  G  9
      ___________
9 B ) 1  7  D  E  F
      9  B
```

B의 배수의 일의 자리 수와 F의 차가 0이므로 F 에 5는 올 수 없다(AB 95도 불가능).

나머지가 90이므로, 몫의 1의 자리는 9가 된다.

조건 ②에 의해 A, B에 들어갈 수 있는 순서쌍은 (9, 4) (9, 6) (9, 8) 이다.

⇨ B = 4 일 경우, F = 6, B = 6 일 경우, F = 4, B = 8 일 경우, F = 2 가 가능하다.

⇨ B = 4 일 경우, F = 6

```
          1  8  9
      ___________
9 4 ) 1  7  8  5  6
      9  4
      ___________
      8  4  5
      7  5  2
      ___________
         9  3  6
         8  4  6
      ___________
            9  0
```

A 9 /B 4 / C 1 / D 8 / E 5 / F 6

9 + 8 + 1 + 6 + 3 + 2 = 29

⇨ B = 6 일 경우, F = 4

```
          1  7  9
      ___________
9 6 ) 1  7  2  3  4
      9  6
      ___________
      7  6  7
      6  7  2
      ___________
         9  5  4
         8  6  4
      ___________
            9  0
```

A 9 /B 6 / C 1 / D 2 / E 3 / F 4

9 + 6 + 1 + 2 + 3 + 4 = 25

⇨ B = 8 일 경우, F = 2

```
          1  7  9
      ___________
9 8 ) 1  7  6  3  2
      9  8
      ___________
      7  8  3
      6  8  6
      ___________
         9  7  2
         8  8  2
      ___________
            9  0
```

A 9 /B 8 / C 1 / D 6 / E 3 / F 2

9 + 8 + 1 + 6 + 3 + 2 = 29

문제 29 p.93

정답 및 해설

답 (1) 1, 2, 3 층에 정지해 있던 엘리베이터를 눌러서 타는 경우보다 걸어서 1층까지 내려가는 것이 더 빠르다.

(2) 4층 이상의 층에 정지해 있던 엘리베이터를 타는 경우 걷는 것보다 빨리 1층에 내려갈 수 있다.

해설

		총 소요 시간
1층에 정지해 있던 엘리베이터 타는 경우	1층에서 7층까지 올라오는 데 걸리는 시간 ⇨ 3초 × 6층 = 18초 문이 열고 닫히는 데 걸리는 시간 10초 7층에서 1층까지 내려오는 데 걸리는 시간 ⇨ 3초 × 6층 = 18초 문이 1층에서 열리는 데 걸리는 시간 5초	51초
2층에 정지해있던 엘리베이터 타는 경우	2층에서 7층까지 올라오는 데 걸리는 시간 ⇨ 3초 × 5층 = 15초 문이 열고 닫히는 데 걸리는 시간 10초 7층에서 1층까지 내려오는 데 걸리는 시간 ⇨ 3초 × 6층 = 18초 문이 1층에서 열리는 데 걸리는 시간 5초	48초

3층에 정지해있던 엘리베이를 타는 경우	3층에서 7층까지 올라오는 데 걸리는 시간 ⇨ 3초 × 4층 = 12초 문이 열고 닫히는 데 걸리는 시간 10초 7층에서 1층까지 내려오는 데 걸리는 시간 ⇨ 3초 × 6층 = 18초 문이 1층에서 열리는 데 걸리는 시간 5초	45초
4층에 정지해있던 엘리베이터를 타는 경우	3층에서 7층까지 올라오는 데 걸리는 시간 ⇨ 3초 × 3층 = 9초 문이 열고 닫히는 데 걸리는 시간 10초 7층에서 1층까지 내려오는 데 걸리는 시간 ⇨ 3초 × 6층 = 18초 문이 1층에서 열리는 데 걸리는 시간 5초	42초

걸어서 내려올 경우 총 7초 × 6층 = 42초 이므로 4층 이상의 층에 서있던 엘리베이터를 타는 경우 걷는 것보다 엘리베이터를 타는 것이 더 빠르다.

문제 30 p.93

정답 및 해설

답 222원

해설 총 금액은 72의 배수이므로 8, 9, 72의 배수가 되어야 한다.
8 × 125 = 1,000 이다. 즉, 8의 배수가 되려면 1,000 자리수 미만 세 자리가 8의 배수이어야 한다. 따라서 8의 배수가 되기 위해서 '98?'가 8로 나누어져야 하므로. '984'가 된다. ⇨ '1?984'가 된다.
9의 배수가 되기 위해서는 자리수의 합이 9의 배수가 되어야 한다. '?'를 제외한 네개의 숫자, 1, 9, 8, 4의 합이 22이므로 9의 배수가 되기 위해서는 '?'는 5가 되어야 한다. 그러므로 총 금액은 15,984원이므로 구슬 하나의 가격은 222원이다.
[참고] 3의 배수 ⇨ 자리수의 합이 3의 배수가 되어야 한다.
4의 배수 ⇨ 백의 자리 미만의 두 자리수가 4의 배수이면 그 수가 아무리 커도 4의 배수이다.
5의 배수 ⇨ 일의 자리수가 0이거나 5이기만 한 두 자리 수 이상의 숫자이다.
8의 배수 ⇨ 1,000미만 세 자리가 8의 배수가 되어야 한다.
9의 배수 ⇨ 자리수의 합이 9의 배수가 되어야 한다.

문제 31 p.94

정답 및 해설

답 C 상자

해설 ② A + B = 4C 이므로, A와 B에 들어있는 구슬의 수는 모두 짝수이거나, 홀수이다.
④ (A + 7) = 2(B - 7) 이므로, A는 홀수가 된다. 따라서 A 와 B에 들어있는 구슬의 수는 모두 홀수이다.
③ B + D = 2A 이므로, B와 D에 들어있는 구슬의 수도 모두 짝수이거나, 홀수이다. 따라서 D에 들어있는 구슬의 수도 홀수이다.
⑤ E에 들어있는 구슬의 수는 홀수인 A보다 68개가 더 많으므로 E에 들어있는 구슬의 수도 홀수이다.
따라서 짝수개인 구슬이 들어있는 상자는 C 뿐이므로 200개의 구슬이 들어있는 상자는 C 이다.

문제 32 p.94

정답 및 해설

답 3,100원

해설 욕심 많은 남자가 처음 가지고 있던 돈을 A라고 하면,
1번 강을 건너갔다 왔을 때, 남자가 갖게 되는 돈 ⇨ 2A - 3200
2번 강을 건너갔다 왔을 때, 남자가 갖게 되는 돈 ⇨ 2(2A - 3200) - 3200 = 4A - 9600

3번 강을 건너갔다 왔을 때, 남자가 갖게 되는 돈 ⇨ 2(4A - 9600) - 3200 = 8A - 22400
4번 강을 건너갔다 왔을 때, 남자가 갖게 되는 돈 ⇨ 2(8A - 22400) - 3200 = 16A - 48000
5번 강을 건너갔다 왔을 때, 남자가 갖게 되는 돈 ⇨ 2(16A - 48000) - 3200 = 0
따라서 남자가 처음에 가지고 있던 돈은 3100원이다.

문제 33 p.95

정답 및 해설 답 선이 홀수개가 만나는 점인 홀수점이 4개이므로 단 한 번씩으로 7개의 다리를 모두 건널 수 없다.

해설 쾨니히스베르크의 7개의 다리를 한 번에 건너는 문제를 도형으로 표시해 보면, 결국 아래와 같은 도형을 같은 곳을 두 번 지나지 않으면서 붓을 떼지 않고 한 번에 그리는 문제, 즉 '한붓그리기' 문제가 된다.

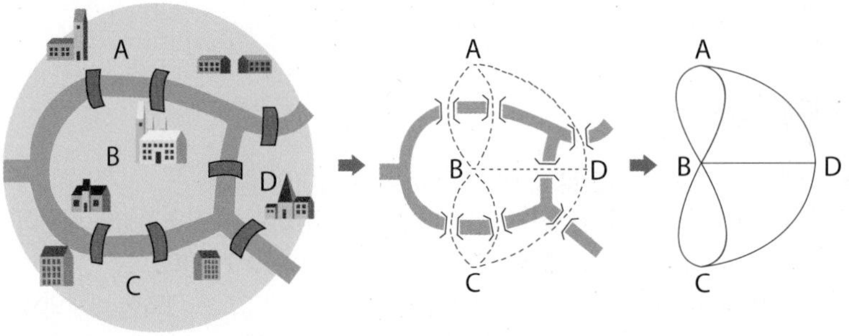

한붓그리기가 가능한 도형은 홀수점(선이 홀수개가 만나는 점)의 개수가 0이거나, 2인 경우에만 해당되고, 홀수점이 그보다 많으면 한 번에 떼지 않고 그리기가 불가능하게 되는 것이다. 위의 쾨니히스베르크의 7다리 문제와 같은 도형은 홀수점의 개수가 4개이므로, 원천적으로 한붓그리기가 불가능하게 되는 것이다.

[오일러의 한붓그리기]
오일러는 한붓그리기 문제와 관련하여 다음과 같은 2개의 정리를 제시하였다.
첫 번째 정리는 '모든 도형의 홀수점의 개수는 짝수 개이다'라는 것이고, 두 번째 정리는 '도형의 모든 꼭짓점이 짝수 개이든가, 즉 홀수점의 개수가 0이든가 또는 단 두 개의 홀수점을 가지는 경우에만 한붓그리기가 가능하다.'는 것이다.
두 번째 정리를 좀 더 풀어서 설명하자면, 1) 짝수점만으로 된 도형은 어디에서 출발하여 그려도 마지막에는 제자리로 돌아오는 한붓그리기가 가능하고, 2) 홀수점이 2개인 도형은 한쪽 홀수점에서 출발하여 나머지 홀수점에서 끝나는 한붓그리기가 가능한데, 홀수점 이외의 지점에서 출발하면 한붓그리기는 불가능하게 된다.

문제 34 p.96

정답 및 해설 답 추를 2개씩 임의로 저울에 올려 놓았을 때 측정되는 무게에 따라 다음과 같이 그룹 A, B로 나눌 수 있다.
10g의 추를 포함하였을 때 저울에 측정되는 무게 A - 21g, 22g, 24g, 27g
10g의 추를 포함하지 않았을 때 저울에 측정되는 무게 B - 23g, 25g, 26g, 28g, 29g
① 임의로 추 2개를 동시에 저울에 올려놓았을 때, 무게가 A에 포함되는 경우 둘 중 하나의 추가 10g 임을 알 수 있다. 따라서 둘 중 하나의 무게를 다시 측정하면 10g 의 추를 찾을 수 있다. (저울 2번 사용)
② 임의로 추 2개를 동시에 저울에 올려놓았을 때, 무게가 B에 포함되는 경우 나머지 3개의 추 중 1개가 10g 임을 알 수 있다.
남은 추 3개 중 2개의 무게를 측정하였을 때 값이 A에 포함되는 경우 ① 과 같이 10g 의 추를 찾을 수 있다.(저울 3번 사용)
남은 추 3개 중 2개의 무게를 측정하였을 때 값이 B에 포함되는 경우 나머지 1개의 추가 10g 임을 알 수 있다.(저울 2번 사용)

문제 35 p.96

정답 및 해설 답 1등 B, 2등 E, 3등 C, 4등 A, 5등 D

해설

① 무한이의 E가 3등이라는 예상이 맞은 것(O), A가 4등이라는 예상이 틀린 것(X) 이라면,
상상이의 A가 3등이라는 예상은 X 이므로, B가 1등이라는 예상이 O,
알탐이의 E가 2등이라는 예상은 X이므로 B가 4등이라는 예상이 O 가 된다.
⇨ 가정이 성립하지 않는다.

	예상	결과
무한	E 3등	O
	A 4등	X
상상	B 1등	O
	A 3등	X
알탐	E 2등	X
	B 4등	O
창의	D 1등	
	C 3등	

② 무한이의 E가 3등이라는 예상이 틀린 것(X), A가 4등이라는 예상이 맞은 것(O) 이라면,
상상이의 A가 3등이라는 예상은 X 이므로, B가 1등이라는 예상이 O
알탐이의 B가 4등이라는 예상은 X 이므로, E가 2등이라는 예상이 O
창의의 D가 1등이라는 예상은 X 이므로, C가 3등이라는 예상은 O 가 된다.
∴ 1등 B, 2등 E, 3등 C, 4등 A, 5등 D

	예상	결과
무한	E 3등	X
	A 4등	O
상상	B 1등	X
	A 3등	O
알탐	E 2등	O
	B 4등	X
창의	D 1등	X
	C 3등	O

문제 36 p.97

정답 및 해설 답 3번, 7번 구슬이 가짜이고, 가짜 구슬이 진짜 구슬보다 무겁다.

해설 (나) 2, 3, 4/ 5, 6, 7 모두 진짜 구슬인 경우 ⇨ (다)에서 양팔 저울도 수평이어야 하므로 모순이다.
따라서 2, 3, 4 중 1개는 가짜 구슬, 5, 6, 7 중 1개는 가짜 구슬이어야 하고, 1, 8은 진짜 구슬이다.
이때 가능한 조합 (2, 5), (2, 6), (2, 7), (3, 5), (3, 6), (3, 7), (4, 5), (4, 6), (4, 7)
가짜 구슬 조합이 (2, 5), (2, 6), (3, 5), (3, 6)인 경우 ⇨ (가)에서 양팔 저울도 수평을 이뤄야 하므로 모순이다.
가짜 구슬 조합이 (2, 7), (4, 6) 인 경우 ⇨ (다)에서 양팔 저울도 수평을 이뤄야 하므로 모순이다.
가짜 구슬 조합이 (4, 5), (4, 7) 인 경우 ⇨ (가)에서 가짜 구슬이 더 가벼우므로 (다)에서 진짜 구슬로만 되어있는 (2, 6) 으로 양팔 저울이 기울어져야 하지만 반대로 기울어져 있으므로 모순이다.
따라서 (3, 7) 이 가짜 구슬이며, 진짜 구슬보다 무겁다.

문제 37 p.97

정답 및 해설 답 233쌍

해설 처음 1 - 1개월 후 1 - 2개월 후 2 - 3개월 후 3 - 4개월 후 5 … 이므로 전체 토끼 쌍의 수는 1, 1, 2, 3, 5, 8, ...과 같이 앞의 두 수를 더하면 그 다음 수가 되는 규칙을 보인다.
따라서 1년 후에 전체 토끼 쌍은 1, 1, 2, 3, 5, 8, 13, 21, 34, 55, 89, 144, 233과 같이 늘어나 모두 233쌍이다.

문제 38 p.98

정답 및 해설 답 1809명

해설

	마지막에 선물 받는 학생 번호	선물 받게 되는 학생
한 바퀴 회전	1번, 41번, ··· , 2001번	(2001 - 1) ÷ 40 + 1 = 51 (명)
두 바퀴 회전	시작 번호 : 2041 - 2010 = 31 31번, 71번, 111번, ··· , 1991번	(1991 - 31) ÷ 40 + 1 = 50 (명)
세 바퀴 회전	시작 번호 : 2031 - 2010 = 21 21번, 61번, 101번, ··· , 1981번	(1981 - 21) ÷ 40 + 1 = 50 (명)
네 바퀴 회전	시작 번호 : 2021 - 2010 = 11 11번, 51번, 91번, ··· , 1971번	(1971 - 11) ÷ 40 + 1 = 50 (명)
다섯 바퀴 회전	시작 번호 : 2011 - 2010 = 1 다시 처음 선물을 받은 순서대로 돌아가게 된다.	

따라서 선물을 받은 학생수 = 51 + 50 + 50 + 50 = 201명이므로,
선물을 받지 못하는 학생수 = 2010 - 201 = 1809명 이다.

문제 39 p.98

정답 및 해설 답 A

해설 8명이 토너먼트 방식으로 경기를 할 때, 3번을 이기면 우승자가 된다.

①, ②를 정리하면,

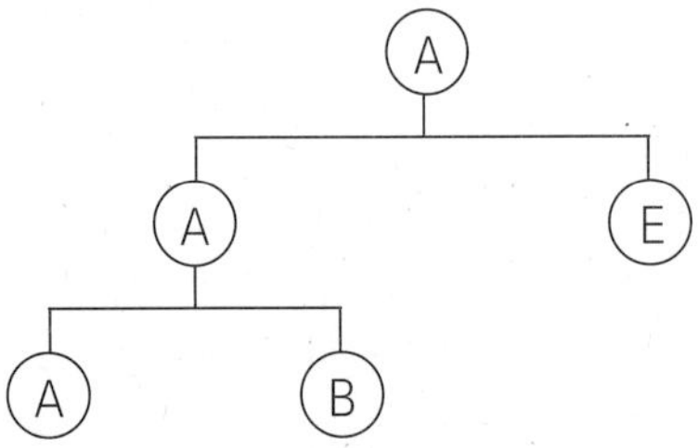

③, ⑤를 정리하면,

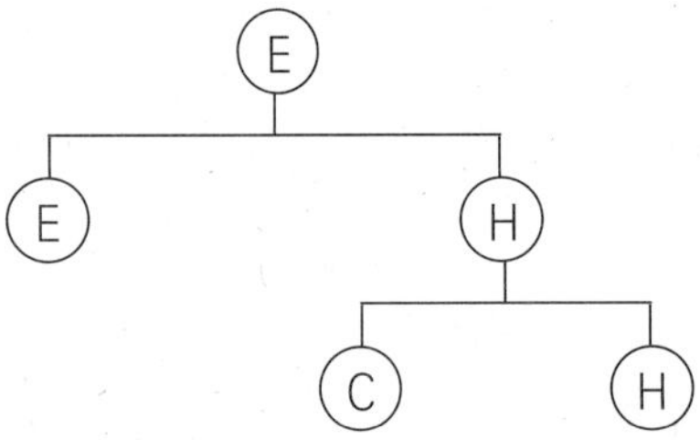

모두 정리하면 다음과 같다.

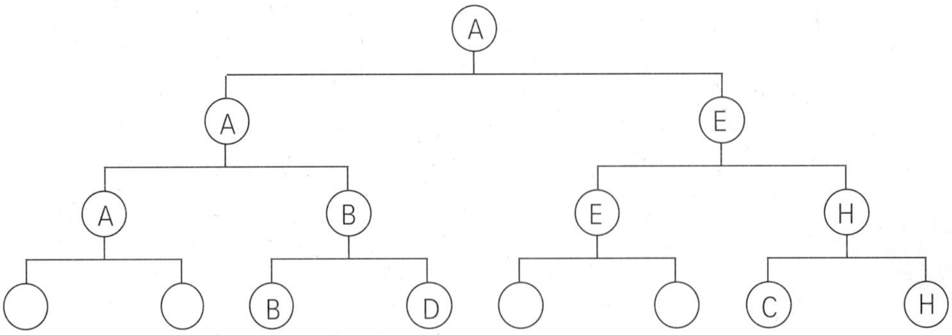

문제 40 p.99

정답 및 해설 답 (1) 3경기 (2) 득점수 8점, 실점수 8점 (3) 5 : 3 으로 승리

해설 ① 진행 경기 수가 3회인 브라질은 각 나라와 각각 한 번씩 경기를 하였다.
두 번 이기고, 한 번 무승부일 때, 득점수가 2점, 실점수가 0이므로, 이길 때의 경기 결과는 모두 1 : 0 이고, 무승부일 때는 0 : 0 이다.
② 스페인의 경우 2경기 중 1번은 이기고, 한 번은 무승부이다. 브라질과 스페인 모두 패한 경기가 없으므로 브라질 : 스페인 경기는 무승부가 된다. 따라서 득점수와 실점수는 1번 이겼을 때 얻은 점수가 되므로 이때 경기 결과는 4 : 3 이 된다.
③ 일본의 경우 모두 경기에서 졌다.
만약 스페인과의 경기에서 졌다면 득점수 3점, 실점수 4점이 되므로(3 : 4), 또 다른 패한 경기에서의 결과는 0 : 2 이 된다. 이는 ①과는 모순된 결과이므로 일본과 스페인은 아직 경기를 치르지 않은 것을 알 수 있다.
따라서 일본 : 브라질의 경기 결과는 0 : 1 이므로, 일본의 남은 점수인 득점수 3점, 실점수 5점은 한국과의 경기에서 얻은 것이다.
즉, 한국의 경기 결과는
한국 : 브라질 = 0 : 1(패), 한국 : 스페인 = 3 : 4(패), 한국 : 일본 = 5 : 3(승) 이 된다.

	진행 경기 수	승	패	무승부	득점 수	실점 수
한국	3	1	2	0	8	8

점수 통계

점수에 따른 **성취도 등급**

등급	1등급	2등급	3등급	4등급	5등급
평가	110점 이상	80점 이상 ~ 109점 이하	50점 이상 ~ 79점 이하	20점 이상 ~ 49점 이하	19점 이하

총점 200점

04 공간 / 도형 / 퍼즐

1. 공간/도형/퍼즐 단원의 01 ~ 40번 문제 배점은 각 5점씩이며, 예외인 경우에는 각 문항별 평가표를 참고하면 됩니다.
2. 단원 말미에서 성취도 등급을 확인하세요.

문제 01 p.100

정답 및 해설 답 D

해설 A와 수직한 네 면에 적힌 숫자의 합이 최대가 되게 하려면 숫자 1은 A와 마주보는 면에 위치해야 한다. 정육면체를 만들었을 때 각각 마주보는 면은 다음과 같다.
(A, D), (B, E), (C, F)

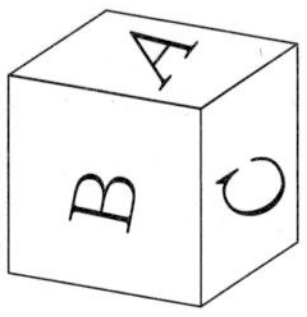

문제 02 p.100

정답 및 해설 답 ⑤

해설 ①, ②, ③, ④는 A - C 가 붙어있지만, ⑤ 만 C - A 로 붙어있다.

문제 03 p.101

정답 및 해설 답 15, 16

해설 주사위 A와 B가 접하는 면 : 주사위 A의 눈은 3 또는 4
주사위 A와 B가 접하는 면 : 주사위 B의 눈은 2 또는 5
주사위 B와 C가 접하는 면 : 주사위 B의 눈은 2 또는 5
주사위 B와 C가 접하는 면 : 주사위 C의 눈은 5
따라서 주사위끼리 접하여 보이지 않는 면의 눈의 합은
3 + 2 + 5 + 5 = 15, 4 + 2 + 5 + 5 = 16

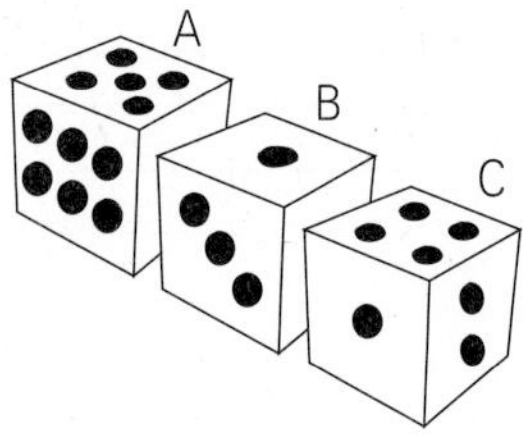

문제 04 p.101

정답 및 해설 답 ④

해설 주어진 전개도로 ④번 모양은 나올 수가 없다.

문제 05 p.102

정답 및 해설

답 B

해설

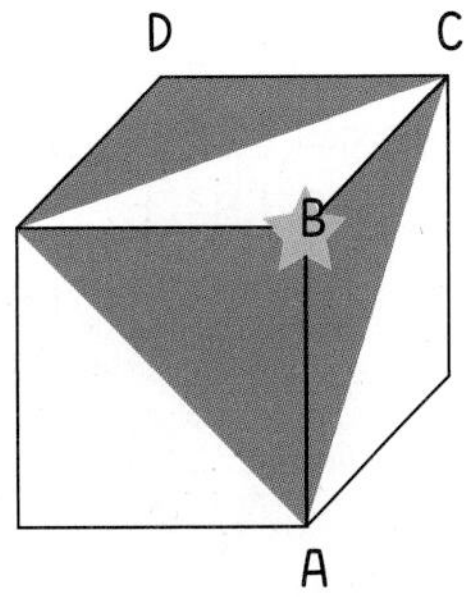

문제 06 p.102

◆ 평가표

4개 이하의 순서쌍을 찾은 경우	3점
5 ~ 6개의 순서쌍을 찾은 경우	5점

정답 및 해설

답 (2, 16), (4, 18), (6, 22), (8, 12), (10, 20), (14, 24)

해설

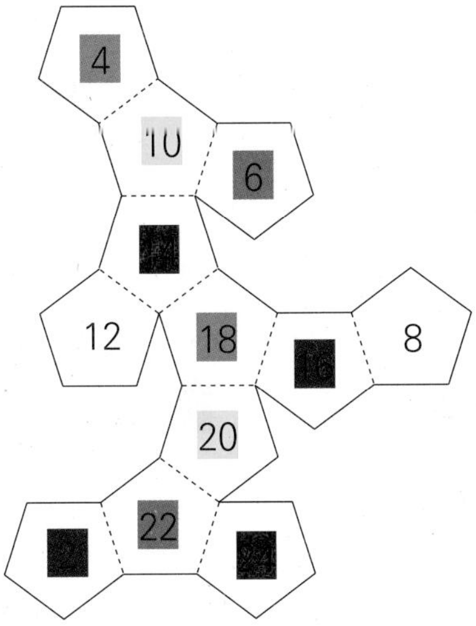

마주보는 면의 숫자에 같은 색으로 표시하였다.

문제 07 p.103

정답 및 해설

답 ④

해설

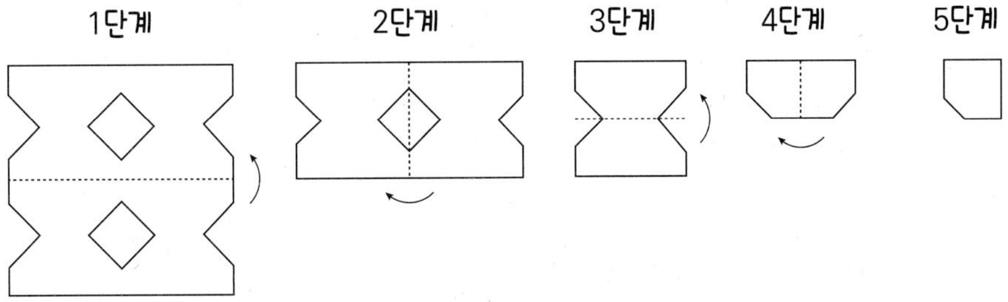

문제 08 p.104

정답 및 해설 답 ③

해설 종이를 접었던 순서의 반대로 펼칠 경우 그림 A와 같이 모양이 나오며, 이를 시계 방향으로 90° 회전하면 보기 ③과 같은 모양이 나온다.

A ③

문제 09 p.105

정답 및 해설 답 ②

해설 주어진 도형을 다음과 같이 색으로 나타내본다.

보기는 다음과 같이 조합이 되어 이루어진다.

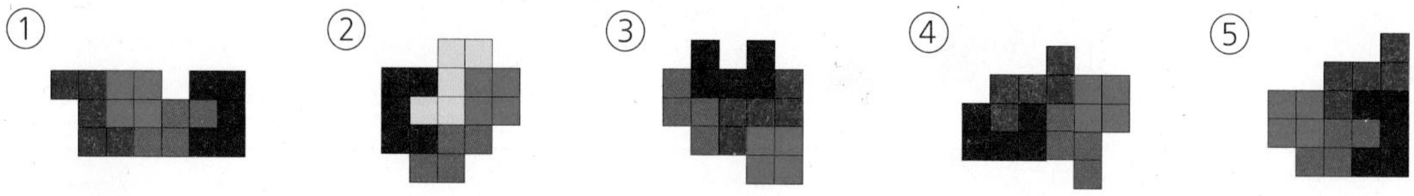

②에서  도형이 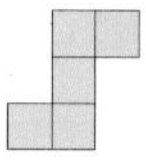 모양으로 뒤집어져 있다.

문제 10 p.106

정답 및 해설 답 ③

해설

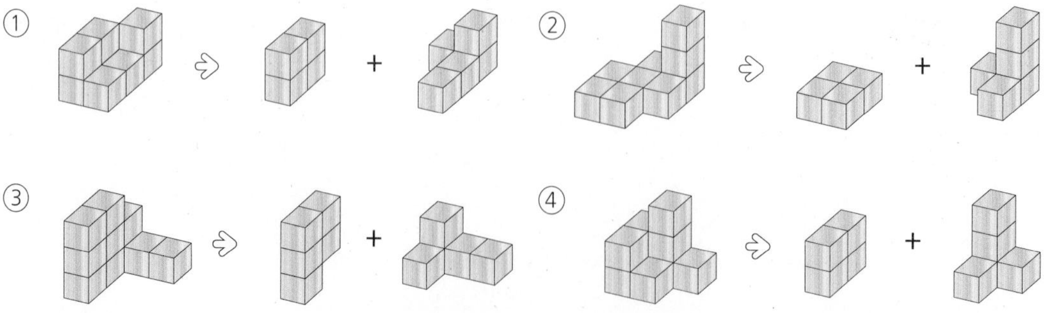

문제 11 p.106

정답 및 해설

답 ③

해설

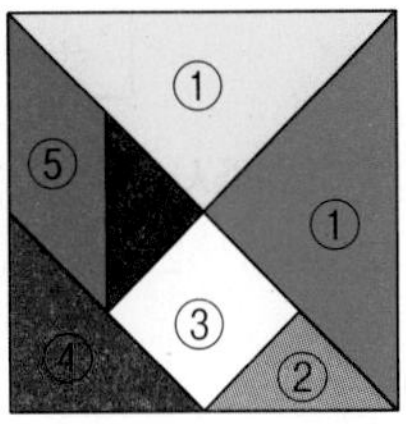

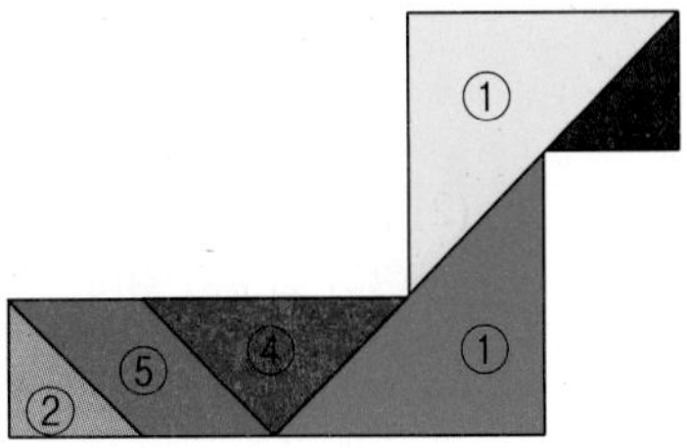

문제 12 p.107

정답 및 해설

답 ③

해설 다음 그림과 같이 도형 B를 뒤집어서 도형 A에 얹으면 ③과 같은 형태가 된다.

도형 A

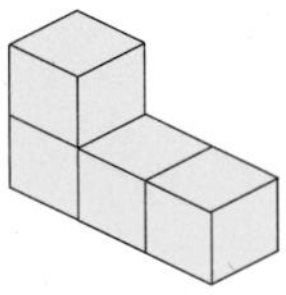

도형 B

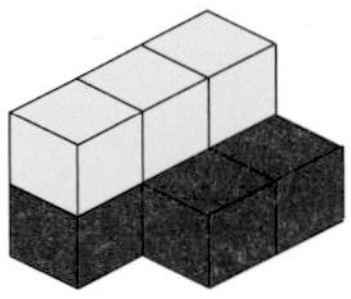

문제 13 p.108

정 답

답 ②, ⑤

문제 14 p.109

◆ 평가표

(1) 채점 기준

세 가지 조합 중 1가지만 포함한 경우	1점
세 가지 조합 중 2가지만 포함한 경우	2점
세 가지 조합을 모두 포함한 경우	3점

(2) 채점 기준

정답을 맞추지 못한 경우	1점
정답을 맞춘 경우	2점

정답 및 해설

답 (1)

2	2
2	3
	5

2	2
2	4
	4

2	3
3	3
	3

(2) 22

해설 (1) 주사위 눈 '1'이 모두 오른쪽을 향하도록 해야 하므로 왼쪽에는 모두 '6'이 위치하게 된다. 따라서 나머지 네 면에 올 수 있는 주사위 눈은 (2, 5), (3, 4) 이다. 이때 위에서 보이는 눈의 합이 14가 되는 조합은 다음과 같다.

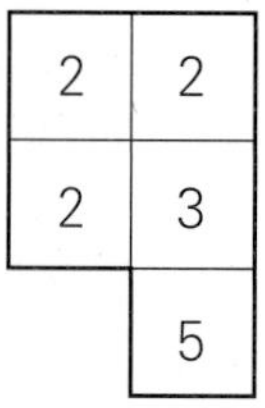

주사위 눈
2, 2, 2, 3, 5
의 조합

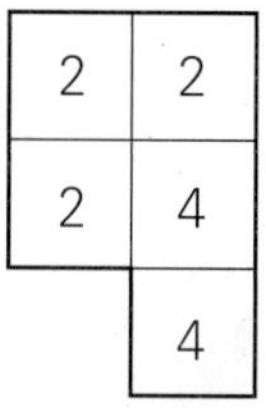

주사위 눈
2, 2, 2, 4, 4
의 조합

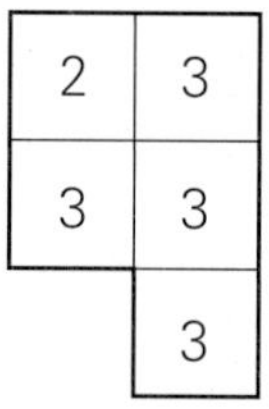

주사위 눈
2, 3, 3, 3, 3
의 조합

(2) 주사위 눈 (2, 2, 2, 2) 경우[위에서 본 주사위 눈 (2, 3, 3, 3, 3)의 경우에 해당] 일 때, 앞에서 보이는 눈의 수의 합이 최소가 된다. ⇨ ∴ 14 + (2 × 4) = 22

문제 15 p.110

정답 및 해설

답 최대 21개, 최소 18개

해설 각 층에 쌓여있는 나무 블록만을 각각 위에서 바라본 모양은 다음과 같다.

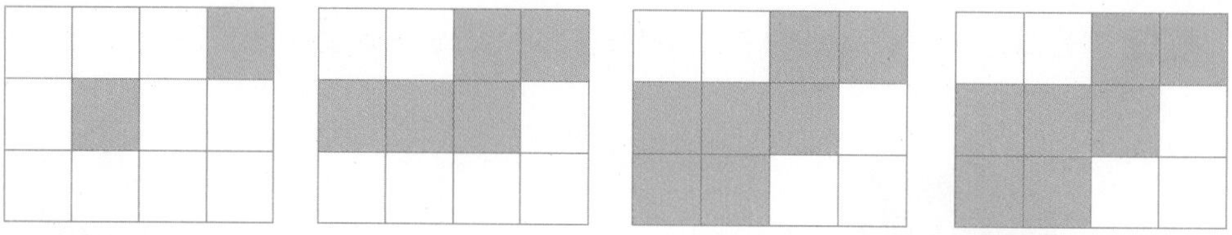

< 4층 > < 3층 > < 2층 > < 1층 >

따라서 나무 블럭의 최대 개수는 2 + 5 + 7 + 7 = 21개 이다. 이때 3층과 2층에서 각각 1개(A), 2개(B, C)의 블럭이 없더라도 정면과 우측면에서 나무 블럭을 본 모양을 만족한다.

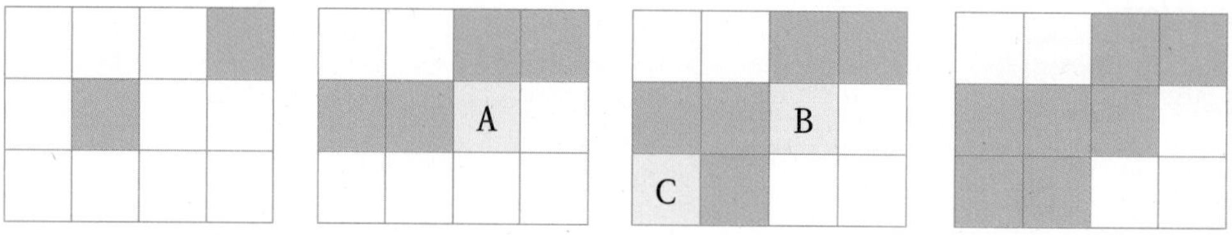

< 4층 > < 3층 > < 2층 > < 1층 >

따라서 나무 블럭의 최소 개수는 2 + 4 + 5 + 7 = 18개 이다.

문제 16 p.110

정답 및 해설

답 43개

해설 각 층을 다음과 같이 나눠서 위에서 보았을 때 검은색 블럭을 색칠해본다.

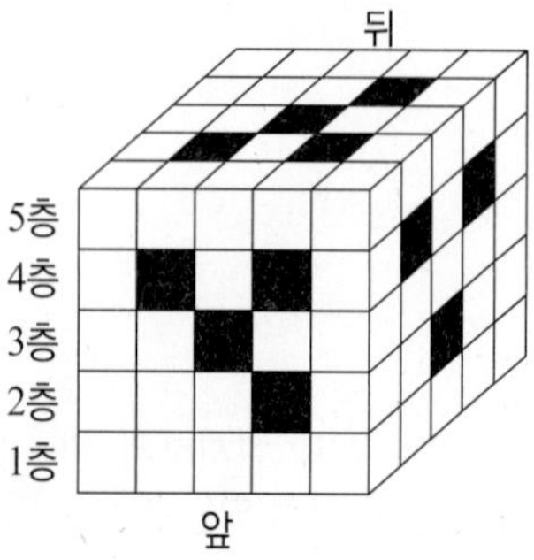

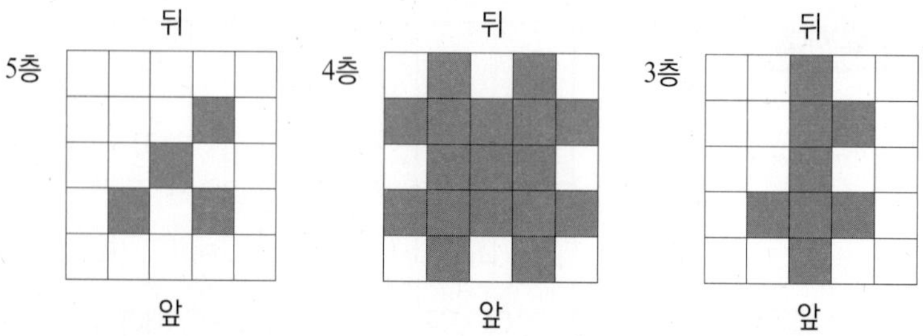

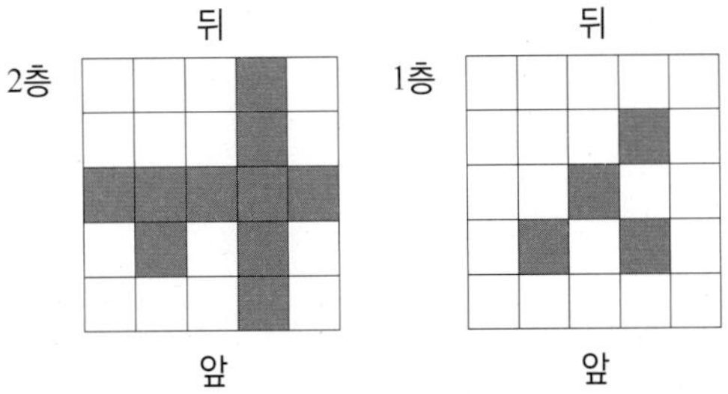

따라서 검은색 블럭의 총 수는 4 + 17 + 8 + 10 + 4 = 43(개) 이다.

문제 17 p.111

◆ 평가표

(1) 채점 기준

각 층의 둘레가 맞지 않는 경우	0점
각 층의 둘레에 맞도록 쌓기 나무 위치에 ● 를 그린 경우	3점

(2) 채점 기준

정답을 맞추지 못한 경우	1점
정답을 맞춘 경우	2점

정답 및 해설

답 (1)

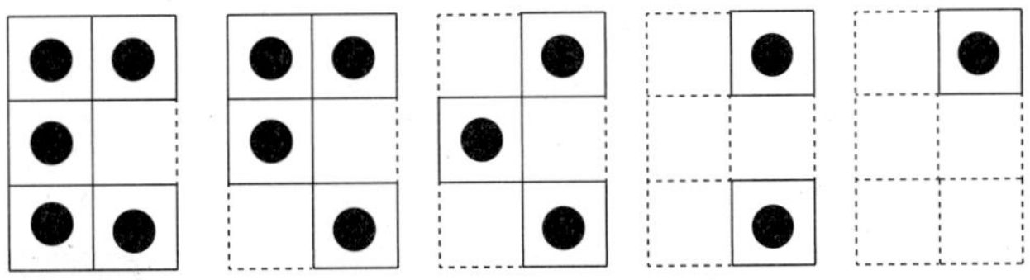

(2) 58cm²

해설 겉넓이가 최대가 되도록 쌓는 경우는 각 1 ~ 5층까지 각 층의 둘레가 각각 12cm², 12cm², 12cm², 8cm², 4cm² 일 때가 된다.

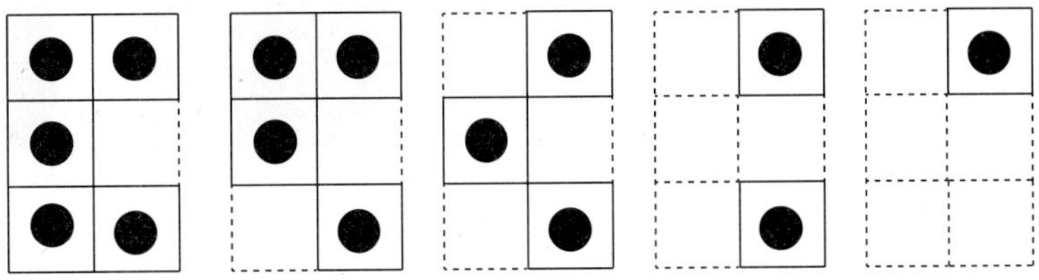

	1층	2층	3층	4층	5층
둘레 넓이	12cm²	12cm²	12cm²	8cm²	4cm²
윗면 넓이	5cm²				
아랫면 넓이	5cm²				

이때 1층부터 비워져 있던 부분의 윗면과 아랫면의 넓이는 겉넓이에 포함되지 않으므로 정육면체를 쌓은 후 겉넓이의 최대값은 다음과 같다.

$$12\text{cm}^2 + 12\text{cm}^2 + 12\text{cm}^2 + 8\text{cm}^2 + 4\text{cm}^2 + 5\text{cm}^2 + 5\text{cm}^2 = 58\text{cm}^2$$

문제 18 p.112

정답 및 해설

답 ③ - ④ - ⑤ - ⑥ - ⑦ - ⑧ - ② - ①

해설 가장 위에 있는 ①번 종이는 ②번 종이를 덮고 있다.
⇨ ②번 종이는 ⑧번 종이를 덮고 있다.
⇨ ⑧번 종이는 ⑦번 종이를 덮고 있다.
⇨ ⑦번 종이는 ⑥번 종이를 덮고 있다.
⇨ ⑥번 종이는 ⑤번 종이를 덮고 있다.
⇨ ⑤번 종이는 ④번 종이를 덮고 있다.
⇨ ④번 종이를 ③번 종이를 덮고 있다.
따라서 ③번 종이가 가장 아래에 깔려있는 종이이다.

문제 19 p.112

정답 및 해설 답 $132cm^2$

해설 정면에서 바라보았을 때 정육면체가 6개이고, 이 면들이 사방으로 있으므로
옆면의 넓이 = $(4cm^2 \times 6개) \times 4 = 96cm^2$ 이고,
위에서 내려다보았을 때 9개의 정사각형의 겉넓이와 같으므로
윗면의 넓이 = $4 \times 9 = 36cm^2$ 이다.
따라서 도형의 겉넓이 = $96cm^2 + 36cm^2 = 132cm^2$ 이다.

문제 20 p.113

◆ 평가표

2가지 형태만 찾은 경우	2점
3가지 형태를 모두 찾은 경우	5점

정답 및 해설 답 3개

해설 오각형은 다음과 같은 3가지 형태로 만들어진다.

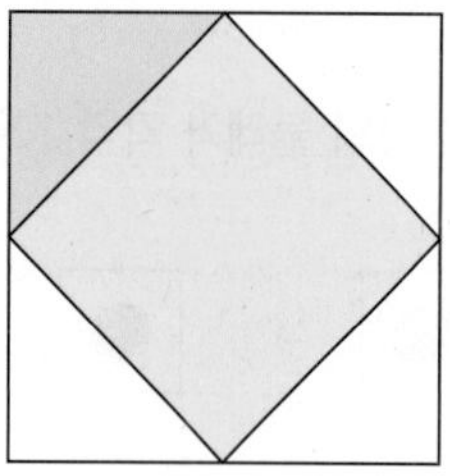

각 4개

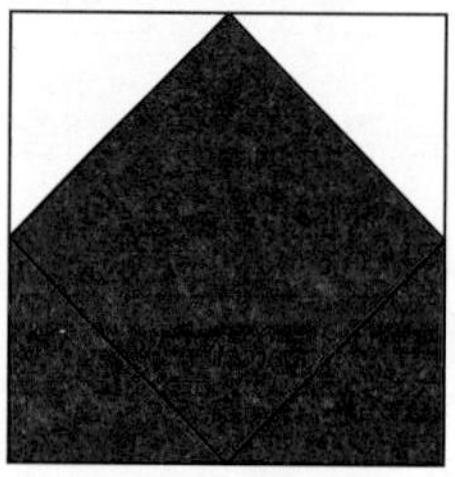

각 4개

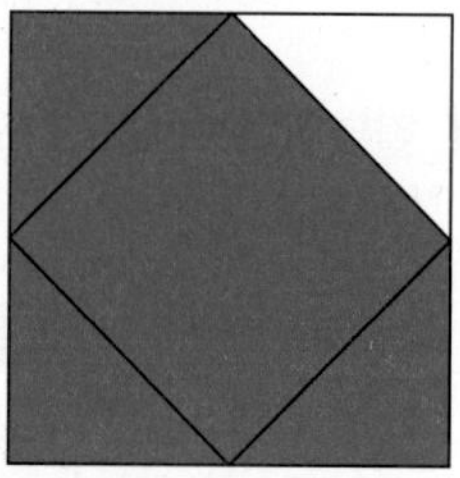

각 4개

문제 21 p.113

◆ 평가표

12 ~ 15개 찾은 경우	2점
16개 모두 찾은 경우	5점

정답 및 해설 답 16개

해설

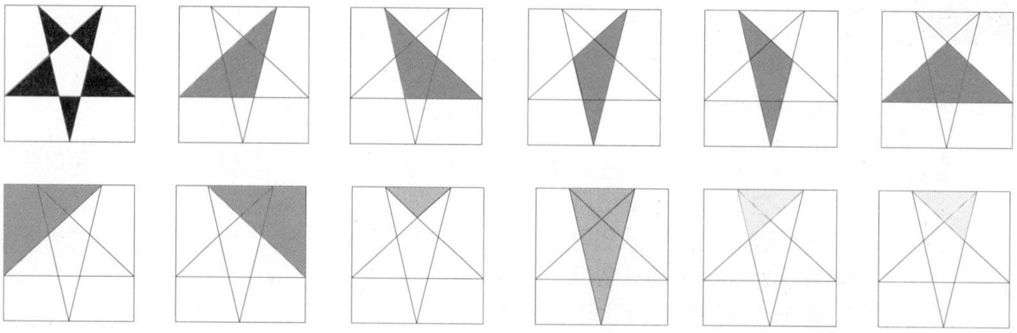

문제 22 p.114

정답 및 해설 답 $181cm^2$

해설 <풀이 1>

오른쪽 그림과 같이 도형은 각 부분으로 나눌 수 있다. 즉, 한 변이 7cm인 정사각형 1개, 3cm × 4cm 인 직사각형(초록색 도형) 4개, 그리고 7cm × 3cm 인 직사각형(초록색 도형) 4개로 이루어져 있다.

① $(7 \times 7) \times 1$개 $= 49cm^2$

② $(3 \times 4) \times 4$개 $= 48cm^2$

③ $(7 \times 3) \times 4$개 $= 84cm^2$

∴ ① + ② + ③ $= 181cm^2$

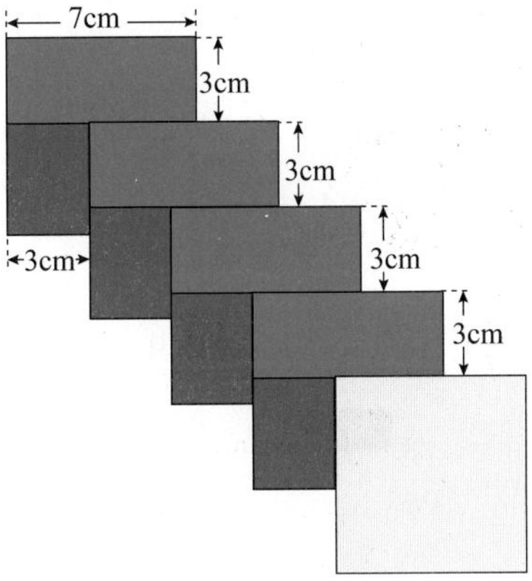

<풀이 2>

오른쪽 그림과 같이 도형은 각 부분으로 나눌 수 있다. 즉, 한 변이 7cm인 정사각형 3개, 한 변이 3cm 인 정사각형(빨간색 도형) 4개, 그리고 한 변이 1cm 인 정사각형(노란색 도형) 2개로 이루어져 있다. 이때 1cm 인 정사각형은 겹쳐져 있는 부분이므로 종이가 놓여진 자리의 넓이는 다음과 같다.

① $(7 \times 7) \times 3$개 $= 147cm^2$

② $(3 \times 3) \times 4$개 $= 36cm^2$

③ $(1 \times 1) \times 2$개 $= 2cm^2$

∴ ① + ② - ③ $= 147 + 36 - 2 = 181cm^2$

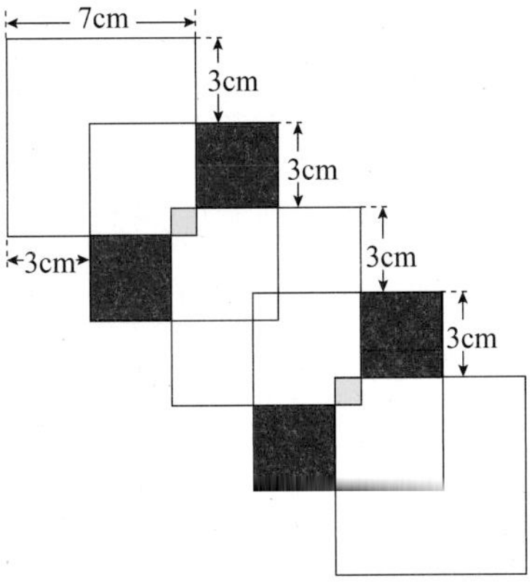

문제 23 p.114

정답 및 해설 답 $75cm^2$

해설 원 A, B, C, D의 중심을 연결하여 만들어진 도형은 사각형이다. 사각형의 내각의 합은 360° 이고, 반지름은 모두 5cm로 같으므로 색칠한 부분을 합치면 반지름이 5cm 인 원과 같다. 따라서 색칠한 부분의 넓이는 다음과 같다.

$$\therefore (5 \times 5 \times 3) = 75cm^2$$

문제 24 p.115

◆ 평가표

14개 이하로 만든 경우	2점
15 ~ 20개 만든 경우	5점

정답 및 해설 답 20개

해설

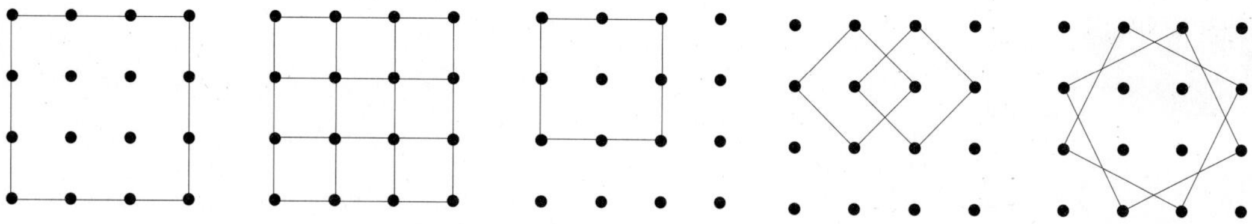

문제 25 p.115

정답 및 해설 답 ②

해설

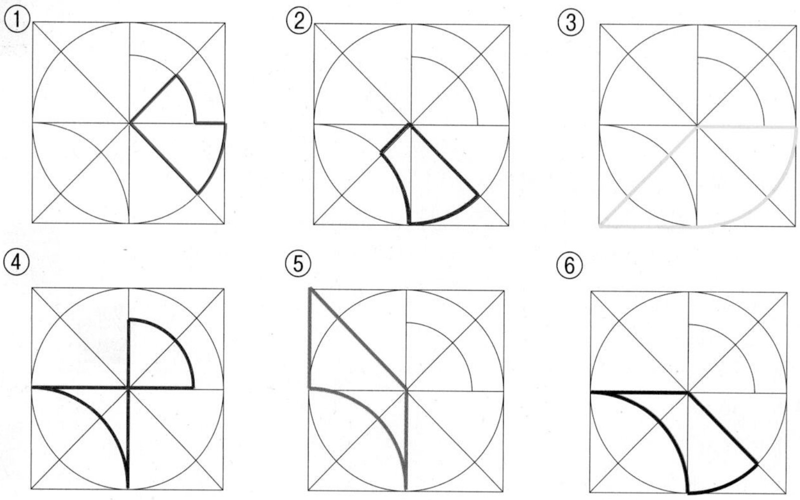

문제 26 p.116

◆ 평가표

3가지 이하로 그린 경우	3점
5가지 모두 그린 경우	5점

정답 및 해설 답 20

해설

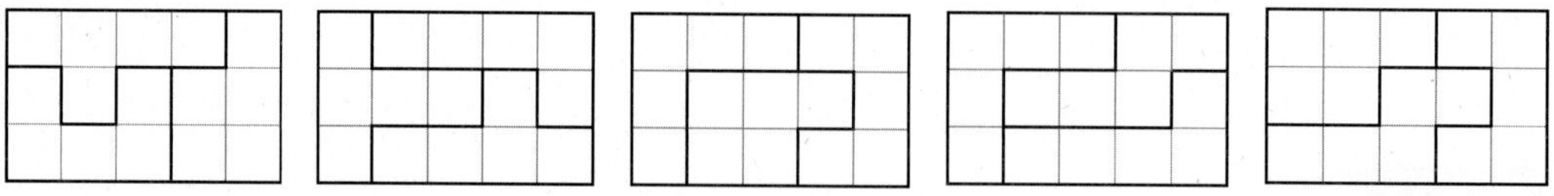

문제 27 p.117

◆ 평가표 : 회전하거나 뒤집었을 때 같은 모양은 1개로 한다.

(1) 채점 기준

3 ~ 4개 그린 경우	1점
5개 이상 그린 경우	2점

(2) 채점 기준

3 ~ 4개 그린 경우	1점
5개 이상 그린 경우	3점

정답 및 해설

답 (1)

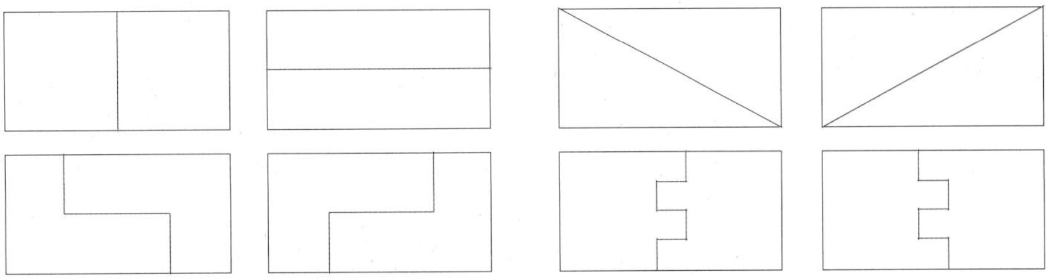

(2)

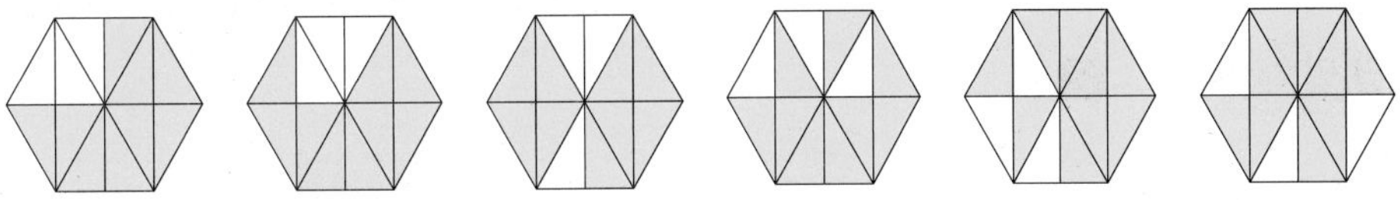

해설 (2) 정육각형은 같은 크기의 삼각형으로 12등분할 수 있다. $\frac{3}{4}=\frac{9}{12}$ 이므로, 12등분한 삼각형의 9개에 해당한다.

문제 28 p.118

◆ 평가표

1 ~ 9개 찾은 경우	3점
10 ~ 12개 찾은 경우	4점
13개 이상 찾은 경우	5점

정답 및 해설

답

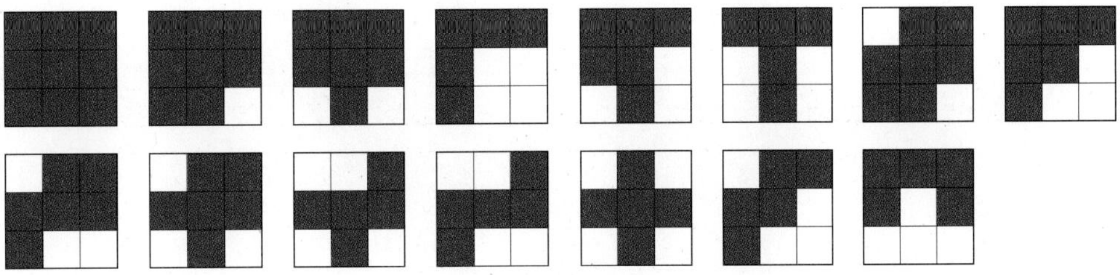

문제 29 p.119

◆ 평가표

2가지 이하 찾은 경우	3점
3 ~ 5가지 찾은 경우	4점
6가지 이상 찾은 경우	5점

정답 및 해설

답

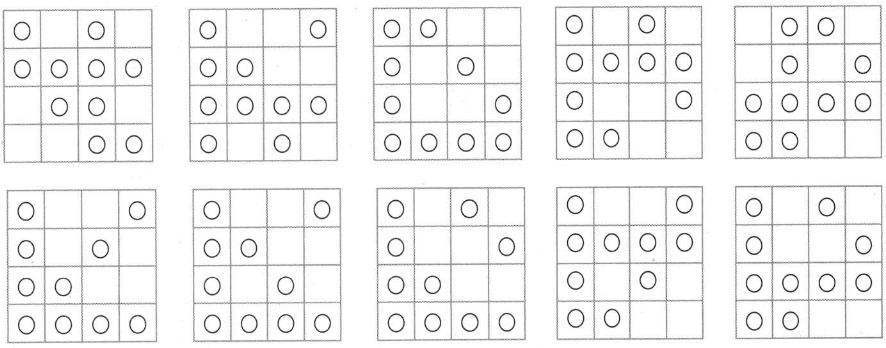

문제 30 p.120

◆ 평가표

12가지 조각을 모두 이용하여 알파벳을 1개 완성한 경우	4점
12가지 조각을 모두 이용하여 알파벳을 2개 이상 완성한 경우	5점

정답 및 해설

답

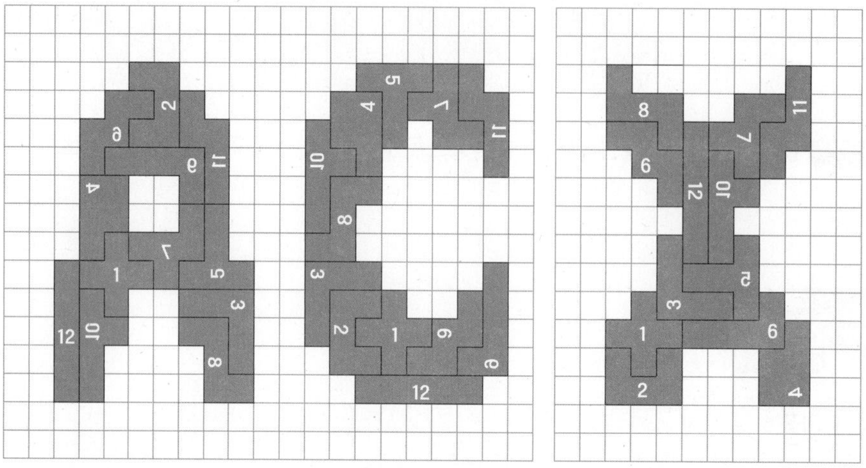

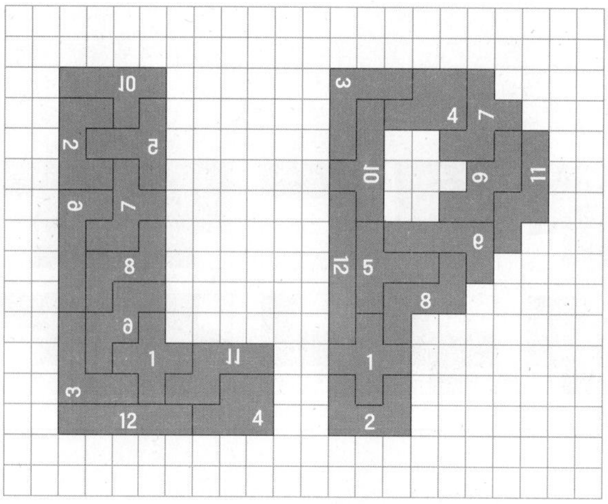

문제 31 p.121

정답 및 해설

답

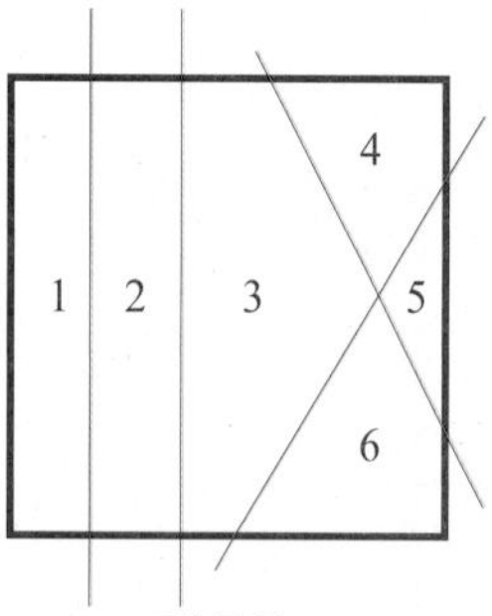

6개 구역

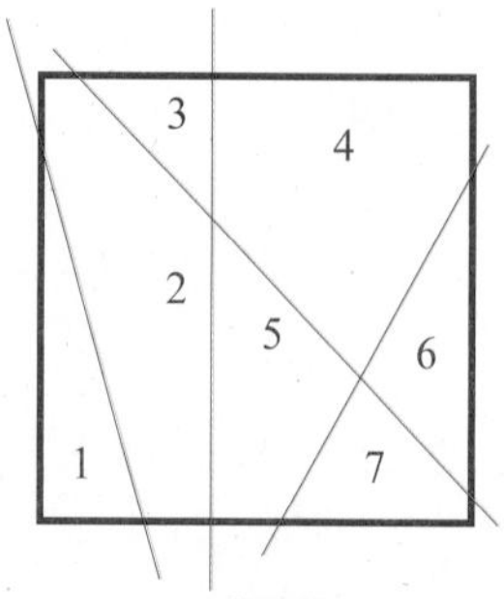

7개 구역

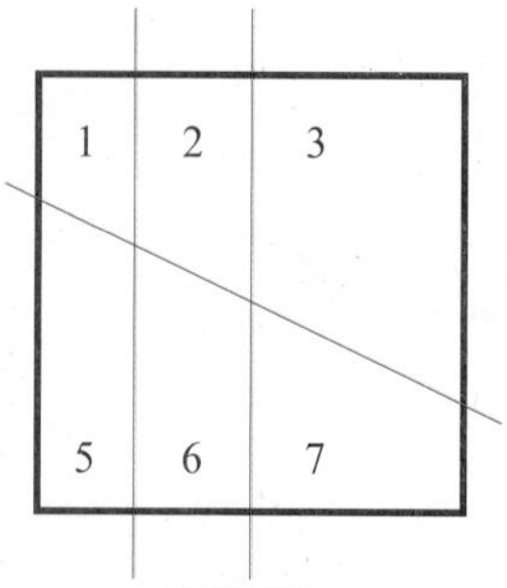

8개 구역

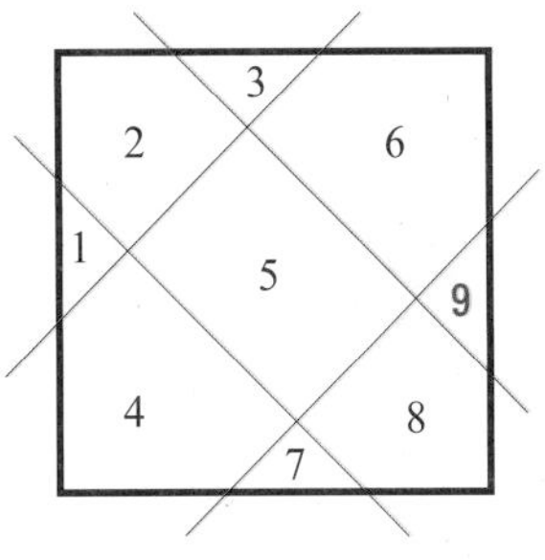

9개 구역

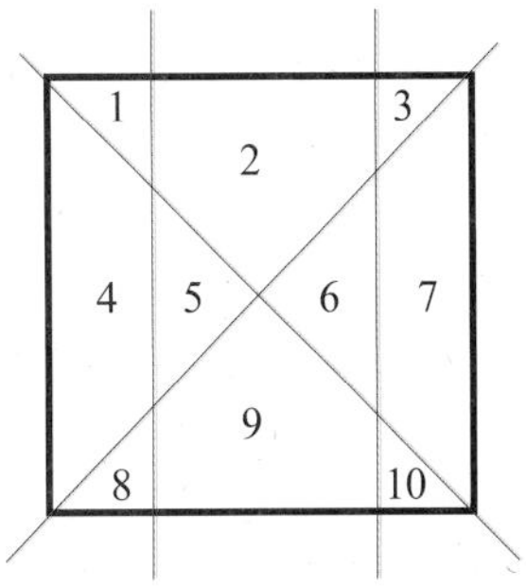

10개 구역

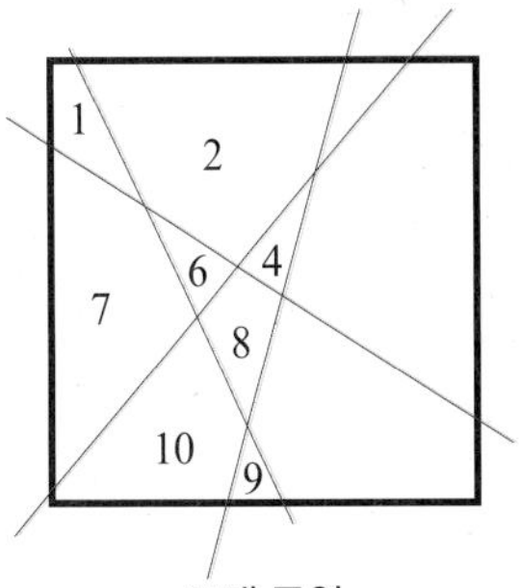

11개 구역

해설 6개 구역으로 나누기 위해서는 두 선이 만나는 점이 1개, 7개 구역은 2개, 8개 구역은 3개, 9개 구역은 4개, 10개 구역은 5개, 11개 구역은 6개이어야 한다.

문제 32 p.122

◆ 평가표

방법을 4개 이하 찾은 경우	3점
방법을 5개 이상 찾은 경우	5점

정답 및 해설

답

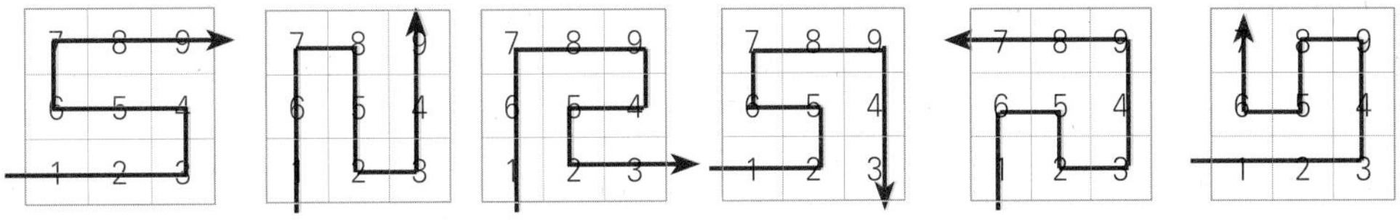

문제 33 p.123

정답 및 해설

답

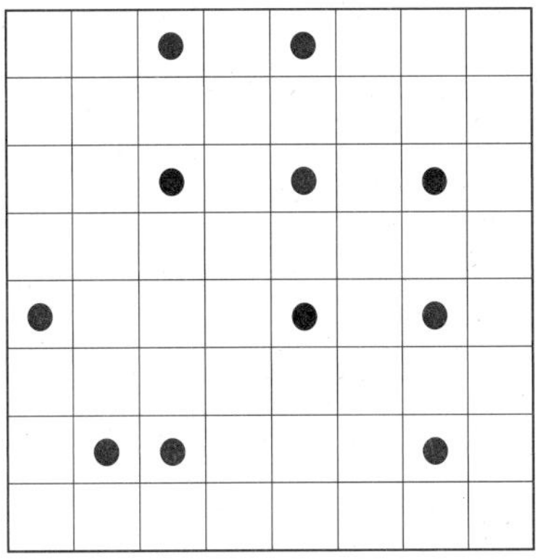

해설 이미 2개, 3개가 칠해진 점을 직선으로 연결을 하면, 주어진 조건에서 무한이가 눌러야 하는 버튼은 직선이 대부분 3개이상 지나는 점들이 된다. 따라서 선이 가장 많이 만나는 곳을 찾으면 오른쪽과 같으며 이때 주어진 조건도 모두 만족하게 된다.

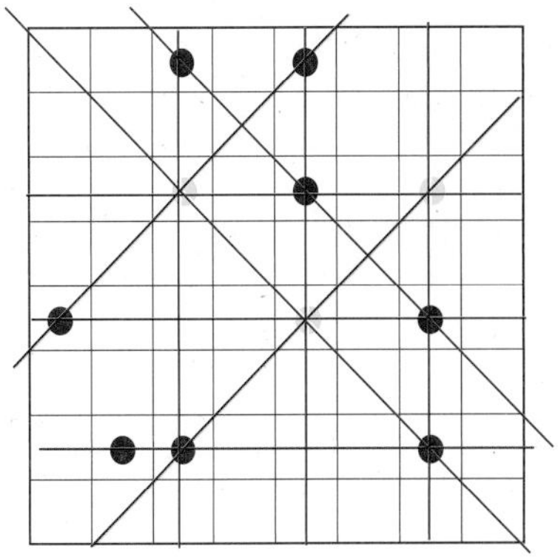

문제 34 p.124

정답 및 해설

답 [나이] 43살 [규칙] 주어진 숫자의 십의 자리는 숫자 앞의 칸 수, 일의 자리는 숫자 뒤의 칸 수

해설

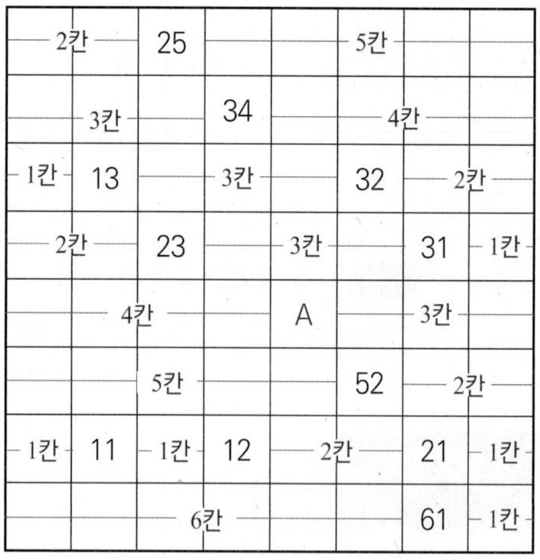

문제 35 p.125

◆ 평가표

(1) 채점 기준	
성냥개비 2개만 옮겨서 정사각형을 4개 만든 경우	1점

(2) 채점 기준	
성냥개비 3개만 옮겨서 정사각형을 4개 만든 경우	2점

(3) 채점 기준	
성냥개비 4개만 옮겨서 정사각형을 3개 만든 경우	2점

정답 및 해설

답

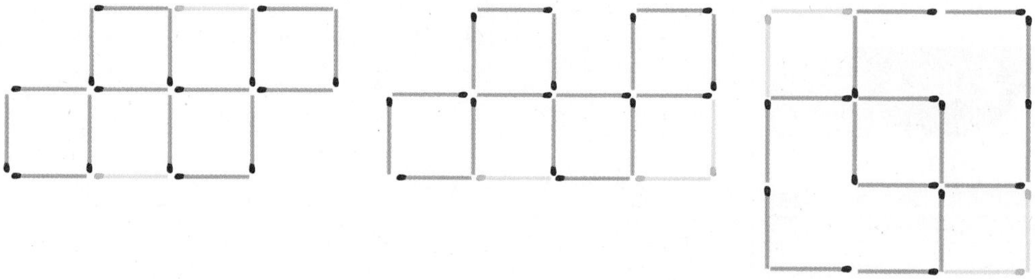

해설 (1)

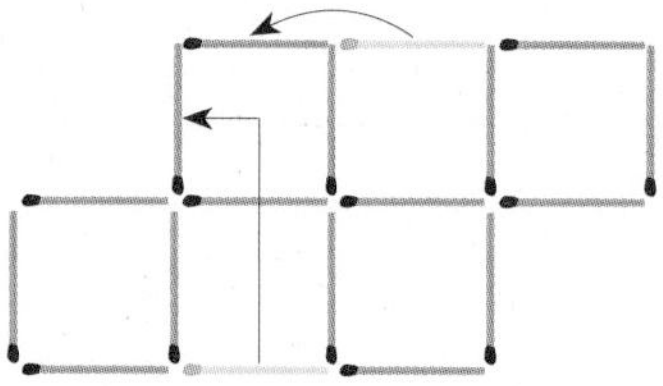

(2)

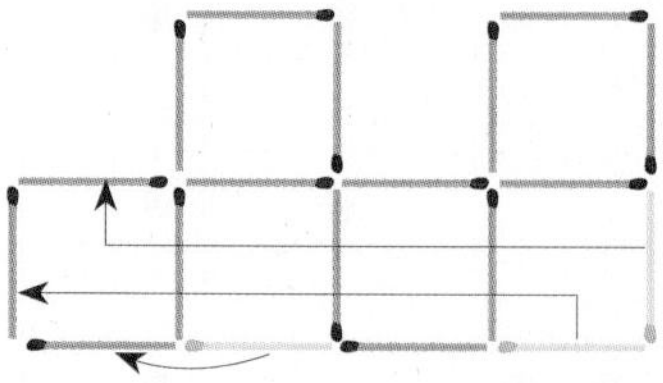

(3)

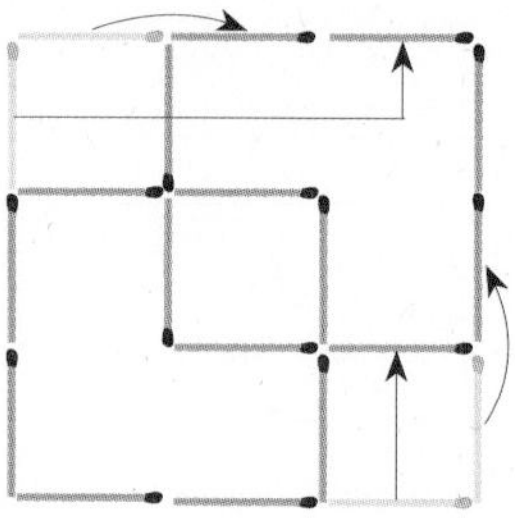

문제 36 p.126

정답 및 해설

답

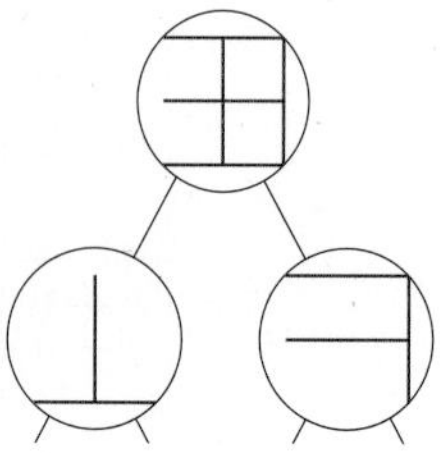

해설 두 개의 도형을 합한 후, 두 도형에서 공통된 선분은 없애고, 어느 한쪽에만 있는 선은 남아있는 규칙을 확인할 수 있다.

문제 37 p.126

정답 및 해설 답 (1) ④ (2) ④

해설 (1) 가로줄 규칙, 세로줄 규칙 = (첫 번째 도형 + 두 번째 도형) - 공통된 선분
(2) 가로줄 규칙, 세로줄 규칙 = 첫 번째 도형에서 두 번째 도형의 색칠된 부분의 도형 끼리 바뀐 도형이 세 번째 도형이 된다.

문제 38 p.127

정답 및 해설 답

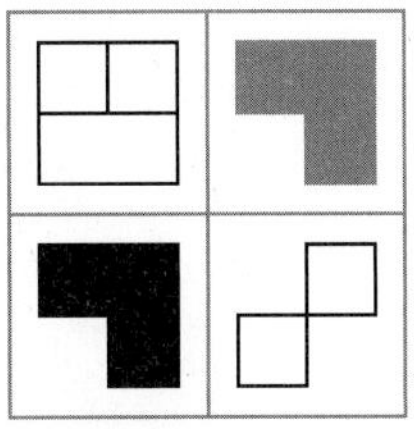

해설

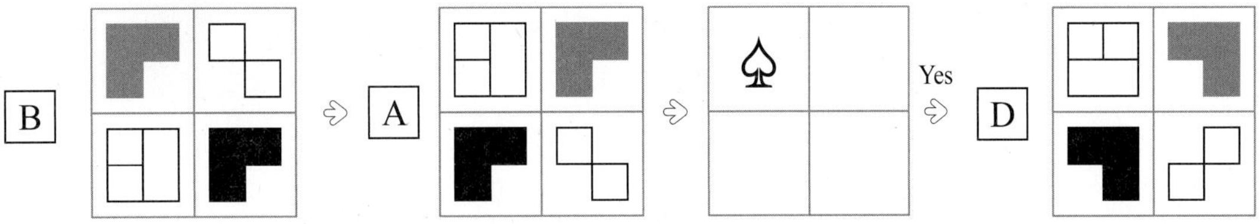

문제 39 p.128

정 답 답

1	3	5	4	7	2	8	9	6
4	6	2	1	9	8	7	3	5
8	7	9	3	5	6	2	4	1
6	9	8	7	1	5	3	2	4
5	4	3	8	2	9	1	6	7
7	2	1	6	4	3	9	5	8
3	8	4	2	6	1	5	7	9
9	1	7	5	3	4	6	8	2
2	5	6	9	8	7	4	1	3

문제 40 p.129

정 답 답

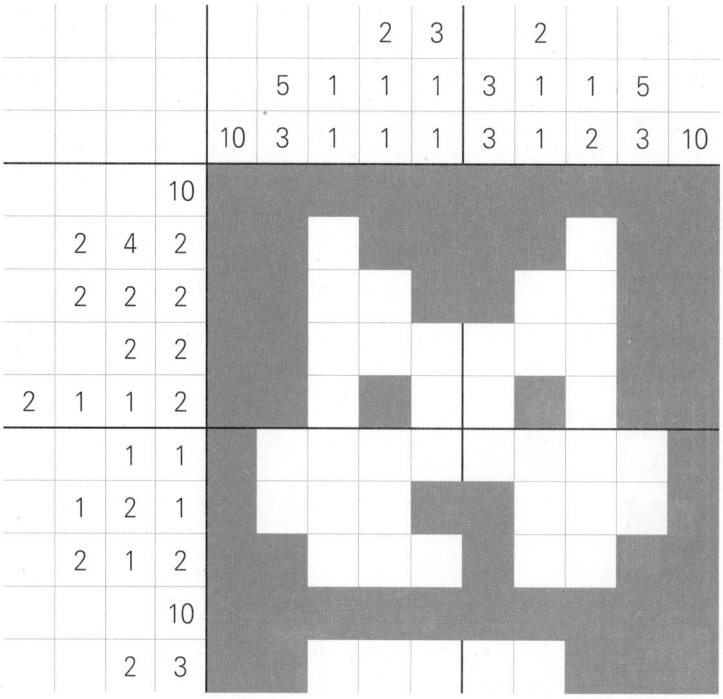

점수 통계

점수에 따른 **성취도 등급**

등급	1등급	2등급	3등급	4등급	5등급
평가	120점 이상	90점 이상 ~ 119점 이하	60점 이상 ~ 89점 이하	30점 이상 ~ 59점 이하	29점 이하

총점 200점

II 영재성 검사

05 과학 창의성

문제 01 p.130

단원 말미에서 성취도 등급을 확인하세요.

문항 분석 및 평가표

◆ 문항 분석 : 평면 거울에 의한 상은 크기가 같고 좌우가 반대인 것을 알고 있는지 지식적 측면을 평가하는 문항이다.

◆ 평가표

정답을 맞추지 못한 경우	0점
정답을 맞춘 경우	5점

정답 및 해설

답 ㉥

해설 평면거울에 의한 상은 크기가 같고 좌우가 반대이다. 따라서 ①번 거울에는 ㉠과 같이 비치고 ②번 거울에는 처음 같은 '68'과 같이, 즉 ㉥과 같이 비쳐진다. 거울이 몇장이 있더라도 ㉠과 ㉥의 되풀이가 계속되므로 ⑥번 거울로 보는 숫자는 '68' 이 된다.

문제 02 p.131

문항 분석 및 평가표

◆ 문항 분석 : • 일상생활 속에서 일어날 법한 현상이나 사건들에 대해 알고 있는 지식을 얼마나 잘 활용하여 문제를 해결하는지 평가하는 문항이다.
• 주변에서 일어나는 일들에 관심과 호기심을 가지고 '왜 그럴까?', '어떻게 이런 현상이 일어날까?' 와 같은 질문을 하고, 답을 찾아보는 연습이 문제 해결에 도움이 된다.

◆ 평가표

(1) 채점 기준

시든 이유만 설명한 경우	1점
같은 조건/다른 조건을 이야기 하고 이유를 설명한 경우	3점

(2) 채점 기준

(1) 과 상관없이 설명한 경우	1점
(1) 과 연관시켜 설명한 경우	2점

출제자 예시 답안

(1) 식물이 자라는데 필요한 3가지는 빛, 이산화 탄소, 물이다.
[시든 이유 ①] 거실 TV 옆에 놓은 화분이 시든 이유는 만약 같은 양의 물을 같은 시간 간격으로 주었다면 창틀에 놓인 화분에는 햇빛이 잘 든 반면, 거실 TV 옆에 놓인 화분에는 잘 자라기 위해 충분한 빛이 쪼여지지 않아 먼저 시들었을 것이다.
[시든 이유 ②] 만약 비슷한 양의 빛이 쪼여지고, 같은 양의 물을 같은 시간 간격으로 주었는데 거실 TV 옆에 놓은 화분이 먼저 시들었다면 그 화분에 충분한 이산화 탄소의 공급이 되지 않았기 때문이다. 창틀에 놓인 화분에는 충분한 환기가 되어 이산화 탄소의 공급이 원활하였지만 거실 공간에는 환기도 잘 안 되고 넓은 공간에 적은 사람이 모여 있어 식물이 광합성을 할 만큼 충분한 이산화 탄소가 있지 않았을 것이다.

(2) ① 물을 줄 때마다 화분을 베란다로 옮겨서 충분한 햇볕을 쪼여준다.
② 화분에 조명을 쪼여준다.

문제 03 p.132

문항 분석 및 **평가표**

◆ 문항 분석 : 실험 설계 시에는 독립 변인(조작 변인, 통제 변인)과 독립 변인에 의해 나타나는 결과인 종속 변인을 잘 설정해야 한다. 조작 변인이란 실험에서 변화시키는 요인, 통제 변인은 일정하게 유지하는 변인을 말한다.

◆ 평가표

(1) 채점 기준

가설/실험 과정이 올바르고 과학적 원리를 들어 이유를 설명한 경우	2점

(2) 채점 기준

A인 것만 맞춘 경우	1점
정답이 올바르고 적절한 이유를 설명한 경우	2점

(3) 채점 기준

문장 구성이 앞뒤가 맞도록 합리적으로 작성한 경우	1점

정답 및 해설

답 (1) 가설 : 같은 열을 가할 때 밀폐된 곳에서 온도 변화는 매우 클 것이다.

[실험 과정] ① 유리판을 덮지 않은 스티로폼 상자와 유리판을 엎은 스티로폼 상자를 준비한다. 단, 스티로폼 상자는 같은 것이어야 한다.

② 스티로폼 상자 위쪽으로 같은 세기의 LED 등을 설치한다.

③ 일정한 시간 간격으로 스티로폼 내부 온도 변화를 측정한다.

(2) 그래프 A의 온도 변화가 B보다 큰 것으로 보아 유리판을 덮은 스티로폼 상자는 A 인 것을 알 수 있다. 유리판이 덮여있지 않은 스티로폼의 경우 데워진 공기는 대류 현상에 의해 위로 올라가므로 공기 순환이 일어나서 내부 공기의 온도 변화가 아주 작게 된다. 반면에 밀폐된 곳의 공기는 열을 받으면 공기 순환이 일어나지 않기 때문에 온도 변화가 크게 된다.

(3) ① 여름철 차 안에서 질식 사고를 예방하기 위해서는 장시간 차 내부에 있게 되는 경우 반드시 창문이나 차 문을 열어두어야 한다.

② 그늘이나 지하에 차를 세워둔다.

문제 04 p.133

문항 분석 및 **평가표**

◆ 문항 분석 : 자신이 알고 있는 과학적 지식을 바탕으로 다양한 시각적 자료를 해석할 수 있는지를 평가하는 문항이다.

◆ 평가표

(가)와 (나)의 특징을 이용하여 1가지 변화된 모습을 설명한 경우	3점
(가)와 (나)의 특징을 이용하여 2가지 이상 변화된 모습을 설명한 경우	5점

정답 및 해설

답 만약 지구 온난화로 지구의 온도가 계속 상승한다면 사막 여우는 체온을 유지하기 위해 체온을 방출할 수 있는 몸의 말단 부위인 귀가 몸집에 비해 더 크게 진화하고, 북극 여우의 몸집은 점점 작아지고 귀는 점차 커진다. 또한 사막 여우와 북극 여우 모두 이상 기온에 의한 급격한 환경 변화에 적응하기위해 더 날렵한 몸을 갖게 된다.

해설 (가) 사막 여우는 (나) 북극 여우에 비해 몸집이 작고, 몸에 비해 귀가 매우 크다. 이는 더운 환경에서 살기 때문에 큰 귀를 통하여 몸의 열을 방출해서 체온을 유지할 수 있기 때문이다.

(나) 북극 여우는 사막 여우와는 달리 몸집이 비교적 크고 귀의 크기는 작다. 이는 추운 환경에 적응하기 위해 몸에 저장할 수 있는 에너지를 많게 하는 것과 동시에 외부로 빠져나가는 열의 양을 줄이기 위해서이다.

문제 05 p.134

문항 분석 및 평가표

◆ 문항 분석 : 제주도가 화산 활동으로 생성된 섬임을 알고, 화산 활동 시 생성되는 암석의 특징에 대해 알고 있는지 평가하는 문항이다.

◆ 평가표

암석의 특징과 생성과정을 관련지어 특징의 원인을 1, 2가지만 서술한 경우	3점
암석의 특징과 생성과정을 관련지어 특징의 원인을 모두 서술한 경우	5점

정답 및 해설

답 돌하르방은 현무암을 이용하여 만든다. 현무암은 마그마가 지표로 흘러나와 빠르게 식어 굳어진 화산암이다. 지표면에서 빠르게 식기 때문에 알갱이의 크기가 매우 작고, 마그마 속 가스 성분이 빠져나간 자리를 메우기도 전에 굳어 버리기 때문에 크고 작은 구멍이 생기고, 거친 표면을 갖게 된다.

해설 현무암은 마그마가 땅 위로 분출하거나, 지표 부근에서 빠르게 식어 굳어져 생긴 암석으로 화산과 마그마의 활동으로 만들어진 암석을 뜻하는 화성암에 속한다. 현무암은 대부분 검은색이나 회색으로 어두운 색을 띠며, 알갱이의 크기가 매우 작고, 표면은 매우 거칠거칠하며, 겉표면에는 크고 작은 구멍이 있다. 이러한 현무암의 구멍은 화산이 분출할 때 가스 성분이 빠져나간 자리로, 이때 가스가 빠져나간 자리를 메우기도 전에 굳어 버리기 때문에 구멍이 생기는 것이다.

문제 06 p.134

문항 분석 및 평가표

◆ 문항 분석 : 시각적 자료를 통해 육지거북과 바다거북의 차이를 비교하고, 그 차이가 발생한 이유에 대하여 추론해 보면 답을 구하기 쉽다.

◆ 평가표

차이점을 1가지만 설명한 경우	3점
차이점을 3가지 이상 설명한 경우	5점

정답 및 해설

답 ① 바다거북은 주로 해조류나 무척추 동물을 먹는 잡식성 식성을 보이지만, 육지거북은 건조한 환경 탓에 풀이나 수분이 풍부한 선인장을 먹는 초식성 식성을 보인다.
② 등갑의 모양은 바다거북이 육지거북보다 더 편평하다.
③ 바다거북은 바다에서 생활하기 때문에 발의 모양이 지느러미 형태를 띠고 있지만, 육지에 사는 육지거북은 물갈퀴가 없고 튼튼한 발과 발톱을 가지고 있다.

해설 ① 생활하는 곳 : 바다거북은 산란 시기를 제외한 전 생활사를 주로 바다에서 생활하며, 육지거북은 헤엄을 전혀 치지 못하고 전 생활사를 주로 건조한 지역에서 생활한다.
② 식성 : 바다거북은 주로 해조류와 무척추동물을 먹는 잡식성 식성을 보인다. 반면 육지거북은 풀이나 수분이 풍부한 선인장 등을 먹는 초식성 식성을 보인다.
③ 발의 모양 : 바다거북은 바다에서 생활하기 때문에 발의 모양이 헤엄치기 적합한 지느러미 형태를 띠고 있다. 육지거북은 주로 육지인 초원이나 숲 속에서 생활하기 때문에 물갈퀴가 없고 튼튼한 발과 발톱을 가지고 있다. 이렇게 육지거북은 살아가는 환경에 의해서 발가락은 짧고 물갈퀴는 대부분 퇴화되어 있으며 발톱과 발이 매우 발달되어 있다. 육지거북의 뒷다리는 코끼리와 같은 원기둥형이며 앞다리는 다소 편평하고 커다란 골질판으로 보호되고 있다.
④ 등갑의 모양 : 바다거북의 등갑은 약간 편평한 데 비해서 육지거북은 등껍질이 아치형이나 반구형으로 많이 휘어져 있어서 뒤집히면 다시 일어나지 못해 죽는 경우도 있다. 육지거북의 등갑이 무겁고 아치형으로 되어 있는 이유는 숨을 수 있는 공간이 한정적인 육지에서 등갑을 더 무겁고 단단하게 발달시켜 천적의 위험으로부터 피하기 위한 것이다. 그러나 바다거북은 바다에서만 생활하기 때문에 더 빠르게 유영하기 위하여 등갑이 편평한 형태로 물의 저항을 덜 받는 구조로 되어 있다.

문제 07 p.135

문항 분석 및 평가표

◆ 문항 분석 : • 일상생활 속에 적용되고 있는 과학적 원리를 어떻게 연결하여 생각할 수 있는지를 평가하는 문제이다.
• 평소에 과학 지식을 새로운 문제 상황과 연관 지어 생각해 보는 연습이 문제 해결에 도움이 된다.

◆ 평가표

답을 맞추었지만 이유에 대한 설명이 부족한 경우	2점
답을 맞추고 이유에 대한 과학적 설명이 적절한 경우	5점

출제자 예시 답안

(1) ③

(2) 사람은 움직이지 않고 가만히 있어도 체온을 유지하기 위해 영양분을 사용한다. 영양분을 사용하면 그만큼 몸무게는 줄어들게 된다. 음식물을 먹는 데는 어느 정도 시간이 걸리고, 팔을 움직이고 오물오물 씹는 운동을 하게 되며, 그 사이에도 영양분이 소비되어 몸무게가 줄어들게 된다. 따라서 몸무게가 40kg인 사람이 500g의 음식물을 먹고 난 뒤 몸무게는 45.5 kg 보다는 덜 나간다.

문제 08 p.135

문항 분석 및 평가표

◆ 문항 분석 : 무중력 상태에서 일어나는 현상과 연소의 조건을 알고 있는지 평가하는 문항이다.

◆ 평가표

중력과 대류 현상을 관련지어 이유만 서술한 경우	2점
중력과 대류 현상을 관련지어 이유를 서술하고, 불이 꺼지지 않는 적절한 방법까지 제시한 경우	5점

출제자 예시 답안

[불이 금방 꺼지는 이유] 우주정거장은 사람이 사는 데 필요한 공기는 가득 차 있으므로 양초에 불을 붙일 수 있다. 하지만 중력이 작용하지 않으므로 공기의 대류 현상이 일어나지 않는다. 따라서 양초 주위의 산소가 소모되면 더는 산소가 공급되지 않고 이산화 탄소만 발생하기 때문에 불이 금방 꺼지는 것이다.

[불이 꺼지지 않기 위한 방법] ① 새로운 공기가 양초 주위에 공급될 수 있도록 바람을 살살 불어준다. ② 산소 공급기를 이용하여 불이 꺼지지 않을 만큼 촛불 주위에 산소를 살살 공급해준다.

해설 우주정거장과 같이 무중력 상태인 곳에서 일어나는 현상들은 다음과 같다.

① 위치 감각을 잃는다. : 중력의 작용으로 우리 귓속에 있는 반고리관이라는 곳에서 중심을 잡고 우리 몸의 위치를 잡을 수 있는데 그런 중력이 없기 때문에 우주 멀미가 난다. 또한, 몸이 기울어졌는지 똑바른지 위치를 감각하는 것은 귀의 안쪽(내귀)에 있는 전정기관에서 중력의 자극으로 감각할 수 있다. 그렇지만 무중력 하에서는 몸이 기울어도 뒤집혀도 그것을 느낄 수가 없다.

② 얼굴이 부어오른다. : 우리 몸의 체액은 중력의 영향으로 발 쪽에 많이 퍼져 있다. 중력이 없게 되면 체액이 몸 전체에 골고루 퍼지게 되면서 상대적으로 머리 쪽으로 많이 몰리게 되어 얼굴이 부어오르게 된다.

③ 액체는 완전한 구의 모양으로 떠 다닌다. : 물방울은 액체 분자가 서로 잡아당기는 표면장력 때문에 구를 이루게 되지만 중력 하에서는 표면장력 이외에 중력이 작용하기 때문에 낙하할 때는 위쪽이 약간 뾰족한 모양이 되고 바닥에서는 평평한 모양이 된다. 그렇지만 무중력 상태에서는 완전한 구의 모양을 할 수 있다.

④ 대류 현상이 없다. : 대류란 상대적으로 따뜻해진 공기나 물은 가벼워서 위로 올라가고 차가운 것은 무겁기 때문에 아래로 내려오는 현상이다. 여기서 무겁다는 것과 가볍다는 의미가 중력 때문에 생기는 것이므로 무중력 하에서는 무게의 의미가 없고 그렇기에 공기의 대류 현상도 일어나지 않는다.

문제 09 p.136

문항 분석 및 평가표

◆ 문항 분석 : 자신이 알고 있는 과학적 지식을 문제와 연결하여 생각할 수 있는지를 평가하는 문제이다.

◆ 평가표

이유 없이 얼음이 들어 있는 쪽으로 기울어진다고 대답한 경우	2점
과학적 원리를 들어 설명한 경우	5점

출제자 예시 답안

저울은 얼음이 들어있는 쪽으로 기울어진다. 그 이유는 시간이 지날수록 물은 증발하여 공기 중으로 날아가지만, 얼음이 들어있는 컵에는 차가운 얼음으로 인하여 컵 주위에 수증기가 응결하여 물방울이 생기게 된다. 따라서 물이 들어있는 쪽의 무게는 점점 가벼워지고, 얼음이 든 컵 쪽의 무게는 상대적으로 점점 무겁게 되므로 얼음이 들어있는 쪽으로 저울이 기울어지게 된다

문제 10 p.136

문항 분석 및 평가표

◆ 문항 분석 : 철과 나무의 성질과 그 차이점을 알고, 이를 바탕으로 열전도율의 차이를 확인하는 방법을 창의적으로 제시할 수 있는지를 평가하는 문항이다.

◆ 평가표

열전도율의 차이를 확인할 수 있는 방법만 적은 경우	2점
열전도율의 차이를 확인할 수 있는 방법을 단계별로 상세히 적은 경우	5점

출제자 예시 답안

[방법 1] ① 각 판 위에 일정한 간격으로 과녁과 같은 원을 그린다.
② 각 판 위의 간격마다 촛농을 떨어뜨린다(높은 온도에서 색이 변하는 스티커를 붙인다).
③ 각 판의 중앙을 가열하면서 가장 끝에 있는 촛농이 녹을 때까지 걸린 시간(스티커의 색이 변할 때 까지 걸린 시간)을 비교한다.

[방법 2] ① 각 판의 한 쪽 끝을 가열한다(또는 뜨거운 물체를 접촉시킨다).
② 각 판의 반대쪽 끝의 온도를 시간에 따라 측정한 후 비교한다.

문제 11 p.137

문항 분석 및 평가표

◆ 문항 분석 : 자료에 적용되고 있는 과학적 원리를 문제와 연결하여 생각할 수 있는지를 평가하는 문제이다.

◆ 평가표

(1) 채점 기준

1 ~ 2가지 사실을 서술한 경우	1점
3가지 이상 사실을 서술한 경우	2점

(2) 채점 기준

이로운 점을 1 ~ 2가지 서술한 경우	2점
이로운 점을 3가지 이상 서술한 경우	3점

출제자 예시 답안

(1) ① 기공은 대체로 잎의 뒷면에 더 많은 수가 분포한다.
② 외떡잎 식물 - 옥수수, 보리 → 대체로 쌍떡잎 식물의 기공의 수가 외떡잎 식물보다 더 많다.
③ 물에 사는 식물(수련)은 앞면에만 기공이 분포한다.

(2) ① 물에 사는 식물의 기공은 물의 반대쪽, 즉 앞면에 기공이 분포함으로써 증산 작용이 잘 일어나도록 한다.
② 앞면의 기공이 막혀도 뒷면의 기공으로 정상적인 기공의 역할을 수행할 수 있다.

③ 외부로 노출된 앞면보다 뒷면에 대체로 기공의 수가 많이 분포함으로써 공기 중의 미세 물질들로부터 기공이 막히거나 손상되는 가능성이 줄어든다.

해설 기공이란 식물의 표피 조직으로 2개의 공변 세포로 이루어진 구멍이다. 주로 잎의 뒷면에 분포하며, 기체(이산화 탄소, 산소, 수증기)의 출입이 일어나는 기체 교환의 장소이다.

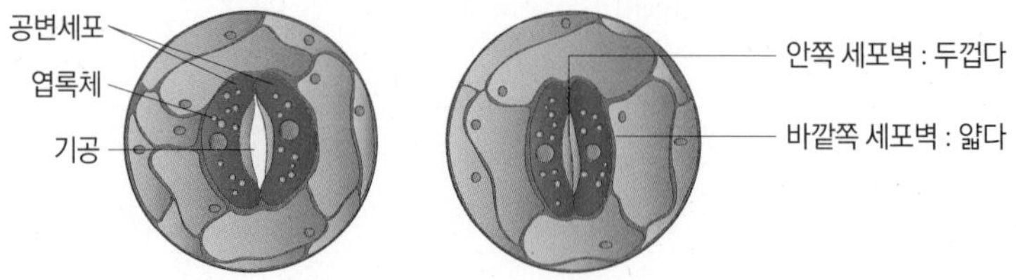

▲ 열린 상태(낮) ▲ 닫힌 상태(밤)

위의 그림과 같이 공변세포에 의해 기공이 열리거나 닫혀서 증산 작용(식물체 내의 물이 기공을 통해 수증기 형태로 증발되는 현상)이 조절된다.

문제 12 p.138

문항 분석 및 평가표

◆ 문항 분석 : 직렬 연결과 병렬 연결의 차이점을 이해하고 있는지를 평가하는 문항이다.

◆ 평가표

회로의 구성이 조건을 만족하지 않은 경우	0점
회로를 올바르게 구성한 경우	5점

정답

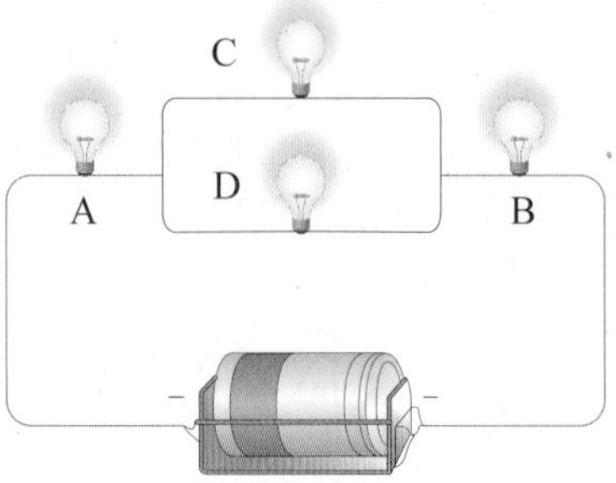

문제 13 p.138

문항 분석 및 평가표

◆ 문항 분석 : • 고무 바퀴와 나무 바퀴의 차이를 다양한 관점에서 찾고(융통성), 이를 정교하게 설명할 수 있는지를 평가하는 문항이다.
• 평소에 물건의 특성을 생각해 보고 좀 더 좋게 만들기 위해 어떻게 하면 좋을지 생각해 보는 연습이 이러한 문제 해결에 도움이 된다.

◆ 평가표

이유만 설명한 경우	3점
과학적 원리를 들어 이유를 설명하고, 장점을 바르게 서술한 경우	5점

출제자 예시 답안

나무로 된 바퀴는 거친 길에서 부서지기가 쉽고, 바퀴 테두리가 쉽게 닳는 단점이 있다. 이를 보완하기 위해 바퀴 테두리를 짐승 가죽이나 금속 등으로 씌워 보호하기 시작하였고, 고무가 발명되면서 고무 재질로 대체되게 되었다. 고무는 나무나 금속처럼 땅에서 잘 미끄러지지 않았고, 차체에 충격도 덜 전달하는 장점이 있다.

문제 14 p.139

문항 분석 및 평가표

◆ 문항 분석 : 주어진 자료와 과학적 지식을 바탕으로 심해 환경을 과학적으로 추리하여 나타낼 수 있는지를 평가하는 문항이다.

◆ 평가표

과학적 근거를 들어 이유를 1가지만 서술한 경우	3점
과학적 근거를 들어 이유를 2가지 이상 서술한 경우	5점

출제자 예시 답안

바닷속으로 깊게 들어갈수록 압력이 높아지고, 빛의 양이 매우 적어지며, 온도가 매우 낮아 식물이 발달하지 않으므로 먹이가 부족한 환경일 것이다. 따라서 강한 입과 턱을 가지고서 잡은 먹이를 놓치지 않고, 먹이를 잡기 수월하도록 입도 매우 크다. 또한, 어렵게 잡은 먹이를 한번 먹으면 오랫동안 먹지 않고 생활할 수 있도록 몸의 크기에 비해 위의 크기가 크다.

해설 심해어는 수압을 견디기 위해 매우 느린 속도로 헤엄치며, 크기는 대부분 아주 작다. 높은 수압 때문에 눈이 튀어나온 물고기가 많다. 미약한 빛을 이용하는 물고기는 눈이 굉장히 발달하였지만, 빛을 전혀 이용하지 않는 물고기는 눈이 퇴화되어 버렸다.
대부분의 심해 무척추동물은 어류의 부레나 사람의 허파와 같이 압력을 받으면 수축하는, 기체가 들어있는 기관이 없으므로 높은 수압에 그다지 영향을 받지 않는다. 심해어류는 부레 대신 몸 안에 가벼운 기름을 많이 가지고 있어 부력을 조절한다. 또 심해 생물은 수축이 잘 안 되는 수분을 상대적으로 많이 가지고 있어 높은 압력에서도 잘 견딜 수 있다.
심해에 사는 생물 가운데는 빛을 내는 것이 많다. 도끼고기는 배 주위에 있는 발광세포에서 빛을 내기 때문에, 빛이 반짝이는 수면을 배경으로 하면 포식자의 눈에 잘 띄지 않는다. 심해아귀는 이마에 난 낚싯대 모양의 돌기에서 빛을 내어, 먹이를 유인하여 잡아먹는다. 희미한 빛이 있는 박광층에 사는 생물은 유리오징어처럼 투명하거나 심해 새우처럼 붉은 색이 많다. 투명하면 몸이 보이지 않고, 푸른빛이 감도는 곳에서 붉은 빛을 가진 생물은 검게 보이기 때문이다.

▲ 도끼고기

▲ 심해아귀

문제 15 p.140

문항 분석 및 평가표

◆ 문항 분석 : 주어진 자료를 보고, 그 자료에서 나타난 물질의 특성을 알아내고, 이를 실생활에 적용한 후 문제를 해결할 수 있는 창의적인 방법을 제시할 수 있는지를 평가하는 문항이다.

◆ 평가표

과학적 근거를 무시하고 해결 방안만 제시한 경우	3점
과학적 근거를 들어 이유를 설명하고, 그 해결 방안을 제시한 경우	5점

출제자 예시 답안

식물은 밤에 빛이 없기 때문에 호흡을 통해 이산화 탄소를 공기 중으로 배출한다. 따라서 밀폐된 방 안의 공기 중 이산화 탄소 농도가 높아지게 되고, 결국 무한이 주위는 산소가 부족해진다. 산소가 체내로 유입이 잘 안 되면 산소 없이 체내의 글리코젠을 분해하여 에너지를 생성(무산소 호흡)하기 때문에 그 결과 피로 물질인 젖산이 발생하므로 자고 난 후에도 피로감을 느끼는 것이다. 따라서 피로가 쌓이지 않게 하기 위해서는 식물 근처에 스탠드를 켜 놓아 광합성이 일어날 수 있도록 하거나, 산소가 들어 있는 공기 통을 실내에 가져다 놓고 조금씩 새어 나오도록 조작한다. 또는 어두운 밤에 광합성을 하는 선인장, 알로에, 산세베리아 같은 다육식물을 함께 둔다.

문제 16 p.141

문항 분석 및 평가표

◆ 문항 분석 : 백반 결정에 차이가 나는 이유를 먼저 정리한 후, 제시된 실험 준비물과 연관지어 보면 답을 구하기 쉽다.

◆ 평가표

결정의 크기가 차이가 난 이유만 서술한 경우	2점
실험 과정과 관련지어 1 ~ 2 가지 설명한 경우	3점
실험 과정과 관련지어 3 가지 이상 설명한 경우	5점

출제자 예시 답안

① 같은 양의 물을 이용하여 무한이는 알코올 램프를 이용하여 물을 끓이면서 계속 백반을 녹였지만, 상상이는 찬물에 그냥 백반을 녹였기 때문에 상상이의 결정이 더 작게 만들어졌다. 물의 양이 같을 때 물의 온도가 높을수록 더 많은 백반이 녹으므로 무한이의 결정이 더 크게 생성된 것이다.
② 같은 양의 물에 같은 양의 백반을 녹였을 경우, 무한이는 스티로폼 상자 속에 실험 장치를 넣어서 실험하고, 상상이는 실온에서 그냥 실험했기 때문에 상상이의 결정이 더 작게 만들어졌다. 백반이 녹아있는 물이 천천히 식을수록 결정이 더 크게 생성되기 때문이다.
③ 같은 양의 물에 백반을 녹일 때 무한이는 포화 상태의 용액을 만들었지만, 상상이는 포화 상태의 용액을 만들지 않았기 때문에 상상이의 결정이 더 작게 만들어졌다.
④ 무한이가 상상이 보다 더 오랜 시간이 지난 후에 비커에서 결정을 꺼냈다.

해설 물의 양과 녹인 백반의 양, 식힐 때의 속도와 온도가 달라지면 백반 결정의 크기가 달라지며, 물에 녹아있는 백반의 양이 많을수록 더 크게 생긴다.

문제 17 p.141

◆ 평가표 : 실현 불가능하거나 허황된 방법은 평가하지 않는다.

실험 방법을 1가지 서술한 경우	2점
실험 방법을 2가지 서술한 경우	3점
실험 방법을 3가지 서술한 경우	5점

출제자 예시 답안

(1) ① 개미를 채집한 후, 먹이를 제공하였을 때 먹이를 가지고 집으로 이동하는 경로를 확인한다.
② 개미의 더듬이를 제거한 다음 집으로 이동하는 경로를 확인한다.
(2) ① 밝은 곳에서 개미가 먹이를 가지고 집으로 이동하는 경로를 확인한다.
② 빛이 거의 없는 어두운 곳에서 개미가 먹이를 가지고 집으로 이동하였는지 확인한다.
(3) ① 밝은 곳에서 개미가 먹이를 가지고 집으로 이동하는 경로를 확인한다.
② 어두운 곳에서 개미가 먹이를 가지고 집으로 이동하는 경로를 확인한다.
③ 개미의 더듬이를 제거한 다음 ①, ② 과정을 반복한다.

해설 곤충에게 있는 더듬이는 촉각, 후각, 기타 화학 물질을 접촉해서 알아내는 접촉화학각 등의 기능을 지니고 있다. 개미는 시력이 나쁘므로 이동을 할 때는 더듬이의 기능 중 후각을 이용해서 이동하게 된다. 개미가 더듬이로 느끼는 후각은 매우 뛰어나다. 그래서 멀리서 냄새가 나도 더듬이로 후각을 느껴서 그쪽으로 방향을 잡는다. 그리고 이동하면서 장애물 등의 방해 요소는 더듬이가 끊임없이 움직이면서 촉각의 기능으로 그 위치를 파악해서 피해 간다. 또한 개미들끼리 이동 시에는 개미는 페로몬 계열의 물질을 많이 배출하는데 이 냄새를 이용하여 더듬이를 통해 후각이 발동하고 후각으로 방향을 잡으면서 이동한다.

문제 18 p.142

문항 분석 및 평가표

◆ 문항 분석 : 평소에 하나의 상황에 대하여 여러 가지 측면으로 생각해보는 것이 문제 해결에 도움이 된다.

◆ 평가표

(1) 채점 기준

적절한 이유를 서술하지 못한 경우	0점
이유를 바르게 서술한 경우	3점

(2) 채점 기준

정답을 맞추지 못한 경우	0점
정답을 맞춘 경우	2점

정답 및 해설

답 (1) 냉장고에 페트병을 넣으면 페트병 속의 공기가 열을 잃고 차가워진다. 공기는 열을 잃으면 부피가 줄어드는 성질이 있다. 부피가 줄어들면 페트병 속의 기압(공기가 누르는 힘)이 낮아지기 때문에 페트병이 찌그러지는 것이다.

(2) ⑤

해설 ① 외부에서 힘을 작용하면 물체의 모양이 변한다.

② 더운 날에 마당에 물을 뿌리면 시원해지는 것은 물이 증발하여 수증기가 되면서 주변의 열을 빼앗기 때문이다.

③ 입을 벌리고 입김을 천천히 불면 따뜻한 바람이 나오고, 입을 오므리고 세게 불면 찬 바람이 나온다. 즉, 압력과 부피에 따라 입안 온도가 변한다. 입을 오므리고 입김을 세게 불면 입안의 공기가 좁은 통로를 거쳐 강한 압력으로 빠져나온다. 입 밖으로 나온 공기는 넓고 압력이 낮은 곳을 만나면 순간적으로 팽창한다.
일반적으로 공기가 팽창하려면 외부에서 열을 받아야 한다. 하지만 이 경우처럼 외부의 열을 받을 새도 없이 팽창할 때도 있다. 외부와 열교환이 없는 상황에서 팽창이 일어나는 현상을 '단열팽창'이라고 한다. 기체의 내부 에너지는 온도와 비례한다.
공기가 단열팽창할 때는 자신의 내부 에너지를 쓰기 때문에 에너지가 감소한 만큼 공기의 온도는 낮아진다. 뜨거운 라면을 식힐 만한 차가운 입김이 만들어지는 순간이다. 반면, 하품할 때처럼 입을 벌리고 천천히 입김을 불면 압력이나 부피가 크게 변하지 않는다. 그 결과 입안의 따뜻한 공기가 그대로 손바닥에 와 닿아 따뜻한 입김이 된다.

④ 액체였던 물은 고체인 얼음으로 변하면서 부피가 증가한다.

⑤ 여름철 뜨거운 날씨에 의해 레일이 열팽창(금속의 부피 팽창)하는 것을 대비하여 레일과 레일 사이는 약간 틈을 주어야 한다.

문제 19 p.143

◆ 평가표

(1) 채점 기준

거름 방법이 아닌 분리 방법을 쓴 경우	0점
거름 방법을 쓴 경우	2점

(2) 채점 기준

적절한 예를 1 ~ 2 가지만 쓴 경우	1점
적절한 예를 3가지 이상 쓴 경우	3점

출제자 예시 답안

(1) 거름 방법

(2) ① 정수기는 오염 물질을 걸러준다.
② 염전에서 소금을 분리한다.
③ 막걸리를 끓여 청주만 분리한다(증류).
④ 녹차 티백을 따뜻한 물에 넣고 우려먹는다(추출).
⑤ 원두 가루를 넣고 드립해서 먹는 경우 커피가 추출된다.
⑥ 원유의 끓는점 차이를 이용하여 LPG, 가솔린, 등유, 경유 등으로 분리한다.

해설 (1) 두부를 만드는 과정 중 ③ 콩물 걸러내기 과정에서는 입자의 크기 차이를 이용한 거름 방법이 이용되었다.

(2) 둘 이상의 물질이 본래의 성질을 잃지 않고 섞여 있는 물질을 '혼합물'이라고 한다. 혼합물은 섞인 물질의 성질 차이를 이용해서 여러 가지 방법으로 분리할 수 있다.

① 크기 차이 : 흙탕물을 흙과 물로 분리 → 물 분자는 크기가 작아 거름종이를 통과하지만, 흙 알갱이는 커서 통과하지 못한다.

② 밀도 차이 : 물과 식용유의 분리 → 기름의 밀도는 물보다 작으므로 물과 식용유를 섞으면 식용유는 위에, 물은 아래에 가라앉으면서 두 개의 층이 생긴다. 이때 스포이트로 식용유를 빨아들이면 쉽게 분리할 수 있다.

③ 끓는점 차이 : 소금물의 분리 → 바닷물을 끓이면, 소금과 물의 끓는점이 다르므로 물이 먼저 끓어 증발하고 소금만 남는다.

④ 용해도 차이 : 소금과 모래 분리 → 소금과 모래가 섞인 혼합물에 물을 넣으면 소금은 물에 녹고 모래는 녹지 않는, 용해도 차이로 분리할 수 있다.

⑤ 이동 속도 차이 : 사인펜의 색소 분리 → 종이의 한쪽 끝에 사인펜으로 점을 찍은 뒤 점이 찍힌 쪽의 아랫부분을 물에 담그면 물이 종이에 흡수되면서 사인펜의 색소가 분리된다. 색소마다 물을 따라 이동하는 속도가 다르므로 각각의 색소가 분리되는 것이다.

문제 20 p.144

문항 분석 및 평가표

◆ 문항 분석 : 평소에 다양한 과학적 원리를 많이 이해하도록 하고, 자기가 이해한 원리를 문제 해결에 활용할 수 있도록 새로운 문제 상황과 연관 지어 새롭게 사고해 보는 연습이 문제 해결에 도움이 된다.

◆ 평가표

적절한 이유를 서술하지 못한 경우	0점
이유를 바르게 서술한 경우	5점

출제자 예시 답안

심한 운동을 할 때는 많은 에너지를 소모하므로 그만큼 에너지를 계속 공급해 줘야 한다. 이러한 에너지를 만들기 위해서는 영양분과 산소가 필요하며, 만들어진 양분과 산소를 세포에 빨리 전달해 주어야 한다. 따라서 호흡수와 심장의 박동수가 증가하는 것이다.

해설 평상시 심장에서 나온 혈액이 우리 몸을 한 바퀴 돈 후, 다시 심장으로 되돌아오기까지는 약 25초가 걸린다. 반면에 심한 운동을 할 때 혈액이 우리 몸을 한 바퀴 도는 시간은 약 7 ~ 8초로 이는 평소보다 심장의 운동량이 7 ~ 8배에 달하기 때문이다.

문제 21 p.144

◆ 평가표

(1) 또는 (2) 중 1개의 이유만 적절하게 서술한 경우	2점
(1), (2) 이유를 모두 적절하게 서술한 경우	5점

출제자 예시 답안

(1) 술이 뜨거운 프라이팬에 들어가면 열을 흡수하여 기화가 되고, 기화된 알코올의 발화점이 프라이팬 온도보다 낮으므로 연소하면서 불이 붙는다.

(2) 채소에 포함된 수분이 기화하면서 열을 흡수하기 때문에 발화점 이상의 온도를 유지할 수 없어서 채소에는 불이 붙지 않는다.

해설 어떤 물질이 연소가 되기 위해서는 불에 탈 수 있는 물질과 산소가 있어야 하고, 발화점 이상의 온도가 유지가 되어야 한다.

문제 22 p.145

문항 분석 및 평가표

◆ 문항 분석 : 노을이 지는 원리를 알고, 편서풍 지대에 있는 우리나라의 지리적 위치를 이해하고 있는지를 평가하는 문항이다.

◆ 평가표

과학적으로 서술하지 못한 경우	0점
과학적 원리를 적절하게 서술한 경우	5점

출제자 예시 답안

우리나라는 편서풍 영향을 받는 지역이므로 내일 날씨를 알고 싶으면 서쪽 하늘을 봐야 한다. 서쪽 하늘에 생기는 저녁 노을은 서쪽 하늘에 먼지가 많다는 것을 의미하며, 먼지가 많다는 것은 날씨가 좋다는 뜻이다. 비가 오면 먼지가 일지 않아 하늘이 깨끗해지고 노을이 생기지 않기 때문이다. 따라서 저녁 노을이 생기면 다음 날 날씨가 좋다.

해설 노을은 햇빛이 공기 중을 길게 통과할 때 빛의 파장이 긴 붉은 빛만 멀리까지 와서 붉게 보이는 것이다. 이는 파장이 짧은 푸른색이 산란되어 버리지만 파장이 긴 붉은색의 빛은 산란되지 않고 관측자에게 도달하기 때문이며 구름과 같은 미립자가 적어야 하므로 서쪽 하늘의 날씨가 맑아야 나타난다.

우리나라는 중위도 지역으로 이 지역은 연중 편서풍의 영향을 받는 지역이다. 따라서 구름이나 저기압, 고기압 등의 기상 현상은 서쪽에서 동쪽으로 움직이므로 우리나라의 내일 날씨를 알고 싶다면 서쪽 하늘을 봐야 한다.

문제 23 p.145

문항 분석 및 평가표

◆ 문항 분석 : 매우 온도가 낮은 물체 주변에서 일어나는 현상에 대하여 생각해 본다면 답을 구하기 쉽다.

◆ 평가표

적절한 이유를 서술하지 못한 경우	0점
이유를 바르게 서술한 경우	5점

출제자 예시 답안

냉장고에서 꺼낸 아이스 바는 온도가 매우 낮으므로 물기가 있는 물체인 혀가 닿게 되면 급격히 온도가 같이 떨어지면서 얼어 붙으므로 아이스 바가 혀에 달라붙는 것이다.

해설 냉동실 온도는 실내 온도보다 매우 낮아서 냉동실에서 꺼내는 얼음이나 그릇의 경우 영하 수십도에 이른다. 따라서 이런 용기에 닿으면 급격히 온도가 떨어지고, 물기가 있는 물체는 같이 얼어버리게 된다. 우리가 손이나 혀로 냉동실에 있는 물건을 꺼낼 때 침이나 손가락 끝에서 분비되는 땀에 의한 수분이 얼음면과 맞닿아 일시적으로 얼어버리게 되는 것이다. 이처럼 아주 차가운 물체에 의해서 일시적으로 냉동되는 현상의 또 다른 예로 아이스 바를 꺼내어 봉지를 열면 일시적으로 아이스 바의 주위에 하얗게 얼음층이 생기게 되는 경우가 있다. 이것은 공기 중에 있는 수증기 입자가 아이스 바의 표면에서 얼어버리기 때문이다.

문제 24 p.146

◆ 평가표

(1) 채점 기준

부피를 측정할 수 있는 실험만 설계한 경우	2점
부피를 측정할 수 있는 실험과 주의해야할 점 모두 설명한 경우	3점

(2) 채점 기준

부피를 측정할 수 있는 아이디어를 1가지 서술한 경우	1점
부피를 측정할 수 있는 아이디어를 2가지 이상 서술한 경우	2점

출제자 예시 답안

(1) [실험 방법] ① 스티로폼 공을 15cm 나무 꼬치에 끼운다.
② 투명한 플라스틱 컵에 절반 정도 물을 채운 후, 검은색 유성펜을 이용하여 물의 높이를 표시한다.
③ ①을 플라스틱 컵에 잠길 때까지 넣는다.
④ ②에서 표시한 곳까지 물의 높이가 낮아지도록 눈금 있는 주사기를 이용해서 물을 빼낸다.
⑤ 주사기 속에 채워진 물이 가리키는 눈금이 스티로폼 공의 부피가 된다.

[주의할 점] 나무꼬치의 부피가 포함되면 안되기 때문에 물에 잠기지 않도록 해야 한다.

(2) ① 욕조에 물을 가득 채운 후 잠수를 하였을 때 욕조 밖으로 넘친 물의 양을 측정한다.

② 물을 채운 후 욕조의 가로 × 세로 길이와 물의 높이를 측정한다. 물을 채운 욕조에 잠수하였을 때 늘어난 물의 높이를 측정하여 부피를 계산한다.

문제 25 p.147

문항 분석 및 평가표

◆ 문항 분석 : 일반적인 육지와 다른 바닷가의 환경을 먼저 정리해보고, 이를 극복할 수 있는 여러 가지 방법을 찾아본다.

◆ 평가표

올바른 조건만 서술한 경우	3점
바닷가의 환경과 조건을 연관지어 서술한 경우	5점

출제자 예시 답안

① 염생식물은 강한 바닷 바람에 잘 견디고, 바닷 바람에 운반되는 소금기가 침투하지 못하도록 잎이 두껍고 튼튼해야 한다.

② 염생식물은 모래와 같이 건조한 환경에서 자라므로 뿌리를 땅속 깊이 내려야 한다.

③ 염생식물은 식물 내로 침투하는 염분 농도를 조절하기 위한 특수 조직이 있어야 한다.

해설 바닷가는 강한 바람, 날리는 바닷물과 해무, 뜨거운 햇빛, 침수, 염분 섞인 지하수 등의 영향을 늘 받는 곳이다. 따라서 다음과 같은 특징을 갖는다.

① 강한 바람에 잘 견디도록 대부분 키가 작고 옆으로 누워서 자라거나 바닥을 기며, 잎이 내륙의 같은 과 식물에 비해 두껍고 표면적이 적은 바늘 같은 모양이다. 큐틴질이 발달한 두꺼운 잎 표면은 매끄럽고 반짝거려 뜨거운 햇빛을 차단하고 증산을 억제하며 바람에 운반되는 소금기가 잎으로 침투하지 못하게 하고, 강한 바람에 조직이 손상되지 않게 보호해 준다.

② 해풍에 밀려오는 소금기를 항상 접하고 있고, 수분이 쉽게 빠져나가는 모래로 인해 건조한 환경에도 항상 견뎌야 했던 염생식물은 땅속줄기를 옆으로 길게 뻗으며 마디마다 뿌리를 땅속 깊이 내려 몸을 지탱하는 동시에 주변의 수분 흡수를 최대화하면서 생육을 위해 적응해 왔다.

③ 흡수된 염분을 배출하는 한편, 세포에 많은 물을 저장하는 저수조직의 수분으로 세포의 높은 염분 농도를 낮추어 삼투압을 조절한다.

④ 염생식물은 세포 안에 많은 소금기가 들어 있어 삼투압 값이 높기 때문에 토양 용액의 침투가가 높을 때도 물을 빨아들일 수 있는 특색이 있다.

문제 26 p.147

문항 분석 및 평가표

◆ 문항 분석 : 물체가 미끄러지 위한 조건(마찰력)에 대한 개념을 이해하고, 뜨거운 물체가 담긴 오목한 그릇에서 발생할 수 있는 현상을 연관지어서 이유를 찾아본다.

◆ 평가표

적절한 이유를 서술하지 못한 경우	0점
이유를 바르게 서술한 경우	5점

출제자 예시 답안

밑바닥이 오목하게 들어간 그릇에 뜨거운 음식을 담은 후 테이블 위에 놓으면 바닥과 그릇 사이에 갇힌 공간이 만들어지고 온도가 올라간다. 이 뜨거운 공기가 차가운 테이블 바닥에 닿으면 식어서 물이 되므로 테이블과 그릇 바닥 사이에 얇은 수막이 만들어진다. 그리고 테이블 바닥과 그릇 사이의 공간에 공기층이 점점 가열되면서 부피가 커지게 된다. 즉, 그릇이 얇은 물의 막 위에 떠 있는 것 같은 모양이 되는 것이다. 따라서 마찰력이 감소하므로 낮은 곳으로 미끄러져 가는 것이다.

문제 27 p.148

문항 분석 및 평가표

◆ 문항 분석 : 터널 조명이 갖춰야 할 조건을 정리해보고, 이를 빛의 성질(산란)과 연관지어서 이유를 찾아본다.

◆ 평가표

적절한 이유를 서술하지 못한 경우	0점
이유를 바르게 서술한 경우	5점

출제자 예시 답안

터널 조명 색을 선택할 때 가장 중요한 것은 잘 보여야 한다는 것(시야 확보)이다. 파장이 긴 빛일수록 산란이 덜 되어 멀리 전달이 된다. 즉, 파장이 긴 빛을 이용한 조명일수록 사물을 구별할 수 있는 거리(가시 거리)가 길어진다. 이때 파장이 가장 긴 빛인 빨간색 조명일 경우 눈에 피로감을 주기 때문에 빨간색에 가까운 주황색 조명을 사용한다.

해설 빛의 파장은 보라, 파랑, 노랑, 오렌지, 빨강 순으로 길다. 그리고 빛의 파장이 길면 다른 색에 비해 그 형체가 확실하게 보인다(빛의 파장이 길수록 산란 현상이 덜 일어나기 때문이다). 특히 맑은 날보다는 안개가 끼거나 아지랑이가 발생했을 때는 더욱 파장이 긴 쪽이 보다 멀리까지 보인다. 비슷한 예로 저녁 노을이 붉은 이유도 태양 빛이 수증기나 땅에서 오르는 먼지들을 통과하여 보이기 때문에 붉게 보이는 것이다. 즉, 방해물이 많을수록 파장이 긴 색이 보이는 것이다.

터널 속의 차들은 빠른 속도로 달리고, 터널은 어둡고, 많은 차들이 내뿜는 배기가스와 타이어 분진 등이 많아 빛을 산란시켜 운전자의 시야를 흐리게 한다. 따라서 터널 안에서도 보다 멀리 볼 수 있는 방법이 필요했다. 그래서 터널 안에 설치하는 조명을 파장이 긴 오렌지색으로 한 것이다. 이때 오렌지색보다 파장이 긴 붉은색 조명을 사용하지 않는 이유는 사람의 눈에 더 많은 피로감을 주기 때문에 방향 지시등이나 터널 조명으로 오렌지색(노란색)을 더 많이 사용하게 됐다.

문제 28 p.148

문항 분석 및 평가표

◆ 문항 분석 : 우리 생활에서 응결 현상이 일어나는 경우를 찾을 수 있는지를 평가하는 문항이다.

◆ 평가표

응결 현상의 예만 3가지 이상 서술한 경우	2점
이유만 바르게 서술한 경우	3점
이유를 바르게 서술하고, 응결 현상의 예를 3가지 이상 서술한 경우	5점

출제자 예시 답안

[이유] 비행기 구름(비행운)은 엔진에서 나오는 뜨거운 열기 때문에 생긴다. 즉, 엔진에서 나온 높은 온도의 수증기가 대기 중의 차가운 공기와 만나면서 얼어붙어 아주 작은 얼음 알갱이가 되는 것이다(응결).

[응결 현상의 예] ① 차가운 음료수를 실온에 두면 음료수 병 주위에 물방울이 생기는 현상

② 아침에 풀잎에 이슬이 맺히는 현상

③ 겨울철 자동차에서 히터를 틀면 창문에 김이 서리는 현상

④ 뜨거운 물로 샤워를 하면 거울에 김이 서리는 현상

⑤ 추운 곳에 있다가 실내로 들어갔을 때 안경에 김이 서리는 현상

문제 29 p.149

문항 분석 및 평가표

◆ 문항 분석 : 소리가 우리 귀에 들리기까지의 과정과 공기의 밀도에 따라 소리가 변하는 것을 이해하고 있는지를 평가하는 문항이다.

◆ 평가표

(1) 채점 기준

적절한 이유를 서술하지 못한 경우	0점
이유를 바르게 서술한 경우	2점

(2) 채점 기준

적절한 이유를 서술하지 못한 경우	0점
이유를 바르게 서술한 경우	3점

출제자 예시 답안

(1) 내 목소리를 내가 듣는 경우 성대에서부터 공기를 통해 고막에 이르는 경로와 성대에서부터 안면부의 뼈와 근육을 통해 고막에 이르는 두 가지의 경로를 통해 전달된 소리를 동시에 듣게 된다. 이때 자신의 몸을 통해서 소리가 전달되는 경우 저음이 잘 전달되므로 저음부가 강조된 목소리를 듣게 된다. 하지만 녹음기에 녹음한 내 목소리를 듣는 경우 공기를 통해 고막으로 전달되는 경로로만 소리가 들리기 때문에 (몸을 통한 소리는 전달되지 않은 목소리이기 때문에) 다르게 들리는 것이다.

(2) 헬륨의 밀도는 공기보다 작으므로 공기를 통과할 때보다 소리의 속도가 빨라지게 된다. 따라서 헬륨 가스를 마시면 입안의 공기 밀도가 달라지므로 목소리의 진동수가 커져서 높은 소리가 나게 되는 것이다.

문제 30 p.149

문항 분석 및 평가표

◆ 문항 분석 : 바이오 디젤 사용으로 인한 영향과 바이오 디젤 생산에 의한 영향으로 나누어 생각하면 답을 구하기 쉽다.

◆ 평가표 : 인간 생활과 관련있는 문장만 평가한다.

1 ~ 2가지를 적절한 이유를 들어 서술한 경우	2점
3가지 이상 적절한 이유를 들어 서술한 경우	5점

출제자 예시 답안

① 식물성 기름의 원료가 되는 콩이나 유채 등의 가격이 오를 것이다.
② 농업이 중요한 산업으로 각광받을 것이다.
③ 바이오 디젤 원료를 재배하는 농경지의 면적이 늘어나 식량이 부족해지고 가격이 폭등할 것이다. 실제로 바이오연료 개발 붐이 일었던 지난 10년 동안 사람들은 콩, 유채, 해바라기씨 같은 곡물로 바이오 디젤을 만들었다. 결국 식용작물 가격은 치솟았고 동시에 사료 값도 올라갔다. 사룟값이 오르니 육류와 유제품 가격까지 올라가서 자동차 연료 때문에 사람이 먹을 것에 타격이 왔다.
④ 바이오 디젤 생산이 오히려 환경을 파괴한다는 지적도 있다. 바이오 디젤이 인기를 얻자 사람들은 아마존 삼림이나 동남아시아의 열대우림을 깎아내고 팜이나 야자 등 바이오 디젤의 원료를 심었다. 친환경 연료를 만들려고 멀쩡한 숲을 파괴했던 것이다. 이런 문제를 막고자 최근에는 미세조류(Microalgae)가 바이오 디젤의 원료로 주목받고 있다.
⑤ 바이오 디젤의 원료인 식물을 많이 재배함으로써 식물이 성장하면서 광합성을 통해 이산화 탄소를 흡수하여 깨끗한 공기를 얻을 수 있다.

문제 31 p.150

문항 분석 및 평가표

◆ 문항 분석 : 남극과 북극의 지리적 특성과 환경에 대해 알고, 이를 바탕으로 기온 차이에 대하여 예상해 볼 수 있는가를 평가하는 문항이다.

◆ 평가표

남극이 더 춥다는 것만 맞춘 경우	2점
남극이 더 춥다는 것과 그 이유를 바르게 서술한 경우	5점

출제자 예시 답안 남극이 북극보다 더 춥다. 그 이유는 남극은 온통 차가운 얼음으로 덮여 있으며, 여름에는 얼음 위의 흰 눈에 햇빛이 반사되고, 겨울에는 낮에도 해가 뜨지 않기 때문에 북극보다 더 추운 것이다.

해설 남극은 거대한 얼음 덩어리로 덮인 대륙으로 그 면적이 한반도의 60배인 1,360km^3 이다. 반면에 북극은 아시아와 아메리카로 둘러싸인 거대한 바다, 북극해를 말한다. 남극 대륙의 연 평균 기온은 -34℃ 이고, 최저 기온은 1983년 러시아 보스토크 기지에서 측정된 -89.3℃이다. 북극의 연 평균 기온은 남극보다 따뜻한 -16 ~ 6℃이고, 최저 기온은 베르호얀스크에서 측정된 -70.0℃이다.

이처럼 남극이 북극보다 더 추운 이유는 남극은 대륙이라 대륙성 기후로 더 춥고, 북극은 해양이라 해양성 기후로 덜 춥기 때문이다. 또한, 남극은 차가운 고기압 덩어리가 하늘을 뒤덮고 있어 매우 춥지만 북극은 북극해에 남쪽으로부터 난류라고 하는 따뜻한 물의 흐름이 흘러들어와 덜 춥다.

문제 32 p.150

문항 분석 및 평가표 ◆ 문항 분석 : 기온이 영상일 때와 영하일 때 눈이 빨리 녹을 수 있는 조건을 각각 생각해 본다.

◆ 평가표

적절한 이유를 서술하지 못한 경우	0점
이유를 바르게 서술한 경우	5점

출제자 예시 답안 상상이가 만든 외투를 입히지 않은 눈사람이 더 빨리 녹는다. 그 이유는 기온이 영상으로 올라가게 되면 눈사람이 외부의 열을 흡수하여 녹기 시작한다. 이때 외투를 입힌 눈사람의 경우 외투와 눈사람 사이에 공기층이 생기게 되므로 열이 차단되어 외부의 열을 흡수하기가 어려워지므로 녹는 속도가 느려진다.

해설 만약 외부 온도가 영하일 경우 외부의 찬바람이 바로 눈사람에 닿으면 눈사람의 열을 빼앗기 쉽다. 따라서 외투를 입힌 눈사람이 더 빨리 녹는다.

문제 33 p.151

◆ 평가표

(1) 채점 기준

적절한 이유를 서술하지 못한 경우	0점
방법에 대한 이유를 바르게 서술한 경우	2점

(2) 채점 기준

적절한 이유를 서술하지 못한 경우	0점
이유를 바르게 서술한 경우	3점

출제자 예시 답안

(1) 눈벽돌을 쌓고 빈틈은 눈으로 채운 뒤, 문을 닫고 램프를 켜거나 가벼운 난방을 하여 이글루 내부의 온도를 높이다. 이때 실내 온도가 올라가면 눈벽돌은 녹아 내리는데, 천정이 둥근 원형을 띠고 있으므로 녹은 눈은 바닥으로 떨어지지 않고 벽을 타고 흐르게 된다. 이때 난방을 끄고 문을 열어 외부의 찬 공기가 실내로 들어오게 하면 녹아내리던 눈이 얼어붙어 눈벽돌들은 단단하게 고정된다.
(2) 이글루 내부 벽에 물을 뿌리면 그 물이 얼면서 열이 방출되어 내부 온도를 높일 수 있다.

문제 34 p.152

문항 분석 및 평가표 ◆ 문항 분석 : 생태계가 유지되기 위해 필요한 조건을 이해하고 있는지를 평가하는 문항이다.

◆ 평가표

(1) 채점 기준

물질과 에너지 이동 중 1가지에 대하여 서술한 경우	2점
물질과 에너지 이동에 대하여 모두 서술한 경우	3점

(2) 채점 기준

적절한 이유를 서술하지 못한 경우	0점
빛이 필요한 이유를 적절하게 서술한 경우	2점

출제자 예시 답안

(1) 물질의 이동 : 완전히 밀폐되어 있으므로 해조류의 영양분과 산소를 새우가 이용하고, 새우의 배설물이나 이산화 탄소는 해조류에 공급되어 순환된다.

에너지의 이동 : 빛 에너지가 외부로부터 들어와서 내부에서 순환하고, 일부 열에너지는 외부로 방출된다.

(2) 빛을 일정한 주기로 쬐어주어야 한다. 해조류와 미생물은 빛을 이용해 에너지를 만들어 생명을 유지하기 때문이다.

해설 (1) 새우는 해조류의 광합성에 의해 만들어진 영양분을 먹고 살며, 새우의 노폐물은 자갈에서 번식하는 미생물(박테리아)이 분해한다. 분해된 새우의 노폐물은 해조류의 성장에 도움을 주는 영양소가 된다. 해조류는 새우가 배출하는 이산화 탄소와 빛을 이용해 광합성을 하며 물속에 산소를 공급된다.
(2) 햇빛이 과잉 공급되면 해조류들이 이상 증식을 하고, 결국은 이 식물들이 광합성을 하는데 필요한 이산화 탄소도 부족해지고 또 새우들도 산소 부족으로 결국은 다 죽게 된다. 즉 식물 플랑크톤이 이상 증식 하는 부영양화(富營養化) 현상으로 매년 여름에 양식장에 큰 피해를 주는 바다의 적조 현상도 이 같은 원리로 일어나는 일이다.

문제 35 p.153

◆ 평가표

각도에 따라 상의 개수와 모양을 1가지 경우만 바르게 그린 경우	1점
각도에 따라 상의 개수와 모양을 2가지 경우만 바르게 그린 경우	3점
각도에 따라 상의 개수와 모양을 모두 바르게 그린 경우	5점

정답 및 해설

답

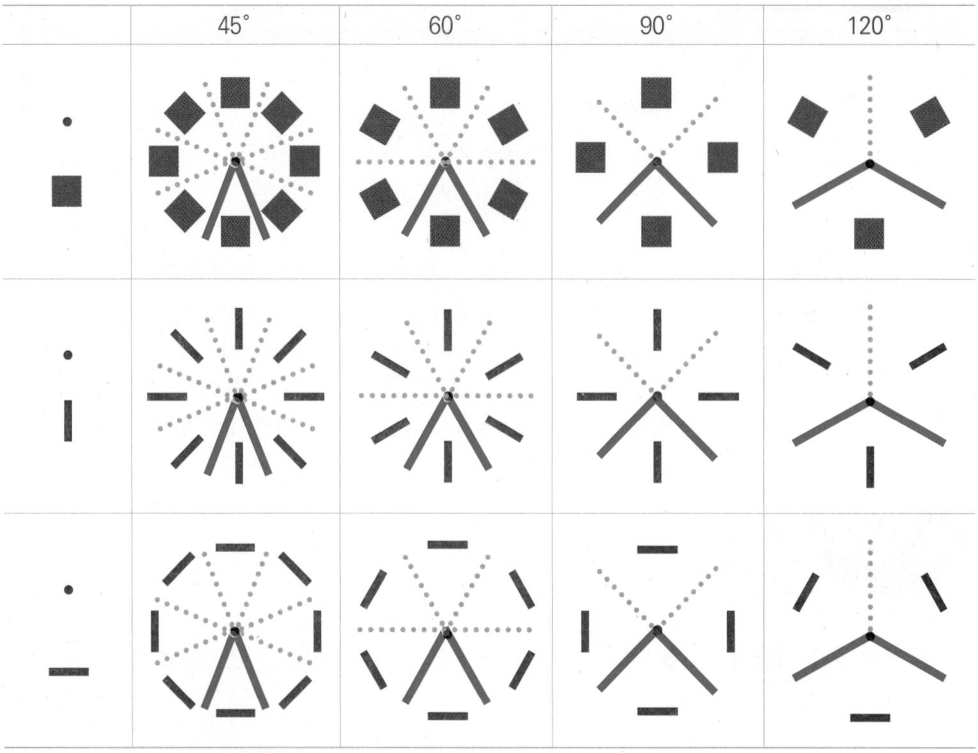

문제 36 p.154

문항 분석 및 평가표

◆ 문항 분석 : 같은 위도에서 서리가 내린 첫날이 내륙으로 갈수록 빨라지는 것을 이해하고, 이를 통해 서리가 발생하는 조건을 유추할 수 있는지를 평가하는 문항이다.

◆ 평가표

조건을 설명하지 못한 경우	0점
과학적 원리를 이용하여 조건을 설명한 경우	5점

출제자 예시 답안

지역별로 지형과 토질이 다르기 때문에 0℃ 이하의 온도가 되더라도 서리가 발생하거나 발생하지 않을 수 있으므로 지역별로 서리가 내리는 첫날이 다르게 된다.
[서리가 잘 발생하는 조건] 기온이 이슬점 이하로 내려가야 한다는 것은 기본 조건이다.
① 바람이 거의 불지 않는 맑은 날씨
② 분지나 구릉지와 같은 내륙 지역

해설 서리는 춥고 맑은 새벽, 땅 표면이 냉각되어 온도가 내려감에 따라 발생한다. 즉, 0℃ 이하의 온도에서 공기 중의 수증기가 땅에 접촉하여 얼어붙은 매우 작은 얼음을 서리라고 한다. 이때 온도가 0℃ 이하가 되더라도 바람이 많이 불거나 지표면 근처에 수분이 충분하지 않거나, 온도가 급강하하여 지표면이 얼어있는 경우 서리가 발생하지 않는다. 반면에 지표면을 이루고 있는 토질이 수분을 많이 함유하고 있거나 분지 지형과 같이 공기가 경사면을 타고 내려와 공기가 모이는 곳 등에서는 서리가 잘 발생한다. 따라서 지역별로 지형과 토질이 다르기 때문에 0℃ 이하의 온도가 되더라도 서리가 발생하거나 발생하지 않을 수 있으므로 지역별로 서리가 내리는 첫날이 다르게 된다.
일반적으로 첫 서리가 발생하는 시기는 양력 10월 23일 즈음인 상강 무렵으로 가을의 쾌청한 날씨와 더불어 밤사이 구름 없는 맑은 날씨 속에 복사 냉각으로 인해 기온이 낮아지면서 서리가 발생하기 좋은 조건이 형성되기 때문이다. 시간대 상으로는 주로 최저 기온이 나타나는 새벽 무렵에 서리가 발생한다.
복사 냉각이 활발히 이루어지려면 하늘에 구름이 없거나 적어야 한다. 구름이 끼어있는 경우, 마치 이불과도 같이 작용하면서 밤사이 지표면에서 방출되는 열을 흡수해 가둬두게 되고, 결과적으로 지상 기온이 내려가는 것을 막는다. 반면에 구름이 없는 경우에는 밤사이 지표면에서 방출되는 열이 대기를 지나 우주로 원활히 방출되고, 기온이 크게 하강하게 되는, 즉 복사 냉각이 활발히 이루어질 수 있는 여건이 된다. 이때 이슬점 온도가 영하의 기온이라면 서리가 발생하는 것이다.

문제 37 p.154

◆ 평가표

(1) 채점 기준

정답을 맞추지 못한 경우	0점
정답을 맞춘 경우	2점

(2) 채점 기준

정답을 맞추지 못한 경우	0점
정답을 맞춘 경우	3점

정답 및 해설

답 (1) 울퉁불퉁한 곳 (2) 655시간 (또는 720시간)

해설 (1) 달의 울퉁불퉁한 곳을 산맥 또는 고지라고 부르며, 달의 매끄러운 곳을 바다라고 부른다.
달의 바다는 35억 년 전 용암이 굳어 만들어졌기 때문에 평평하며 어두운 색이다(현무암).
달의 고지 부분은 칼슘과 알루미늄이 함유된 암석으로 되어 있어 밝은 색이다. 또한, 달은 스스로 빛을 내는 항성이 아니라 태양 빛을 반사해 우리 눈에 들어오는 것이다. 이때 울퉁불퉁한 표면은 빛을 난반사시키므로 어떤 각도에서나 빛이 반사되어 더 밝게 보인다.
(2) 달은 공전주기와 자전주기가 같아서 지구에서 보면 매일 같은 면만 보이는 특징이 있다. 달이 지구를 한 바퀴 도는 데 걸리는 시간은 약 27.3일이고, 달의 자전주기도 약 27.3일로서 달에서의 하루는 약 27.3일이 된다. 즉, 달은 약 15일 간격을 두고 밤과 낮이 변하게 되는 것이다.

따라서 달의 하루 = 27.3일 × 24시간 = 약 655 시간이다.
달의 자전 주기를 약 30일로 계산한 것도 맞는 것으로 한다. → 달의 하루 = 30일 × 24시간 = 720 시간

문제 38 p.155

문항 분석 및 평가표

◆ 문항 분석 : 새로운 상황이나 일상적이지 않은 상황 속에 놓였을 때 '어떻게 하면 좋을까?' 라는 생각을 해보는 습관이 이러한 문제를 해결하는 데 도움이 된다.

◆ 평가표

(1) 채점 기준

하고 싶은 활동과 이유를 1, 2가지 작성한 경우	1점
하고 싶은 활동과 이유를 3가지 이상 작성한 경우	2점

(2) 채점 기준

정답을 맞추지 못한 경우	0점
정답을 맞춘 경우	3점

출제자 예시 답안

(1) ① 지구와의 지속적인 연락을 위하여 지구와의 통신 시설을 정비한다
② 생존을 위한 산소 확보가 필요하므로 산소 생산 장치를 가동한다.
③ 생존을 위한 식량 확보를 위해 경작 활동을 한다(수경 재배로 곡식을 생산한다).
④ 외계 생물의 존재를 확인하기 위해 토양 및 생물의 존재가 있는지를 관찰한다.
⑤ 생존을 위한 전력 확보를 위하여 태양광 발전을 위한 태양 전지를 설치한다.

정답 및 해설

답 (2) 2200년 4월 31일

해설 지구에서의 1년은 365일, 1달은 30 ~ 31일 이고(31일 7달, 30일 4달), 2월달은 28일이다.
화성에서의 1년은 687일, 1달은 57 ~ 58일 이고 (58일 7달, 57일 4달), 2월은 53일이다.
따라서 2200년 1월은 58일, 2월은 53일, 3월은 58일, 4월은 57일, … 이 된다.
200일 - (58일 + 53일 + 58일) = 31일 이므로, 우주선이 도착한 날짜는 화성 날짜로 2200년 4월 31일이다.

문제 39 p.156

◆ 평가표

(1) 또는 (2)만 쓴 경우	2점
(1)과 (2) 모두 적절한 과학 원리를 이용하여 설명한 경우	5점

출제자 예시 답안

(1) 메주 속에 들어있는 곰팡이는 푸른 곰팡이로 메주를 발효시키는 일을 한다.
(2) 꿀은 농도가 매우 높은 용액이기 때문에 삼투현상이 일어나 곰팡이가 살아갈 수 없다.

해설 삼투현상이란 반투막을 경계로 농도 차이가 날 때, 농도 차이를 줄이는 방향으로 용매가 이동하는 것을 말한다. 용매 분자는 반투막을 통과하지만, 용질 분자는 통과하지 못하므로, 농도가 낮은 쪽의 용매가 농도가 높은 쪽으로 이동하면서 농도 차이를 줄이게 된다. 예를 들어 김치를 담글 때 진한 소금물에 배추를 담가두면 배추에서 물이 빠져나와 배추가 풀이 죽고 절여지는 것도 삼투현상 때문이다. 세포막은 반투막이기 때문에 세포가 농도가 높은 환경에 처하면 삼투현상에 의해 용매인 물이 세포 밖으로 빠져나간다.
결국, 농도가 높은 환경에서는 세포 안의 물이 빠져나가 세포가 정상적인 기능을 발휘하기 어렵게 된다. 젓갈을 담그듯이 식품을 저장할 때 진한 농도의 소금이나 설탕을 이용하는 것은 바로 이 같은 원리에 따른 것이다. 마찬가지 이유로 진한 농도의 꿀 속에 곰팡이가 있다면 곰팡이의 세포에서 물이 빠져나가 생리적 건조 상태가 되므로 살 수 없는 것이다.

문제 40 p.157

◆ 평가표

(1) 채점 기준

적절한 이유를 서술하지 못한 경우	0점
이유를 바르게 서술한 경우	1점

(2), (3) 채점 기준

적절한 이유를 서술하지 못한 경우	0점
이유를 바르게 서술한 경우	2점

정답 및 해설

답 (1) 수평을 유지한다. 핀의 위치를 옮겨도 회전축과 각 무게추에 작용하는 중력 방향이 이루는 선까지의 거리가 같으므로(돌림힘이 같다) 평형을 유지한다.

(2) ① 회전시킨 상태를 유지한다. 회전축을 중심으로 ㉠과 ㉡쪽을 차지하는 판자의 넓이가 같아 무게가 같으므로 평형을 유지한다.

② B를 중심으로 왼쪽과 오른쪽 판자의 무게 중심까지의 거리가 같으므로(= 돌림힘이 같다) 평형을 유지한다.

(3) 오른쪽으로 기울어진다. C 위치를 지나 중력 방향이 이루는 선을 기준으로 오른쪽에 더 많은 판자가 위치하기 때문에 오른쪽이 더 무거워지므로 오른쪽으로 기울어지게 된다.

해설 핀의 위치를 옮겨도 회전축과 각 무게추에 작용하는 중력 방향이 이루는 선까지의 거리가 같다.

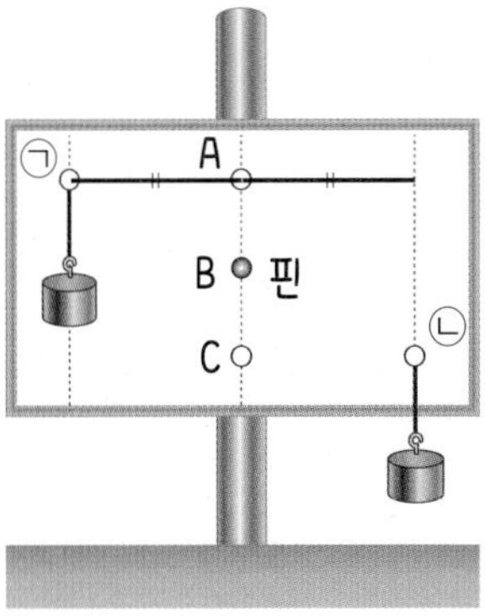

점수 통계

점수에 따른 **성취도 등급**

등급	1등급	2등급	3등급	4등급	5등급
평가	140점 이상	110점 이상 ~ 139점 이하	80점 이상 ~ 109점 이하	40점 이상 ~ 79점 이하	39점 이하

총점 200점

모의고사

> 1. 모의고사의 01 ~ 10번 문제 배점은 각 10점씩이며, 예외인 경우에는 각 문항별 평가표를 참고하면 됩니다.
> 2. 단원 말미에서 성취도 등급을 확인하세요.

제 1 회

문제 01 p.158

◆ 평가표

2가지만 찾은 경우	5점
3가지 모두 찾은 경우	10점

정답 및 해설

답

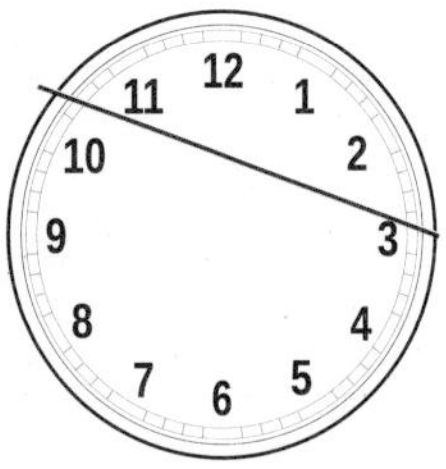

해설 시계 위의 숫자를 모두 더하면 1 + 2 + 3 + 4 + 5 + 6 + 7 + 8 + 9 + 10 + 11 + 12 = 78 이므로 한 영역은 26, 다른 한 영역은 52가 되는 경우를 찾으면 두 가지는 쉽게 구할 수 있다.
세 번째 경우는 두 자리 숫자를 한 자리 숫자로 각각 따로 생각해보면 찾을 수 있다.

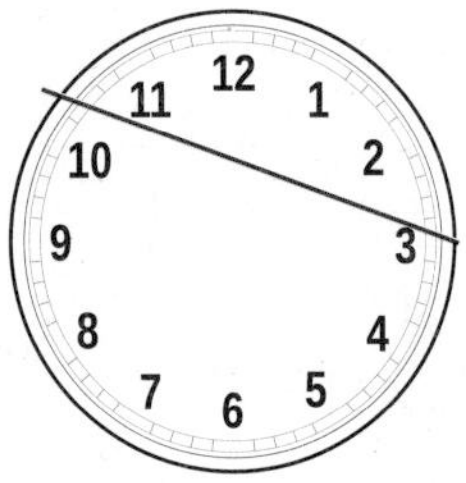

11 + 12 + 1 + 2 = 26
3 + 4 + 5 + 6 + 7 + 8 + 9 + 10 = 52

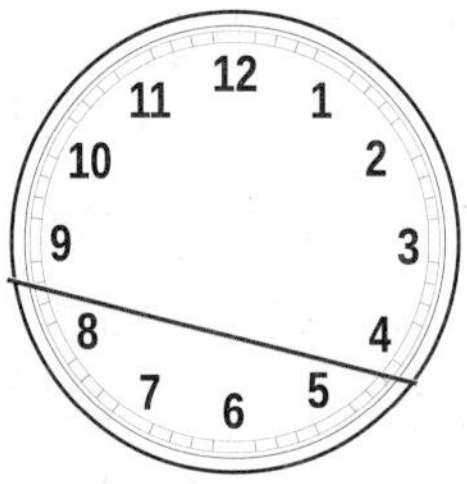

8 + 7 + 6 + 5 = 26
9 + 10 + 11 + 12 + 1 + 2 + 3 + 4 = 52

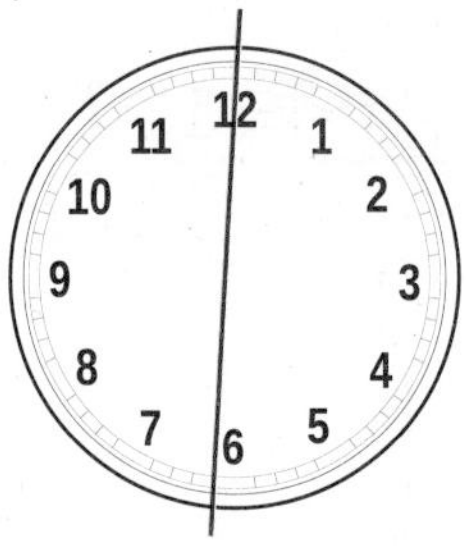

2 + 1 + 2 + 3 + 4 + 5 + 6 = 23
7 + 8 + 9 + 10 + 11 + 1 = 46

문제 02 p.159

◆ 평가표

단순하게 선을 연결하여 그림을 그리고 제목을 붙인 경우	5점
선을 여러 개 이용하여 창의적인 그림을 그리고 어울리는 독창적인 제목을 붙인 경우	10점

출제자 예시 답안

문제 03 p.160

정답 및 해설 답 ③

해설 ③ 조건에 맞는 경우

연필	지우개	볼펜	색연필	필통
		O	O	

연필	지우개	볼펜	색연필	필통
		X	X	

① 조건에 따라

연필	지우개	볼펜	색연필	필통
		O	O	X
		O	O	O

연필	지우개	볼펜	색연필	필통
		X	X	O

② 조건에 따라

연필	지우개	볼펜	색연필	필통
	X	O	O	X
	X	O	O	O

연필	지우개	볼펜	색연필	필통
	O	X	X	O

④ 조건에 따라

연필	지우개	볼펜	색연필	필통
	X	O	O	X
O	X	O	O	O

연필	지우개	볼펜	색연필	필통
	O	X	X	O

따라서 무한이가 구입한 물건은 (볼펜, 색연필), (연필, 볼펜, 색연필), (연필, 볼펜, 색연필, 필통) 세 가지 경우가 되므로 답은 ③이 된다.

문제 04 p.161

◆ 평가표

100자 내외로 글을 완성하였을 경우	5점
100자에 맞추진 못하였으나 적절한 근거를 들어 글을 완성한 경우	8점
적절한 근거를 들어 100자 내외의 글을 독창적으로 완성한 경우	10점

출제자 예시 답안

① 화폐에 인쇄된 인물 중 과학자가 없으므로 장영실을 선정하겠다. 장영실은 측우기, 자격루, 혼천의를 발명한 뛰어난 과학자이므로 우리나라 과학자 중 대표할만한 인물이기 때문이다. (99자)

② 김구 선생님은 대한민국 임시정부를 이끌어온 민족 독립운동가로 항일 무장투쟁의 핵심 인물이셨으며 해방된 후에도 조국의 통일정부수립을 위해 노력하셨고, 국민들이 대부분 존경하시는 분이기 때문에 지폐에 인쇄될 인물로 선정하겠다. (124자)

문제 05 p.162

정답 및 해설 답 수요일

해설 8월은 31일까지 있다. 금요일이 5번이므로 마지막 금요일이 8월 31일임을 알 수 있다. 8월달의 금요일은 3일, 10일, 17일, 24일, 31일 이므로, 8월 1일은 수요일이다.

문제 06 p.162

정답 및 해설 답

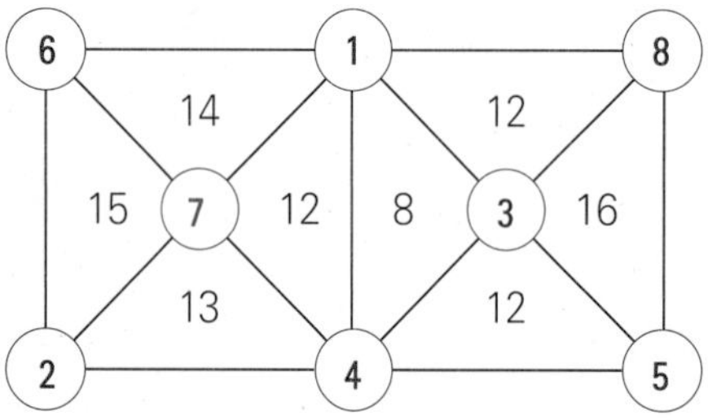

해설 세 숫자를 합하여 8이 될 수 있는 조합은 (1, 2, 5) (1, 3, 4) 가 있다.

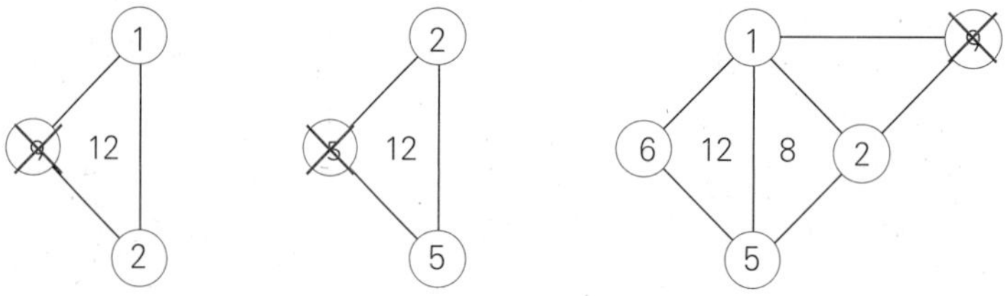

위의 세 조합은 모두 불가하므로, 다음과 오른쪽 과 같은 (1, 3, 4 만 가능하다.)

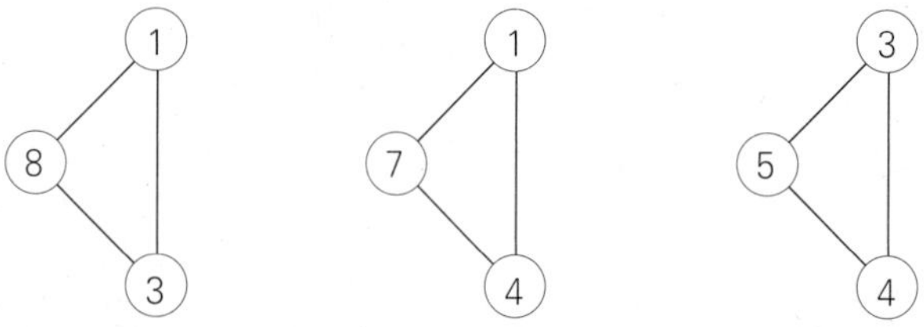

따라서 이와 같이 각 조합을 이용하여 가능한 조합을 찾으면 정답과 같다.

문제 07 p.163

정답 및 해설 답 ②

해설 다음 그림과 같이 세 면이 만나는 모서리 A, B, C, D 와 빨간 점의 상대적 위치를 비교하면 이해가 쉽다.

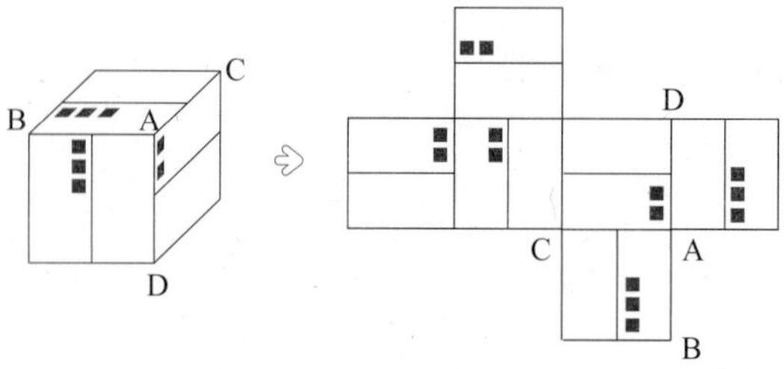

문제 08 p.164

정답 및 해설 답 ②

해설 규칙 1. 검은색 칸이 대각선 방향으로 하나씩 늘어간다.
규칙 2. 각 칸에 숫자를 넣으면, 오른쪽과 같다.

1	2	3	4
5	6	7	8
9	10	11	12
13	14	15	16

1번에 있는 ◇과 3번에 있는 ◆는 각각 1칸씩 이동한다. 이때 ■ 위치에 기호가 동시에 위치할 경우 기호가 가려지며, ■ 를 지나온 ◇ 는 ◆ (또는 ◆ 가 ◇)로 바뀐다.

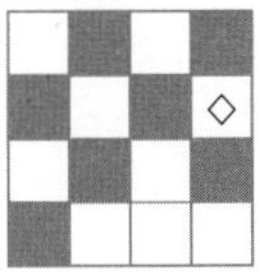

왼쪽 그림을 보면 8번에 ◇ 가 있고, 10번에 ◆이 위치한 것이 된다. 따라서 옆으로 이동할 때 ◇는 9번으로, ◆는 11번으로 이동하며, ◆는 ■ 를 지나왔으므로 ◇로 바뀌게 된다. 따라서 ② 도형이 된다.

문제 09 p.165

◆ 평가표

1 ~ 2가지 서술한 경우	5점
3가지 이상 서술한 경우	10점

출제자 예시 답안

① 벌에 쏘였을 때(벌침 = 산성 물질) 묽은 암모니아수(염기성 물질)를 바르면 통증이 가라앉는다.
② 생선에 레몬즙 (산성 물질) 을 뿌리면 생선 비린내(염기성 물질) 가 줄어든다.
③ 신김치에 달걀 껍데기나 조개 껍데기를 넣어두면 신맛이 줄어든다.
④ 위산이 과다하게 분비되어 속이 쓰릴 때 제산제를 먹는다.
⑤ 산성화된 토양에 석회 가루를 뿌려 토양을 중화시킨다.
⑥ 생선을 요리한 후 도마나 칼을 식초로 닦아낸다.
⑦ 머리를 감을 때 린스 대신 식초를 몇 방울 떨어뜨려 헹구면 염기성인 샴푸와 산성인 식초가 만나 중화가 일어나서 부드러운 머릿결이 된다.

해설 볏짚, 콩대, 쑥 등을 태운 재를 물에 녹이면 염기성 물질(잿물)이 된다. 김칫독에 밴 냄새는 산성 물질이므로 염기성 물질인 잿물과 만나 중화 반응을 일으켜 냄새가 제거된다.

문제 10 p.165

◆ 평가표

(1) 또는 (2)만 과학적 원리를 이용하여 바르게 서술한 경우	5점
(1)과 (2) 모두 과학적 원리를 이용하여 바르게 서술한 경우	10점

출제자 예시 답안

(1) 가장 남쪽 방향을 기준으로 동쪽 지평선에서 해가 뜨는 위치는 매일 북쪽으로 조금씩 이동해 간다. 일정 기간이 흐르면 가장 북쪽까지 갔다가 다시 서서히 남쪽으로 그 위치가 변한다. 따라서 태양의 떠오르는 위치를 측정한 후, 다시 그 자리에서 떠오를 때까지 걸리는 시간이 1년이 된다.
(2) 거리를 알고 있는 지도 상의 두 지점의 위도를 비교한 후 비례식에 대입하여 둘레를 구한다. 예를 들어 서울과 광주의 거리는 약 278km 이고, 서울의 위도는 37.5°N, 광주의 위도는 35°N 이다. 따라서 (37.5 - 35)°N : 278km = 360° : 지구 둘레 길이, ∴ 지구 둘레 길이 = 약 40,032km 이다.

해설 (1) 고대인들은 막대기를 이용해 해의 그림자를 측정하는 것으로 1년의 길이를 쟀다. 수메르와 바빌로니아에서 기원한 이 방법은 기원전 8세기경에 이르러 이집트의 제관들이 사용하기 시작하였고, 로마 황제 아우구스투스는 그 장치를 로마에 설치하여 시계로 삼기도 하였다.
먼저 평평한 땅에 노몬(gnomon)이라고 부르는 막대기를 꽂고, 노몬을 중심으로 하는 적당한 크기의 원을 그린다. 그리고 오전(B)과 오후(A)에 각각 가장 긴 그림자가 원과 만나는 점을 표시한다. 그러면 직선 AB는 동서 방향을 나타내게 되는데, A쪽이 동쪽이고 B 쪽이 서쪽이다. 다시 이 선분 AB의 수직 이등분선을 그으면 남북 방향의 선이 그려지게 되는데, 이 선을 자오선(子午線)이라고 한다. 고대 이집트인들은 이 방법을 이용하여 피라미드의 네 모퉁이를 정확히 동서남북 방향과 일치시킬 수 있었다. 자오선이 그어지면 이제 자오선에 오는 해의 그림자만 재면 된다. 그림자가 자오선에서 다시 자오선으로 올 때까지의 시간이 하루이다. 이 그림자는 동지 때 가장 길고 하지 때 가장 짧으며, 춘분과 추분 때는 그 길이가 같다. 따라서 자오선에 걸친 해의 그림자가 가장 짧은 두 시점 사이의 기간이 1년이 된다.

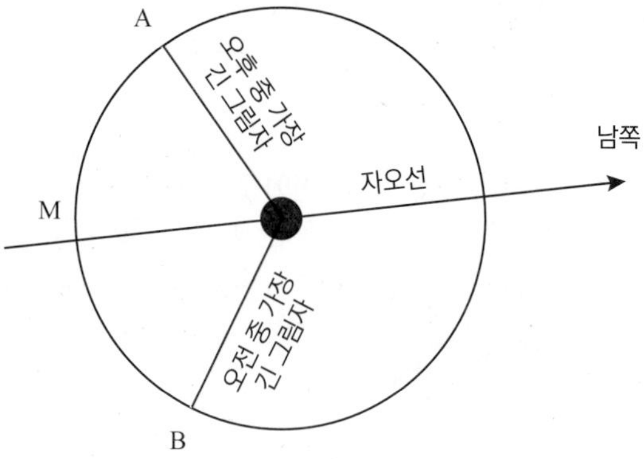

(2) ① 에라토스테네스의 지구 크기 측정

가정	지구는 완전한 구형이고, 지구에 비치는 햇빛은 평행하다.
측정 원리	원에서 호의 길이는 중심각의 크기에 비례한다.
측정 과정 및 결과	- 탑 끝과 그림자 끝 사이의 각도(=중심각) 측정 : 7.2° - 시에네와 알렉산드리아 사이의 거리 측정 : 925km
지구의 크기를 구하는 식	$2\pi R : 360^\circ = 925km : 7.2^\circ$ $\therefore R = 7365km$

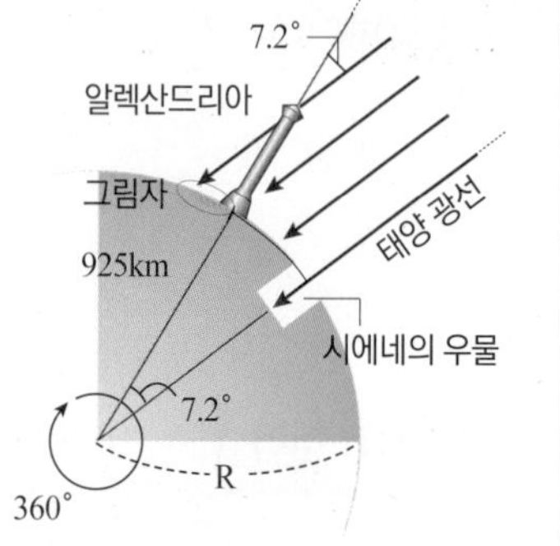

② 오늘날 지구의 크기 측정 : 에라토스테네스가 이용한 원리와 같다. 같은 경도 상의 두 지점의 위도 차를 이용하여 두 지점 사이의 중심각을 찾는다.
→ 지구의 둘레 : $\ell = 360^\circ$: 위도 차
(ℓ = 두 지점 사이의 거리)

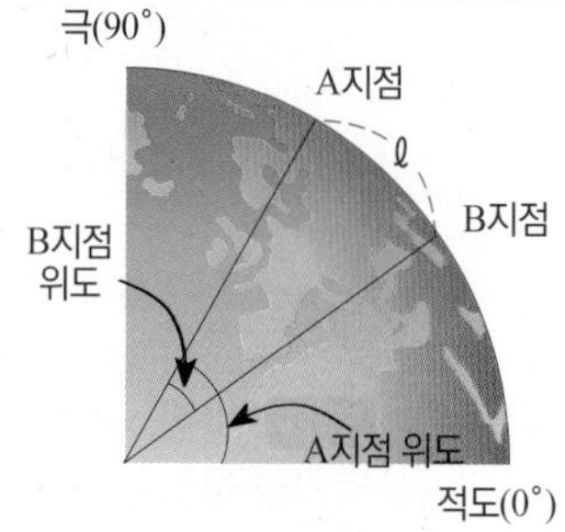

점수 통계

점수에 따른 **성취도 등급**

등급	1등급	2등급	3등급	4등급	5등급
평가	70점 이상	55점 이상 ~ 69점 이하	40점 이상 ~ 54점 이하	25점 이상 ~ 39점 이하	24점 이하

총점 100점

제 2 회

문제 01 p.166

◆ 평가표

분류 기준을 설명하지 못한 경우	0점
분류 기준을 정확하게 설명하고 바르게 분류한 경우	10점

정 답 [규칙] 수의 형태가 직선으로 쓴 수는 그룹 A, 곡선으로 쓴 수가 포함되는 수는 그룹 B에 속한다. 따라서 36은 그룹 B에 속한다.

문제 02 p.166

◆ 평가표

기계의 고장이 아닌 창의적인 답을 논리적으로 설명한 경우	6점
잘못된 부분에 대하여 정확하게 찾아 서술한 경우	10점

정답 및 해설 답 분의 숫자를 나타내는 선 가운데 한 부분이 작동되지 않았다.

해설 오른쪽 그림과 같이 분의 숫자를 나타내는 선 중 한 부분이 켜지지 않았으므로 58분에 56분을, 59분에는 55분을 가리킨 것이다.

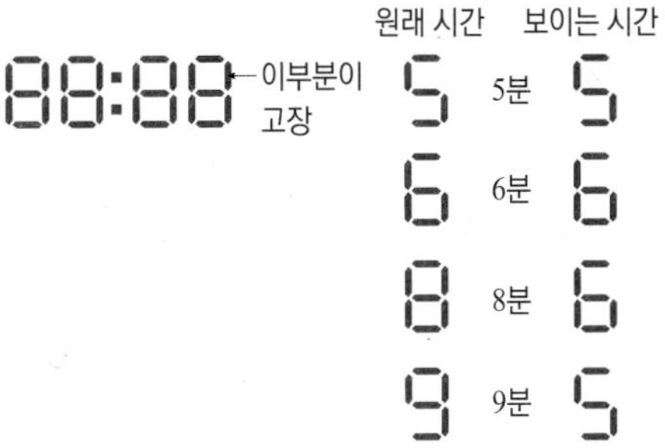

문제 03 p.167

◆ 평가표

자신의 주장에 대한 적절한 이유가 다소 부족하지만 200자 내외의 글을 완성한 경우	5점
자신의 주장을 구체적인 이유를 들어 200자 내외로 서술한 경우	10점

출제자 예시 답안 교실 내 CCTV 설치행위는 학교폭력을 예방하기 위해 설치한다고 하더라도 CCTV로 인하여 교실 내에서 생활하는 모든 학생과 교사들의 모든 행동이 촬영되고, 지속적 감시에 의해 개인의 초상권과 프라이버시권, 핵생들의 행동자유권, 표현의 자유 등 개인의 기본권이 제한돼 인권침해 소지가 있는 만큼 교실 내에는 CCTV를 설치하지 않는 것이 바람직하다

해설 찬성 : 학생과 학부모에 의한 교권 침해 예방, 학교 폭력 예방, 문제 발생 시 객관적 근거로 해결 가능, 생활 지도에 용이함.
반대 : 교사의 수업권 침해, 사생활권, 표현의 자유 침해, 학부모의 민원과 항의의 근거로 활용될 우려가 있음.

문제 04 p.167

정답 및 해설 답 11월

해설 ㄴ. C가 태어난 달 : 2월, 4월, 6월, 8월, 10월, 12월
ㄱ. C가 2월인 경우 - (A, E) = (1월, 3월) ··· ㉠
C가 4월인 경우 - (A, E) = (1월, 7월) (3월, 5월)
C가 6월인 경우 - (A, E) = (1월, 11월) (3월, 9월)
ㄷ. A가 1월인 경우 - (B, C) = (3월, 4월), (5월, 6월)
A가 3월인 경우 - (B, C) = (1월, 4월)
A, B, C, D, E = (1월, 3월, 4월, D, 7월), (1월, 5월, 6월, D, 9월), (3월, 1월, 4월, D, 5월)
따라서 세 경우를 모두 만족하는 달은 11월이므로 D가 태어난 달은 11월이다.

문제 05 p.168

정답 및 해설 답 2

해설 맨 오른쪽 첫 번째 열의 각 칸에 그림과 같이 ㉠ ~ ㉤ 기호를 넣으면 다음과 같은 규칙이 성립한다.

㉠ + ㉡ = ㉢ / ㉣ × ㉤ = ㉢

㉠				
㉡				
㉢				
㉣				
㉤				

문제 06 p.168

정답 및 해설 답 해설 참조

해설 처음 모래시계의 위쪽에 있는 모래의 양을 (8, 5)로 나타냈을 때, 5분 경과하면 (3,0) → 이때 5분짜리 모래시계 B를 뒤집으면 (3, 5) 가 된다. → 3분이 경과하면 (0, 2) → 이때 5분짜리 모래시계 B를 뒤집으면 (0, 3) 이 된다. 모래시계 B 가 모두 내려오면 총 11분이 소요된다.

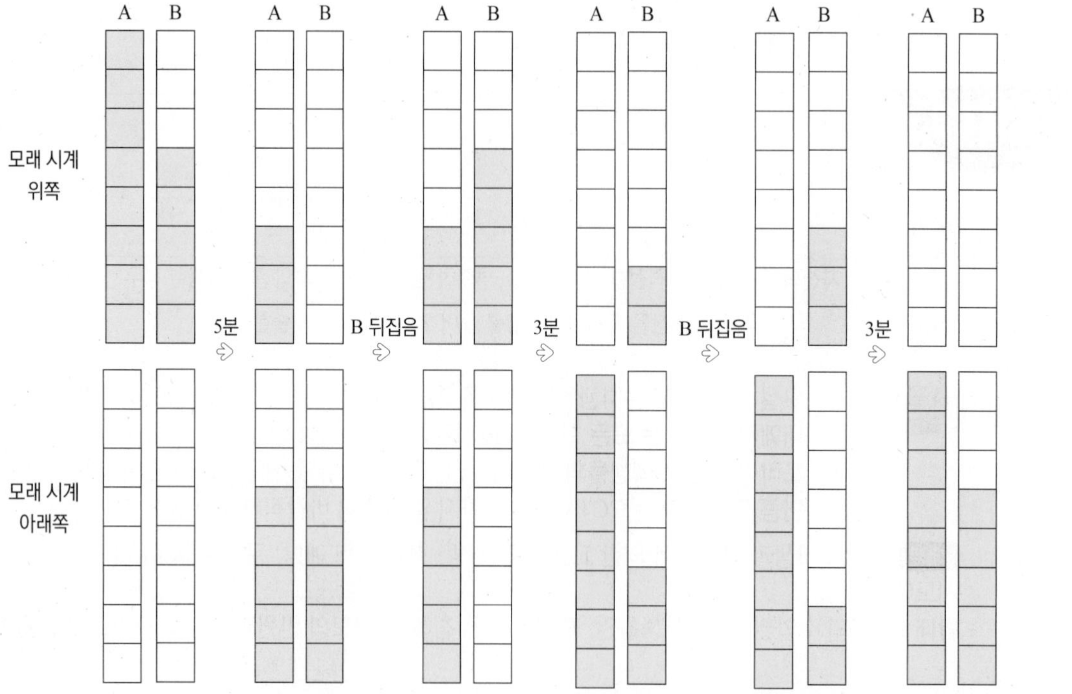

문제 07 p.169

정답 및 해설 답 ②

해설

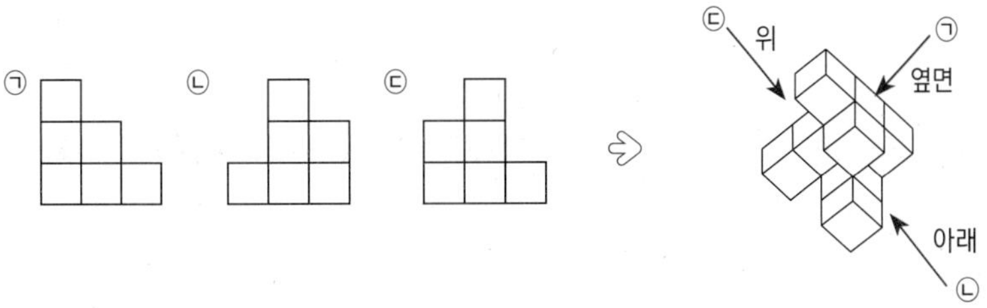

문제 08 p.169

◆ 평가표

(1), (2) 중 1개만 정답을 맞춘 경우	5점
(1), (2) 모두 정답을 맞춘 경우	10점

정답 및 해설 답 (1)

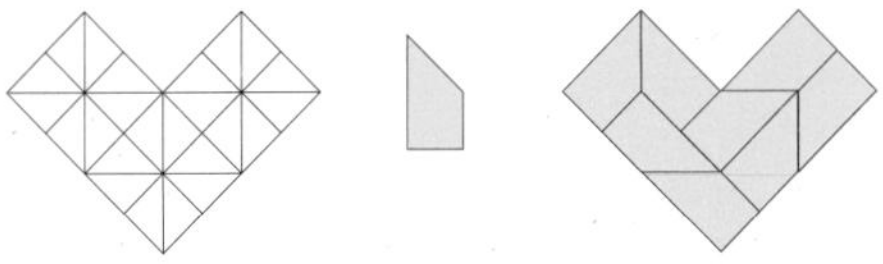

(2)

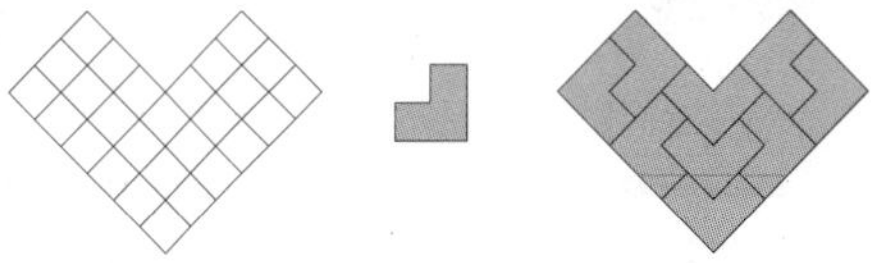

해설 (1) 정삼각형 3개를 같은 삼각형 24조각으로 나눈 후, 나눈 삼각형 3개로 이루어진 사다리꼴 모양으로 8등분 한다.
(2) 정삼각형 3개를 같은 정사각형 27조각으로 나눈 후, 나눈 정사각형 3개로 이루어진 모양으로 9등분 한다.

문제 09 p.170

◆ 평가표

1 ~ 2가지를 바르게 서술한 경우	5점
3 ~ 4가지를 바르게 서술한 경우	8점
5가지 이상 서술한 경우	10점

출제자 예시 답안 현미경, 안경, 내시경, X-ray, 보청기, 청진기, 온도계 등

해설 시각 - 눈
① 현미경 - 눈으로 볼 수 없는 미시 세계 관찰
② 안경 - 시력이 나쁜 눈을 정상 시력으로 만들어 줌
③ 내시경(X-ray) - 신체 내부를 볼 수 있게 됨

청각 - 귀
① 보청기 - 소리를 증폭시켜 줌
② 청진기 - 신체 내부의 소리를 듣게 됨

촉각 - 피부
① 온도계 - 물체의 온도를 정밀하게 측정

문제 10 p.171

◆ 평가표

(1) 또는 (2)만 과학적 원리를 이용하여 바르게 서술한 경우	5점
(1)과 (2) 모두 과학적 원리를 이용하여 바르게 서술한 경우	10점

출제자 예시 답안

(1) 실험 (나)와 (라)를 비교하면 바람의 세기가 증발에 미치는 효과를 알 수 있다. 바람의 세기가 증발에 미치는 효과를 알기 위해서는 바람의 세기 이외의 조건인 온도, 습도는 같아야 하기 때문이다.

(2) 온도가 높을수록 증발이 잘 일어난다고 결론을 내릴 수 있다.
빨래가 (라)보다 (나)에서 빨리 말랐다면 바람이 셀수록 증발이 빨리 일어남을 알 수 있다. … ①
(가)와 (나)의 경우를 비교해보면 온도와 바람의 세기 두 가지 조건이 다르며, 이때 ①의 결론처럼 바람이 셀수록 더 빨리 말라야 하지만 반대로 바람이 더 약한 (가)에서 빨래가 더 빨리 말랐다. 따라서 온도가 높을수록 증발이 더 잘 일어난다고 결론을 내릴 수 있다.

점수 통계

점수에 따른 성취도 등급

등급	1등급	2등급	3등급	4등급	5등급
평가	70점 이상	55점 이상 ~ 69점 이하	40점 이상 ~ 54점 이하	25점 이상 ~ 39점 이하	24점 이하

총점 100점

III
창의적
문제해결력

01 창의적 문제해결 수학

1. 수학 단원의 01 ~ 50번 문제 배점은 각 5점씩이며, 예외인 경우에는 각 문항별 평가표를 참고하면 됩니다.
2. 단원 말미에서 성취도 등급을 확인하세요.

문제 01 p.174

정답 및 해설 답 133320

해설 천의 자리 숫자가 3일 때 만들 수 있는 네 자리 수는 다음과 같다.

천 백 십 일

3 — 4 — 6 — 7 (3467)
3 — 4 — 7 — 6 (3476)
3 — 6 — 4 — 7 (3647)
3 — 6 — 7 — 4 (3674)
3 — 7 — 4 — 6 (3746)
3 — 7 — 6 — 4 (3764)

마찬가지로 천의 자리 숫자가 4, 6, 7일 때 만들 수 있는 네 자리 수의 경우의 수도 각각 6개가 된다.

① 천의 자리 숫자가 나타내는 수의 합
$= (3 + 4 + 6 + 7) \times 6 \times 1000 = 120,000$

② 백의 자리 숫자가 나타내는 수의 합
$= (3 + 4 + 6 + 7) \times 6 \times 100 = 12,000$

③ 십의 자리 숫자가 나타내는 수의 합
$= (3 + 4 + 6 + 7) \times 6 \times 10 = 1,200$

④ 일의 자리 숫자가 나타내는 수의 합
$= (3 + 4 + 6 + 7) \times 6 \times 1 = 120$

$\therefore 120,000 + 12,000 + 1,200 + 120 = 133320$

문제 02 p.174

정답 및 해설 답 28128

해설 ① 합이 1999가 되는 두 수끼리 짝을 짓고 순서대로 나열하면 다음과 같다.

		두 수에 사용된 숫자의 합
0	1999	1 + 9 + 9 + 9 = 28
1	1998	1 + 1 + 9 + 9 + 8 = 28
2	1997	2 + 1 + 9 + 9 + 7 = 28
⋮	⋮	⋮
998	1001	9 + 9 + 8 + 1 = 28
999	1000	9 + 9 + 9 + 0 = 28

⇒ 0 ~ 1999까지의 수를 쓸 때 사용한 숫자의 합 = 28 × 1000 = 28,000

② 2001 ~ 2018 까지의 수는 합이 4019가 되는 두 수끼리 짝을 짓고 순서대로 나열하면 다음과 같다.

		두 수에 사용된 숫자의 합
2001	2018	2 + 1 + 2 + 1 + 8 = 14
2002	2017	2 + 2 + 2 + 1 + 7 = 14
⋮	⋮	⋮
2008	2011	2 + 8 + 2 + 1 + 1 = 14
2009	2010	2 + 9 + 2 + 1 = 14

⇒ 2001 ~ 2018 까지의 수를 쓸 때 사용한 숫자의 합 = 14 × 9 = 126

③ 2000 → 2

∴ 사용한 모든 숫자의 합 = 28,000 + 126 + 2 = 28,128

문제 03 p.175

정답 및 해설 답 874126

해설 여섯자리수 ABCDEF는 다음과 같이 나타낼 수 있다.

(A × 100,000) + (B × 10,000) + (C × 1000) + (D × 100) + (E + 10) + F ⋯ ①

이때 100,000에 가장 가까운 11의 배수 = 100001

이때 10,000에 가장 가까운 11의 배수 = 9999

이때 1,000에 가장 가까운 11의 배수 = 1001

이때 100에 가장 가까운 11의 배수 = 99

이때 10에 가장 가까운 11의 배수 = 11

따라서 ①의 식을 11의 배수와 나머지 수의 계산으로 나타내면 다음과 같다.

ABCDEF = (A × 100,000) + (B × 10,000) + (C × 1000) + (D × 100) + (E + 10) + F

ABCDEF = (A × 100001 - A) + (B × 9,999 + B) + (C × 1,001 - C) + (D × 99 + D) + (E × 11 - E) + F

ABCDEF = $\underbrace{(A \times 10000) + (B \times 9{,}999) + (C \times 1{,}001) + (D \times 99) + (E \times 11)}_{11의\ 배수}$ - $\underbrace{A + B - C + D - E + F}_{0\ 또는\ 11의\ 배수}$

따라서 ABCDEF 가 11의 배수가 되기 위한 조건은 - A + B - C + D - E + F 가 0 또는 11의 배수가 되어야 한다. (숫자를 쓰는 순서대로 [(짝수 번 째 숫자의 총합) - (홀수 번 째 숫자의 총합)] = 0 또는 11의 배수)

현관의 비밀 번호는

-8+ ㉠ - 4 + 1 - ㉡ + 6 = -5 + ㉠ - ㉡ 이므로,

-5 + ㉠ - ㉡ = 0 또는 -5 + ㉠ - ㉡ = 11의 배수이다. 이때 ㉠ - ㉡ = (11의 배수) + 5 이므로, 한자리수 자연수 ㉠ 과 ㉡으로는 식이 성립하지 않는다.

따라서 ㉠ - ㉡ = 5 이 되는 조합은 (9, 4) (8, 3) (7, 2) (6, 1) 이고, 이때 6자리 숫자가 모두 다른 수로 이루어져 있다고 하였으므로 ㉠, ㉡ 은 (7, 2) 가 된다.

> 2의 배수 = 일의 자리 숫자가 0, 2, 4, 6, 8 인 수
> 3의 배수 = 각 자리 숫자의 합이 3의 배수(예: 3자리수 267 → 2 + 6 + 7 = 15)
> 5의 배수 = 일의 자리 숫자가 0 또는 5인 수
> 8의 배수 = 000으로 끝나거나 끝 세 자리 수가 8로 나누어 떨어지는 수
> 9의 배수 = 각 자리 숫자의 합이 9의 배수(예 : 3자리수 162 = 1 + 6 + 2 = 9)
> 10의 배수 = 일의 자리 숫자가 0인 수

문제 04 p.175

정답 및 해설 답 153, [풀이과정] 해설 참조

해설 어떤 수를 X 라고 하면,

① X 가 두자리 수 AB 일 경우 17(A + B) = 10A + B 이어야 한다. 하지만 17A + 17B > 10A + B 이므로 두 자리수는 불가능 하다.

② X 가 세자리 수 ABC 일 경우 17(A + B + C) = 100A + 10B + C 이어야 한다.

⇨ 17A + 17B + 17C = 100A + 10B + C, 83A = 7B + 16C 이고, B와 C에 올 수 있는 가장 큰 수는 9이므로,

7B + 16C ≤ (7 × 9) + (16 × 9) = 63 + 144 = 207, 83A ≤ 207 ⇨ A = 1, 2

㉠ A = 1 일 때, 83 = 7B + 16C 이므로, B = 5, C = 3

㉡ A = 2 일 때, 166 = 7B + 16C 이므로, 0 ~ 9 까지의 자연수 중 이를 만족하는 수는 없다.

③ X 가 네자리 수 ABCD 일 경우

17(A + B + C + D) = 1000A + 100B + 10C + D ⋯ ⓐ 이어야 한다.

A ~ D 에 올 수 있는 가장 큰 수는 9이므로, 17(A + B + C + D) ≤ 17(9 + 9 + 9 + 9) = 612 이므로 ⓐ 식이 성립할 수 없다. 따라서 X 가 네자리 수 이상이 되는 수는 불가능하다.

문제 05 p.176

정답 및 해설 답 134개

해설 500이하의 자연수 중에서 2로 나누어 떨어지지 않고, 3으로도 나누어 떨어지지 않고, 5로도 나누어 떨어지지 않는 수는 2의 배수도 아니고, 3의 배수도 아니고, 5의 배수도 아닌 아닌 수를 찾으면 된다.

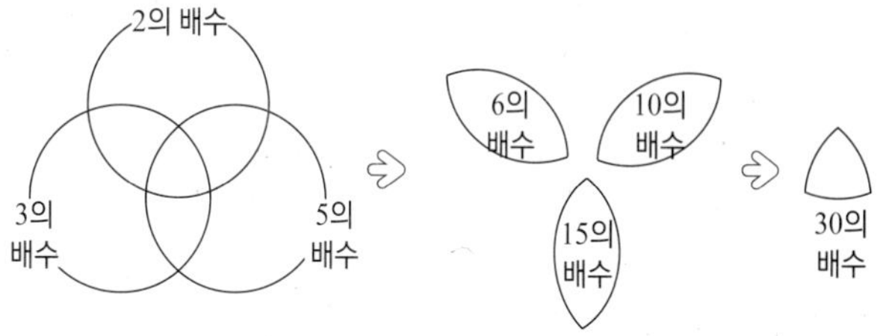

이때 2의 배수이면서 3의 배수인 6의 배수,
2의 배수이면서 5의 배수인 10의 배수, 3의 배수이면서 5의 배수인 15의 배수, 2의 배수이면서 3의 배수이면서 5의 배수인 30의 배수도 아닌 수는 서로 중복되는 부분이 있다.

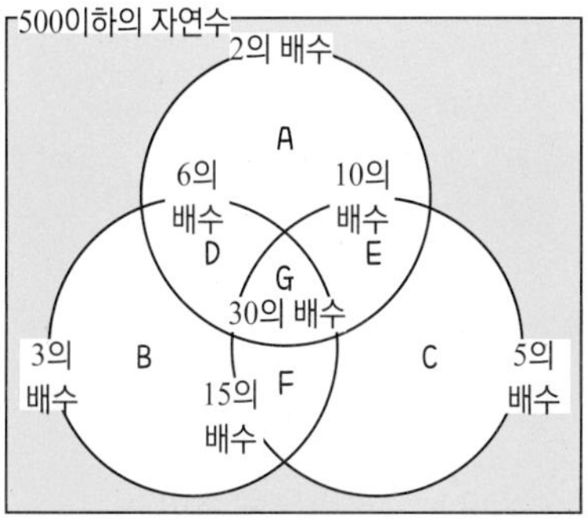

500 이하의 자연수 중 2의 배수의 수 A = 250
500 이하의 자연수 중 3의 배수의 수 B = 166
500 이하의 자연수 중 5의 배수의 수 C = 100
500 이하의 자연수 중 6의 배수의 수 D = 83
500 이하의 자연수 중 10의 배수의 수 E = 50
500 이하의 자연수 중 15의 배수의 수 F = 33
500 이하의 자연수 중 30의 배수의 수 G = 16

따라서 500이하의 자연수 중에서 2로 나누어 떨어지지 않고, 3으로도 나누어 떨어지지 않고, 5로도 나누어 떨어지지 않는 수의 개수는 다음(노란색 부분에 들어가는 수의 개수)와 같다.

$$500 - (A + B + C) + (D + E + F) - G = 500 - (250 + 166 + 100) + (83 + 50 + 33) - 16 = 134(\text{개})$$

문제 06 p.176

출제자 예시 답안

예를 들어 '김무한' = KIM MOO HAN 인 경우
1001011 1001001 1001101 1001101 1001101 1001101 10010000 1000001 1001110 이 된다.

KIM MOO HAN

해설 컴퓨터는 통신을 하기 위해 1과 0을 사용한다. 즉, 0과 1 두 종류의 숫자로 수를 나타내는 방식인 이진법을 사용하는 것이다. 컴퓨터에서 이진법이 사용되는 이유는, 논리의 조립이 간단하고, 컴퓨터에서 사용하는 소자(素子)가 이진법의 수를 나타내는 데 편리하기 때문이다. 주어진 코드표는 일반적으로 컴퓨터 통신에 많이 사용되는 아스키 코드표이다. 알파벳의 순서가 2의 거듭 제곱에 해당하는 수가 나올 때마다 자릿수가 하나씩 늘어난다. 2번째 알파벳 B는 10, 22 = 4번째 알파벳 D = 100, 23 = 8번째 알파벳 H = 1000, ⋯ 가 되는 것이다. 따라서 모든 알파벳을 나타낸 표는 다음과 같다.

A	1000001	B	1000010	C	1000011	D	1000100
E	1000101	F	1000110	G	1000111	H	1001000
I	1001001	J	1001010	K	1001011	L	1001100
M	1001101	N	1001110	O	1001111	P	1010000
Q	1010001	R	1010010	S	1010011	T	1010100
U	1010101	V	1010110	W	1010111	X	1011000
Y	1011001	Z	1011010				

문제 07 p.177

정답 및 해설

답

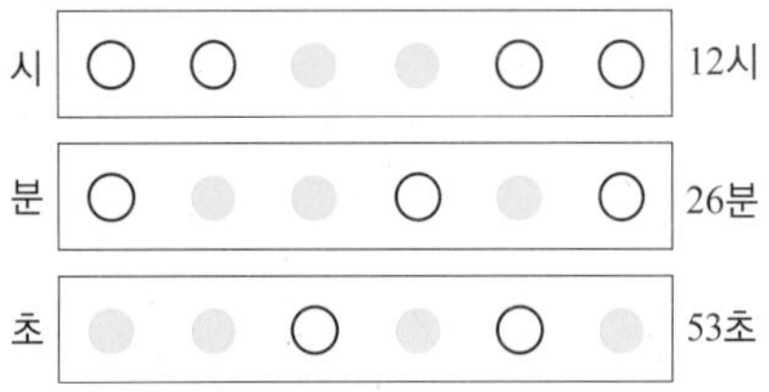

해설 각각의 시, 분, 초를 이진법으로 나타내면 $12 = 1100_{(2)}$, $26 = 11010_{(2)}$, $53 = 110101_{(2)}$ 이다

문제 08 p.178

정답 및 해설

답 3

해설 2를 반복하여 곱하면 일의 자리 숫자가 2 4 8 6 순으로 반복된다.
2^{23} 의 일의 자리는 4개의 숫자가 반복되므로 $23 \div 4 = 5 \cdots 3$ 이 되어 '8' 이다.
3을 반복하여 곱하면 일의 자리 숫자가 3 9 7 1 순으로 반복된다.
3^{34} 의 일의 자리도 4개의 숫자가 반복되므로 $34 \div 4 = 8 \cdots 2$ 이 되어 '9',
4를 반복하여 곱하면 일의 자리 숫자가 4 6 순으로 반복된다.
4^{45} 의 일의 자리는 2개의 숫자가 반복되므로 $45 \div 2 = 2 \cdots 1$ 이 되어 '4' 이다.
$2^{23} \times 3^{34} \times 4^{45}$ 의 계산 결과의 일의 자리 숫자는 $8 \times 9 \times 4 = 288$ 이므로, 8이 된다.
따라서 계산 결과를 5로 나눈 나머지는 $8 \div 5 = 1 \cdots 3$ 이다.

문제 09 p.178

◆ 평가표

(1) 또는 (2)만 정답을 맞춘 경우	2점
(1)과 (2) 모두 정답을 맞춘 경우	5점

정답 및 해설

답 (1) 7 (2) 3

해설 (1) $7 \times 17 \times 27 \times 37 \times \cdots \times 147 \times 157 \times 167$ 의 곱의 일의 자리수는 곱하는 수의 일의 자리 숫자끼리의 곱이다. 주어진 식의 일의 자리 숫자의 곱은 7을 17번 곱한 수이다.
7을 반복하여 곱하면 일의 자리 수가 7 9 3 1 순으로 반복된다. 따라서 7을 17번 곱하였을 때 일의 자리 숫자는 '7' 이다.
(2) 곱하는 수에 (2×5)가 한 개 이상 포함되어 있으면 계산 값의 일의 자리 숫자는 0이다.
즉, $(1 \times 2 \times 3 \times 4 \times 5)$ 부터 $(1 \times 2 \times 3 \times \cdots \times 9 \times 10)$ 까지는 모두 일의 자리 숫자가 0이다.
따라서 $1 + (1 \times 2) + (1 \times 2 \times 3) + (1 \times 2 \times 3 \times 4)$ 의 일의 자리 숫자가 주어진 식의 일의 자리 숫자와 같다. $1 + 2 + 6 + 24 = 33$ 이므로 전체 식의 일의 자리 숫자는 '3'이다.

문제 10 p.179

정답 및 해설

답 14

해설 첫 번째 식에서 △ × △ 의 일의 자리수가 △ 가 되는 경우는 △ = 1, 5, 6 이다.
두 번째 식에서 ★ + ○ = △ 가 되므로 △ ≠ 1 이다.
△ = 5 일 때, (★, ○) = (1, 4), (2, 3), (3, 2) 가 된다.

(★, △, ○) = (1, 5, 4) 일 때,

$$\begin{array}{r} 1\ 5 \\ \times\ 1\ 5 \\ \hline 2\ 2\ 5 \end{array}$$

⇨ 2 ≠ 4 이므로 식이 성립하지 않는다.

(★, △, ○) = (2, 5, 3) 일 때,

$$\begin{array}{r} 2\ 5 \\ \times\ 2\ 5 \\ \hline 6\ 2\ 5 \end{array}$$

⇨ 2 ≠ 3 이므로 식이 성립하지 않는다.

(★, △, ○) = (3, 5, 2) 일 때, 35 × 35 = 1225 이므로 식이 성립하지 않는다.
△ = 6 일 때, (★, ○) = (1, 5), (2, 4), (4, 2), (5, 1) 이 된다.

(★, △, ○) = (1, 6, 5) 일 때,

$$\begin{array}{r} 1\ 6 \\ \times\ 1\ 6 \\ \hline 2\ 5\ 6 \end{array}$$

⇨ 5 = 5 이므로 식이 성립한다.

(★, △, ○) = (2, 6, 4) 일 때,

$$\begin{array}{r} 2\ 6 \\ \times\ 2\ 6 \\ \hline 6\ 7\ 6 \end{array}$$

⇨ 7 ≠ 4 이므로 식이 성립하지 않는다.

(★, △, ○) = (4, 6, 2) 일 때, 46 × 46 = 2116 이므로 식이 성립하지 않는다.

∴ ★ = 1, △ = 6, □ = 2, ○ = 5 이므로, 1 + 6 + 2 + 5 = 14

문제 11 p.179

정답 및 해설 답 50

해설 첫날 전체 젤리의 $\frac{1}{10}$ 을 먹었으므로 남은 젤리는 전체의 $\frac{9}{10}$ 이고, 둘째 날 남은 젤리의 $\frac{1}{9}$ 을 먹었으므로 첫날과 같은 갯수의 젤리를 먹은 것이 된다. 즉, 9일 동안 무한이는 매일 같은 갯수의 젤리를 먹은 것이다.

따라서 9일 째 되는 날 주머니 속 5개의 젤리는 처음 젤리 갯수의 $\frac{1}{10}$ 이 되므로 처음 젤리의 수는 50개가 된다.

문제 12 p.180

◆ 평가표

(1) 채점 기준

정답을 맞춘 경우	3점

(2) 채점 기준

정답을 맞춘 경우	2점

정답 및 해설 답 (1) 54kg (2) 2kg

해설 (1) 첫째 날 사용한 물의 양 = □ × $\frac{1}{3}$ = □ × $\frac{3}{9}$ ⇨ 첫째 날 사용하고 남은 물 = □ × $\frac{2}{3}$

둘째 날 사용한 물의 양 = □ × $\frac{2}{3}$ × $\frac{2}{3}$ = □ × $\frac{4}{9}$ ⇨ 둘째 날 까지 사용한 물의 양 = □ × $\frac{7}{9}$

따라서 마지막 날 사용한 물의 양 = □ × $\frac{2}{9}$ 이 된다.

마지막 날 사용한 물의 양 = (□ × $\frac{7}{9}$) × $\frac{3}{7}$ - 6 = □ × $\frac{2}{9}$ ⇨ (□ × $\frac{3}{9}$) - 6 = □ × $\frac{2}{9}$, ∴ □ = 54(kg)

(2) 첫날 사용한 물의 양 18kg, 둘째 날 사용한 물의 양 24kg, 마지막 날 사용한 물의 양 12kg 이므로 총 사용한 물의 양은 18 + 24 + 12 = 54kg 이므로 통의 무게는 56 - 54 = 2(kg) 이다.

문제 13 p.180

정답 및 해설

답 10명, [방법] 해설 참조

해설

50명 학생 시험 점수의 총점 = 40.3점 × 50명 = 2015(점)
1번 문제의 정답을 쓴 학생들의 총점 = 5점 × 50명 × 0.9 = 225(점)
2번 문제의 정답을 쓴 학생들의 총점 = 10점 × 50명 × 0.86 = 430(점)
+) 3번 문제의 정답을 쓴 학생들의 총점 = 10점 × 50명 × 0.82 = 410(점)

= 1065(점)

4번 문제와 5번 문제를 맞춘 학생들의 총점 = 2015 - 1065 = 950(점) 이다.

5번 문제의 정답을 쓴 최소한의 학생 수는 4번 문제를 학생들이 모두 정답을 쓴 경우 4번 문제 총점은 750점이 되므로 $\frac{950 - 750}{20점}$ = 10(명) 이다.

이때 정답을 쓴 학생 비율이 4% 씩 줄고 있으므로 4번 문제의 정답을 쓴 학생의 비율이 78% 이라면 4번 문제 총점은 750 × 0.78 = 585점이므로, 5번 문제의 정답을 쓴 최소한의 학생수는 $\frac{950 - 585}{20점}$ = 18.25(명) 이다.

따라서 5번 문제의 정답을 쓴 최소한의 학생수는 10명이다.

문제 14 p.181

정답 및 해설

답 9번째 그림

해설

	추가 되는 수의 합	전체 수의 합
(가) 첫 번째 그림	1	1 + 2 = 3
(나) 두 번째 그림	$\frac{1}{2}+\frac{3}{2}=\frac{4}{2}=2$	3 + 2 = 5
(다) 세 번째 그림	$\frac{1}{4}+\frac{3}{4}+\frac{5}{4}+\frac{7}{4}=\frac{16}{4}=4$	5 + 4 = 9
네 번째 그림	$\frac{1}{8}+\frac{3}{8}+\frac{5}{8}+\frac{7}{8}+\frac{9}{8}+\frac{11}{8}+\frac{13}{8}+\frac{16}{8}=\frac{64}{8}=8$	9 + 8 = 17
다섯 번째 그림	16	17 + 16 = 33
여섯 번째 그림	32	33 + 32 = 65
일곱 번째 그림	64	65 + 64 = 129
여덟 번째 그림	128	129 + 128 = 257
아홉 번째 그림	256	257 + 256 = 513

따라서 수의 합이 처음으로 500을 넘게 되는 것은 아홉 번째 그림이다.

문제 15 p.181

정답 및 해설 답 33

해설 삼각형의 세 변이 A, B, C (A가 가장 긴 변) 일 때, B + C > A 이어야 한다. 따라서 각 막대를 이용하여 만들 수 있는 삼각형은 다음과 같다.

빨간 막대	노란 막대	파란 막대	이등변 삼각형
3cm	4cm	6cm	
3cm	6cm	6cm	O
3cm	11cm	13cm	
6cm	4cm	6cm	O
6cm	6cm	6cm	O
6cm	11cm	13cm	

정삼각형은 세 변의 길이가 모두 같은 삼각형이므로 두 변의 길이가 같은 이등변 삼각형이라고 할 수 있다.
(주의) 이등변 삼각형은 정삼각형이라고 할 수 없다.
세 변의 길이가 모두 다른 삼각형 = 3개 → △ = 3　　이등변 삼각형 = 3개 → ▲ = 3개
10 × △ + ▲ = 10 × 3 + 3 = 33

문제 16 p.182

정답 및 해설 답 51번째

해설 정사각형을 이용하여 정사각형 모양을 만들기 위해서는 정사각형의 개수가 1, 4, 9, 16, 25, 36, 49, 64, 81, 100, 121, 144, 169, 196, … 일 때이다. 따라서 2개의 정사각형 모양으로 만들기 위해서는 이와 같은 두 수의 합만큼의 정사각형이 있어야 한다.

	사용한 총 정사각형의 수	작은 정사각형 모양을 이루는 정사각형 수	큰 정사각형 모양을 이루는 정사각형 수
1번째	5	1	4
2번째	9	9	
3번째	13	4	9
4번째	17	1	16
⋮	⋮	⋮	⋮
n번째	4n + 1		
⋮	⋮	⋮	⋮
51번째	205개	9	14 × 14 = 196
52번째	209개	209 - 121 = 88 (×)	11 × 11 = 121
		209 - 144 = 65 (×)	12 × 12 = 144
		209 - 169 = 40 (×)	13 × 13 = 169
		209 - 196 = 13 (×)	14 × 14 = 196
53번째	213개	213 - 121 = 92 (×)	11 × 11 = 121
		213 - 144 = 69 (×)	12 × 12 = 144
		213 - 169 = 44 (×)	13 × 13 = 169
		213 - 196 = 17 (×)	14 × 14 = 196
54번째	217개	⋮	⋮

따라서 51번째에 205개의 정사각형을 사용하면 각각 9개, 196개의 정사각형을 이용하여 정사각형 모양 2개를 만들 수 있다.

문제 17 p.183

◆ 평가표

(1) 또는 (2) 만 정답을 맞춘 경우	2점
(1)과 (2) 모두 정답을 맞춘 경우	10점

정답 및 해설

답 (1) $130cm^2$ (2) $32cm^2$

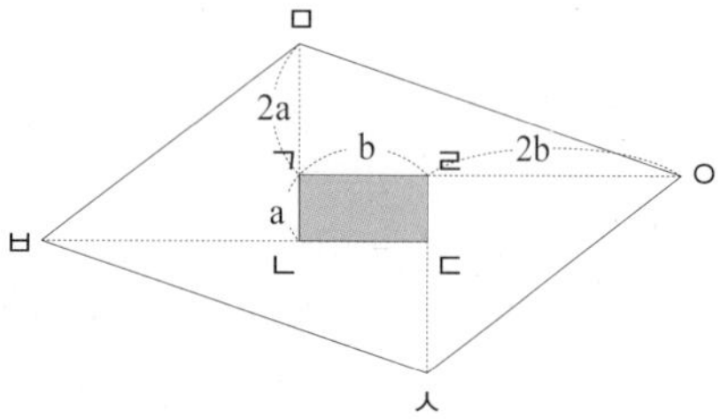

해설 (1) 삼각형 ㅁㅂㄴ 과 삼각형 ㅅㅇㄹ,
삼각형 ㅁㄱㅇ 과 삼각형 ㅅㄷㅂ 은 닮음이다.
∴ 평행사변형 ㅁㅂㅅㅇ 넓이 = (삼각형 ㅁㅂㄴ 넓이 × 2) + (삼각형 ㅁㄱㅇ 넓이 × 2) + 직사각형 ㄱㄴㄷㄹ의 넓이
직사각형 ㄱㄴㄷㄹ의 넓이 = $ab = 10cm^2$

삼각형 ㅁㅂㄴ 넓이 = $\frac{3a \times 2b}{2} = 3ab = 30cm^2$,

삼각형 ㅁㄱㅇ 넓이 = $\frac{2a \times 3b}{2} = 3ab = 30cm^2$

∴ 평행사변형 ㅁㅂㅅㅇ 넓이 = $(30 \times 2) + (30 \times 2) + 10 = 130(cm^2)$

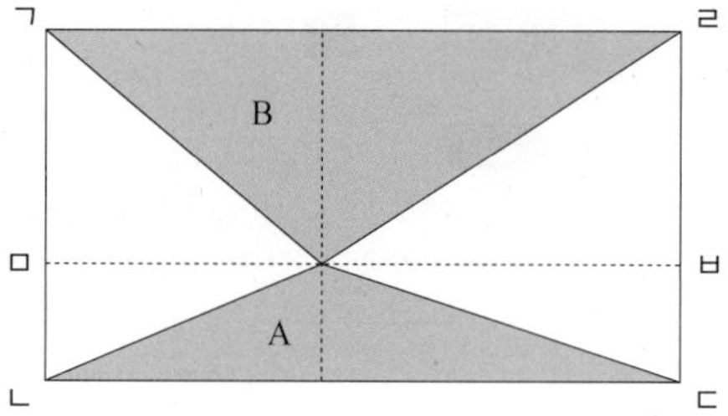

(2) 삼각형 A의 넓이는 전체 직사각형 넓이의 $\frac{1}{8}$ 이므로,

사각형 ㅁㄴㄷㅂ 의 넓이 = $2 \times A$ = 전체 직사각형 넓이의 $\frac{2}{8}$

삼각형 B의 넓이 = $12cm^2$, 사각형 ㄱㅁㅂㄹ 의 넓이

$= 2 \times B = 24cm^2$ = 전체 직사각형 넓이의 $\frac{6}{8}$

∴ 직사각형 ㄱㄴㄷㄹ 의 넓이 = $24 \times \frac{8}{6} = 32cm^2$

문제 18 p.184

정답 및 해설

답 39

해설 $b > a$ 이므로, $\frac{b}{a} > 1$ 이고, 자연수이다.

① $\frac{b}{a} = 2$ 일 때, $\frac{b}{a} = \frac{a}{c} = 2$ 이므로 $b = 2a$, $a = 2c$ 가 되어,

정사각형 B의 넓이는 정사각형 A의 넓이의 4배, 정사각형 A의 넓이는 정사각형 C의 넓이의 4배가 된다.
⇨ 정사각형 B의 넓이는 정사각형 C의 넓이의 16배
따라서 720 + 정사각형 C의 넓이 = 16 × 정사각형 C의 넓이
이므로, 정사각형 C의 넓이는 $48cm^2$ 가 된다. 이때 $c \times c = 48$ 이 되는 자연수는 없으므로 조건에 성립하지 않는다.

② $\frac{b}{a} = 3$ 일 때, $\frac{b}{a} = \frac{a}{c} = 3$ 이므로 $b = 3a$, $a = 3c$ 가 되어,

정사각형 B의 넓이는 정사각형 A의 넓이의 9배, 정사각형 A의 넓이는 정사각형 C의 넓이의 9배가 된다.

⇨ 정사각형 B의 넓이는 정사각형 C의 넓이의 81배
따라서 720 + 정사각형 C의 넓이 = 81 × 정사각형 C의 넓이
이므로, 정사각형 C의 넓이는 $9cm^2$ 가 된다. 이때 c × c = 9 가 되는 자연수 c = 3, a = 9, b = 27 이 된다.
∴ <u>a + b + c = 3 + 9 + 27 = 39</u>

③ $\frac{b}{a} = 4$ 일 때, $\frac{b}{a} = \frac{a}{c} = 4$ 이므로 b = 4a, a = 4c 가 되어,
정사각형 B의 넓이는 정사각형 A의 넓이의 16배, 정사각형 A의 넓이는 정사각형 C의 넓이의 16배가 된다.
⇨ 정사각형 B의 넓이는 정사각형 C의 넓이의 256배
따라서 720 + 정사각형 C의 넓이 = 256 × 정사각형 C의 넓이
이므로, 정사각형 C의 넓이가 자연수가 아니므로 조건에 성립하지 않는다. 즉, $\frac{b}{a} \geq 4$ 일 때, 자연수가 되는 c 를 구할 수 없다.

문제 19 p.185

정답 및 해설 답 (1) $4cm^2$ (2) $12\ cm^2$

해설 (1) 선분 ㄱㅁ과 ㅁㄹ의 길이가 같으므로 연두색 삼각형 ①과 노란색 삼각형 ②의 넓이는 같다.
선분 ㄴㄹ의 길이가 선분 ㄹㄷ의 2배이므로 ① + ② = 2 × ③ ⇨ ① = ② = ③
삼각형 ㄱㅁㅂ의 넓이 = 삼각형 ㅁㅂㄹ = ★ 이고, 삼각형 ㅂㄴㄹ의 넓이 = 2(삼각형 ㅂㄹㄷ) 이므로, 삼각형 ㄱㄴㄷ의 넓이는 다음과 같이 나타낼 수 있다.
① + ★ + ② + ★ + $\frac{② + ★}{2}$ = $10cm^2$ ⇨ (② + ★) + (② + ★) + $\frac{② + ★}{2}$ = $10cm^2$, ② + ★ = 4
삼각형 ㄱㅁㅂ + 삼각형 ㅁㄴㄹ = 삼각형 ㅂㄴㄹ 이므로, $4cm^2$ 이다.

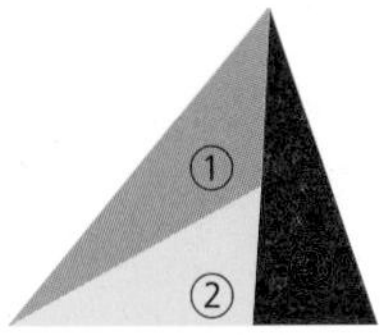

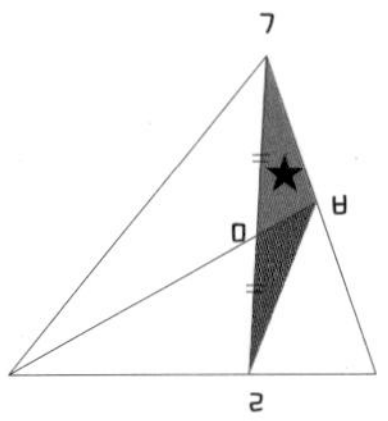

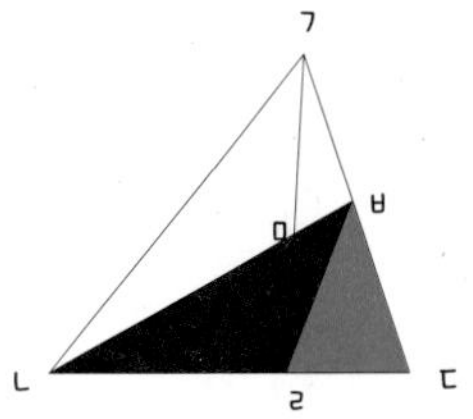

(2) ② 선분 ㄱㄴ = 2(선분 ㄴㄷ)
선분 ㄱㄴ × 선분 ㄴㄷ = 2 × 선분 ㄴㄷ × 선분 ㄴㄷ = 72 ⇨ 선분 ㄴㄷ × 선분 ㄴㄷ = 36
∴ 선분 ㄴㄷ = 6(cm), 선분 ㄱㄴ = 12(cm)
△ㄱㄴㅁ 넓이 = △ㄱㄷㅁ 넓이 = △ㄹㅁㄷ 넓이 = $\frac{72}{4}$ = $18(cm^2)$
△ㅂㅁㄷ은 △ㄱㄷㅁ과 △ㄹㅁㄷ 의 공통된 부분이므로 △ㄱㅂㅁ 넓이 = △ㄹㅂㄷ 넓이 가 된다.
△ㅂㄱㄹ의 넓이 - △ㅂㄷㅁ의 넓이
= (△ㄱㅁㄹ 넓이 - △ㄱㅂㅁ 넓이) - (△ㄹㅁㄷ 넓이 - △ㄹㅂㄷ 넓이)
= △ㄱㅁㄹ 넓이 - ~~△ㄱㅂㅁ 넓이~~ - △ㄹㅁㄷ 넓이 + ~~△ㄹㅂㄷ 넓이~~
= 36 - 18 = 18 (cm^2)
△ㅂㄱㄹ의 넓이 = $\frac{(12 - B) \times 6}{2}$, △ㅂㄷㅁ의 넓이 = $\frac{B \times 3}{2}$
$\frac{(12 - B) \times 6}{2} - \frac{B \times 3}{2} = 18$ ⇨ B × 9 = 36, B = 4(cm)
△ㅂㄱㄹ의 넓이 = $24(cm^2)$ 이므로,
△ㄱㅁㄹ 넓이 = △ㅂㄱㄹ의 넓이 + △ㄱㅂㅁ 넓이 ⇨ 36 = 24 + △ㄱㅂㅁ 넓이
∴ △ㄱㅂㅁ 넓이 = $12(cm^2)$
[또 다른 풀이]
△ㄱㄷㄹ = △ㄱㄴㄷ = 36 (cm^2) , △ㄱㅂㅁ 넓이 = △ㄹㅂㄷ 넓이 = A, △ㅂㄷㅁ의 높이를 B 라고 하면,

$\triangle ㄱㄷㄹ = \dfrac{(12 - B) \times 6}{2} + A = 36$ ⇨ $2A - 6B = 0$

$\triangle ㄱㄴㄷ = \triangle ㄱㄴㅁ$ 넓이 $+ A + \dfrac{B \times 3}{2}$

$= 18 + A + \dfrac{B \times 3}{2} = 36$ ⇨ $2A + 3B = 18$

$\therefore A = 12, B = 4$

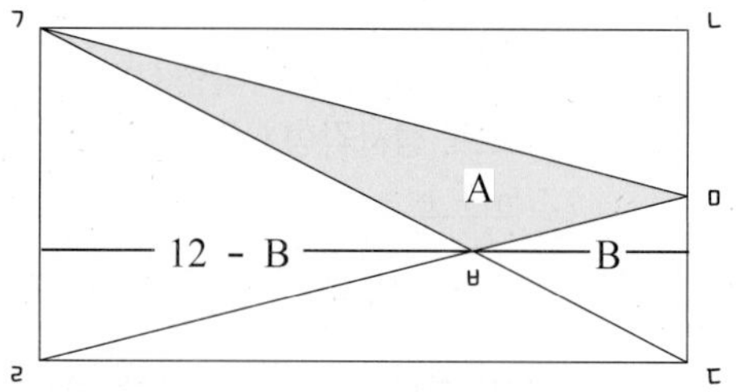

문제 20 p.186

◆ 평가표

전개도 1 ~ 2가지의 숫자를 채운 경우	1점
전개도 3 ~ 4가지의 숫자를 채운 경우	3점
전개도 5가지 이상 숫자를 채운 경우	5점

정 답

답

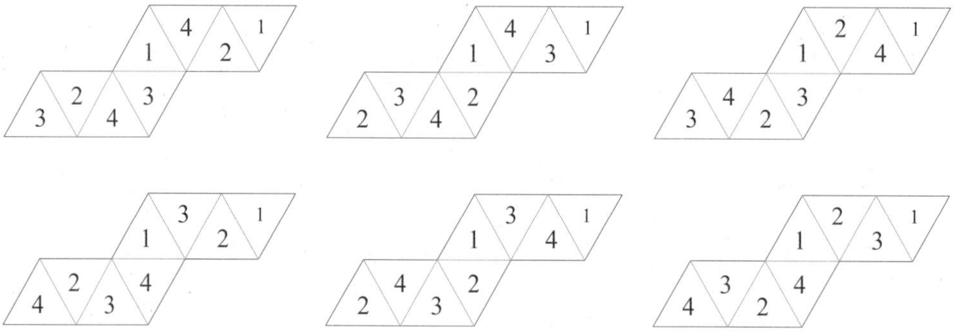

문제 21 p.187

◆ 평가표

(1) 또는 (2)만 정답을 맞춘 경우	2점
(1)과 (2) 모두 정답을 맞춘 경우	5점

정답 및 해설

답 (1)

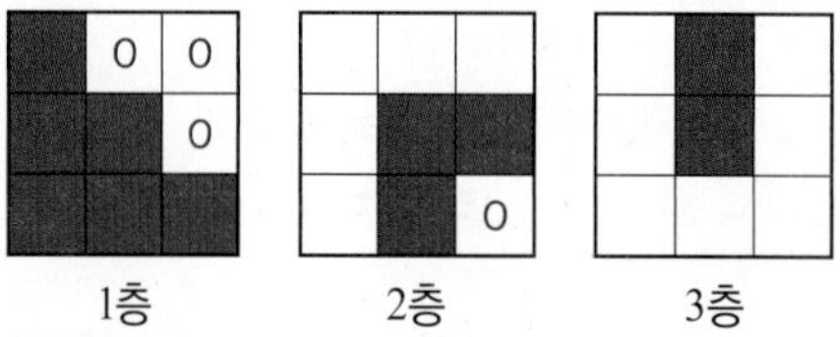

(2)

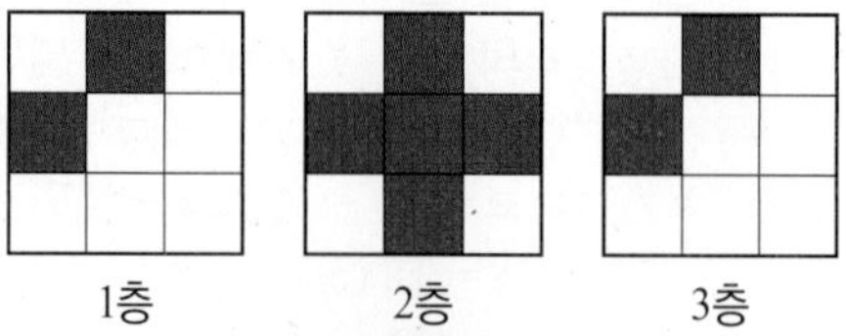

해설 (1)

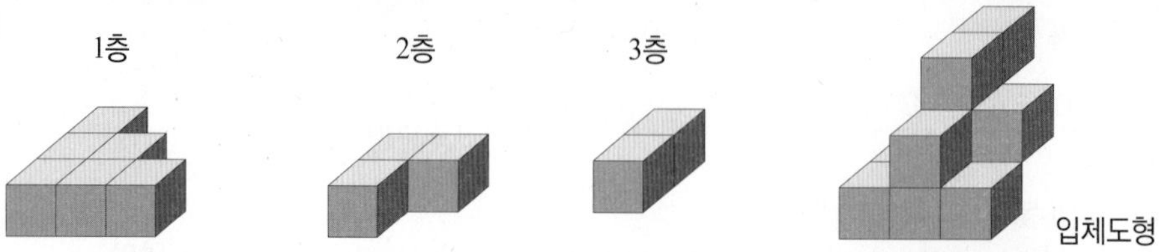

(2)

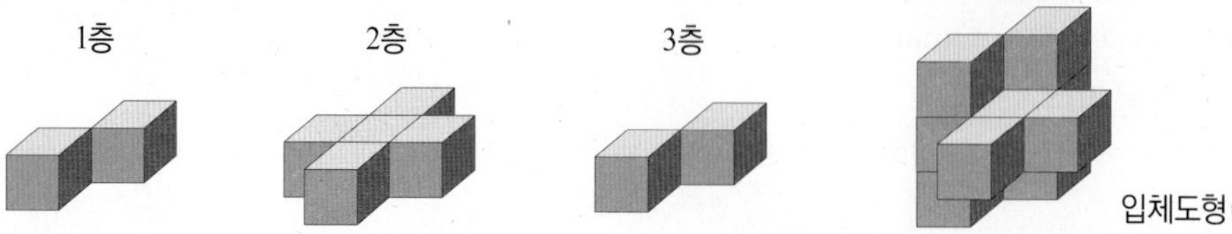

문제 22 p.188

정답 및 해설

답 [가장 많은 경우] 47개 [가장 적은 경우] 38개

해설

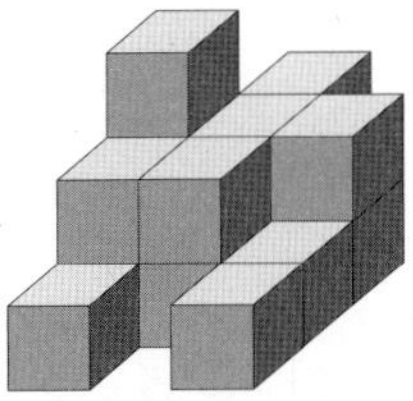

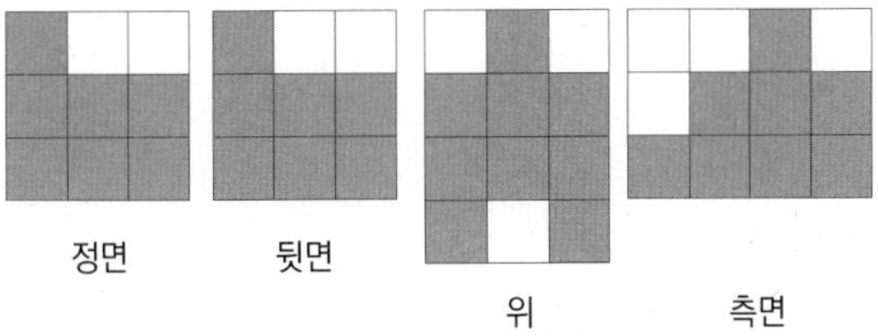

쌓기 나무 2개 추가 전 겉면에 색칠된 면의 수 = 정면 7면 + 측면 7 × 2 + 뒷면 7면 + 윗면 9면 + 사이 2면 = 39면
색칠된 면의 수가 가장 많게 하기 위해서는 다음 그림과 같이 한면만 가려지는 곳에 쌓기 나무를 쌓으면 된다.

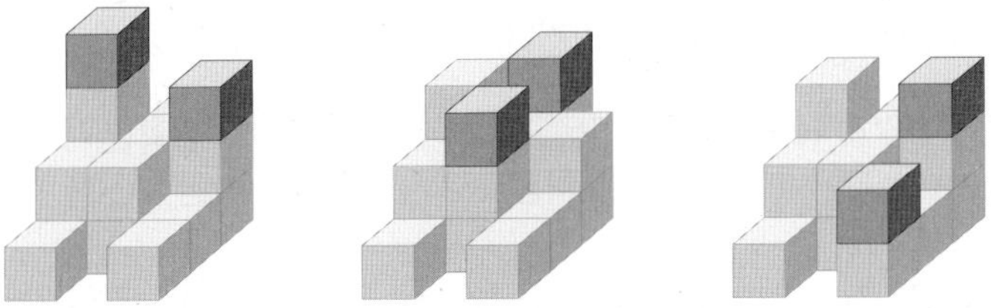

이 경우 색칠한 면의 수가 8면이 추가되므로 총 39 + 8 = 47개가 된다.

색칠한 면의 수가 가장 적게 하기 위해서는 오른쪽 그림과 같이 쌓기 나무를 쌓으면 된다.
이 경우 색칠한 면의 수가 1면이 감소하므로 총 39 - 1 = 38개가 된다.

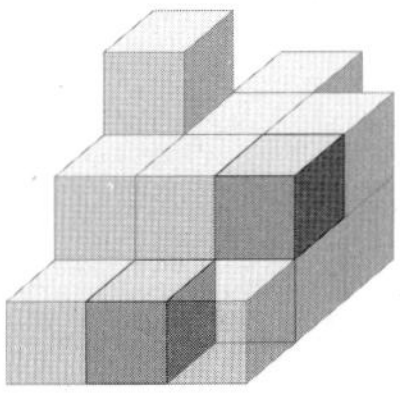

문제 23 p.188

정답 및 해설

답 22번

해설 분침은 1시간 = 60분동안 한 바퀴(360°) 회전하므로 1분에 $\frac{360}{60} = 6°$ 씩 움직이고,

시침은 1시간에 숫자 한 칸(30°)을 회전하므로 1분에 $\frac{30}{60} = 0.5°$ 씩 이동하며, 분침이 시침보다 1분에 6 - 0.5 = 5.5° 만큼 더 움직인다.

시침과 분침이 이루는 각도가 0° 일 때(12시) 부터 다시 시침과 분침이 이루는 각도가 0° 가 될 때까지 시계의 시침과 분침이 이루는 각도가 90° 가 되는 때는 $\frac{90°}{5.5} = 16\frac{4}{11}$ (분), $\frac{270°}{5.5} = 49\frac{1}{11}$ (분) 이 지난 시점으로 2번이다.

시침과 분침은 $\frac{360°}{5.5} = 65\frac{5}{11}$ (분) 마다 겹치므로 12시간 동안 $(12 \times 60) \div 65\frac{5}{11} = (12 \times 60) \div 60\frac{60}{11} = 11$(번) 겹친다. 따라서 시침과 분침이 90°가 되는 것은 11 × 2 = 22(번) 이므로 알람은 총 22번 울린다.

<또 다른 풀이>

시간	직각이 되는 횟수	시간	직각이 되는 횟수
12시 ~ 1시	2번	6시 ~ 7시	2번
1시 ~ 2시	2번	7시 ~ 8시	2번
2시 ~ 3시	3시 정각 + 1번	8시 ~ 9시	9시 정각 + 1번
3시 ~ 4시	1번 (3시 정각 제외)	9시 ~ 10시	1번 (9시 정각 제외)
4시 ~ 5시	2번	10시 ~ 11시	2번
5시 ~ 6시	2번	11시 ~ 12시	2번

⇨ 3시와 9시 두번을 제외하고는 모든 시간마다 2번씩 직각이 된다.
따라서 12시간 동안 12×2 - 2 = 22번 직각이 됨을 알 수 있다.

문제 24 p.189

◆ 평가표

(1) 또는 (2) 만 정답을 맞춘 경우	2점
(1)과 (2) 모두 정답을 맞춘 경우	5점

정답 및 해설 답 (1) 30일 후 자정(12시) (2) 30일 후 자정

해설 (1) 시계 A와 B는 N시간이 지날 때마다 N분씩 차이가 난다. 즉, 60시간이 지나면 60분 = 1시간 차이가 난다. 따라서 처음으로 같은 시각을 가리키기 위해서는 두 시계의 시간 차이가 '12시간 = 720분'이 나야 하므로 720시간 후에 두 시계가 처음으로 같은 시각을 가리키게 된다.

즉, $\frac{720}{24}$ = 30일 후 자정에 두 시계는 같은 시각을 처음으로 가리킨다.

(2) 정상 시각과 시계 A, B의 시각 차이가 각각 12시간일 때, 처음으로 시계 A, B가 각각 정확한 시간을 가리킨다.
시계 A는 하루에 48분씩 차이가 나고, 12시간 = 720분 이므로 처음으로 시계 A가 정확한 시간을 가리키는 때는 720 ÷ 48 = 15일 후 자정이 된다.
시계 B는 하루에 24분씩 차이가 나고, 12시간 = 720분 이므로 처음으로 시계 B가 정확한 시간을 가리키는 때는 720 ÷ 24 = 30일 후 자정이 된다. 따라서 30일 후 자정에 두 시계는 동시에 정확한 시간을 가리킨다.

문제 25 p.190

◆ 평가표

(1) ~ (3) 중 2개의 정답을 맞춘 경우	3점
(1) ~ (3) 모두 정답을 맞춘 경우	5점

정답 및 해설 답 (1) [규칙] A ◎ B = (A × 2) + [(B × (B − 2)], 7 ◎ 3 = 17
(2) [규칙] A ★ B = (A + 1) × (B − 2), 7 ★ 3 = 8
(3) [규칙] A △ B = (A + B) × A, A ▽ B = (A + B) × B,(7 △ 3) ▽ 1 = 71

해설 (1) 7 ◎ 3 = (7 × 2) + [(3 × (3 − 2)] = 14 + 3 = 17
(2) 7 ★ 3 = (7 + 1) × (3 − 2) = 8
(3) 7 △ 3 = (7 + 3) × 7 = 70 ⇨ 70 ▽ 1 = (70 + 1) × 1 = 71

문제 26 p.191

정답 및 해설 답 15

해설

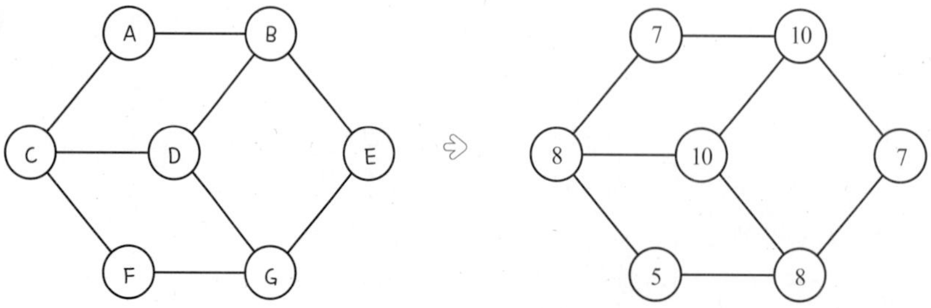

7 = A + B + C ··· ①

10 = A + B + D + E　　8 = A + C + D + F　　10 = B + C + D + G　　7 = B + E + G　　5 = C + F + G

8 = D + E + F + G ··· ②

① + ② = A + B + C + D + E + F + G = 7 + 8 = 15

문제 27 p.192

정답 및 해설　답 primary school(초등학교)

해설 key 값을 역으로 빼면 해독이 가능하다.

c	→	02 - 13 = (26 + 02) - 13 = 15	→	p
e	→	04 - 13 = (26 + 04) - 13 = 17	→	r
v	→	21 - 13 = 08	→	i
z	→	25 - 13 = 12	→	m
n	→	13 - 13 = 00	→	a
e	→	04 - 13 = (26 + 04) - 13 = 17	→	r
l	→	11 - 13 = (26 + 11) - 13 = 24	→	y
f	→	05 - 13 = (26 + 05) - 18 = 24	→	s
p	→	15 - 13 = 02	→	c
u	→	20 - 13 = 07	→	h
b	→	01 - 13 = (26 + 01) - 13 = 14	→	o
b	→	01 - 13 = (26 + 01) - 13 = 14	→	o
y	→	24 - 13 = 11	→	l

문제 28 p.193

정답 및 해설　답 (2, 1, 3)

해설 받은 메시지 (2, 0, 3, 3, 4, 5) 중 최대로 한 숫자가 틀린 경우이다.

(a, b, c) 전송 ⇨ (a, b, c, a + b, b + c, c + a) 수신 이므로

(2, 0, 3) 을 전송할 경우 (2, 0, 3, 2 + 0, 0 + 3, 3 + 2) = (2, 0, 3, 2, 3, 5) 로 수신되어야 하지만

(2, 0, 3, 3, 4, 5) 가 수신되었으므로 숫자 한 개가 틀렸다는 것을 알 수 있다.

이때 b 를 더했을 때 나온 숫자가 1씩 작은 것으로 보아 b = 0 이 아닌 b = 1 이 된다.

문제 29 p.193

정답 및 해설　답 89일

해설 1개의 계단을 올라가는 방법 : 1가지　　2개의 계단을 올라가는 방법 : (1칸, 1칸), (2칸) - 2가지

3개의 계단을 올라가는 방법 : (1칸, 1칸, 1칸), (1칸, 2칸) (2칸, 1칸) - 3가지

⇨ 이는 (1개의 계단을 오르는 방법) + (2개의 계단을 오르는 방법)이 된다.

4개의 계단을 올라가는 방법 : (1칸, 1칸, 1칸, 1칸), (1칸, 2칸, 1칸), (2칸, 1칸, 1칸), (1칸, 1칸, 2칸), (2칸, 2칸)

⇨ 이는 (2개의 계단을 오르는 방법) + (3개의 계단을 오르는 방법)이 된다.

따라서 이를 정리하면 다음과 같다.

계단	1	2	3	4	5	6	7	8	9	10	11	…
방법 수	1	2	3	5	8	13	21	34	55	89	144	

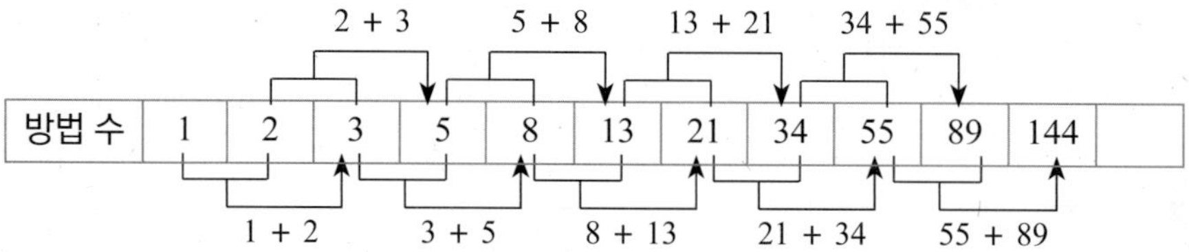

이와 같이 앞의 두 수를 더하면 그 다음 수가 되는 규칙을 가진 수열을 피보나치수열이라고 한다.

문제 30 p.194

정답 및 해설 답 21가지

해설 사탕 1개를 살 때, 50원짜리 동전 1개 A→ 지불 방법 1가지
사탕 2개를 살 때, 50원짜리 동전 2개 (A, A)
100원짜리 동전 1개 B → 지불 방법 2가지
사탕 3개를 살 때, 50원짜리 동전 3개 (A, A, A)
50원짜리 동전 1개를 넣고, 100원짜리 동전 1개를 넣음 (A, B)
100원짜리 동전 1개를 넣고, 50원짜리 동전 1개를 넣음 (B, A) → 지불 방법 3가지
사탕 4개를 살 때, 50원짜리 동전 4개 (A, A, A, A)
100원짜리 동전 2개 (B, B)
50원짜리 동전 1개, 100원짜리 동전 1개, 50원짜리 동전 1개를 넣음 (A, B, A)
50원짜리 동전 1개, 50원짜리 동전 1개, 100원짜리 동전 1개를 넣음 (A, A, B)
100원짜리 동전 1개, 50원짜리 동전 1개, 50원짜리 동전 1개를 넣음 (B, A, A)
→ 지불 방법 5가지

사탕 수	1	2	3	4	5	6	7	8	9	10	11	…
방법 수	1	2	3	5	8	13	21	34	55	89	144	

즉, 경우의 수는 피보나치 수열에 따른 다는 것을 알 수 있다. 따라서 사탕 7개를 살 때, 동전을 넣을 수 있는 방법은 총 21가지 이다.

문제 31 p.194

정답 및 해설 답 2101

해설 각 줄의 첫 번째 수는 더해지는 수가 +3씩 커지고, 같은 줄의 수는 +5씩 커지는 규칙이 있다.
따라서 11번째 줄의 첫 번째 수는
$1 + 3 \times (1 + 2 + 3 + \cdots + 10) = 166$
이고, 11번째 줄은 모두 11개의 숫자로 이루어져 있으며
11번째 줄은 각 수가 5씩 커지는 규칙이 있다.
$166 \times 11 + 5 \times (1 + 2 + 3 + \cdots + 10) = 2101$

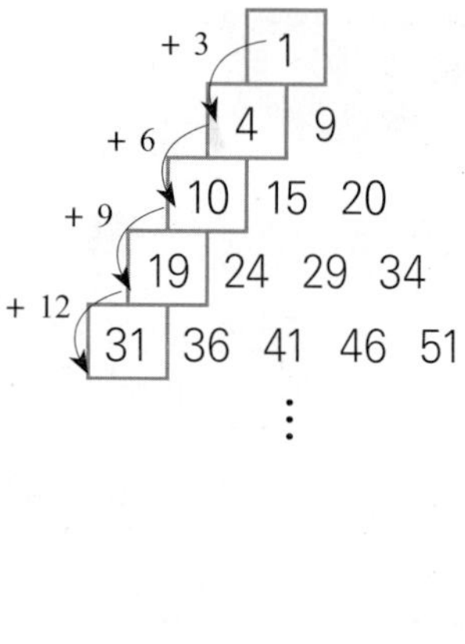

문제 32 p.195

정답 및 해설 답 8번째

해설 각 단계별로 필요한 성냥개비의 수를 세어 규칙을 알아보면 다음과 같다.

	1번째	2번째	3번째	4번째	5번째	6번째	7번째	8번째	9번째
성냥개비수	3	9	18	30	45	63	84	108	135

+ 3 + 9 + 12 + 15 + 18 + 21 + 24 + 27

더해지는 수가 3씩 커지는 규칙이다.

문제 33 p.195

정답 및 해설 답 소설책의 한 장의 앞면과 뒷면에 적혀 있는 숫자를 더하면 (홀수 + 짝수) 이므로 홀수가 된다. 따라서 10개의 홀수를 더하면 짝수밖에 나올 수 없으므로 상상이가 이기게 된다.

해설

계산 결과가 짝수	계산 결과가 홀수
홀수 + 홀수 = 짝수	홀수 + … + 홀수 (홀수개) = 홀수
짝수 + 짝수 = 짝수	홀수 + 짝수 = 홀수
짝수 × 짝수 = 짝수	홀수 × 홀수 = 홀수
홀수 × 짝수 = 짝수	
홀수 + … + 홀수 (짝수개) = 짝수	

문제 34 p.196

◆ 평가표

(1) 채점 기준

정답을 맞춘 경우	2점

(2) 채점 기준

정답을 맞춘 경우	3점

정답 및 해설 답 (1) 13개 (2) 2, 4, 6, 8, 10

해설 (1) 무한이가 가진 구슬 수 = A, 상상이가 가진 구슬 수 = B, 알탐이가 가진 구슬 수 = C, 창의가 가진 구슬 수 = D 라고 하면, A + B = 6 A + C = 4 B + D = 9 C + D = 7 이다.
이 식을 모두 더하면 2(A + B + C + D) = 26 이므로, A + B + C + D = 13 이다.
(2) A + B + C + D = 홀수 이므로, A + B = 6(짝수), B + D = 9(홀수),
A, B가 짝수, D 가 홀수 또는 A, B가 홀수, D가 짝수 이고, A + C = 4(짝수), C + D = 7(홀수) 이므로,
A, C가 짝수, D 가 홀수 또는 A, C가 홀수, D가 짝수 이다.
따라서 B + C = 항상 짝수가 되므로 B + C 로 가능한 답은 2, 4, 6, 8, 10 이 가능하다.
단, 12 는 불가능하다. 그 이유는 A + B = 6, A + C = 4, B + D = 9, C + D = 7, A + C = 4 를 만족하는 한 자리수 자연수는 없기 때문이다.
[검산] (A, B, C, D) = (0, 6, 4, 3), (2, 4, 2, 5), (4, 2, 0, 7), (1, 5, 3, 4), (3, 3, 1, 6)

문제 35 p.197

정답 및 해설 답 7가지

해설 우승자를 가리기 위해 최소 2번 ~ 최대 5번의 경기를 치르면 된다.
무한이가 우승자가 될 수 있는 경우의 수 (무한이가 이긴 것은 A, 진 것은 B 로 나타낸다.)
2경기 - (A, A)
4경기 - (A, B, A, A), (B, A, A, A)
5경기 - (A, B, A, B, A), (A, B, B, A, A), (B, A, A, B, A), (B, A, B, A, A)
⇨ 무한이 또는 상상이가 우승자가 될 수 있는 경우의 수는 총 7가지가 있다.

문제 36 p.197

정답 및 해설 답 해설 참조

해설 구슬을 5개씩 3개 묶음으로 나눈다. ⇨ (①, ②, ③, ④, ⑤), (⑥, ⑦, ⑧, ⑨, ⑩), (⑪, ⑫, ⑬, ⑭, ⑮)
질량이 다른 구슬이 질량이 큰 경우 (+), 작은 경우 (-)로 나타낸다.
(1) (①, ②, ③, ④, ⑤) = (⑥, ⑦, ⑧, ⑨, ⑩) 일 경우 - 1회 사용,
(⑪, ⑫, ⑬, ⑭, ⑮) 중에서 질량이 다른 구슬이 들어있다.

<table>
<tr><td rowspan="5">2회</td><td>(⑪, ⑫) = (⑬, ⑭)</td><td colspan="5">⑮ 가 질량이 다른 구슬</td></tr>
<tr><td rowspan="4">(⑪, ⑫) > (⑬, ⑭)</td><td rowspan="4">3회</td><td>⑪ > ⑫</td><td colspan="3">⑪이 다른 구슬 (+)</td></tr>
<tr><td>⑫ > ⑪</td><td colspan="3">⑫가 다른 구슬 (+)</td></tr>
<tr><td rowspan="2">⑪ = ⑫</td><td rowspan="2">4회</td><td>⑬ > ⑭</td><td>⑭가 다른 구슬 (-)</td></tr>
<tr><td>⑭ > ⑬</td><td>⑬이 다른 구슬 (-)</td></tr>
</table>

(2) (①, ②, ③, ④, ⑤, ⑥) > (⑦, ⑧, ⑨, ⑩, ⑪, ⑫) 일 경우 - 1회 사용

<table>
<tr><td rowspan="8">2회</td><td rowspan="2">(①, ②, ③) = (④, ⑤, ⑥)</td><td rowspan="8">3회</td><td rowspan="2">(①, ②, ③)
= (⑦, ⑧, ⑨)</td><td rowspan="2">4회</td><td>⑩ = ⑪</td><td>⑫가 다른 구슬 (-)</td></tr>
<tr><td>⑩ > ⑪</td><td>⑪이 다른 구슬 (-)</td></tr>
<tr><td rowspan="3">(①, ②, ③) > (④, ⑤, ⑥)</td><td>① = ②</td><td colspan="3">③이 다른 구슬 (+)</td></tr>
<tr><td>① > ②</td><td colspan="3">①이 다른 구슬 (+)</td></tr>
<tr><td>② > ①</td><td colspan="3">②가 다른 구슬 (+)</td></tr>
<tr><td rowspan="3">(④, ⑤, ⑥) > (①, ②, ③)</td><td>④ = ⑤</td><td colspan="3">⑥이 다른 구슬 (+)</td></tr>
<tr><td>④ > ⑤</td><td colspan="3">④가 다른 구슬 (+)</td></tr>
<tr><td>⑤ > ④</td><td colspan="3">⑤가 다른 구슬 (+)</td></tr>
</table>

(3) (①, ②, ③, ④, ⑤, ⑥) < (⑦, ⑧, ⑨, ⑩, ⑪, ⑫) 일 경우도 (2)와 순서만 다를 뿐 같은 방법을 사용한다.
따라서 저울을 적어도 4번 사용해야 질량이 다른 구슬을 찾을 수 있다.

[참고] 양팔저울을 사용하여 크기와 모양은 같지만 질량이 다른 물체 1개를 찾을 때 물체의 총 개수와 양팔 저울의 최소 사용 횟수와의 관계는 다음과 같다.

물체의 개수	양팔 저울 최소 사용 횟수	
3개	최소 1번	
9개	최소 2번	9개 - 3개씩 3묶음으로 나누어 모두 2번 사용
27개	최소 3번	27개 - 9개씩 3묶음으로 나누어 비교한 후 9개일 때와 같이 비교하여 모두 3번 사용
81개	최소 4번	81개 - 27개씩 3묶음으로 나누어 비교한 후 27개일 때와 같이 비교하여 모두 4번 사용
243개	최소 5번	

문제 37 p.198

◆ 평가표

(1) ~ (3) 중 2개의 정답을 맞춘 경우	3점
(1) ~ (3) 모두 정답을 맞춘 경우	5점

정답 및 해설 답 (1) 9번째 사람 (2) 해설 참조 (3) 11번째 사람

해설 (1) 총 16명 이므로 그 중간값인 9번째 사람에게 물어보는 것이 가장 빠르다. 그 이유는 9번째 사람에게 "교실에 들어갔을 때, 불이 켜져 있었는가?" 라는 질문을 해야 질문을 해야 할 사람이 절반으로 가장 많이 줄어들기 때문이다.

(2) 첫번째 질문을 받은 9번째 사람이 '예'라고 대답한다면 불을 켠 사람은 9번째 사람보다 더 빨리 교실에 들어간 사람이 된다. 9번째 사람보다 일찍 들어간 사람 중 그 중간값인 5번째 사람에게 이 질문을 했을 때 만약 '예'라고 하면 1 ~ 4번째 사람 중 한 명이 불을 켠 것이고 '아니오' 라고 한다면 5 ~ 8번째 사람 중 한 명이 불을 켠 것이 된다. 즉, 불을 켠 사람을 보다 빨리 알 수 있다.

(3) 첫번째 질문을 받은 9번째 사람이 '아니오' 라고 한다면 불을 켠사람은 9 ~ 16번 사람 중에 있다. 이 때 두번째 질문을 12번째 사람에게 했을 때 '예' 라고 한다면 범인은 9 ~ 11번째 중에 있다. 세번째 질문은 10번째 사람에게 했을 때 '아니오' 라고 한다면 범인은 10 ~ 11번째 사람 중 한 명이다. 따라서 마지막 질문을 11번째 사람에게 하면 불을 켠 사람을 알 수 있다. 11번째 사람이 '예'라고 한다면 불을 켠 사람은 10번째 사람이고 '아니오' 라고 한다면 불을 켠 사람은 11번째 사람이다.

문제 38 p.199

◆ 평가표

(1) 채점 기준

정답을 맞춘 경우	2점

(2) 채점 기준

정답을 맞춘 경우	3점

정답 및 해설 답 (1) A : B → A 승리　　B : C → B 승리　　C : D → 무승부

A : D → A 승리　　B : D → B 승리　　A : C → 무승부

(2)

순위	승리	무승부	패배	승점
1	1	2		5
1	1	2		5
3		2	1	2
3		2	1	2

해설 (2) 총 승리의 수 ㉠, 총 무승부의 수 ㉡, 패배의 수 ㉢ 이라고 하면, ㉠ = ㉢ 이고, 3㉠ + ㉡ = 14, ㉠ + ㉡ + ㉢ = 12 를 만족해야 한다. 따라서 ㉠ = 2, ㉡ = 8, ㉢ = 2 이므로, 가능한 조합은 답과 같다.

문제 39 p.200

◆ 평가표

(1) 채점 기준

메달 개수의 총합이 15개인 경우로 매달 수를 채운 경우	2점

(2) 채점 기준

(1)의 경우에 따라 순위가 변하지 않도록 메달을 추가한 경우	3점

정답 및 해설　답 해설 참조

해설 1위부터 5위까지 메달 개수의 총합이 최소가 되는 경우는 15개인 경우가 된다. 따라서 총 메달 수가 15개가 되는 경우는 다음과 같다.

①

순위	금메달	은메달	동메달
1	3	1	0
2	3	0	0
3	2	1	0
4	2	0	1
5	2	0	0

②

순위	금메달	은메달	동메달
1	3	0	1
2	3	0	0
3	2	1	0
4	2	0	1
5	2	0	0

③

순위	금메달	은메달	동메달
1	3	0	0
2	2	1	1
3	2	1	0
4	2	0	1
5	2	0	0

④

순위	금메달	은메달	동메달
1	3	0	0
2	2	2	0
3	2	1	0
4	2	0	1
5	2	0	0

(2) ①의 경우 순위의 변화가 생기지 않는 경우는 다음과 같이 4가지가 있다.

순위	금메달	은메달	동메달
1	4	1	0
2	3	1	0
3	2	1	1
4	2	0	1
5	2	0	0

순위	금메달	은메달	동메달
1	4	1	0
2	3	0	1
3	2	2	0
4	2	0	1
5	2	0	0

순위	금메달	은메달	동메달
1	4	1	0
2	3	1	0
3	2	1	0
4	2	0	2
5	2	0	0

순위	금메달	은메달	동메달
1	4	1	0
2	3	0	0
3	2	2	0
4	2	0	2
5	2	0	0

②의 경우 순위의 변화가 생기지 않는 경우는 다음과 같이 4가지가 있다.

순위	금메달	은메달	동메달
1	4	0	1
2	3	1	0
3	2	1	1
4	2	0	1
5	2	0	0

순위	금메달	은메달	동메달
1	4	0	1
2	3	0	1
3	2	2	0
4	2	0	1
5	2	0	0

순위	금메달	은메달	동메달
1	4	0	1
2	3	0	0
3	2	2	0
4	2	0	2
5	2	0	0

순위	금메달	은메달	동메달
1	4	0	1
2	3	1	0
3	2	1	0
4	2	0	2
5	2	0	0

③ 의 경우 순위의 변화가 생기지 않는 경우는 다음과 같이 2가지가 있다.

순위	금메달	은메달	동메달
1	4	0	0
2	2	2	1
3	2	1	1
4	2	0	1
5	2	0	0

순위	금메달	은메달	동메달
1	4	0	0
2	2	2	1
3	2	1	0
4	2	0	2
5	2	0	0

④ 의 경우 순위의 변화가 생기지 않는 경우는 다음과 같이 2가지가 있다.

순위	금메달	은메달	동메달
1	4	0	0
2	2	3	0
3	2	1	1
4	2	0	1
5	2	0	0

순위	금메달	은메달	동메달
1	4	0	0
2	2	2	1
3	2	2	0
4	2	0	1
5	2	0	0

문제 40 p.201

정답 및 해설 답 87명

해설

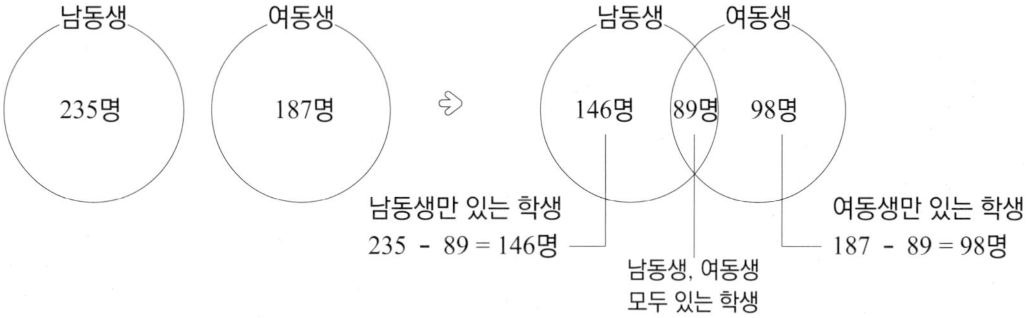

따라서 동생이 있는 학생은 146 + 89 + 98 = 333(명) 이므로, 전체 학생수 420명 중 남동생도 여동생도 모두 없는 학생은 420 - 333 = 87(명) 이다.

[간단 풀이] 420 - (235 + 187) + 89 = 87(명) 이다.

문제 41 p.201

정답 및 해설 답 알탐 - 민수 - 창의 - 상상 - 무한 - 철수 - 성재

해설 ③, ④ ⇨ (   ) - (   ) - (   ) - 상상 - (   ) - (   ) - 성재

①, ② ⇨ 알탐 - 민수 - 창의 - 철수

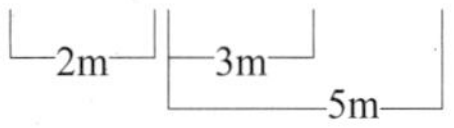

③ 알탐 - 민수 - 창의 - 무한 - 철수 순서가 된다. 이때 상상이가 중간 순위 이므로 상상이는 창의와 무한이의 중간에 결승선을 통과한게 된다.

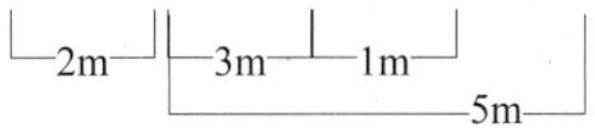

그러므로 결승선에 들어온 순서는 알탐 - 민수 - 창의 - 상상 - 무한 - 철수 - 성재 이다.

문제 42 p.202

정답 및 해설 답 3가지

해설 각 영역의 이웃한 부분을 명확하게 나타내기 위해 지도를 단순화 시키면 그림 (가)와 같다.

서로 맞닿아 있지 않은 도시는 같은 색으로 칠할 수 있다. 따라서 그림 (나)와 같이 세 가지 서로 다른 색(★, ◎, ♡)

으로 구분하여 칠할 수 있다.

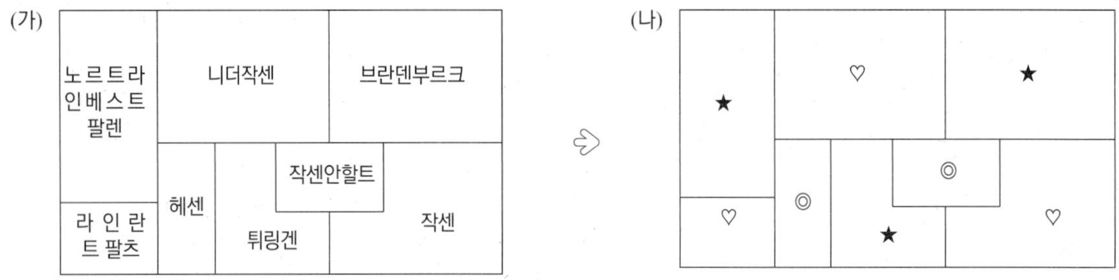

문제 43 p.203

정답 및 해설 답 84가지

해설 점 A에서 점 B 로 가장 빨리 가기 위해서는 오른쪽이나 위쪽으로만 향해야 한다.

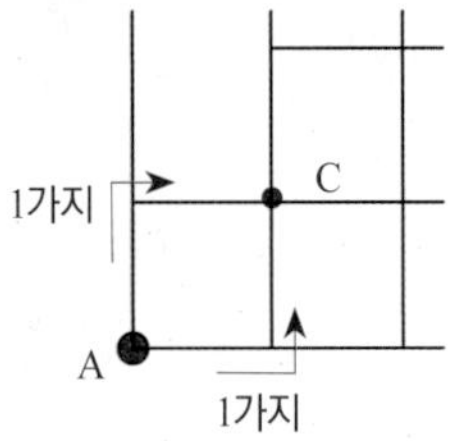

예를 들어 점 A에서 C까지 가는 가장 빠른 길은 위쪽으로 가서 C로 가는 경우와 오른쪽으로 가서 C로 가는 경우 2가지가 있다. 경우의 수를 모두 표시하면 오른쪽과 같다.

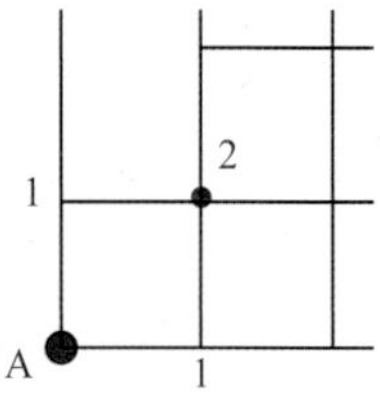

이를 문제에 적용하여 경우의 수를 모두 표시하면 오른쪽과 같다.

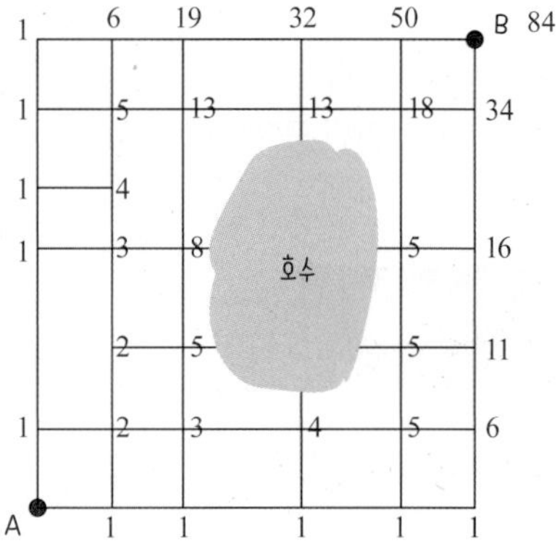

문제 44 p.203

정답 및 해설 답 $\frac{1}{6}$

해설 홀수는 일의 자리가 1, 3, 5인 경우이다.

[300 이하의 홀수가 나올 수 있는 경우의 수]

300이하의 숫자 중 일의 자리가 1인 경우 : 231, 241, 251, 261 ⇨ 4가지

일의 자리가 3인 경우 : 123, 143, 153, 163, 213, 243, 253, 263 ⇨ 8가지

일의 자리가 5인 경우 : 125, 135, 145, 165, 215, 235, 245, 265 ⇨ 8가지

따라서 300이하의 홀수는 4 + 8 + 8 = 20(가지)이다.

[6개의 숫자 카드를 이용하여 만들 수 있는 세 자리 수의 총 갯수]

1 ~ 6까지의 숫자를 한 번씩만 써서 만들 수 있는 세 자리의 수의 개수를 구하면 오른쪽 그림과 같다.

즉, 백의 자리가 1일 때, 십의 자리에 올 수 있는 수는 5가지, 일의 자리에 올 수 있는 수는 4가지가 된다.

이런 식으로 백의 자리에 올 수 있는 숫자는 6가지가 되므로 숫자 카드 6개를 이용하여 만들 수 있는 세 자리의 수는 총 6 × 5 × 4 = 120(가지) 이다.

따라서 300이하의 홀수가 나올 확률은 $\frac{20}{120} = \frac{1}{6}$ 이다.

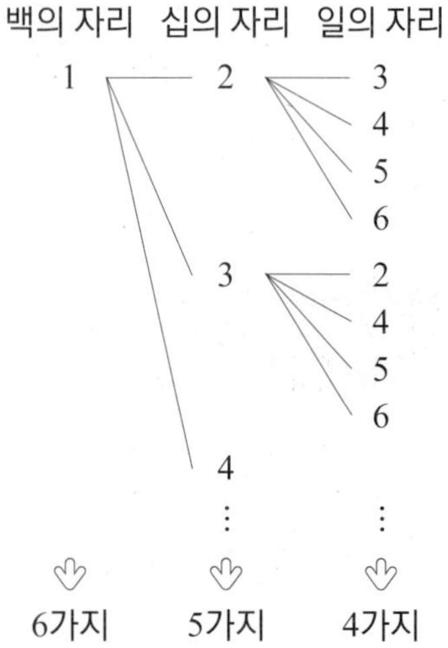

문제 45 p.204

◆ 평가표

(1) 채점 기준

정답을 맞춘 경우	3점

(2) 채점 기준

정답을 맞춘 경우	2점

정답 및 해설　답 (1) 15L (2) 120L

해설 (1) 24분 동안 아래 밸브 2개에서 나가는 물의 양은 10L × 2개 × 24분 = 480(L)
8분 동안 아래 밸브 3개에서 나가는 물의 양은 10L × 3개 × 8분 = 240(L) 이다.
24분 동안 나가는 물의 양과 8분 동안 나가는 물의 양의 차이는 480 - 240 = 240(L) 이고,
이는 24 - 8 = 16분 동안 위쪽 밸브 A 에서 들어온 물의 양과 같다.

따라서 1분 동안 수도꼭지 A에서 들어오는 물의 양은 $\frac{240L}{16분}$ = 15(L) 이다.

(2) 24분 동안 아래 밸브 2개에서 나가는 물의 양은 480L 이고, 24분 동안 수도 꼭지 A에서 들어오는 물의 양은 15 × 24 = 360L 이다. 24분 후에 물탱크에 고여 있는 물은 없으므로 물탱크의 표시선까지의 용량은 다음과 같다.
480L - (15 × 24) = 120(L)

▶ 수나 양이 일정하게 계속 증가하거나 단위 시간마다 일정하게 소비되는 문제의 유형을 '뉴튼산'이라고 한다. 뉴튼산은 과학자 뉴튼이 쓴 '보편산수'에 나오는 문제 유형으로, 일정한 비율로 변하는 두 개의 양이 있을 때 그 차나 합에 의해 생기는 변화량과 시간의 관계를 생각하는 문제다.

문제 46 p.205

정답 및 해설　답 10월 30일

해설 10월은 총 31일까지 있다. 인상하지 않은 가격대로라면 10월의 우유값은 270원 × 31일 = 8370(원) 이다. 하루에 320 - 270 = 50원 인상되었고, 상상이는 10월의 우유값으로 8470(원)을 냈으므로, 100원을 더 낸 것이 된다. 이는 인상된 요금으로 총 2일치를 더 낸 것이다. 따라서 우유 가격이 인상된 날짜는 10월 30일 부터이다.

문제 47 p.205

정답 및 해설　답 오후 3시

해설 서울에는 오전 6시 부터 한시간에 6mm 씩 비가 내리고 있으므로 10시 30분까지 총 4시간 30분 동안 비가 온 양은 6 × 4.5 = 27mm 이다. 부산은 오전 7시 30분 부터 비가 일정하게 내려서 10시 30분까지 총 3시간 동안 27mm 가 왔으므로 한 시간에 $\frac{27}{3}$ = 9(mm) 씩 비가 오고 있음을 알 수 있다. 부산에 내린 비의 양이 서울에 내린 비의 $\frac{1}{4}$ 만큼 더 많아 지는 시각을 10시 30분부터 A 시간 후라고 하면, $[(6 \times A) + \frac{27 + (6 \times A)}{4}] = (9 \times A)$ 가 된다.

따라서 A = 4.5 시간, 즉 4시간 30분 후가 되므로 시각은 오후 3시가 된다. 오후 3시까지 서울에 내린 비의 양은 54mm, 부산에 내린 비의 양은 67.5mm 이다.

문제 48 p.206

정답 및 해설 답 15일

해설 그룹 A에 속한 사람이 2일 동안 할 수 있는 일의 양을 1이라고 할 때, 그룹 A의 한 명과 그룹 B의 한 명이 1일 동안 할 수 있는 일의 양은 각각 $\frac{1}{2}$, $\frac{1}{3}$ 이고, 그룹 A의 10명이 5일 동안 할 수 있는 일의 양은 $\frac{1}{2} \times 10 \times 5 = 25$, 그룹 A 2명과 그룹 B 2명이 1일 동안 할 수 있는 일의 양은 $\frac{1}{2} \times 2 + \frac{1}{3} \times 2 = \frac{5}{3}$ 이다.

따라서 그룹 A 2명과 그룹 B 2명이 일을 한다면 $25 \div \frac{5}{3} = 15$(일)이 걸린다.

문제 49 p.206

정답 및 해설 답 17.5분 후 상상이가 무한이를 따라잡는다.

해설 원형 트랙 둘레의 길이를 1이라고 하면, 상상이가 원형 트랙 한바퀴를 달리는 데 10분이 걸리므로 속력은 $\frac{1}{10}$

무한이는 원형 트랙 한바퀴를 달리는 데 14분이 걸리므로 속력은 $\frac{1}{14}$ 이다.

두 사람의 속력 차이는 $\frac{1}{10} - \frac{1}{14} = \frac{2}{70} = \frac{1}{35}$ 이고, 상상이가 이런 속력 차이로 원형 트랙의 절반을 달리는 경우 무한이를 따라잡을 수 있다. 따라서 $\frac{1}{2} \div \frac{1}{35} = 17.5$(분) 후 상상이가 무한이를 따라잡는다.

문제 50 p.207

정답 및 해설 답

3	5	2	1	4
2	1	4	3	5
4	3	5	2	1
5	2	1	4	3
1	4	3	5	2

해설 <보기> ② 의 조건 중 5개의 칸 숫자를 모두 합한 것이 13과 17인 경우부터 조건에 따라 정리해 본다.

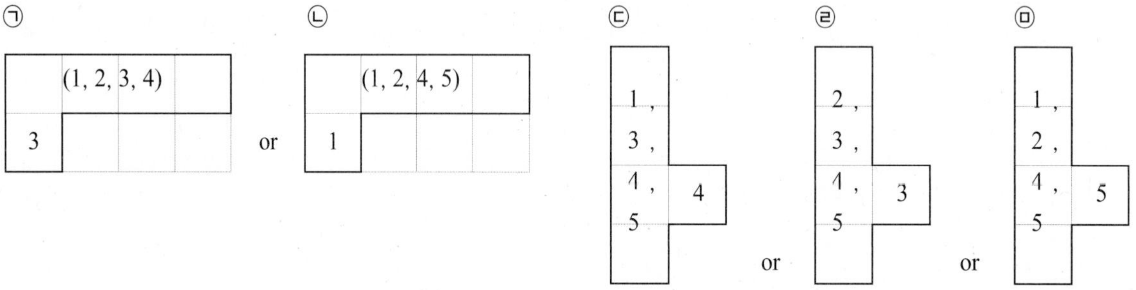

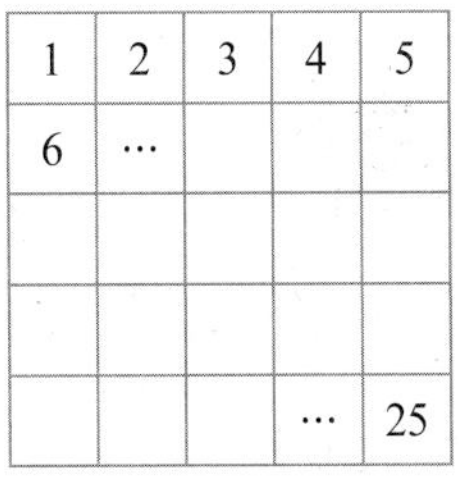

왼쪽과 같이 각 칸에 번호를 매긴다.
㉢, ㉣, ㉤에 의해 1칸에 '5'는 올 수 없으므로 ㉠ 은 성립하지 않는다.
⇨ 1 = '3', 7 = '1'

⇨ 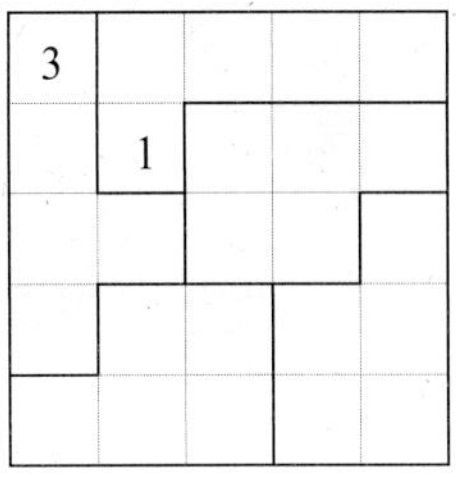

가로줄 (1, 2, 4, 5) 중 3이 없는 ㉤ 도 성립하지 않는다.
㉢일 경우, <보기> ② 의 조건 중 5개의 칸 숫자를 모두 합한 것이 11인 경우 다음과 같은 세 가지 경우가 올 수 있는데 이는 모두 <보기>의 ① 조건에 만족하지 않는다.

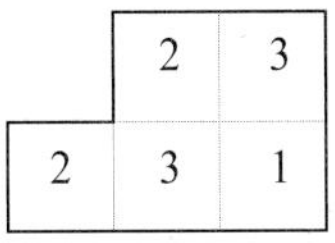 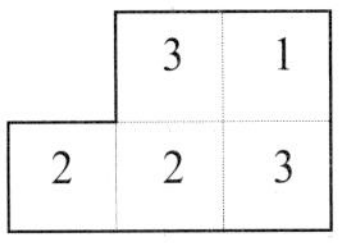 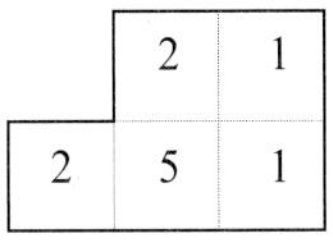

따라서 ㉡과 ㉣만 성립한다. ⇨ 12 = '3'. 21 = '1' ⇨

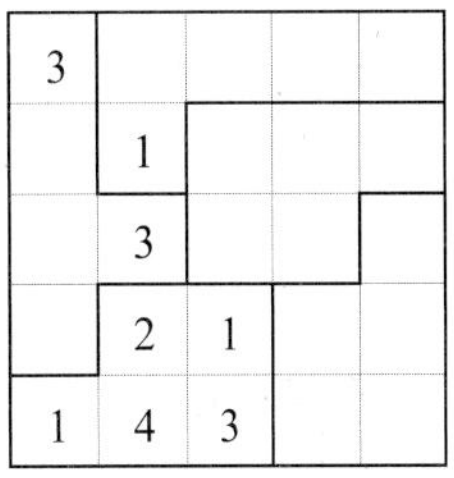

이와 같이 조건을 성립하는 경우를 하나씩 제거해 나가면 정답을 구할 수 있다.

점수 통계

점수에 따른 **성취도 등급**

등급	1등급	2등급	3등급	4등급	5등급
평가	140점 이상	100점 이상 ~ 139점 이하	65점 이상 ~ 99점 이하	25점 이상 ~ 64점 이하	24점 이하

총점 250점

02 창의적 문제해결 과학

단원 말미에서 성취도 등급을 확인하세요.

문제 01 p.208

문항 분석 및 평가표

◆ 문항 분석 : 기체의 압력과 부피의 관계를 알고, 문제에 적용할 수 있는지를 평가하는 문제이다.

◆ 평가표

정답을 맞추지 못한 경우	0점
정답을 맞춘 경우	5점

정답 및 해설

답 ①

해설 수면과 가까워질수록 공기 방울에 작용하는 수압이 점점 작아지므로 공기 방울의 부피는 점점 커진다(보일 법칙). 단, 공기 방울의 모양은 같게 유지된다.
※ 보일 법칙 : 일정 온도에서 기체의 압력과 그 부피는 서로 반비례한다는 법칙이다.

문제 02 p.208

문항 분석 및 평가표

◆ 문항 분석 : 우리나라와 호주의 지리적 특성을 알고, 달의 모양이 다른 이유를 과학적으로 추리하여 나타낼 수 있는가를 평가하는 문항이다.

◆ 평가표

달의 모양만 바르게 그린 경우	3점
달의 모양도 바르게 그리고, 이유도 과학적으로 설명한 경우	5점

정답 및 해설

답 달의 모양 , [이유] 호주 캘거리와 우리나라의 경도는 거의 비슷하고, 위도는 정반대이다. 따라서 호주 캘거리에서는 서울과 달의 위상이 반대로 나타난다.

해설 초승달은 오른쪽이 둥근 눈썹 모양의 달이다. 호주 캘거리는 경도가 121°- 27°E로 우리나라 경도 127°와 거의 비슷하며, 위도 30°- 47°S이다. 따라서 호주 캘거리에서는 서울과 달의 위상이 반대로 나타난다.

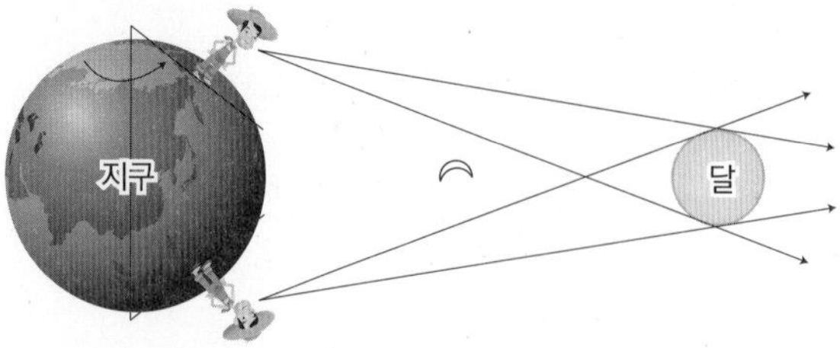

서울에서 오른쪽이 둥근 초승달이 보였다면, 캘러리에서는 왼쪽이 둥근 초승달(우리나라로 치면 그믐달 모양)로 나타난다.

상상이가 본 달

무한이가 본 초승달

문제 03 p.209

문항 분석 및 평가표

◆ 문항 분석 : 시각적 자료를 통해 차이점을 다양한 관점에서 찾아내고(융통성), 이를 로봇에 적용할 때 과학적 근거를 정교하게 나타낼 수 있는지(정교성)를 평가하는 문항이다.

◆ 평가표

(1) 채점 기준

그림에 나타낸 그대로만 설명한 경우	1점
내골격과 외골격의 차이를 정확하게 구분한 경우	2점

(2) 채점 기준

각각의 근육의 움직임에 대하여 모두 정확하게 서술한 경우	1점

(3) 채점 기준

주관적 의미로만 서술한 경우	0점
과학적 이유가 적절하게 서술된 경우	2점

정답 및 해설

답 (1) 사람의 팔은 안쪽에 뼈가 있고, 바깥에 근육이 있는 내골격이지만 메뚜기의 다리는 바깥에 딱딱한 부분이 있고, 안쪽에 근육이 있는 외골격이다.

(2) (가) 팔을 굽힐 때 - 안쪽 근육은 오므라들고, 바깥쪽 근육은 펴짐
(가) 팔을 펼 때 - 안쪽 근육은 펴지고, 바깥쪽 근육은 오므라듦
(나) 다리를 굽힐 때 - 굴근은 펴지고, 신근은 오므라듦
(나) 다리를 펼 때 - 굴근은 오므라들고, 신근은 펴짐

(3) 바깥 부분이 딱딱하고, 안쪽에 이를 움직일 수 있는 전선이 있으므로 메뚜기(곤충)와 같은 외골격과 비슷하다고 할 수 있다.

해설 뚫고 들어가기 어려운 단단한 덮개인 외골격은 보호와 지지의 두 가지 기능을 한다. 하지만 내부의 몸이 자라는 것에 맞추어 외골격이 자랄 수 없기 때문에 탈피를 하여 더 큰 외골격을 만들어 다시 단단하게 만든다.

문제 04 p.210

◆ 평가표

정답을 맞추지 못한 경우	0점
정답을 맞춘 경우	5점

정 답

답 C [이유] 집기병에 이산화 탄소가 많을수록 촛불은 빨리 꺼지고, 이산화 탄소는 공기보다 무겁기 때문에 아래로 가라앉는다. 이산화 탄소가 들어 있는 A 위에 공기가 들어 있는 C를 거꾸로 세운 후 유리판을 제거해도 집기병 사이에 공기는 이동하지 않는다. 공기가 들어 있는 D 위에 이산화 탄소가 들어 있는 B를 거꾸로 세운 후 유리판을 제거하면 B에 들어 있는 이산화 탄소가 D로 이동하고, D 에 있던 공기는 B로 이동한다. 따라서 A와 D에는 이산화 탄소가 들어있게 되고, B와 C에는 공기가 들어있게 된다.

단, B와 D가 서로 섞이는 데는 충분한 시간이 필요하므로 B와 D의 공기가 서로 완전히 바뀌었다고는 볼 수 없으므로 B에는 C보다 이산화 탄소가 조금 더 많이 있게 된다. 따라서 집기병 C 에 이산화 탄소가 들어있을 확률이 가장 낮으므로 집기병 C의 촛불이 꺼질 확률이 가장 낮다.

문제 05 p.211

문항 분석 및 평가표

◆ 문항 분석 : 식물이 자라는데 필요한 것(물, 햇빛)과 검은 비닐의 특성(빛 차단, 수분 증발을 줄임)을 이해하고 이를 적용하여 설명할 수 있는지를 묻는 문항이다

◆ 평가표

과학적 근거가 부족하나 그 이유를 간단하게 서술한 경우	2점
과학적인 근거를 들어 적절하게 서술한 경우	5점

정 답

답 ① 흙을 검은 비닐로 덮어 놓으면 그 부분의 흙에 포함된 수분이 공기 중으로 증발되는 양을 줄일 수 있다.
② 씨앗을 심은 부분의 주변에 검은 비닐이 덮여 있어 햇빛이 닿지 않으므로 잡초와 같은 다른 식물이 잘 자라지 못한다.

문제 06 p.212

문항 분석 및 평가표

◆ 문항 분석 : 동물과 식물의 특성을 다양한 관점에서 파악하고, 식물이 계속해서 크게 자랄 수 있는지를 과학적으로 추리하여 나타낼 수 있는지를 평가하는 문항이다.

◆ 평가표

과학적 근거가 부족하나 크게 자랄 수 있는 이유를 간단하게 서술한 경우	2점
과학적 근거를 들어 이유를 적절하게 설명한 경우	5점

정답 및 해설

답 [예시 답안] ① 광합성을 이용하여 스스로 양분을 끊임없이 만들어 사용할 수 있기 때문이다.
② 나무의 대부분은 죽은 세포로 되어 있어 적은 양의 세포에서만 생명 활동이 일어나기 때문이다.

해설 식물세포는 동물세포와 달리 단단한 세포벽이 있기 때문이다. 대부분 오래된 나무는 전체의 40 ~ 80% 가 섬유질을 주성분으로 하는 죽은 세포인 세포벽으로 이루어져 있다. 줄기의 살아 있는 세포는 계속 세포 분열하여 부피 생장을 하다가 오래된 세포는 죽어서 나무가 버티고 살아가는데 받침대 역할을 한다. 따라서 나무는 살아있는 적은 양의 세포에서만 생명 활동이 일어나기 때문에 양분이나 수분에 대한 부담이 동물보다 작다. 또한 물과 양분이 이동하는 물관은 단순한 구조로 되어 있어 쉽고 빠르게 물과 무기 영양분을 나뭇잎까지 운반하여 광합성이 잘 일어나는데 도움을 준다.

문제 07 p.213

문항 분석 및 평가표

◆ 문항 분석 : • 부력에 대해 알고, 이를 적용할 수 있는지를 평가하는 문항이다.
• 과학 이론 공부를 할 때, 이론과 관련된 실험을 설계해보고, 그 결과를 정리해보는 연습이 문제 해결에 도움이 된다.

◆ 평가표

나무도막의 위치를 모두 맞추지 못한 경우	0점
나무도막의 위치를 모두 맞춘 경우	5점

정답 및 해설

답 (가) A (나) B (다) D (라) E (마) E

해설 부력의 크기는 물체가 밀어낸 물의 질량의 크기와 같다.
나무도막은 모두 완전히 잠길 때까지 눌렀을 때 넘친 물의 양이 모두 1kg 이므로 나무도막과 같은 부피의 물의 질량은 1kg, 물의 부력은 1kg 이다.
수조에 떠 있는 A, B의 경우 물의 밀도보다 작은 경우, D, E 는 물보다 밀도가 큰 경우이다.
(가) ~ (마)의 부피는 모두 같으므로,
질량이 0.5kg 인 (가)의 밀도는 물의 절반이므로 (A) 가 된다.
질량이 0.75kg 인 (나)의 밀도는 물의 3/4 이므로 3/4만큼 가라앉아 있는 (B)가 된다.

질량이 1kg 인 (다)의 밀도는 물과 같으므로 중간에 떠 있는 (D)가 된다.
질량이 1kg 보다 큰 (라)와 (마)의 밀도는 물보다 크므로 완전히 가라앉는 (E)가 된다.
이때 (C)의 경우 물 표면에 나무도막이 닿아 살짝 떠 있으므로 밀도는 물과 아주 비슷한 경우(물의 밀도보다 조금 작음)이다. 따라서 1kg 보다는 질량이 작다.

문제 08 p.214

◆ 평가표

(1) 채점 기준

고도와 기압과의 관계를 이용하여 설명하지 못한 경우	0점
고도와 기압과의 관계를 이용하여 바르게 설명한 경우	2점

(2) 채점 기준

과학적 원리는 설명하지 않고 방법만 설명한 경우	1점
과학적 원리를 이용하여 방법을 설명한 경우	2점

(3) 채점 기준

정답을 맞추지 못한 경우	0점
정답을 맞춘 경우	1점

정답 및 해설

답 (1) 고도가 높을수록 기압은 낮아진다. 따라서 산 위의 기압은 지상에서보다 낮아 물이 끓는 온도가 낮아지므로 물이 끓고 있을 때 온도가 낮아서 쌀이 제대로 익지 않고 설익는다.
(2) 높은 산 위에서 밥을 지을 경우 외부 기압이 낮아지기 때문에 끓는 점이 낮아진다. 따라서 밥을 설익지 않게 하기 위해서는 압력 밥솥을 이용하여 밥을 짓거나, 내부 수증기가 빠져 나오지 못하도록 밀폐하거나, 뚜껑 위에 무거운 돌을 올려 놓는다.
(3) ④

해설 (3) 압력 밥솥으로 밥을 하는 경우 압력 밥솥 내부 기압이 평소보다 높기 때문에 압력 밥솥 내부에 있는 물의 끓는 점이 높아진다. 따라서 지상에서 밥을 할 때보다 더 짧은 시간에 밥이 완성된다.
① 물이 끓는 온도는 대기 압력에 따라 달라진다.
②, ③, ④ 압력솥은 고도에 상관없이 내부 압력이 1,200mmHg 로 유지되므로 물은 100℃ 보다 높은 온도에서 끓기 때문에 밥이 되는 시간이 더 짧게 걸린다.

문제 09 p.215

◆ 평가표

정답을 맞추지 못한 경우	0점
정답을 맞춘 경우	5점

정답 및 해설

답 ⑤

해설 O형은 누구에게나 수혈을 해줄 수 있지만, 같은 O형에게만 수혈을 받을 수 있다. 반면에 AB형은 모든 혈액형에게 수혈을 받을 수는 있지만 AB형을 제외한 다른 혈액형에게는 수혈을 해줄 수 없다.
따라서 아버지는 AB, 엄마는 O형이 되므로 상상이와 상상이 동생의 혈액형으로는 AO, BO 만 가능하다.

문제 10 p.215

문항 분석 및 평가표

◆ 문항 분석 : 한 줄로 물체 A를 들 때와 같은 줄을 두개 겹쳐서 같은 물체 A를 들 때 늘어나는 줄의 길이를 예상해 본다.

◆ 평가표

정답을 맞추지 못한 경우	0점
정답을 맞춘 경우	5점

정답 및 해설

답 1m

해설 줄의 길이를 반으로 자르면 같은 물체에 대해서 늘어나는 길이도 절반이 된다. 이 두 줄을 겹치면 같은 물체에 대해서 절반만큼만 늘어난다.

⇨ 즉, 줄의 길이를 반으로 자른 후, 두 줄을 합치면 같은 힘에 대하여 늘어난 길이는 $\frac{1}{4}$ 이 된다.

따라서 50kg 을 들 때 줄은 1m 가 늘어난다.

문제 11 p.216

문항 분석 및 평가표

◆ 문항 분석 : 주어진 자료를 참고로 하여 보기 ① ~ ⑤ 각각의 경우가 일어날 때 캥거루 쥐의 몸안에 일어나는 변화를 추론해 보도록 한다.

◆ 평가표

정답을 맞추지 못한 경우	0점
정답을 맞춘 경우	5점

정답 및 해설

답 ①

해설 캥거루 쥐의 세뇨관은 사람보다 상대적으로 길다. 따라서 물의 재흡수가 많이 일어나 오줌의 양이 감소한다. 또한 포유류 중에서 가장 농축된 소변을 만들어서 하루에 단 몇 방울 정도 소변을 배출하기 때문에 소변으로 인해 거의 수분을 잃어버리지 않으므로 많은 양의 수분이 필요하지 않다.

[오줌의 생성 과정] 콩팥에서 여과, 재흡수, 분비 과정을 거쳐 오줌이 생성된다.

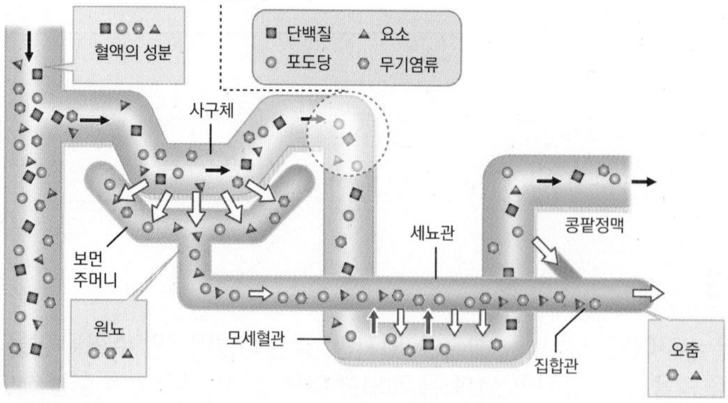

과정		이동 경로	이동 물질
여과	사구체의 높은 혈압(압력)에 의해 크기가 작은 물질이 사구체에서 보먼주머니로 걸러지는 과정	사구체 → 보먼주머니	크기가 작은 물질 (물, 포도당, 아미노산, 무기염류, 요소 등)
재흡수	몸에 필요한 물질이 세뇨관에서 모세 혈관으로 이동하는 과정 → 포도당과 아미노산은 100% 재흡수, 물은 대부분 재흡수되며, 무기 염류는 필요에 따라 적당량 재흡수된다.	세뇨관 → 모세 혈관	몸에 필요한 물질 (물, 포도당, 아미노산, 무기염류 등)
분비	미처 여과되지 않은 노폐물이 모세 혈관에서 세뇨관으로 이동하는 과정	모세 혈관 → 세뇨관	미쳐 여과되지 못한 노폐물

문제 12 p.217

문항 분석 및 평가표

◆ 문항 분석 : 실험의 각 과정을 그렇게 설계한 이유에 대하여 추론해 보고, 실험 결과를 예상해 보면 문제 해결에 도움이 된다.

◆ 평가표

(1) 채점 기준

시기를 맞추지 못한 경우	0점
시기를 바르게 맞춘 경우	3점

(2) 채점 기준

정답을 맞추지 못한 경우	0점
정답을 맞춘 경우	2점

정답 및 해설

답 (1) 효모의 수가 감소할 때　　(2) ④

해설 (1) '효모는 영양분이 부족하게 되면 개체수가 감소할 것이다'는 가설을 세웠으므로 배양하는 동안 개체수가 감소하는 시점에서 영양분을 추가해서 효모의 수가 감소하는 원인이 영양분 때문인지를 확인해야 한다.
(2) 양분 이외에 효모의 개체수에 영향을 줄 수 있는 다른 모든 요인을 통제해야 하기 때문이다.

문제 13 p.218

◆ 평가표

(1) 채점 기준

4가지 가정 중 1 ~ 2개 설명한 경우	0점
4가지 가정을 3 ~ 4개 설명한 경우	2점

(2) 채점 기준

열에 대한 내용이 빠진 경우	0점
열에 대한 내용을 포함하여 이유를 서술한 경우	2점

(3) 채점 기준

정답을 맞추지 못한 경우	0점
정답을 맞춘 경우	1점

정답 및 해설

답 (1) ① 물풀에서 나오는 기체는 물에 잘 녹지 않는다.
② 물 속에는 광합성에 필요한 물질이 모두 있다.
③ 발생하는 기체의 양은 광합성 속도에 비례한다.
④ 전구와 물풀 사이의 거리는 빛의 세기와 관계가 있다.
(2) 전구에서 나오는 열을 흡수하게 하기 위해서이다.
(3) ②

해설 (2) 빛의 세기 이외에 광합성에 영향을 주는 모든 요인은 통제해 주어야 한다.
(3) 오른쪽 거꾸로 세운 시험관에 모아지는 기체는 산소이다.
① 공기 중에 가장 많이 존재하는 기체는 질소이다.
③ 사람이 내쉬는 숨에 많이 포함되어 있는 기체는 이산화 탄소이다.
④ 생물이 생활하는 데 필요한 에너지를 많이 가지고 있는 기체는 없다.

[식물의 잎에서 일어나는 일은 다음과 같다.]

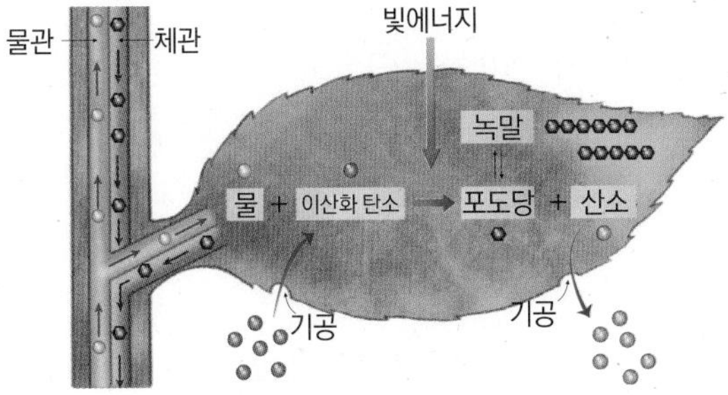

• 물 : 뿌리에서 흡수된 물이 물관을 따라 잎으로 이동
• 이산화 탄소 : 잎의 기공을 통해 흡수

↓

• 포도당 : 광합성 결과로 만들어지는 유기물로 대부분 녹말로 바꾸어 저장
• 산소 : 호흡에 이용하고 나머지는 기공을 통해 방출

문제 14 p.219

◆ 평가표

(1) 채점 기준

정답을 맞추지 못한 경우	0점
정답을 맞춘 경우	3점

(2) 채점 기준

정답을 맞추지 못한 경우	0점
정답을 맞춘 경우	2점

정답 및 해설

답 (1) ⑤ (2) ①

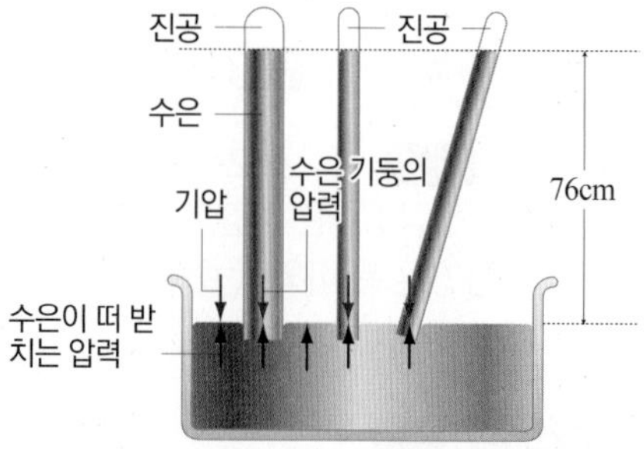

해설 대기압이란 76cm의 수은 기둥이 누르는 압력이며, 이는 약 1,000km 높이의 공기 기둥이 누르는 압력과 같다. 만약 수은보다 13.6배 가벼운 물을 사용한다면(물의 밀도 1g/mL, 수은의 밀도 13.6g/mL), 대기압에 의해 물은 76cm × 13.6 = 1033.6cm = 10.3m 높이의 물 기둥이 될 것이다. 이는 진공 펌프를 이용하여도 물을 수면에서 약 10.3m 이상은 올릴 수 없다는 것을 의미한다.

1기압 = 높이 76cm의 수은 기둥 밑면에 작용하는 대기의 압력 = 76cmHg = 물기둥 약 10m 의 압력 = 1013hPa

(1) 빨대로 물을 마시면 빨대 내의 압력은 줄어들게 된다. 그럼 상대적으로 커진 외부 대기압이 물을 빨대 속으로 밀어올리고, 물이 빨대를 통해 올라가게 되는 것이다. 만약 대기압이 작용하지 않는다면 마치 한쪽 빨대 끝을 마개로 막은 것처럼 아무리 힘껏 빨아도 음료수는 마실 수 없게 된다.

즉, 지구에서의 대기압은 1기압이므로 아무리 힘이 센 슈퍼맨이 빨대 속을 완전히 진공으로 만들만큼 힘껏 빨아도 외부 대기압과의 차이는 1기압 밖에 나지 않으므로 10.3m 이상의 빨대로 물을 마실 수는 없다.

(2) 달 표면은 진공상태로 기압이 거의 없기 때문에 빨대를 이용하여 물을 빨아먹을 수 없다.

문제 15 p.220

문항 분석 및 평가표

◆ 문항 분석 : 지레의 원리를 이해하고 있는지 평가하는 문항이다.

◆ 평가표

정답을 맞추지 못한 경우	0점
정답을 맞춘 경우	5점

정답 및 해설

답 3개

해설 (가)에서 접시의 질량을 A, 추의 질량을 B라고 하면,

접시의 질량 × 받침점으로부터 접시까지의 거리 = 추의 질량 × 받침점으로부터 추까지의 거리

⇨ A × 3칸 = B × 1칸 이 되므로 추의 질량은 접시의 3배임을 알 수 있다.

(나)에서 □를 추의 갯수라고 하면,

(A + B) ×5칸 = [A + (B × □)] × 2칸 이고, A = 1 일 때, B = 3 이다.

⇨ (1 + 3) × 5 = [1 + (□ × 3)] × 2 이므로, 1 + (□ × 3) = 10 ⇨ □ = 3개

문제 16 p.221

문항 분석 및 평가표

◆ 문항 분석 : 순간 속력과 평균 속력의 개념을 정확히 이해하고 적용할 수 있어야 한다. 속력에 대한 내용은 초등학교 5학년 내용을 기초로 중2 속력이 변하는 직선 운동에 대한 내용까지 심화하여 이해하고, 실험 결과 자료를 해석하는 능력이 요구되는 문항이다.

◆ 평가표

(1) 채점 기준

표를 완성하지 못한 경우	0점
표를 모두 완성한 경우	3점

(2) 채점 기준

정답을 맞추지 못한 경우	0점
정답을 맞춘 경우	2점

정답 및 해설

답 (1)

시간초)	0 ~ 1	1 ~ 2	2 ~ 3	3 ~ 4	4 ~ 5	5 ~ 6	6 ~ 7	7 ~ 8	8 ~ 9
속력(m/s)	0.4	0.8	1.2	1.6	2	1.6	1.2	0.8	0.4

(2) 1.2

해설 (1)

시간초)	0 ~ 1	1 ~ 2	2 ~ 3	3 ~ 4	4 ~ 5	5 ~ 6	6 ~ 7	7 ~ 8	8 ~ 9
이동 거리(m)	0.4	1.2 - 0.4 = 0.8	2.4 - 1.2 = 1.2	4 - 2.4 = 1.6	6 - 4 = 2	7.6 - 6 = 1.6	8.8 - 7.6 = 1.2	9.6 - 8.8 = 0.8	10 - 9.6 = 0.4
속력(m/s)	0.4	0.8	1.2	1.6	2	1.6	1.2	0.8	0.4

(2) 평균 속력 $= \frac{\text{전체 이동 거리}}{\text{총 걸린 시간}} = \frac{6\text{m}}{5\text{초}} = 1.2\text{m/s}$

문제 17 p.222

◆ 평가표

(1) 채점 기준

실험 결과를 통해 관찰된 객관적 사실이 아닌 것을 서술한 경우	0점
2가지 이상 서술한 경우	3점

(2) 채점 기준

정답을 맞추지 못한 경우	0점
정답을 맞춘 경우	2점

정답 및 해설

답 (1) ① 삶은 콩은 매일 무게가 증가했다.
② 날 콩은 3일차부터 물을 더 이상 흡수하지 않는다(3일차 부터 무게가 거의 증가하지 않는다.)
(2) ㄱ, ㄴ

해설 (2) ㄷ. 삶의 콩의 무게가 증가하는 것은 물을 흡수하기 때문이며 주어진 자료만으로는 곰팡이와 세균의 번식이 일어났는지 알 수 없다.
ㄹ. 날콩이 콩에 저장되어 있는 물을 모두 소비한 후에 물을 흡수하는 것이라면 실험 중간부터 무게가 증가한 것에 대한 설명이 되지 않는다.

문제 18 p.223

문항 분석 및 평가표

◆ 문항 분석 : 그래프를 다양한 관점에서 해석할 수 있는지(융통성)를 평가하는 문항이다.

◆ 평가표

정답을 맞추지 못한 경우	0점
정답을 맞춘 경우	5점

정답 및 해설

답 ㄴ, ㄷ, ㄹ

해설 이 물체는 직선 상으로 1초 동안 1m 씩 위치가 멀어지고 있다. 즉, 1m/s 의 일정한 속력으로 운동하고 있다. 물체의 운동 방향이나 속력이 모두 변하지 않고 일정하므로 이 물체에는 어떠한 힘도 작용하고 있지 않다.

문제 19 p.224

문항 분석 및 평가표

◆ 문항 분석 : 과학적인 방법의 각 단계를 이해하고, 이를 적용하여 설명하는 능력을 묻는 문항이다.

◆ 평가표

과학적인 방법을 모두 만족하지는 않지만 과학적으로 적절한 가설-예측-실험-결과를 서술한 경우	2점
과학적인 방법을 이용하여 적절하게 서술한 경우	5점

출제자 예시 답안

(1) (관찰) 얼룩말 거미가 다리를 휘두르거나 스노우베리파리가 거미 다리와 같은 무늬가 그려진 날개를 펼치면 거미들이 도망간다.
(궁금증) 거미는 같은 종의 거미로부터 위협을 받을까?
(가설) 대부분의 거미들은 같은 종의 거미에게도 위협을 받을 것이다.
(예측) 거미는 같은 모습의 거미가 다가오면 우선은 도망을 간다.
(실험) ① 거미가 있는 곳에 거울을 둔다. or ② 2, 3 종류의 거미를 준비하여 서로 접근시켜 본다.
(결과) ① 가설이 맞았다면 거울을 본 거미는 거울로 다가가지 않을 것이다. 만약 도망을 가지 않는다면 새로운 가설을 세워 다시 실험한다.
② 가설이 맞았다면 거미는 서로 멀리 떨어지려고 할 것이다. 만약 서로 신경을 쓰지 않는다면 새로운 가설을 세워 다시 실험한다.

(2) (관찰) 얼룩말 거미가 다리를 휘두르거나 스노우베리파리가 거미 다리와 같은 무늬가 그려진 날개를 펼치면 적들이 도망간다.
(궁금증) 곤충들은 거미 다리를 무서워하는 걸까?
(가설) 곤충들은 거미 다리 모양을 무서워할 것이다.
(예측) 위의 가설이 맞다면 거미 다리 모형이나 거미 다리 모양 그림에도 곤충들이 도망간다.
(실험) 곤충들이 모여있는 사육 통에 거미 다리 모형을 넣는다.
(결과) 가설이 맞았다면 거미 다리 모형 주위로는 곤충들이 없을 것이다. 만약 도망가지 않는다면 가설을 거미 다리 모양이 아닌 다리의 갯수일 것이다 라는 가정을 세워 다시 실험한다.

문제 20 p.225

문항 분석 및 평가표

◆ 문항 분석 : 단세포 생물과 다세포 생물의 생명 활동 차이를 이해하고, 생존에 유리한 방법을 추론하여 과학적 근거를 토대로 설명할 수 있는지를 평가하는 문항이다.

◆ 평가표

(1) 채점 기준

과학적인 근거를 들어 1가지만 적절하게 서술한 경우	1점
과학적인 근거를 들어 2가지 이상 적절하게 서술한 경우	2점

(2) 채점 기준

과학적인 근거를 서술하지 못한 경우	0점
과학적인 근거를 들어 이유를 적절하게 서술한 경우	3점

출제자 예시 답안

(1) 1. 세포의 기능이 여러 가지로 나누어져 있어서 더 효율적이다.
2. 유전적으로 더 다양한 자손을 남길 수 있다.
3. 몸이 여러 개의 세포로 이루어져 있으므로, 외부 충격으로부터 몸을 보호하는 것이 더 유리하다. 등

(2) 단세포 생물은 초기 원시 지구에서 생존하기 위해 몰려다니면서 뭉쳐있어야 했을 것이다. 이렇

게 뭉쳐 다니던 세포들은 세포군을 이루고, 이때 한 세포군 내의 세포들은 경쟁하지 않는 같은 유전자를 지닌 세포들이었을 것이다. 따라서 이들이 하나의 생물로 진화하게 되었을 것이다.

해설 (1) ① 단세포 생물은 세포 하나하나에서 모든 생명 활동이 일어나야 한다. 예를 들어 소화, 호흡, 배설, 생식 작용 등이다. 이에 비해 다세포 생물은 수많은 세포가 기능에 맞게 서로 일을 나누어 하고 있으므로, 다세포 생물이 살아가는데 더 효율적이라고 할 수 있다.

② 다세포 생물은 유성 생식, 즉 암수 생식세포가 결합하여 새로운 개체를 만든다. 따라서 다양한 유전자 조합을 가진 자손이 생길 수 있으므로 새로운 환경에 적응할 수 있는 가능성이 커지고, 세균에 대한 저항성이 커져 멸종에 대한 위험성이 줄어든다. 때문에 무성생식을 하는 단세포 생물보다 진화적인 측면에서 유리하다. 무성 생식과 유성 생식의 차이는 다음과 같다.

구분	무성 생식	유성 생식
번식 속도	환경이 좋으면 빠르게 번식할 수 있다.	자손의 수를 빠르게 늘릴 수 없다.
자손의 다양성	모체의 일부가 자손이 되므로 모체와 유전적으로 동일한 자손이 생긴다.	서로 다른 유전자를 지닌 생식세포의 수정에 의해 유전적으로 다양한 자손이 생긴다.
환경에 대한 적응력	• 자손의 형질이 비슷하므로 환경이 생존에 불리하게 변하면 살아남기 어렵다. • 특정 세균에 멸종되기 쉽다.	• 자손의 형질이 다양하여 환경이 생존에 불리하게 변해도 살아남을 가능성이 높다. • 특정 세균에 살아남을 확률이 높다.

(2) 다세포 생물은 단세포 생물이 군체 생활을 하는 과정에서 다세포 생물로 진화하였을 것으로 추정한다. 다세포 생물의 각 세포는 서로 다른 모양과 기능을 갖도록 분화되면서 동시에 서로 밀접하게 영향을 주고받으며 조직화되는 방향으로 진화되었다. (군체 : 같은 종의 단세포 생물이 무리지어 있는 것으로, 각 세포는 독립되어 있으므로 분리시켜도 생존할 수 있다.)

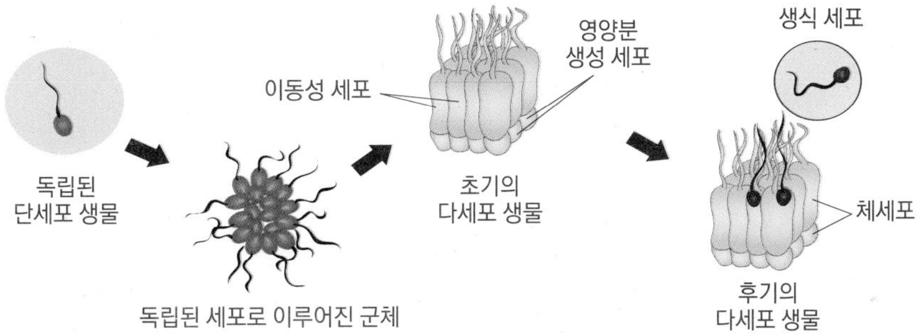

▲ 다세포 생물의 출현 과정 (단세포 진행 생물 ⇨ 군체 ⇨ 다세포 진핵 생물)

문제 21 p.226

문항 분석 및 평가표

◆ 문항 분석 : 지렁이의 생태학적 특징과 실험 설계시 고려해야 할 사항을 이해하고, 그에 따라 적절한 실험을 설계할 수 있는 지를 평가하는 문항이다.

◆ 평가표

(1) 채점 기준

정답을 맞추지 못한 경우	0점
정답을 맞춘 경우	1점

(2) 채점 기준

1가지만 적절하게 서술한 경우	1점
2가지 이상 적절하게 서술한 경우	2점

(3) 채점 기준

습기와 관련없는 실험을 설계한 경우	0점
적절하게 실험 과정을 설계한 경우	2점

정답 및 해설

답 (1) ①, ④, ⑤

(2) ① 땅을 기름지게 한다. ② 농작물이 잘 자라게 해 준다. ③ 화장품의 원료를 만들어 낸다.

(3) ① 가운데 판자가 있는 수조의 양쪽에 같은 양의 마른 흙과 젖은 흙을 넣는다.

② 젖은 흙과 마른 흙에 지렁이를 3 ~ 4마리 넣고 수조 가운데 있는 판자를 제거한다.

③ 지렁이가 움직이는 방향을 관찰한다.

④ 지렁이는 습기가 높은 젖은 흙으로 이동한다.

해설 (1) 지렁이의 특징은 다음과 같다.

구분	특징
사는 곳	• 축축한 땅 속, 낙엽이 많이 쌓여 있는 곳 • 비가 내린 후 땅위에서 기어 다님
생김새	• 몸이 가늘고 길며, 여러 개의 고리 모양의 마디가 있음 • 몸통의 약 1/3 지점에 체색보다 조금 옅은 색의 고리 띠 모양의 환대라는 것이 있으며, 환대와 가까운 쪽 끝이 입이고, 그 반대쪽이 항문임 • 살고 있는 흙의 색깔과 비슷함 • 축축하고 미끈거리며, 차가움
움직임	몸을 움츠렸다가 폈다 하면서 앞으로 나아감

① 지렁이는 축축한 피부를 통해 호흡을 하므로 지렁이의 살갗이 마르면 살 수가 없다.
③ 지렁이의 배 쪽에는 강모가 나 있어 미끄럼을 방지해 주며, 강모가 꼬리 쪽을 향해 나 있어서 뒤로 움직이지 못하고 항상 앞으로 나아간다.
⑤ 지렁이는 뼈가 없고 근육으로만 되어 있어서 근육을 움츠렸다 폈다 하면서 근육으로 이동한다.

(2) 지렁이는 땅 속의 유기물을 흙과 함께 먹어 분해한 후 배설물을 흙과 함께 내보내므로 땅에 퇴비를 넣는 것처럼 땅을 기름지게 만든다. 또한 지렁이는 땅 속을 기어다니면서 사는 동물이므로 흙 속에 구멍을 많이 뚫어 땅이 마치 밭을 가는 것과 같이 공기가 많이 드나들게 되므로 농작물의 뿌리가 호흡을 잘하게 되어 잘 자랄 수 있다.

문제 22 p.227

◆ 평가표

식물의 줄기가 자라는 방향을 2개만 맞춘 경우	3점
식물의 줄기가 자라는 방향을 모두 맞춘 경우	5점

정 답

답 (1) 옥신은 줄기 끝에서 만들어지므로 줄기 끝을 잘라내면 빛을 향해 굽어지지 않고 수직으로(위로) 자란다.
(2) 줄기 끝에 은박지를 씌우면 은박지에 의해 빛이 차단되므로 옥신이 빛을 인지하지 못하여 빛을 향해 굽어지지 않고 수직으로(위로) 자란다.
(3) 옥신은 줄기 끝에서 만들어지므로 줄기 중간에 은박지를 씌워도 옥신이 빛을 인지하는데 영향을 주지 못하기 때문에 옥신이 빛을 인지하여 빛을 향해 굽어 자란다.

문제 23 p.228

문항 분석 및 평가표

◆ 문항 분석 : 처음 입사한 광선보다 나가는 광선의 폭이 넓어졌다는 것을 통해 볼록 렌즈가 사용되었음을 알고, 초점 거리에 각각 어떤 렌즈를 넣으면 좋을 지를 생각해보면 문제 해결에 도움이 된다.

◆ 평가표

정답을 1가지만 맞춘 경우	2점
정답을 2가지 모두 맞춘 경우	5점

정 답

답

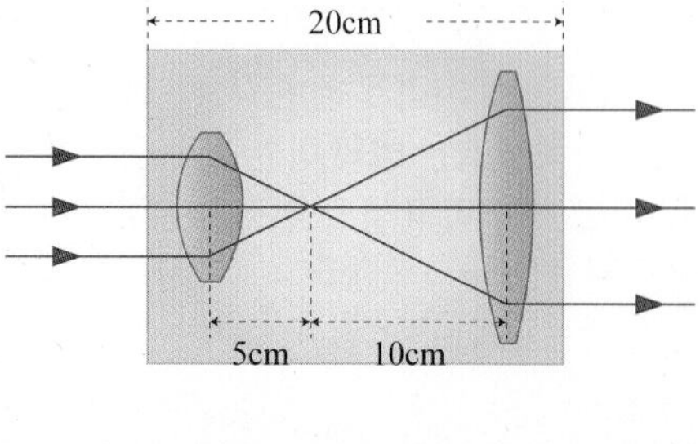

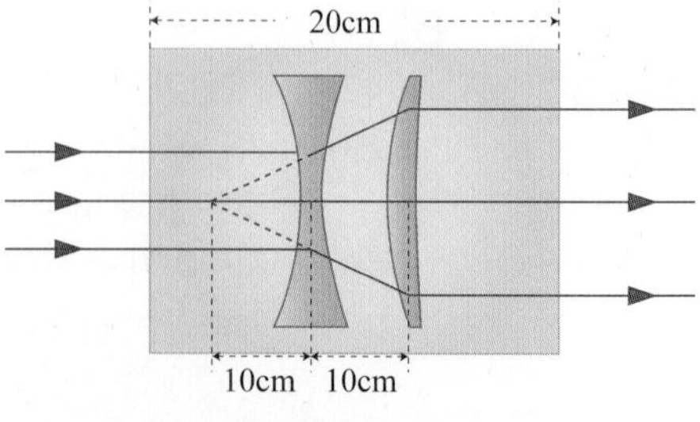

문제 24 p.229

문항 분석 및 평가표

◆ 문항 분석 : 공기를 구성하는 기체 중 질소가 약 78% 로 가장 많은 양을 차지하고, 그 다음으로 산소가 약 21%, 나머지 1%를 아르콘, 이산화 탄소, 헬륨 등이 차지하고 있다는 것을 알고 있으면 답안 작성에 도움이 된다.

◆ 평가표

(1) 채점 기준

정답을 맞추지 못한 경우	0점
정답을 맞춘 경우	2점

(2) 채점 기준

정답을 맞추지 못한 경우	0점
정답을 맞춘 경우	3점

정답 및 해설

답 (1) 질소 (2) 39.5mL

해설 (1) 공기는 질소 약 78%, 산소 약 21%, 그 밖의 기체 약 1% 로 구성된다. 구리를 가열하는 경우 산소와 결합하여 산화되어 산화구리(구리 녹)가 만들어진다. 이때 산소가 모두 구리와 결합하였으므로 주사기 B 속에 남은 기체는 대부분 질소이다.

(2) 공기의 약 21%를 차지하는 산소를 제외한 기체가 남아있을 것이므로 50mL 의 약 79% 인 39.5mL 정도의 기체가 남게 된다.

문제 25 p.230

문항 분석 및 평가표

◆ 문항 분석 : 현재 비행선에 사용되고 있는 기체와 그 기체의 성질에 대한 지식을 알고 있으면 문제 해결에 도움이 된다.

◆ 평가표

(1), (2) 채점 기준

(1) 또는 (2)의 정답만 맞춘 경우	1점
(1), (2) 모두 정답을 맞춘 경우	3점

(3) 채점 기준

과학적 오류가 있는 글을 작성한 경우	0점
과학적 오류가 없는 글을 작성한 경우	2점

정답 및 해설

답 (1) 수소가 공기보다 가볍다.
(2) 수소는 스스로 타는 성질이 있고, 폭발하기 쉽다(폭발 위험성이 높다).
(3) 헬륨을 사용했다면 사고를 막을 수 있었을 것이다. 헬륨은 수소처럼 공기보다 가벼운 기체이고, 수소와 달리 불연성 기체로 열을 가해도 타거나 폭발하지 않는 안정한 기체이므로 수소 대신 사용하기에 적합하다.

해설 (1) 수소는 기체 중에서 밀도가 가장 작은 기체로 비행선을 뜨게 한다.

(2) 수소 기체는 아주 작은 불씨만 있어도 폭발의 위험성이 큰 기체이다. 힌덴부르크호에는 그럼에도 불구하고 흡연실까지 있었다고 한다.

원래 힌덴부르크호는 헬륨 기체를 사용하도록 설계되어 있었다. 그러나 당시 헬륨을 생산할 수 있는 미국이 독일에 헬륨을 공급하지 않자 독일은 헬륨 대신 수소 기체를 사용하였다.

힌덴부르크호가 사고가 난 원인은 다양한 가설이 있으나 확실하게 입증된 것은 없다. 여러 가설들 중 하나는 다음과 같다. 착륙 직전, 바람 때문에 좌우로 급회전을 하는 동안 과부하로 인해 케이블이 끊어져 수소 탱크가 찢어졌고, 이로 인해 탱크에 있던 수소 가스가 새어나갔다. 목격자들이 보았던 비행선 위쪽의 물결치는 듯한 표면은 새어나간 수소 가스였다. 당시 흐린 날씨로 인해 비행선은 강한 전하를 띠고 있었다. 착륙을 위해 내린 밧줄을 통해 비행선의 금속 몸체에 있던 전하는 지상으로 흘러나갔지만, 전도성이 낮은 비행선 표면의 전하는 그대로 유지되었다. 이에 따라 금속 몸체와 표면 사이에 큰 전압 차이가 생겼고, 결과적으로 스파크가 발생하여 수소 가스를 점화시킨 것이다. 이 참사로 인하여 비행선에 의한 여객 수송 시대는 막을 내리게 되었다.

문제 26 p.231

문항 분석 및 평가표

◆ 문항 분석 : 주변에서 일어나는 현상과 사물들에 관심을 갖고, '왜 그럴까?' 라는 생각을 해보는 습관이 이러한 문제 해결에 도움이 된다.

◆ 평가표

(1) 채점 기준

적절한 이유를 들어 답을 설명한 경우	1점

(2), (3) 채점 기준

정답을 맞추지 못한 경우	0점
정답을 맞춘 경우	2점

정답 및 해설

답 (1) LNG : 천장 [이유] LNG는 공기보다 가벼워 유출 시 위로 올라가기 때문에 경보기를 위쪽(천장)에 달아야 한다.

LPG : 바닥 [이유] LPG 는 공기보다 무거워 유출 시 바닥으로 가라앉기 때문에 경보기를 바닥 쪽에 달아야 한다.

(2) 25℃ (3) 7 : 5

해설 (2) 열량 = 1g 을 1℃ 높이는 데 필요한 열에너지 × 질량(g) × 온도 변화(℃)
LPG 21g 이 연소되었을 때 방출되는 열의 양 = 50kJ/g × 21g = 1,050kJ 이고, 물 10g을 1℃ 높이는 데 필요한 에너지는 42kJ 이므로, 온도 변화는 다음과 같다.

1,050kJ = 42kJ × 온도 변화 ⇨ 온도 변화 = 25℃

(3) $\frac{\text{발열량}}{\text{가격}}$ = 1원당 방출되는 열량을 알 수 있다.

$$\frac{1}{1,200} \times 56 : \frac{1}{1,500} \times 50 = 1,500 \times 56 : 1,200 \times 50 = 7 : 5$$

문제 27 p.232

◆ 평가표

(1) 채점 기준

정답을 맞추지 못한 경우	0점
정답을 맞춘 경우	2점

(2) 채점 기준

'(3) 의 계산값보다 작은값이다'만 맞춘 경우	1점
과학적인 근거를 들어 적절하게 서술한 경우	3점

정답 및 해설

답 (1) 64.3kg

(2) (3)의 계산값보다 작은 값이다. 공기의 온도가 20℃가 되면 부피가 증가하고 증가한 부피만큼 방 밖으로 빠져나가므로 방에 있는 실제 공기의 양은 0℃ 보다 작다. 따라서 공기의 질량은 0℃일 때보다 작은 값이다.

해설 (1) 무한이의 방은 가로 5m, 세로 4m, 높이 2.5m 이므로 방의 부피는 5m × 4m × 2.5m = 50m^3 이고, 22.4L = 0.0224m^3 이고, 28.8g = 0.0288kg 이다.
부피가 0.0224m^3 일 때, 질량은 0.0288kg 이므로, 방의 부피가 50m^3 일 때, 방을 채우고 있는 공기의 질량은 다음 비례식을 만족한다.

0.0224 : 0.0288 = 50 : 공기의 질량 ⇨ 공기의 질량 = $\frac{0.0288 \times 50}{0.0224}$ ≒ 64.3kg

[또 다른 풀이] 0℃, 1기압에서 공기의 밀도는 다음과 같다.

$$\therefore \text{밀도} = \frac{\text{질량}}{\text{부피}} = \frac{0.0288\text{kg}}{0.0224\text{m}^3} \fallingdotseq 1.286\text{kg/m}^3$$

따라서 0℃, 1기압일 때 무한이의 방을 채우고 있는 공기의 질량은 다음과 같다.

질량 = 밀도 × 부피 = 1.286 kg/m^3 × 50 m^3 = 64.3kg

문제 28 p.232

문항 분석 및 평가표

◆ 문항 분석 : 비행기 화물칸이 어떤 환경인지 생각해 보고, 그 환경이 밀폐된 비닐 속 공기에 어떤 영향을 주었는지 추론해 보자.

◆ 평가표

(1) 채점 기준

과학적 이유를 들어 설명하지 못한 경우	0점
고도에 따른 기압 변화를 근거로 적절하게 설명한 경우	3점

(2) 채점 기준

압력-부피와 관련된 현상을 1가지만 서술한 경우	1점
압력-부피와 관련된 현상을 2가지 이상 서술한 경우	2점

정답 및 해설

답 (1) 비행기가 높이 올라갈수록 기압은 낮아지므로 김치의 비닐 포장 외부의 압력이 내부의 압력보다 낮아진다. 따라서 비닐 포장 내의 공기의 부피가 팽창하기 때문에 포장이 터진다.

(2) ① 비행기가 이륙할 때 기압이 작아지므로 귓속 공기가 팽창하여 귀가 멍멍해진다.

② 풍선이 높이 올라갈수록 풍선이 점점 커지다가 터진다.

③ 수면에 가까워질수록 수압이 점점 작아지므로 잠수부가 내뿜는 공기 방울은 부피가 점점 커진다.

해설 (1) 기압이란 공기의 무게에 의한 압력으로 지표면에서 높이 올라갈수록 중력이 작아지므로 공기가 희박해져 기압이 낮아진다. 온도와 기체의 양이 일정할 때, 기체의 부피는 압력이 작아지면 커지고, 압력이 커지면 작아진다. 이를 보일 법칙이라고 한다.

문제 29 p.233

문항 분석 및 평가표

◆ 문항 분석 : 별의 일주 운동에 대해 이해하고 이를 문제에 적용할 수 있는지를 평가하는 문항이다.

◆ 평가표

북극성의 위치만 찾은 경우 또는 별의 변화 과정만 설명한 경우	3점
위치를 찾고, 별의 변화 과정을 정확히 설명한 경우	5점

정답 및 해설

답 (1) ① 북두칠성의 두 별 사이의 거리 ㉠의 5배 만큼 직선으로 연결한 곳에 북극성이 있다.

② 카시오페이아 자리의 별 A 와 가상의 별 B를 연결하고, 그 거리 ㉡ 의 5배 만큼 직선으로 연결한 곳에 북극성이 있다.

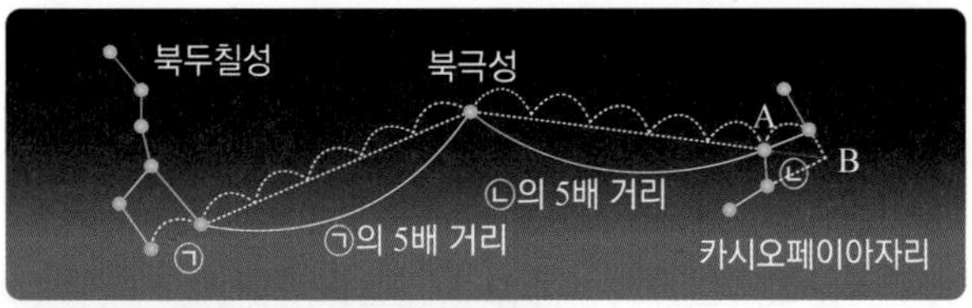

(2)

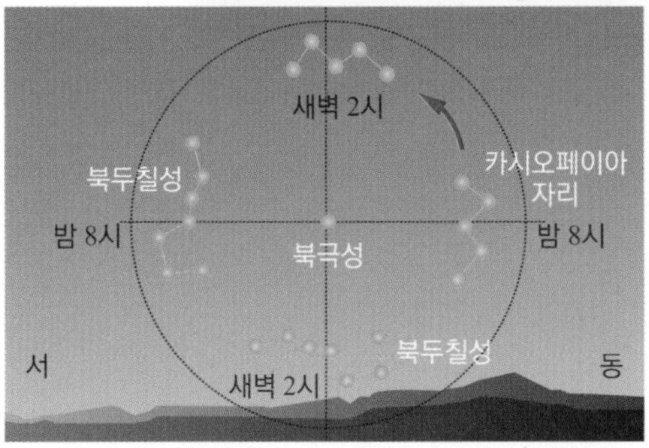

별자리는 1시간에 15° 씩 반시계 방향으로 회전한다. 따라서 새벽 2시는 6시간 이후이므로 15° × 6 = 90° 만큼 반시계 방향으로 회전한다.

해설 일주 운동이란 지구의 자전에 의한 현상으로 태양을 비롯한 천체들이 자전축을 중심으로 하루에 1바퀴씩 동에서 서쪽으로 회전하는 것처럼 보이는 것(겉보기 운동)을 말한다. 일주 운동의 속도는 지구의 자전 속도와 같고, 방향은 지구 자전 방향과 반대 방향이다.

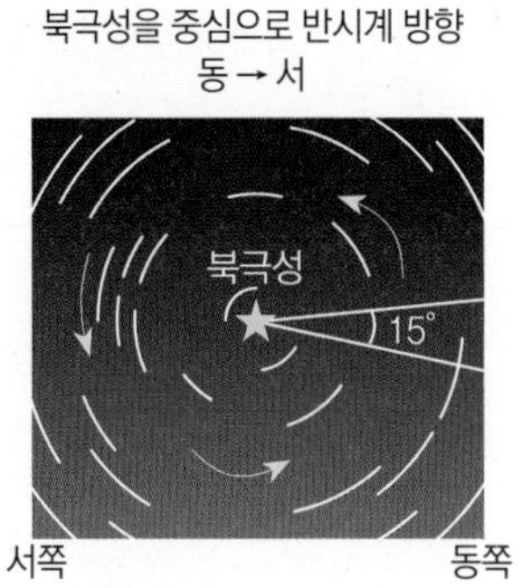

▲ 관측자가 지구 안에서 본 모습

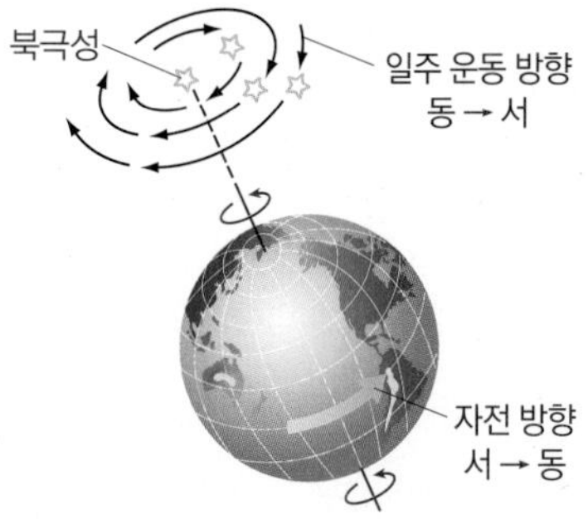

▲ 관측자가 지구 밖에서 본 모습

문제 30 p.234

◆ 평가표

(1) 채점 기준

과학적 근거를 들어 분류한 경우	1점
부리의 모양에 따라 분류하고 그 이유를 서술한 경우	2점

(2) 채점 기준

'환경에 따라 변한다'는 의미가 포함되어 있는 경우	3점

정답 및 해설

답 (1) 분류 : 그림 속 핀치새는 얇고 긴 부리를 가진 핀치새와 굵고 짧은 부리를 가진 핀치새로 나눌 수 있다.
이유 : 부리의 크기와 모양에 따라 먹이를 얻는 방식과 먹이의 종류가 다를 것이다.
(2) 생물은 환경에 따라 유전적 변이가 일어나 진화한다.

해설 1835년 9월 15일 갈라파고스제도에 도착한 영국의 박물학자 찰스 다윈은 이 섬에 약 5주간 머물면서 작은 새들을 비롯한 여러 고유종들을 표본으로 채집했다. 임무를 마치고 집으로 돌아간 다윈은 조류학자 존 굴드로부터 갈라파고스에서 채집한 여러 마리의 작은 새들이 모두 핀치새라는 말을 듣고 깜짝 놀랐다. 그 이유는 채집한 새들은 제각기 부리가 달라 전혀 같은 종류처럼 보이지 않았기 때문이다. 어떤 핀치새의 부리는 단단한 견과를 깰 수 있도록 짧고 강했지만, 또 다른 핀치새의 부리는 틈새에 기어 있는 먹이를 파먹을 수 있도록 길고 가늘었다.
다윈은 각기 다른 섬의 자연환경이 똑같은 핀치새들의 부리를 그렇게 만들었다는 사실을 알아차리고, 이에 영감을 얻어 자연선택에 의한 진화론을 세웠으며, 1859년 11월 22일 '종의 기원'을 출간해 당시 유럽 사회에서 파문을 일으켰다.

문제 31 p.235

문항 분석 및 평가표

◆ 문항 분석 : 전기 회로의 연결 방법에 따른 특징을 알고 이를 이용하여 각 전기 회로의 구조를 설명할 수 있는지를 평가하는 문항이다.

◆ 평가표

(1) ~ (3) 중 2개 이상 맞춘 경우	3점
(1) ~ (3) 모두 맞춘 경우	5점

정답 및 해설

답 (1) 병렬 연결 (2) 병렬 연결 (3) 직렬 연결

해설 (1) 전구를 병렬 연결하는 경우 각 전등에 전압이 각각 따로 걸리므로 중간에 전구 1개가 꺼지더라도 다른 전구에는 영향을 주지 않는다. 따라서 가로등 1개가 꺼지더라도 다른 가로등은 꺼지지 않게 하기 위해 병렬 연결해야 한다.

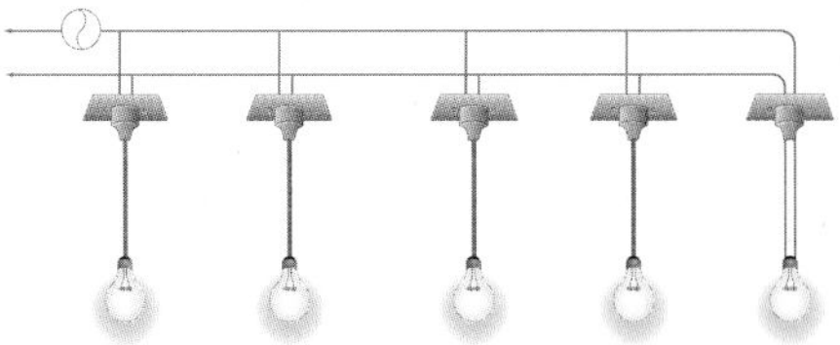

(2) 전구를 병렬 연결하는 경우 각 전등에 전압이 각각 따로 걸리므로 중간에 전구 1개가 꺼지더라도 다른 전구에는 영향을 주지 않는다. 따라서 중간에 전구 1개가 꺼지더라도 다른 전구는 꺼지지 않게 하기 위해 병렬 연결해야 한다.

(3) 누전 차단기는 회로 전체에 흐르는 전류가 일정값보다 높으면 전류가 회로에 들어가는 것을 막음으로써 화재 등 위험 상황을 방지하는 것이 목적이다. 따라서 누전되었을 때 회로에 전류가 흐르지 않게 하기 위하여 누전 차단기는 직렬 연결한다.

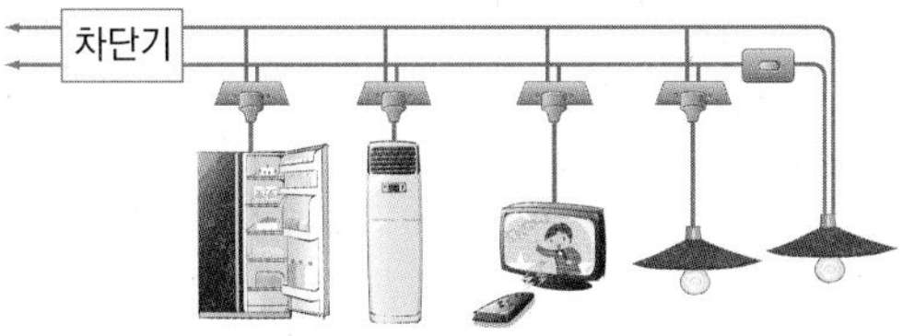

문제 32 p.236

◆ 평가표

(1) 채점 기준

정답을 맞추지 못한 경우	0점
정답을 맞춘 경우	2점

(2) 채점 기준

하얀 연기가 발생되는 이유를 들어 적절하게 설명한 경우	3점

정답 및 해설

답 (1) 승화, 액화

(2) 드라이아이스가 승화되어 발생한 이산화 탄소는 공기보다 무거워 아래로 내려오고 그 주위의 물방울을 액화시키므로 흰 연기가 아래쪽에 생긴다. 물을 끓일 때 발생하는 하얀 연기는 물이 가열되어 기화된 수증기가 주전자 밖으로 나오면서 기온이 급격하게 낮아져서 다시 물방울(액화), 즉 김이 된 것이다. 김은 물방울이지만, 김 주변에 실제 기화된 기체들은 위로 상승하기 때문에 김도 기체와 같이 따라서 움직인다(매우 작은 물방울이라 중력보다 기체의 흐름 영향을 더 많이 받게 되므로).

해설 (1) 아이스크림 포장시 녹지 말라고 함께 넣어준 하얀 알갱이는 드라이아이스이다.
드라이 아이스는 고체화된 이산화 탄소 덩어리로 약 -56℃ 보다 높은 온도에서 기체로 바뀐다(승화). 즉, 상온에서도 공기 중의 열을 흡수하여 기체가 된다. 이때 하얀 연기가 나는 것은 드라이 아이스가 승화할 때 주변의 열을 흡수하여 주위의 수증기가 액화되어 이산화 탄소 분자 주변에 달라붙어 작은 물방울이 되고, 이 물방울이 빛을 산란시켜 하얗게 보이는 것이다.

문제 33 p.237

문항 분석 및 평가표

◆ 문항 분석 : • 미래의 지구 환경 변화를 예측하고, 변화된 모습을 토대로 왜 그런 현상이 나타났는 지를 과학적인 근거와 함께 설명할 수 있는 지를 묻는 문제이다.
• 환경에 따라 생물의 생김새나 특징이 변하는 문제는 자주 출제되는 유형이다. 따라서 평소에도 다양한 상황 설정을 하고, 그에 따라 생물들의 변화되는 모습을 추론해 보는 연습이 필요하다.

◆ 평가표

(1) ~ (4) 각각 과학적 근거를 들어 서술한 경우	각 1점
(1) ~ (4) 모두 맞춘 경우	5점

출제자 예시 답안

(1) 따뜻하고 습한 환경으로 거대한 식물들이 번성할 것이다. 따라서 그러한 식물들을 먹기 위해 크기가 커질 것이며, 체온 유지에 유리하도록 몸집이 커질 것이다.
(2) 거대한 몸집을 이루게 되어 천적이 없기 때문에 더 이상 단단한 껍질이 필요없게 되지만 큰 몸집을 지탱하기 위해 껍질의 일부가 근육을 지지하기 위해 남아 있을 것이다.
(3) 큰 몸집을 유지하기 위해 많은 양의 식물을 먹기 때문에 턱뼈 근육이 단련될 것이다.
(4) 큰 몸집을 지탱하고, 이동시키기 위해 다리가 굵고 튼튼해질 것이다.

문제 34 p.238

문항 분석 및 평가표

◆ 문항 분석 : 배의 동력을 얻는 데 연을 사용한 기사를 읽고 기존의 돛을 사용한 방식과의 다른 점을 생각하고, 이를 확인하는 방법을 창의적으로 고안하도록 요구하는 문제이다.

◆ 평가표

(1)만 적절한 이유를 들어 작성한 경우	2점
(1)과 (2) 모두 과학적인 근거를 들어 적절하게 서술한 경우	5점

출제자 예시 답안

(1) 장점 : 돛은 갑판을 차지하지만, 공중에 연을 띄우기 때문에 공간 활용면에서 유리하다.
연을 이용할 때는 돛보다 상층부의 강한 바람을 이용하기 때문에 더 효율적이다.
연이 배를 위로 띄우는 효과가 있어 배가 기우는 것을 방지한다.
단점 : 돛을 이용할 때보다 힘을 받는 방향 등 연을 조정하는 것이 어렵다.
(2) ① 풍선 등을 높이에 따라 띄워서 높이에 따른 풍속 측정을 통해 상층부의 바람이 더 강한 지 확인해 본다.
② 돛을 사용할 때 공간을 차지하는 정도를 계산해본다.
③ 바람의 방향에 따라 원하는 힘을 얻을 수 있도록 연을 조절하는 방법을 모의 실험을 통해 점검한다.

해설 연을 사용하면 바람이 가장 이상적으로 불 때는 연간 50%까지, 일상적으로는 10~20% 절약할 수 있을 것으로 예상되고 있다.

문제 35 p.239

◆ 평가표

(1) 채점 기준

장점을 1가지만 서술한 경우	1점
장점을 2가지 이상 서술한 경우	2점

(2) 채점 기준

특징을 2가지 이상 서술하였지만 각각의 특징과 관련된 환경에 대한 설명이 부족한 경우	1점
특징을 2가지 이상 서술하고, 각각의 특징과 관련된 환경에 대한 설명을 적절히 한 경우	3점

정답 및 해설

답 (1) ① 물속에서보다 광합성에 필요한 태양 에너지와 이산화 탄소를 더 쉽게 얻을 수 있었다.
② 생존할 수 있는 공간을 더 많이 확보할 수 있었다.
(2) ① 뿌리, 줄기, 잎 세 기관의 구조를 갖췄다. 공기와 토양이라는 서로 다른 두 환경으로부터 필요한 물질을 얻어야 하기 때문에 뿌리, 줄기, 잎 세 기관의 구조를 갖추어야 한다.
② 잎과 줄기의 큐티클 층을 발달시켰다. 수분 손실을 방지하기 위하여 잎과 줄기의 큐티클 층을 발달시켰다.
③ 관다발계가 발달하였다. 물, 무기 염류, 양분을 각 기관에 이동시켜야 하기 때문에 관다발계가 발달하였다.
④ 자손을 퍼뜨리기 위한 방법으로 바람이나 동물 등을 이용하였다.

해설 (1) 지금으로부터 약 5억 년 전 고생대 오르도비스기의 지구 육상에는 살아 있는 생명체가 하나도 없었다. 대신 물속은 시아노박테리아나 녹조류, 갈조류 같은 생물들로 가득했다. 태양의 강한 자외선을 막아주고, 온도 변화도 크지 않아 생존하기에 적합했기 때문이다. 또 물속은 부력으로 인해 중력을 거슬러서 이동하거나 성장하기 쉬울 뿐더러 무엇보다 생명체에 가장 중요한 요소인 물을 얻기 쉽다는 장점이 있었다. 그에 비해 육상은 강한 자외선이 그대로 내리쬐고, 물을 구하기 힘든 건조한 환경에다 심한 일교차까지 존재하는 생명체가 존재하기 힘든 황량한 외계 행성 같은 세상이었다. 그럼에도 불구하고 약 4억 2500만 년 전의 고생대 실루리아기 때는 '쿡소니아'라는 식물이 번성하고 있었다. 1937년 영국 웨일스 지방의 지층에서 발견된 이 식물은 양치류의 일종으로서 최초의 육상 관다발 식물인 것으로 밝혀졌다.

원시양치류는 솔잎란류와 석송류, 고사리류 등으로 진화를 거듭해 데본기 중기(약 3억 9000만 년 전)에는 식물의 뿌리와 잎이 제 모습을 갖추기 시작했다. 이후 석탄기에는 약 50m에 달하는 나무들이 울창한 숲을 이루었고, 아직 나무를 썩힐 미생물이 등장하지 않았던 때라 쓰러져 죽은 나무들은 첩첩히 쌓여 석탄층을 이루었다.

육상에 식물이 이처럼 번성함에 따라 대기 중의 산소 농도가 급격히 증가하게 되었고, 그 결과 동물들도 육지로 진출할 수 있게 되었다. 따라서 식물의 육상 진출은 지구상의 생명 탄생 이후 가장 위대한 사건으로 불린다.

(2) ①, ② 식물이 육상에서 살아남기 위해선 뿌리와 잎, 줄기가 있어야 한다. 따라서 그런 구조로 분화된 것처럼 보이는 갈조류가 육상 진출에 더 유리할 수 있다. 하지만 육상 진출에 성공한 건 구조가 단순한 녹조류였다. 그 이유는 녹조류의 표면에 발달한 큐티클층 때문이었다. 큐티클층은 체내의 수분 증발을 막아 육상의 건조한 환경에서도 견딜 수 있게 해주었다.

④ 식물은 한 자리에서 고정되어 움직일 수 없으므로 종족을 번식하기 위해 꽃을 피워 다른 곤충이나 새를 이용하거나 바람 또는 물 등의 힘을 빌어 수정을 하여 열매(씨)를 맺음으로써 자손을 번식한다.

문제 36 p.240

문항 분석 및 평가표

◆ 문항 분석 : '태양-달-지구', '태양-지구-달' 각각의 순서로 배치되어 있을 때 달의 모양을 비교해보면 문제 해결에 도움이 된다.

◆ 평가표

(1) ~ (3) 각각 정답을 맞춘 경우	각 1.5점
(1) ~ (3) 모두 맞춘 경우	5점

정답 및 해설

답 (1) 약 28일 (2) 1일 ~ 14일까지 (3) 20일

해설 (1) 달의 위상이 같은 위상에서 같은 위상까지 걸리는 시간이 달의 공전 주기가 된다.

(2) 태양과 가장 멀리 있을 때 달은 망(보름) 모양이고, 가장 가까이 있을 때는 삭의 모양이다. 따라서 망 이후 부터 삭의 모양이 될 때까지가 달과 태양 사이의 거리가 점점 가까워지는 시기이다.

(3) 해가 진 직후 18시 경 남쪽 하늘에서 관찰할 수 있는 달은 상현달이다.

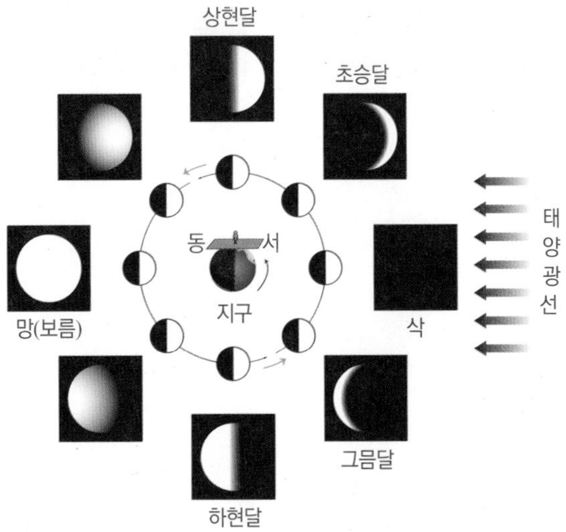

달의 모양	뜨는 시각	남중 시각	지는 시각
삭	6시 경	정오	18시 경
상현달	정오	18시 경	자정
망(보름달)	18시 경	자정	6시 경
하현달	자정	6시 경	정오

문제 37 p.241

문항 분석 및 평가표

◆ 문항 분석 : 전기 회로도의 연결 방법을 이해하고 회로를 완성할 수 있는 지를 확인하는 문제이다.

◆ 평가표

정답을 맞추지 못한 경우	0점
정답을 맞춘 경우	5점

정 답

답

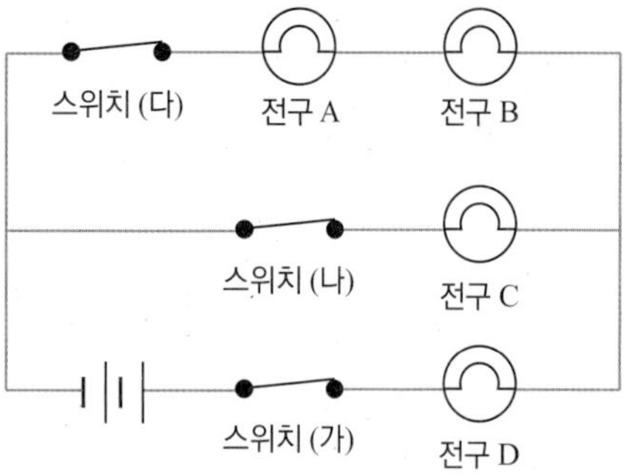

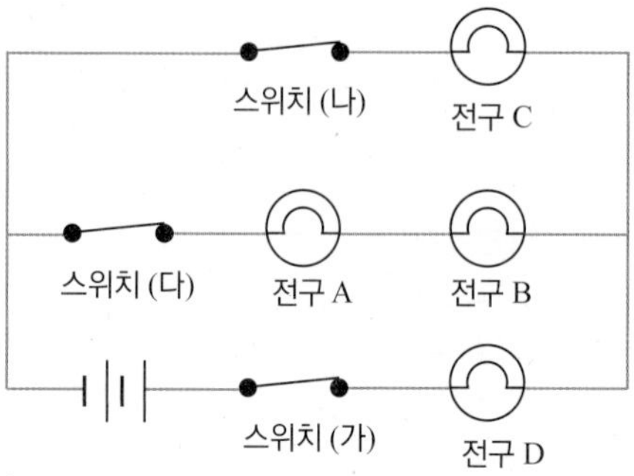

문제 38 p.241

문항 분석 및 평가표

◆ 문항 분석 : 원형 도선에 전류가 흐를 때 도선 주위에 형성되는 자기장의 방향에 대한 과학적 지식을 알고 있는지 평가하는 문항이다.

◆ 평가표

그림 속 방위판을 보고 답하지 않은 경우	2점
나침반의 N 극이 가리키는 방향을 모두 맞춘 경우	5점

정답 및 해설

답 A. 동 B. 서 C. 동

해설 전류가 흐르는 도선 주위의 자기장은 전류의 방향으로 엄지 손가락을 향하게 하고, 나머지 네 손가락으로 도선을 감아쥐었을 때 네 손가락이 가리키는 방향이다.

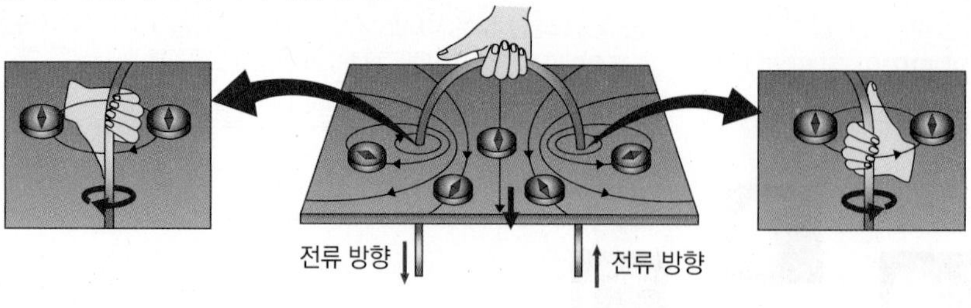

문제 39 p.242

◆ 평가표

정답을 맞추지 못한 경우	0점
정답을 맞춘 경우	5점

정답 및 해설 답 ①, ②, ⑤, ⑥

해설 처음에 약한 자극을 받으면, 그 다음에 받는 자극의 강도가 세지 않아도 그 변화를 쉽게 느낄 수 있다. 반면에 강한 자극을 받으면 그 다음의 약한 자극에는 변화를 느끼지 못하고, 더 센 강도의 자극에서만 차이를 느끼게 된다. 이러한 현상을 베버의 법칙이라고 한다. 개구리를 뜨거운 물이 담긴 냄비에 집어넣으면 바로 뛰쳐나오지만 차가운 물이 담겨 있는 냄비에 개구리를 집어넣고, 서서히 열을 가하면 개구리는 물이 조금씩 뜨거워지는 것을 느끼지 못하기 때문에 서서히 익어가다 죽는 것도 베버의 법칙으로 설명할 수 있다.

③ 밝은 곳에 있다가 갑자기 어두운 곳으로 들어가면 처음에는 잘 안보이다가 서서히 보이기 시작한다. 이를 암순응이라고 한다. 반면 어두운 곳에서 갑자기 밝은 곳으로 나오면 눈앞이 하얗게 되었다가 서서히 보이기 시작하는데 이를 명순응이라고 한다.

④ 예민한 감각 기관인 후각은 같은 자극에 쉽게 피로해져서 같은 냄새를 계속해서 맡을 수 없다.

문제 40 p.243

◆ 평가표

(1) ~ (3) 각각 정답을 맞춘 경우	각 1.5점
(1) ~ (3) 모두 맞춘 경우	5점

정답 및 해설 답 (1) 태양의 고도가 지구의 공전 위치에 관계없이 모두 일정하여 봄이나 가을 날씨만 계속 된다.

(2) 태양이 비추는 곳이 지구의 공전 위치에 관계없이 모두 같으므로 봄과 가을과 같이 낮의 길이는 모두 12시간으로 같다.

(3) 정오에 태양이 적도 지방을 항상 수직으로 비추므로 적도 지방의 남중 고도는 항상 90° 가 된다.

해설 (1) (가)와 같이 지구 자전축이 기울어진 채 공전을 하면 태양의 고도가 변하고, 낮과 밤의 길이가 달라지게 된다. 태양 고도가 높을수록 지면에 도달하는 태양 복사 에너지의 양이 많아진다. 이와 같이 태양 고도에 따라 지면에 도달하는 태양 복사 에너지의 양이 다르기 때문에 계절의 변화가 나타나는 것이다.

(3) 자전축의 기울기에 따른 태양 고도와 남중 시 그림자의 길이(북반구)는 다음과 같다.

< 자전축이 수직일 때 >

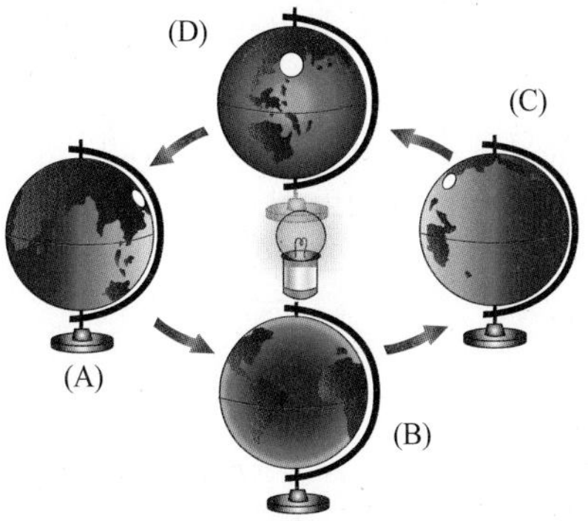

지구본의 위치	태양의 고도	그림자의 길이
(A)	변화 없음	변화 없음
(B)	변화 없음	변화 없음
(C)	변화 없음	변화 없음
(D)	변화 없음	변화 없음

< 자전축이 기울어졌을 때 >

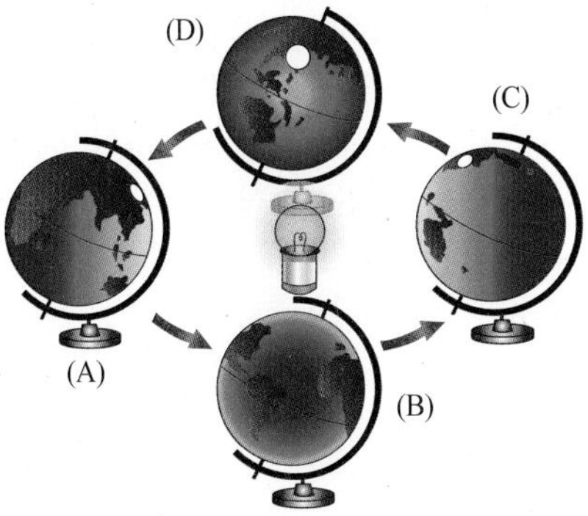

지구본의 위치	태양의 고도	그림자의 길이
(A) 하지	높음	짧음
(B) 추분	중간	중간
(C) 동지	낮음	길
(D) 춘분	중간	중간

문제 41 p.244

문항 분석 및 평가표

◆ 문항 분석 : 단위 환산 과정을 알고, 기름의 성질과 원유를 제거하는 방법과의 연관성을 이해하고 설명할 수 있는지를 묻는 문제이다.

◆ 평가표

(1), (2) 채점 기준

정답을 맞춘 경우	각 1점

(3) 채점 기준

3가지 방법에 적용된 원리를 모두 서술한 경우	1점
4가지 방법에 적용된 원리를 모두 서술한 경우	3점

정답 및 해설

답 (1) $0.16 \times 10^{-9}km^3$ (2) 192배

(3) ① 오일펜스를 사용하여 원유의 확산을 방지한 후 흡착포를 이용하여 제거한다.

② 오일펜스를 사용하여 원유의 확산을 방지한 후 태운다. 이때 태우고 난 찌꺼기는 배에 기계를 설치하여 빨아들인다.

③ 유화제를 이용하여 수중으로 분산시킨다.

해설 (1) $1L = 0.001m^3$, 1배럴 $= 160L = 0.16m^3 = 0.16 \times 10^{-9}km^3$

(2) $100nm = 100 \times 10^{-9}m = 10^{-7}m = 10^{-10}km$

1배럴 $= 0.16 \times 10^{-9}km^3$ 이므로, 240,000배럴 $= 3.84 \times 10^{-5}km^3$ 이다. 기름층이 100nm의 두께로 퍼졌으므로 원유의 전체 부피(240,000배럴 $= 3.84 \times 10^{-5}km^3$) = 기름층의 면적 × 100nm 두께가 된다.

∴ 기름층의 면적 × 100nm 두께 $= 3.84 \times 10^{-5}km^3$

⇨ 기름층의 면적 $= \dfrac{3.84 \times 10^{-5}km^3}{100nm} = \dfrac{3.84 \times 10^{-5}km^3}{10^{-10}km} = 384,000\,km^2$

따라서 기름층의 면적은 제주도 면적의 $\dfrac{384,000}{2000} = 192$ 배이다.

(3) 원유가 유출되었을 때 원유를 제거하는 방법 중 하나는 계면 활성제와 유화제(유화제란 기름과 물이 잘 섞이게 하는 물질이다. 유화제를 이용하면 표면에 떠 있던 기름이 물과 섞여서 바다로 퍼지도록 도와준다.) 등을 혼합한 분산처리제를 사용하여 기름을 분산시키는 방법이 있다. 이 방법은, 물리적 처리가 어려운 곳에서도 이용 가능하며 신속하고 간단하게 작업이 이루어지고, 살포기기가 간단하며 악천후 시에도 사용 가능한 장점이 있으나, 수중 분산으로 장기적인 생물 분해를 유도하는 것이기 때문에 궁극적인 원유 제거 방법이 아니며, 원유의 독성 감소 효과가 없고 오히려 분산처리제 자체의 독성이나 원유와의 혼합 독성으로 생태계 파괴의 위험성이 증가할 수도 있다. 또 다른 유출유 제거 방법으로는, 먼저 유출 지역 주위에 오일 펜스(oil fence)를 설치하여 기름의 확산을 방지한 후, 석유 고흡착 물질을 살포하여 인력이나 기계적 방법으로 수거하여 소각하는 방법이 있다. 그러나, 이와 같은 흡착제 이용 방법은 흡착제로서 석유화학제품인 합성수지를 사용하므로 살포 물질의 철저한 회수가 이루어지지 않으면 흡착제로 인한 2차 오염이 일어날 수 있고, 수거한 살포 물질을 소각할 때 유독 가스를 배출하여 또 다른 공해 문제를 일으킨다.

문제 42 p.245

문항 분석 및 평가표

◆ 문항 분석 : 상태 변화 과정을 알고, 무게와 압력의 관계에 대한 이해를 평가하는 문항이다.

◆ 평가표

(1) 채점 기준

정답을 맞춘 경우	1점

(2) 채점 기준

정답만 맞춘 경우	1점
무게와 압력의 관계를 이용하여 이유를 설명한 경우	2점

(3) 채점 기준

'실이 지나간 부분에 얼음이 다시 얼었다' 가 포함된 문장으로 이유를 설명한 경우	2점

정답 및 해설

답 (1) 압력
(2) 30g 추 [이유] 무게가 가장 많이 나가므로 압력이 가장 크다.
(3) 실 때문에 녹았던 물이 실이 지나가면 압력이 작아지므로 다시 얼기 때문에 얼음은 다시 붙고, 실과 추만 바닥에 떨어진다.

해설 실에 매달린 추의 무게가 무거울수록 실이 얼음에 작용하는 압력이 증가하여 무거운 추가 바닥에 먼저 떨어지게 된다. 이때 실이 지나간 얼음 부분은 압력이 작용하지 않으므로 녹았던 물이 다시 응고한다. 따라서 실이 지나간 자리는 다시 얼어붙게 되므로 실과 추만 떨어지고 얼음은 조각이 나지 않는다.

※ 물질의 상태 변화
물질의 성질은 변하지 않고 고체, 액체, 기체로 상태만 서로 변하는 현상으로 온도와 압력에 의해 상태가 변한다.

문제 43 p.246

◆ 평가표

(1) 채점 기준	
정답을 맞춘 경우	1점

(2) 채점 기준	
빛이 분산(나누어 진다)된다는 설명이 들어간 경우	2점

(3) 채점 기준	
무수히 많은 색깔을 가질 수 있다는 의미로 설명한 경우	2점

정답 및 해설

답 (1) 빛을 차단하고, 분산된 빛을 더 뚜렷하고 선명하게 관찰하기 위해서
(2) 빛을 퍼지게(분산) 하는 역할을 한다.
(3) 무수히 많은 색으로 분산된다.

해설 (1) 밝은 공간에서는 스펙트럼의 색을 뚜렷하게 관찰하기 어렵다. 때문에 색을 좀 더 뚜렷하고 선명하게 관찰할 수 있도록 종이컵을 까맣게 칠해 관찰한다.
(2) 분광 필름이란 프리즘 역할을 하는 필름으로, 종이컵에 모양을 내어 뚫은 작은 구멍들을 통해서 들어온 빛이 분광 필름을 통과하면 파장에 따라 굴절 정도가 달라지므로 빛이 나누어져 무지개 색깔로 보인다.
(3) 빨강, 주황, 노랑, 초록, 파랑, 남색, 보라색의 구분은 사람들의 편의를 위해 만들어 놓은 임의의 색상일뿐, 색상에는 정해진 경계가 없어 정확한 수를 셀 수 없다. 따라서 분산된 태양 광선은 셀 수 없이 많은 색깔을 나타낸다.

문제 44 p.247

문항 분석 및 평가표

◆ 문항 분석 : 콩이 자라는 환경에 대한 실험을 통해 실험 설계 과정을 이해하고, 주변에서 일어나는 현상과 연관시켜 자신의 생각을 다양하게 제시할 수 있는 지를 평가하는 문항이다.

◆ 평가표

(1) 채점 기준	
가설과 예상 실험 결과과 연관성이 있는 경우	1점

(2) 채점 기준	
실험 결과에 변화를 줄 수 있는 요인을 3가지 이상 작성한 경우	1점

(3) 채점 기준	
실험과 관련지어 설명한 경우	1점

(4) 채점 기준	
자신의 생각을 1가지 이하로 서술한 경우	1점
자신의 생각을 창의적이고 다양한 방법으로 서술한 경우	2점

정답 및 해설

답 (1) [가설] 수질 오염이 심할수록 콩의 발아율이 낮을 것이다. [예상 결과] 물에서 자란 콩은 싹이 나고 잘 자랐지만, 비눗물, 합성 세제를 탄 물에서 자란 콩은 싹이 잘 나지 않고 싹이 나도 잘 자라지 않는다.
(2) 물의 종류, 물의 양(습도), 햇빛의 유무, 온도 등
(3) 공장에서 버린 공장 폐수가 호수로 흘러 들어가면서 호수가 오염되어 냄새가 나고, 물고기들이 죽은 것이다.

(4) [예시] 공장에서 폐수를 버리지 않고, 정화 시설을 설치한다.

해설 생물이 자라기 위해서는 적절한 온도와 빛, 깨끗한 물이 있어야 한다.

문제 45 p.248

문항 분석 및 평가표

◆ 문항 분석 : 탄소 화합물과 금소의 연소 반응 차이를 이해하고 있는 지를 평가하는 문항이다.

◆ 평가표

(1) 채점 기준

강철솜의 무게가 무거워 진다만 맞춘 경우	1점
강철솜의 변화와 그 이유를 모두 맞춘 경우	1.5점

(2) 채점 기준

나무 도막의 무게가 무거워진다만 맞춘 경우	1점
나무 도막의 변화와 그 이유를 모두 맞춘 경우	1.5점

(3) 채점 기준

(1), (2)의 결과로만 설명한 경우	1점
물과 이산화 탄소의 발생 유무로 설명한 경우	2점

정답 및 해설

답 (1) 연소하기 전보다 더 무거워진다. [이유] 강철솜이 연소할 때 공기 중의 산소와 반응하여 산화철이 생성된다. 산화철의 질량은 강철솜의 질량과 결합한 산소의 질량을 합한 것과 같으므로 질량이 증가한다.

(2) 연소하기 전보다 가벼워진다. [이유] 나무 도막이 연소할 때 이산화 탄소가 빠져나가므로 질량이 감소한다.

(3) 연소시키면 물과 이산화 탄소가 발생한다. 그러나 강철솜을 연소시키면 물과 이산화 탄소가 발생하지 않는다.

해설 연소란 물질이 빛과 열을 내면서 타는 현상으로 넓게는 물질이 산소와 결합하는 현상을 말한다. 탄소 화합물인 나무의 연소 반응시 질량의 변화는 다음과 같다.

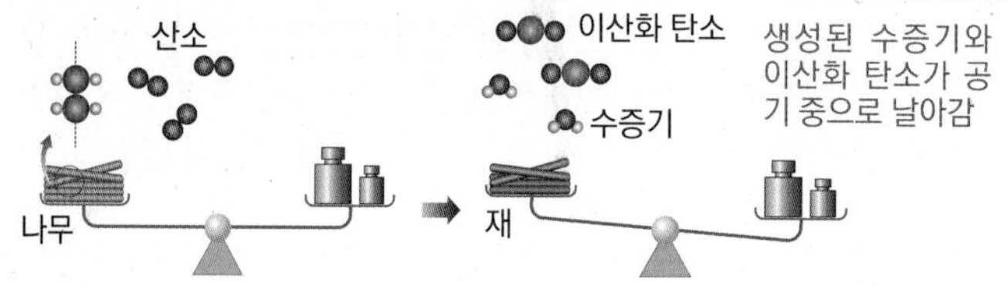

• 나무의 질량 > 재의 질량
• 나무의 질량 - 재의 질량 = 날아간 수증기와 이산화 탄소의 질량

금속인 강철솜의 연소 반응 시 질량의 변화는 다음과 같다.

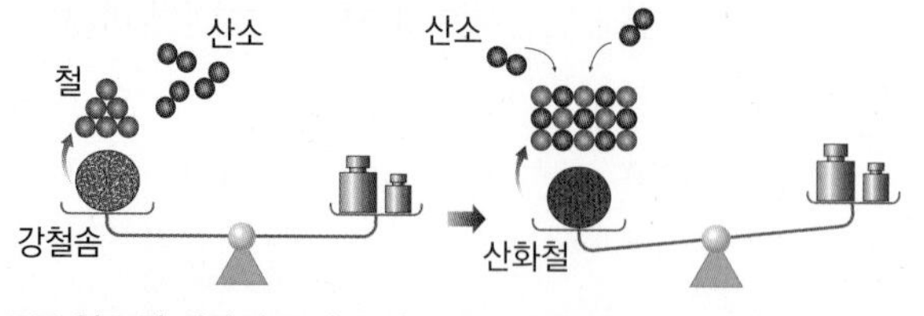

• 강철솜이 모두 연소될 때까지 공기 중의 산소와 반응하여 산화철이 생성된다.
• 강철솜의 질량 < 산화철의 질량
• 산화철의 질량 - 강철솜의 질량 = 결합한 산소의 질량

문제 46 p.249

문항 분석 및 평가표

◆ 문항 분석 : 중성 BTB 용액이 산성과 염기성이 되었을 때의 변화를 알고, 식물의 광합성과 동물의 호흡을 이해하고 있는 지를 평가하는 문항이다.

◆ 평가표

(1) 채점 기준

변하는 시험관은 맞췄으나 그 이유가 적절하지 않은 경우	1점
변하는 시험관과 그 이유를 모두 정확하게 맞춘 경우	3점

(2) 채점 기준

정답을 맞추지 못한 경우	0점
정답을 맞춘 경우	2점

정답 및 해설

답 (1) ㉠ D ㉡ 검정말과 달팽이가 동시에 호흡을 하여 발생되는 이산화 탄소 양이 많기 때문에
㉢ B ㉣ 검정말이 광합성을 하여 산소를 발생시키기 때문
(2) ㄱ, ㄷ, ㅂ

해설 (1) 광합성 과정에서는 산성 기체인 이산화 탄소를 흡수하고 호흡 과정에서는 이산화 탄소를 방출한다. 달팽이는 호흡을 하고 검정말은 빛이 있을 때는 광합성을 하고 빛이 없을 때에는 호흡만 한다. 따라서 B는 검정말이 단독으로 광합성을 하므로, C와 같이 달팽이와 함께 있을 때보다 이산화 탄소가 빨리 줄어들어 청색이 된다. D는 검정말과 달팽이가 동시에 호흡을 하므로 A보다 이산화 탄소가 빨리 늘어나 가장 먼저 황색이 된다.
(2) ㄱ. 물달팽이는 호흡 결과 이산화 탄소를 방출하기 때문에 산성으로 변하므로 중성 BTB 용액의 색깔이 황색으로 변하게 된다.
ㄴ. 빛의 세기에 따른 광합성량을 비교하기 위해서는 빛의 세기를 각각 다르게 하고, 다른 조건들은 모두 같게 하여 실험해야 한다.
ㄷ. 시험관 E에서는 빛이 은박지에 의해 차단되기 때문에 식물은 광합성 작용을 하지 않는 반면 지속적으로 호흡을 하기 때문에 산소를 흡수하고 이산화 탄소는 배출하므로 황색으로 변한다.
ㄹ. 시험관 D에서는 빛이 은박지에 의해 차단된 상태에서 식물과 물달팽이가 동시에 들어 있다. 물달팽이와 식물의 호흡 작용만 일어나므로 이산화 탄소가 늘어나 물달팽이는 결국 죽게 된다.
ㅁ. 물에 녹아 있는 산소의 양에 따른 광합성량을 비교하기 위해서는 시험관마다 공급되는 산소의 양을 달리하고 나머지 조건들은 동일하게 한 채 실험해야 한다.
ㅂ. 시험관 C에서는 식물과 물달팽이를 동시에 넣었을 때, 식물이 빛에 의해 광합성 작용을 하기 때문에 그 결과 호흡에 필요한 산소를 방출하고, 이 산소를 물달팽이가 이용하기 때문에 물달팽이는 계속 살 수 있다.

문제 47 p.250

문항 분석 및 평가표

◆ 문항 분석 : 산과 염기성 물질을 구분하고, 산과 염기에 따라 지시약인 페놀프탈레인 용액의 색이 어떻게 변하는지 이해하고 있는 지를 평가하는 문항이다.

◆ 평가표

(1) 채점 기준

붉은 색으로 변하는 것을 맞춘 경우	1점

(2) 채점 기준

물에 잘 녹는 성질을 맞춘 경우	2점

(3) 채점 기준

플라스크 속의 압력이 대기압보다 낮아진다를 맞춘 경우	2점

정답 및 해설

답 (1) 플라스크 안에 들어간 물은 붉은색을 나타낸다. [이유] 플라스크 속 암모니아 기체는 물을 만나면 녹아서 염기성을 나타내고 페놀프탈레인 용액은 염기성 용액에서 붉은색을 나타내기 때문이다.
(2) 암모니아 기체가 물에 잘 녹는 성질을 이용한 실험이다.
(3) 플라스크 속의 암모니아 기체가 물에 녹으므로 플라스크 속의 압력은 플라스크 밖의 압력(대기압)보다 낮아진다.

해설 암모니아 기체가 물에 녹으면 암모니아 수가 된다. 암모니아 수는 색깔이 없고, 투명하며, 자극성이 강한 냄새가 나고, 염기성 물질이므로 붉은색 리트머스 종이를 푸르게 변화시키고, 페놀프탈레인 용액을 붉게 변화시킨다.

문제 48 p.251

문항 분석 및 평가표 ◆ 문항 분석 : 실험을 통해 얻은 표를 이해하고, 그래프를 해석하는 능력을 측정하기 위한 문항이다.

◆ 평가표

(1) 채점 기준

정답을 맞추지 못한 경우	0점
정답을 맞춘 경우	1점

(2), (3) 채점 기준

정답을 맞추지 못한 경우	0점
정답을 맞춘 경우	2점

정답 및 해설

답 (1) 0.2초 (2) 10m/s
(3) ㉠ 눈 ㉡ 감각 신경 ㉢ 중추 신경(뇌) ㉣ 운동 신경 ㉤ 팔의 근육

해설 (1) 5회 동안 자를 잡은 부분까지의 평균 거리 $= \frac{20+18+19+22+21}{5} = 20\text{cm}$

이므로, 그래프를 통해 거리가 20cm일 때, 자를 잡을 때까지 걸린 시간은 0.20초 인 것을 알 수 있다.

(2) 자극 전달 속도 $= \frac{\text{자극 전달 경로의 거리}}{\text{반응이 일어나기까지 걸린 시간}} = \frac{\text{눈에서 손 끝까지 자극이 전달되는 거리}}{\text{자를 잡기까지 걸린 시간}} = \frac{2\text{m}}{0.2\text{초}} = 10\text{m/s}$

(3) 떨어지는 자를 잡기까지 자극의 전달 경로는 다음과 같다.

자극(떨어지는 자) → 눈 → 감각 신경(시신경) → 연합 신경(대뇌) → 운동 신경 → 팔과 손의 근육 → 반응

사람이 하는 말을 최초로 받아들이는 ㉠ 송화기는 실험에서 자극을 최초로 받아들이는 눈과 같은 역할을 한다. 송화기에서 받아들인 소리를 교환기로 보내는 ㉡ 전화선 1은 자극을 뇌로 전달하는 감각 신경, 전화국의 ㉢ 교환기는 중추 신경계(뇌), ㉣ 전화선 2는 뇌에서 내린 정보를 팔의 근육으로 전달하는 운동 신경과 같다.

문제 49 p.252

◆ 평가표

(1) 채점 기준

정답을 정확하게 맞춘 경우	2점

(2) 채점 기준

정답을 정확하게 맞춘 경우	1점

(3) 채점 기준

'고기가 더 신선해 보인다'는 의미만 포함하여 설명한 경우	1점
'빨간색 빛을 반사하기 때문에 고기가 더 신선해 보인다'라는 의미를 포함하여 설명한 경우	2점

정답 및 해설

답 (1)

물체 \ 비추는 전등	초록 셀로판지	파란 셀로판지	빨간 셀로판지
초록색	초록색	검은색	검은색
파란색	검은색	파란색	검은색
빨간색	검은색	검은색	빨간색
노란색	초록색	검은색	빨간색

(2) 각 색깔의 셀로판지는 각 색깔에 해당하는 빛만 통과시킨다. 예를 들어 빨간색 셀로판지는 빨간색의 빛만 통과시키고, 파란색 셀로판지는 파란색의 빛만 통과시킨다.

(3) 빨간 고기는 빨간색 빛을 반사하기 때문에 조명이 빨간색인 경우에 흰색 조명이나 노란색 조명일 때보다 더 빨갛게 보이므로 고기가 더 신선해 보이는 역할을 한다.

해설 빨간색 조명을 물체에 비추었을 때 빨간색 물체를 제외하고 다른 색을 갖고 있는 물체는 모두 빨간색 빛을

흡수한다. 빨간색 조명을 빨간색 물체에 비추면 더 빨갛게 보이는데 이를 이용하여 정육점에서도 조명을 빨간색으로 사용하여 고기를 더 붉고 신선하게 보이게 한다.

문제 50 p.253

◆ 평가표

정답을 맞추지 못한 경우	0점
정답을 맞춘 경우	5점

정답 및 해설

답 (1) A (2) C

해설 기온이나 체온을 측정하는 온도계는 대부분 온도에 따라 부피가 변하는 성질(열팽창)을 이용한다. 이러한 온도계의 눈금은 온도계 내부에서 온도에 따라 부피 팽창하는 정도가 클수록 간격이 길어지고, 부피 팽창하는 정도가 작을수록 간격이 짧아진다.

주어진 준비물을 이용하여 만든 간이 온도계는 얼음물에 담글 경우 병 속 공기의 압력이 낮아져서 빨대 속의 용액이 아래로 내려가고, 따뜻한 물에 담글 경우에는 병 속 공기의 압력이 높아져서 빨대 속의 용액이 위로 올라가게 된다. 즉, 병 속의 공기는 온도가 낮으면 수축하고, 온도가 높으면 팽창하는 성질을 이용한 것이다.

(1), (2) 같은 열량을 공급하였을 때 A속의 공기가 많이 팽창하여 빨대 속으로 물을 더 많이 밀어올린다. 따라서 A의 눈금 간격이 가장 길다. C의 경우는 물의 팽창에 의해 빨대 속으로 물이 올라가는 것이므로 눈금 간격이 가장 짧다. (기체의 열팽창률은 액체와 고체의 열팽창률보다 훨씬 크다.)

점수 통계

점수에 따른 성취도 등급

등급	1등급	2등급	3등급	4등급	5등급
평가	175점 이상	140점 이상 ~ 174점 이하	100점 이상 ~ 139점 이하	50점 이상 ~ 99점 이하	49점 이하

총점 250점

01 인성 면접 유형

문제 01 p.256

Tip 자기소개는 글이 아닌 말로써 첫인상을 좌우하는 중요한 시간이므로 핵심적이고 간결하게 하는 것이 좋다. 구구절절 저는 이런 사람입니다. 라고 말하는 것보다는 본인을 나타내기 가장 좋거나 혹은 본인이 한 일 중에 다시 한 번 꼭 드러내고 싶은 것을 하나의 에피소드로 선정해서 말하거나 나의 특징이나 나를 표현할 수 있는 물건, 동물 등에 비유하여 설명하는 것이 더 확실하고 인상 깊다. 이때 또렷한 말투와 당당한 태도로 이야기하는 것이 좋다.

예시 미래 한국의 피타고라스가 될 OOO 입니다. 한순간 벼락치기보다는 꾸준한 노력이 필요한 수학 과목을 다른 암기 과목보다 좋아합니다. 수학에 대한 흥미로 다양한 수학 관련 책을 읽고, 어려운 수학 문제 풀이를 좋아하다 보니 중학교 1학년 과정까지 스스로 터득할 수 있었습니다. 영재교육원에 입학하여 같은 관심사를 가진 좋은 친구들과 함께 수학적 사고와 지식을 더욱더 많이 익히고 싶습니다. 감사합니다.

문제 02 p.256

Tip
- 영재교육원에 지원하게 된 동기와 입학하고자 하는 것을 자신의 장래 희망과 관계 지어 이야기하거나 자신의 경험담을 토대로 하여 깨달은 점 등과 함께 자신이 선발되어야 하는 이유를 설득력 있게 이야기한다.
- 지원하기 위해 노력했던 부분이나 실제 영재교육원에서 하는 교육 과정을 미리 알아두고 함께 이야기하는 것도 좋다.

예시
- 수학은 단순히 계산만 하는 것이 아니라 깊은 사고력과 공식을 대입시켜 응용할 수 있는 능력이 필요한 과목입니다. 어려운 수학 문제를 차근차근 해결해 나가며 재미를 느낄 수 있었고, 한순간 벼락치기보다는 꾸준한 노력의 결실이기 때문에 다른 암기 과목보다 흥미를 느낄 수 있었습니다. 하지만 혼자 하는 공부는 한계가 있다고 생각합니다. 따라서 수학적 사고와 지식을 영재교육원을 통해 배우고, 더욱더 재미를 느끼고 싶어 지원하게 되었습니다.
- 학교에서 배우는 교과과정을 응용한 심화 내용을 배울 수 있어서 좋고, 학교에서는 하지 못하는 여러 가지 실험과 프로젝트를 진행할 수 있을 것 같아서 영재교육원에 지원하게 되었습니다.

문제 03 p.256

Tip
- 미리 지원하는 영재교육원 홈페이지를 통해 진행되는 수업 방식에 대해 알아보고, 자신에게 흥미로운 부분을 찾아 이야기한다.
- 영재교육원에서 더 배울 수 있거나 개선하고 싶은 것을 함께 이야기한다면 더 높은 점수를 얻을 수 있다.

예시
- 학교에서 하는 수학 수업과 같은 일방적인 전달 형태의 수업이 아닌 선생님과 함께 어려운 문제를 토론식으로 해결해 나가는 수업을 받고 싶습니다. 또한 교과서에 나오는 문제가 아닌 실생활과 관련된 다양한 문제와 창의력이 요구되는 독특한 문제를 많이 경험해 보고 싶습니다.
- 여러 학교의 같은 관심사를 가진 또래 친구들과 팀을 이루어 탐구를 진행하고 싶습니다.

문제 04 p.256

Tip

- 지원 동기와 반대되지 않는 이야기를 해야 한다.
- 단순히 좋아하는 것을 넘어서 앞으로 공부하는 데에 있어 얼마나 도움이 될 지, 어떤 공부를 하고 싶은 지 등의 내용을 추가로 설명하는 것이 좋다.

예시

수학을 누구보다 좋아하지만 경시 대회와 같은 큰 대회 출전도 거의 없었고, 수상 경력도 많지 않습니다. 수학 영재교육원에서의 배움을 통해 수학에 대한 자신감도 얻고, 대회 출전에서 좋은 성과를 거둬 성취감도 얻음으로써 수학자가 되고자 하는 저의 꿈에 한 걸음 더 다가가고 싶습니다.

문제 05 p.256

예시

- 저는 영재라기보다는 수학 덕후인 것 같습니다. 영재는 타고난 천재성을 가진 아이라고 생각합니다. 하지만 저는 수학이 좋아서, 수학 공부를 즐겨 하다 보니 실력이 오른 것이기 때문에 영재는 아니라고 생각합니다.
- 저는 다른 또래의 친구들보다 못하는 게 없고, 친구들이 찾아내지 못한 해결 방법을 찾아내기 때문에 주위 사람들에게 '똑똑하다', '영재다'라는 말을 자주 듣습니다. 저와 같은 사람을 영재라고 하는 거 아닐까요?

문제 06 p.256

Tip

- 자신만의 연산 기억 방법, 노하우 등 실제 사례를 이야기하는 것이 좋다.

예시

- 학교 수업에서 배운 내용과 관련 있는 책을 읽는 것을 좋아합니다. 책을 읽으면서 그날 배운 내용을 머릿속으로 정리할 수 있고, 궁금했던 내용에 대해 알 수 있으므로 복습 효과가 좋은 공부 방법이라고 생각합니다.
- 저보다 공부를 잘하는 친구와 함께 공부하면 궁금한 것을 빠르게 해결할 수 있고, 함께 의견을 나눌 수 있어서 공부가 잘됩니다.

문제 07 p.257

예시

- 친구가 화를 내는 이유에 따라 다를 것 같습니다. 만약 나의 어떤 행동이나 말 때문에 친구가 화를 내고 있다면, 진심으로 잘못을 빌고 용서를 구하는 것이 먼저라고 생각합니다. 만약 다른 어떤 이유로 화를 내고 있다면, 순간 화를 참을 수 있도록 재미있거나 엉뚱한 상황을 만들어 웃을 수 있도록 해주겠습니다.
- 친구가 화를 내는 이유를 물어보는 것은 오히려 친구의 화를 더 돋우는 방법이 될 수 있습니다. 따라서 일단 화를 내는 친구가 진정하고, 기분이 풀릴 수 있도록 맛있는 것을 먹으러 가자고 하거나 친구가 평소 좋아하는 것을 하자고 할 것입니다.

문제 08 p.257

Tip

자신이 합격하거나 불합격하였을 경우 단기적인 계획과 장기적인 계획이 모두 제시되면 좋다. 또한 자신의 실천 방법을 구체적으로 이야기한다.

예시

(합격) 영재교육원에 합격한다면 정해진 커리큘럼을 잘 따라갈 수 있도록 해당 부분에 관한 공부를 미리 하고, 수학(또는 과학) 관련된 책을 더욱 많이 읽을 것입니다.

(불합격) 영재교육원에 불합격된다고 해서 수학이 가장 좋아하는 과목이라는 것은 변하지 않을 것입니다. 하지만 영재교육원에 합격할 만큼 수학에 대한 공부가 충분하지 않았으므로 더 많은 책을 읽고, 다양한 수학 문제를 풀어 내년에 다시 영재 교육원에 도전할 것입니다.

문제 09 p.257

예시

- 우선 현재 상황은 서로 팽팽하게 신경전을 벌이고 있으므로 잠시 시간을 두고 기다리다가, 서로 감정적으로 정리가 되었다고 생각이 들면 환기가 필요한 이유에 대하여 설명을 하고 직접 환기를 시키겠습니다.
- 철수의 평소 행동을 싫다고 해서 반드시 필요한 상황에서 철수의 행동을 무조건 반박하는 것은 옳지 않다고 생각합니다. 따라서 친구들에게 지금은 환기가 필요하니깐 잠깐 창문을 열었다 닫자고 설명하겠습니다.
- 창문을 열어 환기할 때, 친구들이 밖의 상황에 관심을 두도록 유도하여 그 상황을 모면하겠습니다.

문제 10 p.257

예시

- 발표를 위해 필요한 자료를 모은 후, 모은 자료를 가지고 의견을 모으고 정리할 것입니다. 모둠 발표이기 때문에 모둠원들의 의견을 모두 정리하는 것이 중요하다고 생각합니다. 학교 수업시간에 공부한 내용을 정리하던 습관대로 요약하고 정리하는 것은 누구보다도 자신 있기 때문에 정리하는 데 도움을 줄 수 있을 것입니다.
- 저는 항상 친구들을 웃게 해주고 기쁘게 해주는 능력이 있으므로 발표 준비에 지친 친구들을 위해서 농담도 하면서 분위기를 좋게 해줄 것입니다.

문제 11 p.257

Tip

- 친구에 대한 배려하는 행동이 필요하다.
- 무조건 양보하고 상대방을 따라가겠다는 것도, 어떻게든 설득해서 상대방이 자신을 따라오게 하겠다는 것도 바람직한 답변은 아닐 수 있다.

예시

- 계속 같이하기 싫어진다는 감정적인 생각보다는 실험 결과가 잘 나오는 것이 가장 좋은 것이라고 스스로를 우선 타이르겠습니다. 그리고 실험과 관련 없는 이야기는 가급적 이야기하지 않고, 실험에 관한 이야기만 친구와 나누면서 실험을 마무리 짓는데 집중하겠습니다.
- 실험을 잠시 중단하고 친구와 이야기를 하겠습니다. 이야기를 통해 어느 부분에서 맞지 않는지 생각하고, 친구의 생각은 어떤지 듣고, 내 생각을 친구에게 잘 전달할 수 있는 시간을 가져 이견을 조율한 후 실험을 다시 시작하겠습니다.

문제 12 p.257

Tip

- 자신이 원하는 직업에 대해 기본 정보를 미리 정리해두면 도움이 된다.
- 자신의 장래희망과 연결지어 현재의 자신 위치(학습 능력), 목표를 위한 준비 과정을 구체적으로 이야기하는 것도 좋다.

예시

- 대학교 수학과의 교수가 되어 있을 것이다. 이 직업으로 인하여 다른 사람에게 줄 수 있는 도움으로는 첫 번째, 수학과의 교수가 되어 학생들이 수학에 흥미와 재미를 갖도록 할 것이며, 이로 인해 기초 학문 분야 중 하나인 수학이 발전되어 국가 발전에 도움이 될 것이다. 두 번째, 재미있는 수학 교재와 교수법을 개발하여 수포자가 생기는 것을 막을 것이다. 세 번째, 필즈상을 국내에서 최초로 수상하여 국가의 위상을 높여 줄 것이다.

문제 13 p.258

Tip
- 친구를 이해해 주고, 배려하는 마음을 발휘할 수 있도록 한다.

예시
- 혼자서 다 하려고 고집부리는 친구에게 본인이 취약하다고 생각하는 부분을 묻고, 그 부분에 도움을 주겠다고 설득을 해 볼 것입니다. 그렇게 물었을 때도 혼자 하겠다고 고집을 부린다면 그 친구를 제외한 모둠원들과 모둠 활동을 한 후, 결과물을 비교하여 더 나은 것을 선택하겠습니다.
- 혼자서 할 수 있도록 둔 후, 준비물이나 도움이 필요한 부분을 함께 해 주어 모둠 활동의 장점을 깨달을 수 있도록 할 것입니다. 이러면 내 의견이 무시되는 것도 아니고, 모둠 활동에서 보조 역할도 꼭 필요한 부분이므로 서로 자신의 역할을 충실히 수행한다면 모둠 활동이 잘 마무리될 것입니다.

문제 14 p.258

Tip
- 평소에 사회적 이슈에 대하여 관심을 갖고, 뉴스나 인터넷 기사를 통해 얻은 정보를 정리하고, 한 번쯤 방안을 생각해 보는 것이 도움이 된다.
- 공부뿐만 아니라 주변에서 일어나는 다양한 현상과 사건에 관심을 두고 있다는 사실을 드러내는 것이 좋다.

예시
- 최근에 사회적으로 일어난 사건 중 가장 관심이 있었던 것은 남북 정상이 판문점에서 만난 것입니다. 남북정상회담 이후 한반도에 평화 기류가 흐르고 있고 통일이 기대되기 때문입니다. 제가 대학생이 되기 전에 통일이 된다면 반드시 유럽 횡단 열차를 타고 유럽 배당 여행을 갈 것입니다.
- 초등학생이 일으킨 운전 사고가 가장 관심이 가는 사건입니다. 이와 같은 운전 사고는 요즘 학생들이 하는 자동차 게임과 현실을 제대로 구분하지 못해 발생한 것입니다. 인터넷 게임에 빠지지 않도록 하는 것도 중요하지만 기술적으로 자동차를 탔을 때 운전 면허증이 있는 사람만 시동을 걸고 운전할 수 있도록 하는 장치가 개발되면 좋겠습니다.

문제 15 p.258

Tip
큰 사건이 아닐지라도 평소에 느낀 소소한 일이나 자신에게는 슬프거나 기쁘게 다가왔던 감정을 자세히 표현해 보는 것도 좋다. 섬세한 감정 표현이 면접관들에게 잘 전달된다면 그 또한 좋은 대답이 될 수 있다.

예시
- 가장 슬펐던 때는 집에서 키우던 강아지가 죽었을 때입니다. 더는 귀여운 모습을 볼 수도 없고, 잘해주지 못했던 것만 생각이 나서 매우 슬펐습니다. 처음으로 죽음과 이별에 대해 생각해볼 수 있었고, 늘 곁에 있는 소중한 사람들에게 후회가 남지 않도록 더 잘해주어야겠다고 생각했습니다.
- 가장 기뻤을 때는 엄마 생신 때 처음으로 직접 미역국을 끓여드리고, 편지를 선물로 드렸더니 엄마께서 감동하여 눈물을 흘리시는 모습을 보았을 때입니다. 부모님을 기쁘게 해드리는 데에는 무언가 거창한 게 필요한 것이 아니라는 것을 알았고, 앞으로도 부모님을 기쁘게 해드리는 일을 많이 하고 싶습니다.

문제 16 p.258

Tip
- 주위의 친구들이 이야기하거나 부모님이 바라보시는 장단점에 대해 설명하고, 단점인 경우 단점을 장점으로 바꿀 수 있는 경험이나 사례를 통하여 이를 어떻게 이겨냈는 지 솔직하게 이야기하는 것이 좋다.
- 수학 또는 과학(자신의 지원 분야)과 관련된 긍정적인 이야기를 하는 것도 좋은 방법이다.

예시
무엇이든 궁금하면 끝까지 알아내려고 하며, 평소 어려운 문제를 푸는 것을 좋아하고, 많이 풀기 때문에 끈기가 있고 영리하다는 이야기를 많이 듣습니다.

문제 17 p.258

Tip 장래 희망을 구체적으로 정해서 그 직업에 대한 자료를 찾아보고, 해야할 것들을 노트에 정리해 보는 것이 도움이 된다.

예시 저의 꿈은 수학 교수가 되는 것입니다. 수학 교수가 되는 데 필요한 것은 수학에 대한 끊임없는 관심과 애정, 아이들을 잘 가르칠 수 있는 능력, 건강한 체력이라고 생각합니다. 이를 키우기 위해서 수학과 관련된 책을 꾸준히 읽는 습관, 수학 문제를 단순히 답을 맞히기 위해 풀이하지 않고, 왜 그렇게 답이 유도되는지 탐구하는 습관, 꾸준한 운동 습관이 필요하다고 생각합니다.

문제 18 p.258

Tip
- 자신의 꿈을 찾는 데 영향을 준 사람, 취미나 특기를 갖게 해준 사람을 찾아볼 수 있다.
- 좌우명이나 문구, 좋아하는 가사가 있다면 그 글을 쓴 작가나 노래를 한 가수가 될 수도 있다.

예시 저에게 수학의 즐거움을 알려준 언니가 가장 영향을 많이 준 사람입니다. 어릴 적부터 공부를 잘하던 언니는 어려운 수학 문제를 물어볼 때마다 해답지에 있는 풀이 과정대로 알려주기보다는 스스로 생각할 수 있게끔 힌트를 주며 스스로 문제를 풀어 나가게끔 하고, 그 재미를 느낄 수 있게 해 주었기 때문입니다.

문제 19 p.259

Tip 영재를 배려하는 입장에서 영재가 역할 놀이에 도움이 되도록 함께하는 방법을 생각한다. 단, 영재를 내버려 두고 역할놀이를 한다 와 같은 대답은 피한다.

예시 우선 영재가 역할놀이를 안 하려고 하는 이유를 알아내는 것이 중요하다고 생각합니다. 그 이유를 알고, 해결해 주려고 노력하여도 영재가 하지 않으려 한다면 다른 방식으로라도 참여를 유도해야 할 것 같습니다. 모둠 활동 시 직접 함께 하는 것이 싫다면 그림을 그리고 있는 영재에게 역할 놀이에 필요한 그림을 그려 달라고 한다든지, 역할 놀이의 감독을 맡겨 친구들의 역할에 대해서 자신의 느낀 점을 이야기해 달라고 부탁하는 등 간접적으로라도 참여할 수 있도록 돕겠습니다.

문제 20 p.259

Tip 유해 동물에 포함되어 있긴 하지만 피하거나, 방치하거나, 해친다는 답변은 적절하지 않다.

예시
- 날개를 다친 비둘기를 길거리에 방치를 해 두면 그대로 죽게 될 가능성이 큽니다. 따라서 먹이나 다른 비둘기로 유인하여 잡은 다음 도심지와 떨어진 산으로 가서 풀어 줄 것입니다. 유해 동물로 지정된 이유는 사람에게 피해를 주기 때문이므로 자연으로 돌아간 비둘기는 더 이상 유해 동물이 아니게 될 것입니다.
- 유해 동물에 포함되어있는 동물일지라도 다친 생명체이므로 다른 동물이나 차에 의해 또 다시 다치는 일이 없도록 상자나 바구니를 이용하여 구한 후 안전한 곳으로 옮기겠습니다. 옮긴 후 옮긴 장소를 동물 보호 센터에 전화하여 알리겠습니다.

문제 21 p.259

Tip 영재교육원을 지원하고 면접을 보는 자리이므로 어떤 이유에서든 영재교육원 수업에 참여하지 않겠다는 대답은 적절하지 않다.

예시 저에게 중요한 시험이라면 그 전부터 시험 대비를 철저히 해 두었을 것으로 생각합니다. 따라서 토요일 영재수업을 참여할 것입니다. 참여하게 되면 주말 내내 시험공부만 할 때보다 기분전환도 되고, 새로운 자극도 받아 오히려 공부의 능률을 더욱 높여줄 것으로 생각합니다.

문제 22 p.259

Tip 사람마다 성향이 다르므로 둘 중 한 가지를 선택하여 그에 맞는 자기 생각을 자유롭게 이야기한다. 단, 혼자 프로젝트를 할 때에는 마지막에 다른 친구들과 정보를 공유하고 토론을 한다는 내용을 추가하면 좋은 대답이 된다.

예시 프로젝트에 따라 혼자 할 때 이점이 많은 것과 여러 명이 함께 할 때 이점이 많은 것이 있다고 생각합니다. 다양한 실험 결과 값과 다양한 지식이 필요한 프로젝트라면 여러 명이 함께 준비를 할 것이고, 깊게 연구하여 하나의 결론을 도출하거나 하나의 단순한 작품이 필요한 프로젝트라면 혼자 준비를 할 것입니다.

문제 23 p.259

Tip 어른에 대한 공경심, 약자에 대한 배려심을 보기 위한 질문이므로 양보를 하지 않는다는 것은 적절한 답이 될 수 없다.

예시 저는 아주머니에게 자리를 양보할 것입니다. 저는 혼자의 몸이기 때문에 갓난아이를 안고 있는 아주머니보다 힘들지도 않고, 자라나는 학생이므로 체력이 더 좋습니다. 따라서 더 약한 사람을 위해 자리를 양보하는 것이 맞다고 생각합니다. 또한, 친구를 설득하여 번갈아 가면서 자리에 앉는다면 힘듦도 줄어들 것입니다.

문제 24 p.260

Tip

- 영재교육원 면접을 보는 학생이라면 좋아하는 과목이 대부분 지원 분야(수학, 과학)와 같을 것이다. 따라서 그 과목이 좋은 이유를 구체적으로 설명할 수 있어야 한다.
- 싫어하는 과목도 솔직하고 구체적으로 말하되, 싫어하지만 그 과목에 대한 공부를 소홀하게 하지는 않는다는 것을 설명하는 것이 좋다.

예시

- 저는 수학 과목을 가장 좋아합니다. 그 이유는 수학 공부를 하다 보면 문제가 안 풀리는 경우가 있는데 포기하지 않고 차근차근 풀다 보면 답을 찾을 수 있고, 답을 찾았을 때 기분이 정말 좋고, 성취감을 느낄 수 있기 때문입니다.
- 저는 체육을 가장 싫어합니다. 그 이유는 지나친 몸치로 다른 아이들과 함께 교육을 받은 동작이더라도 따라 하기까지 너무 시간이 오래 걸리기도 하고, 완벽하게 따라 할 수도 없어서 스트레스를 항상 많이 받는 과목이기 때문입니다. 체육은 싫어하지만 규칙적인 운동은 신체 발달에 도움이 되기 때문에 꾸준히 운동하려고 노력하고 있습니다.

문제 25 p.260

예시 동생과 사탕을 나눠 먹을 때 제가 동생에게 양보하여 조금 덜 먹게 되면 동생은 좋아하는 사탕을 많이 먹어서 기분이 좋고, 저는 기분이 좋아진 동생과 더 사이가 좋아지고, 기분도 좋아지게 됩니다. 이처럼 내가 손해를 보더라도 결과가 더 좋은 쪽으로 나오기 때문에 지는 것이 이기는 것 같습니다.

문제 26 p.260

예시 첫째 학교 교육과정에서 배우지 못한 다양한 것들을 배울 수 있습니다.
둘째 같은 관심사를 가진 좋은 친구들을 만날 수 있습니다.
셋째 좋아하던 수학과 관련된 프로젝트를 단순히 대회나 성적을 위해서가 아니라 부담 없이 수행할 수 있어서 좋습니다.

문제 27 p.260

예시 얼마 전에 했던 유기견의 입양을 장려하는 캠페인 봉사 활동이 가장 인상 깊게 기억에 남습니다. 어릴 적부터 반려견을 키웠기 때문에 개나 고양이를 좋아했습니다. 하지만 좋아만 하였지 반려 동물들이 겪고 있는 아픔을 알지는 못했습니다. 이 캠페인 봉사활동을 통해 유기견들의 실상을 알게 되어 매우 마음이 아팠고, 주변 사람들에게 반려 동물을 사지 말고, 입양하라고 권유하게 되었습니다.

문제 28 p.260

Tip 자신과 비슷하거나 잘 맞는 사람을 친구로 사귀는 경우가 많으므로 친구를 통해 나의 인성을 추측할 수 있는 질문이다. 따라서 친구만이 갖는 장점보다는 친구와 나의 공통 부분이 있어 함께 하는 부분을 말하면 더 좋다.

예시 제 친구 OO은 주변 사람들을 항상 기분 좋게 만드는 재주가 있습니다. 늘 밝은 얼굴로 친구들을 대하고, 매사에 씩씩하게 행동을 하며, 늘 남을 배려하는 모습으로 친구들에게 해피 바이러스로 불리고 있습니다.

문제 29 p.260

Tip
- 지원 분야(수학 또는 과학)에 관해 특별히 관심을 갖게 된 수업이 있는지 생각해 본다.
- 영재 수업 중 나에게 직접적으로 많은 도움이 되었던 수업에 대하여 말한다.
- 기억에 남는 수업이 나에게 어떤 영향을 주었는지 설명할 수 있으면 좋다.

문제 30 p.261

Tip 공동 생활에서 지켜야 하는 예절에 대해 생각해 본다.

예시

- 개인 휴지를 쓸 때보다 휴지가 빨리 떨어지게 된 이유는 공동으로 사용하는 휴지이므로 아껴야겠다는 생각을 하지 않았기 때문이라고 생각합니다. 따라서 교실에서 공동으로 쓰는 휴지 옆에 '휴지 2장이면 충분해요.', '아껴 씁시다.', '이 휴지가 내 것이더라도 이만큼 쓰나요?' 등과 같은 문구를 써 놓아서 많이 쓰려다가도 한 번 더 생각할 수 있도록 유도할 것입니다.
- 해결 방법 ① : 휴지를 반 학생들이 모두 볼 수 있는 장소인 칠판 옆에 달아놓으면 다른 친구들의 눈치가 보여 많이 쓸 수 없으므로 아껴 쓰게 될 것입니다.
- 해결 방법 ② : 일정 기간 동안 쓸 수 있는 휴지의 개수를 정해두고, 그 기간 안에 휴지가 떨어지더라도 새것을 꺼낼 수 없게 합니다.

문제 31 p.261

예시

아직은 나의 꿈을 이루기 위해 부족한 부분이 많으므로 많은 경험을 쌓을 필요가 있다고 생각합니다. 따라서 폭넓은 공부를 위해 많은 것을 익히고 배우기 위해서는 영재 교육이 필요하다고 생각합니다. 또한 영재 교육을 통해 다양한 프로젝트를 수행하면서 프로젝트를 해결하는 능력을 키울 수 있고, 좋은 공부 방식을 익힐 수 있기 때문입니다.

문제 32 p.261

Tip

자기 소개서 속에서 남들과 다르고 특이한 부분을 찾아보고, 미리 정리해 보면 면접에 도움이 된다.

문제 33 p.261

Tip

수학, 과학적인 창의성이나 문제해결능력에 관한 점을 설명하는 것이 영재교육원 면접에 적합한 답변이 될 수 있다.

예시

저는 논리적인 이해력이 빨라서 문제를 푸는 속도가 남들보다 빠릅니다. 이를 더욱 키우기 위해 문제를 푸는 연습을 꾸준히 하고 있으며, 빠르면서 정확도도 높이기 위해 꼼꼼히 풀려고 노력하고 있습니다.
어느 한 곳에 집중하면 다른 어떤 것에도 신경을 못 쓰기 때문에 주변에서 누가 불러도 대답을 못 하여 곤란했던 상황이 많았습니다. 이를 보완하기 위해 제가 관심 있어 하는 무언가를 하기 전에 주변 사람에게 미리 말을 해 놓아서 의사소통이 안 되어 곤란한 상황이 만들어지지 않도록 노력합니다.

문제 34 p.261

Tip

- 언제부터 지원한 분야에 관심과 흥미를 갖게 되었는지 구체적으로 노트에 적어 정리해본다.
- 관심을 갖게 된 계기를 구체적으로 설명하고 이때 지원 분야에 관심이 많고, 열심히 하고자 하는 의지가 가득 차 있음을 보여주는 것이 좋다.

예시

영화 '다빈치코드'에는 수학인 피보나치 수열을 이용하여 암호를 해독하는 장면이 나옵니다. 영화를 본 후 피보나치 수열에 관심을 갖고 찾아보게 되었고, 수학을 이용하여 문제를 해결해나가는 것에 매력을 느끼게 되었습니다.

IV 심층면접

02 창의성 면접 유형

문제 01 p.262

예시

① 커피가 들어있지 않은 빈 잔에 반지가 떨어졌기 때문에 젖지 않았다.
② 커피잔 안에 액체가 아닌 고체 물질이 들어있었기 때문에 반지가 젖지 않았다.
③ 반지를 비닐 봉지 속에 넣어서 커피잔에 빠트렸기 때문에 반지가 젖지 않았다.

문제 02 p.262

예시

① 북라이트를 이용하여 책을 읽었다.
② 건전지로 작동하는 스탠드를 이용하여 책을 읽었다.
③ 점자로 된 책을 읽었다.
④ 촛불을 켜고 책을 읽었다.
⑤ 밝은 달빛을 이용하여 책을 읽었다.

문제 03 p.262

예시

① 길에 전단지를 버렸을 때 벌금을 부과한다.
② 전단지를 일정량 모아서 가지고 올 경우 필요한 생필품(예를 들어 쓰레기 종량제 봉투, 물 등)으로 교환해 준다.
③ 전단지를 접을 경우 사용할 수 있는 편지 봉투 형태로 만든다.
④ 전단지를 가져올 경우 쿠폰처럼 기념품을 주거나 할인 혜택을 준다.

문제 04 p.262

예시

① 잡은 직후 배 위에서 바로 통조림으로 만든 후 운반한다.
② 잡은 직후 배 위에서 급속 냉각하여 운반한다.
③ 살아있는 채로 대형 수조에 채워서 운반한다.
④ 배 뒤쪽으로 큰 그물망을 연결하여 그물망 속에 물고기를 가두고 운반한다.

문제 05 p.262

예시

내가 사막에 간다면 텐트, 망원경, 성냥, 물병, 칼을 가지고 갈 것입니다. 텐트는 뜨거운 사막 모래나 벌레들을 차단하여 잠을 자거나 쉴 수 있게 해줄 공간 확보를 위해 필요하며, 망원경은 시야 확보나 필요한 것을 찾는 데 도움이 되기 때문입니다. 또한 성냥은 불을 피우기 위한 물건으로 체온 유지나 음식을 먹기 위해 필요하고, 물병은 마실 물을 확보하거나 생활용수를 담는 데 필요합니다. 마지막으로 칼은 위험한 생물로부터 자신을 보호하고, 무언가 필요한 것을 만들기 위해서도 필요합니다.

문제 06 p.262

예시

① 경제적인 어려움 때문에 쓰레기를 뒤적이는 것이므로 기부하기 등의 경제적 지원을 해 준다.
② 용돈을 절약하여 가난한 나라에 지원을 해주는 업체에 일정하게 돈을 보낸다.
③ 돈을 꼭 벌어야 하는 상황이라면 조금 더 편안하고 안정적으로 일할 수 있는 곳을 제공하거나 직업 훈련을 시켜준다. ㉮ 아프리카에는 물이 부족한 국가가 많으므로 지하수 공급 관련 사업을 진행하여 일자리를 제공한다.
④ 구호 물품을 수집하여 보내준다.

문제 07 p.262

예시

[우리집만 한달 동안 전기가 들어오지 않는다면]
① 세탁기를 이용할 수 없으므로 가급적 옷을 깨끗하게 입고, 교복과 같이 매일 입어야 하는 옷이라면 세탁소를 이용하거나, 친구네 집에서 손빨래해서 온다.
② 겨울일 경우 난방이 되지 않으므로 석유를 이용한 난로를 준비한다.
③ 음식을 냉장고에 보관하기 어려우므로 그때그때 필요한 것을 소량 구입하여 바로 먹는다.
④ 숙제나 공부를 할 때 촛불이나 건전지를 이용한 랜턴을 이용한다. (건전지와 촛불을 많이 확보해 둔다.)
⑤ 밝은 낮 동안 해야 할 일들을 미리 해두고, 밤에는 TV나 라디오, 인터넷을 하는 대신 가족들과 대화하는 시간을 많이 갖고, 일찍 자고, 일찍 일어나도록 한다.

문제 08 p.263

예시

교훈 1	봉사활동은 봉사활동을 하는 사람뿐만 아니라 도움을 받는 사람 모두에게 도움이 된다.
이유	시각 장애인들에게 주민들은 무료로 안마를 받을 수 있었고, 시각 장애인들은 주민과의 교류를 통해 스스로 치유도 받고, 기쁨을 느낄 수 있었으므로 봉사 활동은 주고받는 사람 모두에게 도움이 된다.

교훈 2	물고기를 잡아주는 것이 아니라 물고기를 잡는 방법을 알려 주는 것이 더 중요하다.
이유	몸이 불편한 시각 장애인들에게 직접적인 도움을 주기보다 그들에게 기술을 알려줌으로써 스스로 자립할 힘을 길러주었고, 배운 것을 돌려줄 수 있다는 기쁨까지 주었다.

문제 09 p.264

예시

① 각자의 위치에서 주어진 일에 성실히 임하는 모습을 배워야 한다.
② 각자 잘 할 수 있는 일을 함으로써 집단이 효율적으로 운영되도록 하였다(분업이 효율적이다).
③ 집단을 이루고 살면 생존에 유리하다.
④ 능력에 맞는 적절한 일을 하는 것이 좋다.

문제 10 p.264

예시

[문제점] 우리나라는 기업(직장) 내에서 여성이 받는 차별이 다른 나라보다 심하다.

[해결하기 위한 방안] ① 같은 직급, 같은 연수(연차)로 일했을 경우 기본임금을 성별에 관련 없이 동일하게 정하고, 일의 성과나 업무 역량을 측정할 때에는 블라인드 테스트를 통해 철저하게 실력으로만 평가하여 남녀에 따른 임금 격차를 줄인다.

② 여성은 육아 휴직에 따른 경력의 공백이 발생하고, 육아로 인하여 일에 집중하기 어려운 환경이기 때문에 직장 내에서 실력을 쌓기가 쉽지 않다. 따라서 육아 휴직을 의무적으로 남녀 모두에게 공평하게 제공하여 서로의 공백을 메워주는 것이 좋다. 또는 육아 휴직을 경력을 인정해 주어 육아 휴직에 따른 차별이 없도록 한다

문제 11 p.265

Tip

- 수학 공식을 이용하여 문제를 해결했을 때 신기했거나 해결되는 과정이 놀라웠던 경우를 떠올려 본다.
- 일상 생활 속에서 수학 공식을 이용하여 문제를 해결한 경우를 떠올려 본다.

문제 12 p.265

예시

① 컴퓨터 - 컴퓨터는 0과 1, 두 개의 숫자로 모든 데이터를 처리하는 이진법으로 작동한다.
② 롤러코스터 - 사이클로이드 곡선을 이용하여 빠르게 내려와 스릴감을 높여준다.
③ 드론 - 위치를 측정하는 기준점(원점O)으로부터 앞·뒤(x축), 좌·우(y축), 상·하(z축)까지 이르는 거리를 순서쌍 (x,y,z)로 나타내어(직교 좌표) 위치를 파악한다.
④ 바코드 - 컴퓨터와 마찬가지로 바코드도 이진법을 활용한 것이다.
⑤ 컨베이어 벨트 - 공장의 기계를 돌리는 컨베이어 벨트를 뫼비우스 띠처럼 만들어서 사용한다.

해설 ② 사이클로이드 곡선이란 적당한 반지름을 갖는 원 위에 한 점을 찍고, 그 원을 한 직선 위에서 굴렸을 때 점을 그리며 나아가는 곡선이다.

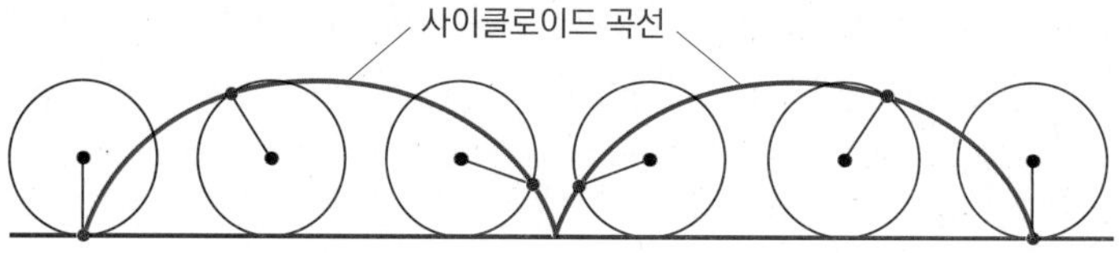

사이클로이드의 대표적인 특징으로는 사이클로이드를 거꾸로 한 형태의 그릇을 만들고 그 벽에 유리구슬을 놓으면 위치와는 상관없이 바닥에 닿기까지 걸리는 시간은 같다. 또한 사이클로이드는 경사면에서 가장 빠른 속도를 내는 특별한 성질을 가지고 있기 때문에 '최단강하선'이라고도 한다. 그리고 동물들도 이와 같은 성질을 이용하여 하늘 높이 나는 독수리나 매가 땅 위에 있는 들쥐나 토끼를 잡을 때 직선으로 내려오는 것이 아니라 사이클로이드에 가깝게 목표물을 향해 곡선 비행을 한다.

⑤ 두 개의 바퀴에 둥그런 띠 모양의 벨트를 그대로 걸면 기계에 닿는 한쪽 면만 닳게 되는데 이것을 뫼비우스의 띠처럼 한번 꼬아서 걸게 되면 벨트의 양쪽 면이 골고루 닳아 벨트의 수명이 훨씬 길어진다. 또 그대로 걸면 쉽게 빠지던 띠도 이렇게 꼬아 걸면 잘 빠지지 않는다.
[기타] 제3의 산업혁명을 일으킬 도구로 기대를 한 몸에 받고 있는 3D 프린터의 개념은 미적분 공식에서 시작된다. 3차원의 물체를 스캐닝한 뒤 이를 얇게 썰어 각 부분을 2차원의 평면 도면에 인쇄한다. 곡선을 잘게 나눈 뒤 면적을 구하는 미적분의 원리와 같다.

푸리에 변환이란 정보를 곡선 모양의 그래프로 바꾸는 수식(시간에 대한 함수를 주파수에 대한 함수로 변환하는 공식)을 말한다. 빛, 소리, 진동 등 신호 관련 분야인 스마트폰, LTE, 영상 이미지 압축, 의료기기 등 대부분의 전자통신 기기에 활용되고 있다.

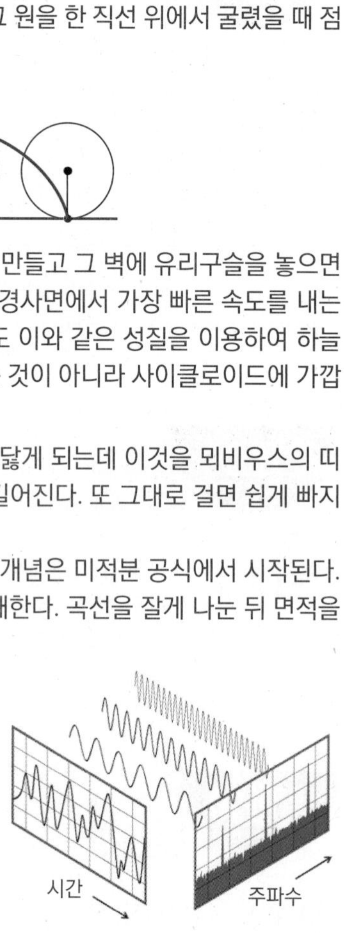

시간의 연속적 신호(sin 곡선들의 합) ▶
→ 푸리에 변환에 의해 주파수로 표현

문제 13 p.265

예시 ① 수학은 다른 학문의 기초가 되고, 단순히 계산만 하는 것이 아니라 깊은 사고력, 논리력, 추리력, 탐구력, 문제 해결력 등이 필요한 과목이라고 생각합니다. 따라서 이와 같은 능력을 기르기 위해 수학 공부가 필요합니다.

② 수학은 단순히 계산만 하는 것이 아니라 깊은 사고력과 논리, 추리력이 모두 필요한 과목으로 한순간 벼락치기보다는 꾸준한 노력의 결실이 나타날 수 있는 과목입니다. 따라서 수학 공부를 통해 이러한 능력을 기를 수 있고, 노력에 대한 보상을 받을 수 있으므로 공부에 보람을 느끼게 해주기 때문에 수학을 배워야 한다고 생각합니다.

문제 14 p.265

Tip 평소 수학 관련 서적이나 수학자에 대한 서적을 읽고 노트에 정리해두는 습관이 필요하다. 이렇게 정리한 노트를 면접 실전에 활용한다면 이와 관련된 문제에 대답할 수 있는 능력이 향상된다.

예시 저는 피타고라스를 가장 좋아합니다. 피타고라스는 '직각삼각형에서 직각을 끼고 있는 두 변의 제곱의 합은 빗변 길이의 제곱과 같다.'라는 피타고라스의 정리를 증명하였고, 음악에서 현재 쓰이고 있는 음계의 토대가 되는 '피타고라스 음계'를 증명하였습니다.

해설 다음은 대표적인 수학자들이다.

[피타고라스 (서기전 582~?) 그리스의 수학자]

그가 말하는 수학은 오늘날 우리들이 말하고 있는 추상적인 개념이 아니라, 단위 1을 나타내는 어떤 크기의 점의 배열에 의해 성립되며 기하학적인 형태로 실재한다는 것이었다. 세계는 이 수와 그 비례에 의해 성립되는 법칙으로 일관된, 조화있는 존재로서, 뒤에는 정의는 4, 결혼은 5, 영혼은 6 이라는 수와 그 관계로 모든 것을 설명하려 하였다. 그런 수학을 실용을 떠나 연구하게 되었으므로, 그 방면에서는 커다란 업적을 남겼으며, 수학을 참과학으로까지 끌어 올렸다. 수론으로는 형상수, 완전수, 우애수, 수의 비례의 연구가 있다. 기하학으로는 유명한 '피타고라스 정리', 삼각형의 내각의 합의 정리', '면적의 응용', '정5각형의 작도' 등을 증명 또는 발견하였다. 음악도 수의 비례와 관계가 있었기 때문에, 음악에 사용되는 음의 높이를 정하는데 있어서 수학적인 비율에 의하여 나누는 것을 고안하여, 모노트으드(일현금)의 현의 길이를 2:3의 비율로 분할함에 따라 완전 5도의 음정을 열었으며, 이 5도를 중복해 가는 방법을 취했다. 이와 같은 방법으로 얻은 음계를 '피타고라스 음계'라고 한다.

[가우스 (1777 - 1855) : 도이칠란트의 수학자]

19세기 전반 최대의 수학자로서, 순수 수학에는 물론, 응용 수학에도 눈부신 업적을 남겨 '수학의 왕자'로 불리고 있다. 그의 업적은 현대 수학과 이론 물리학 외에, 오늘날의 과학 기술 분야의 발전에도 커다란 비중을 차지하고 있다. 19세 때 유클리드이래 2000년간 삼각자와 컴퍼스만으로는 그릴 수 없다고 생각해 왔던 정 17각형을 그릴 수 있음을 증명해, 대수학자로서의 면모를 보여주었다. 또, 최소 제곱수를 발견하여 복소수평면을 발표하였으며, 1799년에는 이른바 대수학의 기본 정리를 증명함으로써 학위를 받았다. 그는 정 14각형 그리는 방법을 정수론에서 얻었는데, '수학은 모든 과학의 여왕이며, 정수론은 수학의 여왕이다.' 라고 말함으로써, 정수론을 가장 높이 평가하였다. 또한 1801년에는 <수론연구> 를 발표하여 정수론을 새로운 단계로 끌어올리는 획기적인 업적을 쌓았다. 1801년 이후로는 괴팅겐 대학 교수로 평생을 보냈는데, 그는 정수론 이외에도 최소 제곱법을 비롯한 곡면론, 허수론, 방정식론 등을 깊이 연구해 수학의 새로운 분야를 개척하였다. 그리고 타원함수의 발견과 최초로 완전한 정의를 내린 복소수 등은 그가 죽은 후, 그의 유고에서 발견되었다고 한다. 그의 증명은 이전의 뉴튼, 오일러 시대의 수학과 그 이후의 수학을 수학 사상적으로 구분하게 되었다. 복소수란 말도 그에게서 비롯된 것으로, 자기 유도의 단위인 '가우스'란 말도 그의 이름에서 딴 것이다.

[오일러 (1707 - 1783) : 스위스의 수학자]

바젤 대학의 베르누이 밑에서 수학과 물리학을 배웠다. 수학의 천재인 그는, 천문의 계산을 자기가 생각해 낸 방법으로 하였다. 그 후, 병으로 장님이 되었으나 죽기까지 연구를 그치지 않았으며, 그 무렵의 연구로 오일러가 관계하지 않은 것이 하나도 없었다고 한다. 삼각 함수의 기호 사인(Sin), 코사인(Cos), 탄젠트(Tan)와 허수의 기호 i, 자연대수의 밑수 e를 처음으로 쓰기 시작한 사람이다.

[위이너 (1894 - 1964) : 미국의 수학자]
하버드 대학을 졸업한 후, 1934년에 매사추세츠 공과 대학(M.I.T) 교수가 되었다. 신경 생리학에도 중요한 업적을 남겼는데, 1948년 사람의 신경의 움직임을 기호로 나타내어, 이것을 '사이버네틱스 (전자 두뇌학)' 라고 이름 지었다. 이 전자 두뇌는 인간이 생각하는 바를 모두 기호로 만들어 기계에 장착하면, 기계가 인간의 생각을 대신하는 것이다. 제 2차 대전 때 이것을 곡사포에 장치하여 자동적으로 포를 쏘게 해, 세계를 놀라게 하였다. 전자 계산기, 번역기계, 오토메이션 등에도 이용되는 근대 과학에 있어서 매우 중요한 것이다.

문제 15

p.265

정답 및 해설　답 화요일

해설 365 ÷ 7 = 52 ··· 1 이다. 즉, 같은 날짜의 365일 후는 52주가 지나고, 1일 후가 되므로 화요일이 된다.

문제 16

p.266

예시

[승용차를 이용한 경우] 거리 = 시간 × 속력이다. 집에서 면접 고사장까지 1시간이 걸렸고, 우리나라 도심 도로 대부분의 제한 속력은 60km/h 이므로, 타고 온 자동차의 평균 속력을 50km/h 이라고 한다면, 집에서 여기까지의 거리는 50km 라고 추정할 수 있다.
[지하철을 이용한 경우] 일반적인 걸음의 속력은 약 1m/s 이다.
지하철역까지 10분을 걸어서 이동 → 일반적인 걸음의 속력은 약 1m/s 이므로, 10분 동안 600m 이동
지하철로 10개 정류장을 20분 동안 이동 → 지하철은 평균 시속 70 ~ 80km 이므로, 약 75km/h 로 가정하면, 지하철로 약 25km 이동
지하철역에서 5분을 걸어서 면접장 도착 → 5분 동안 300m 이동
따라서 집에서 여기까지의 거리는 25,000m + 600m + 300m = 25,900m 라고 추정할 수 있다.

문제 17

p.266

예시

한 변의 길이가 1인 정사각형의 넓이를 1이라 가정하면, 가로의 길이가 A, 세로의 길이가 B인 직사각형에는 넓이가 1인 정사각형이 총 A × B 개 있으므로 그 직사각형의 넓이는 1×(A × B) = A × B = 가로 × 세로가 된다.

문제 18

p.266

예시

① 운동장이 원형에 가까운 모양이라면, 길이를 알고 있는 물체로 운동장의 대각선 길이를 측정한다. 원의 넓이(면적) = 반지름 × 반지름 × 원주율(3.14) 이므로, 측정한 길이의 절반을 공식에 대입하면 구할 수 있다.
② 운동장이 사각형 모양이라면, 1m^2 의 판자를 만든 후, 이 판자를 운동장에 모두 채워본다. (채워지는 수)m^2 가 운동장의 면적이다.
③ 운동장의 사각형 모양이라면, 나의 달리기 평균 속력(또는 걸음의 속력)을 구한 후, 가로, 세로 방향으로 각각 달리기 기록을 측정한다. 이를 거리 = 시간 × 속력에 각각 대입한 후 구해진 가로와 세로 길이를 곱하면 운동장의 면적이다.

문제 19 p.266

예시 ① 입장권의 판매 수를 알아본다.
② 사람들이 모여있는 곳의 사진을 찍은 후 사진 위에 조그만 가상의 4각형을 그려놓고 4각형 안의 사람 수를 일일이 센 후 사진의 전체 면적 안에 가상의 4각형 개수를 구하여 4각형 안에 있는 실제 사람 수로 곱하여 계산한다. 예를 들어서 사진 안에 같은 크기의 가상의 4각형이 100개가 나오고 1개의 가상의 4각형 안에 100명이 나온다면 거기에 모인 사람은 10,000명이라고 계산하는 것이다.
③ 월드컵 경기장의 설계도를 구한다. 설계도상 각 구역별 들어간 의자의 수를 센 후, 나누어진 구역의 수를 곱하여 계산한다.
④ 월드컵 경기장을 설계한 사람에게 수용 가능 인원을 물어본다.
⑤ 모든 관중에게 소리를 지르게 한 후 데시벨을 측정한다. 이를 한 사람의 데시벨과 비교하여 전체 인원수를 어림한다.

문제 20 p.267

정답 및 해설 답 각 상자에 1 ~ 20까지 번호를 매긴 후, 각 상자에서 각 번호만큼의 개수의 금반지를 꺼낸 후 모두 저울에 올린다.

해설 [1단계] 각 상자에 1 ~ 20까지 번호를 매긴 후, 각 상자에서 각 번호만큼의 개수의 금반지를 꺼낸다.
[2단계] 꺼낸 금반지를 모두 저울에 올린다.
[3단계] 모두 진짜 금반지일 경우(모두 10g) 총 무게는 2100g 이 된다. 만약 총 무게가 1g 이 부족한 2099g 이라면, 1개가 가짜 금반지가 되므로, 1번 상자의 금반지가 가짜가 된다. 즉, 총 무게인 2100g 과 측정한 무게와의 차이만큼이 가짜 금반지가 들어있는 상자 번호가 된다.
예) 꺼낸 금반지의 총 무게가 2082g 이면 18g 이 부족하므로 18번 상자가 가짜 금반지가 들어있는 상자가 된다.

문제 21 p.267

정답 및 해설 A는 정답을 맞힌 개수가 가장 적은 1개이므로 A가 각 문항을 맞혔을 경우를 가정해본다.
- A가 1번을 맞혔다면, 각 번호의 정답은 1번 - X, 2번 - X, 3번 - X, 4번 - O, 5번 -X 가 된다.
이때 B는 정답을 맞힌 개수가 2개가 되므로, 주어진 맞힌 개수 4개와 맞지 않으므로 옳지 않다.
- A가 2번을 맞혔다면, 각 번호의 정답은 1번 - O, 2번 - O, 3번 - X, 4번 - O, 5번 -X 가 된다.
이때 B는 정답을 맞힌 개수가 4개가 되고, C가 정답을 맞힌 개수가 4개가 되므로, C가 맞힌 개수 2개와 맞지 않으므로 옳지 않다.
- A가 3번을 맞혔다면, 각 번호의 정답은 1번 - O, 2번 - X, 3번 - O, 4번 - O, 5번 -X 가 된다.
이때 B는 정답을 맞힌 개수가 4개가 되고, C가 정답을 맞힌 개수가 2개가 되므로, 주어진 조건을 모두 만족한다. 따라서 이 테스트의 각 문항의 정답은 다음과 같다.

	1번	2번	3번	4번	5번
정답	O	X	O	O	X

문제 22 p.268

정답 및 해설 답 (1) 5559/ 5595/ 5955/ 9555/ 9995/ 9959/ 9599/ 5999/ 5599/ 5959/ 5995/ 9955/ 9595/ 9559
(2) 11

해설 지문 자국이 5와 9에만 나타났고, 비밀 번호가 4자리 숫자로 되어 있으므로, 비밀 번호는 5가 1개, 9가 3개로 이루어진 경우, 5가 2개, 9가 2개로 이루어진 경우, 5가 3개, 9가 1개인 경우가 가능하다.

5가 1개, 9가 3개로 이루어진 경우 : 5999/ 9599/ 9959/ 9995

5가 2개, 9가 2개로 이루어진 경우 : 5599/ 5959/ 5995/ 9955/ 9595/ 9559

5가 3개, 9가 1개인 경우 : 5559/ 5595/ 5955/ 9555

(2) 처음 1번칸의 도형(노란색)은 반시계 방향으로 1칸씩 이동하고, 처음 4번칸의 도형(빨간색)은 반시계 방향으로 2칸씩 이동한다. 따라서 도형 5에서 색칠된 칸은 5, 6 이므로, 색칠된 칸의 숫자를 더한 값 = 5 + 6 = 11 이다.

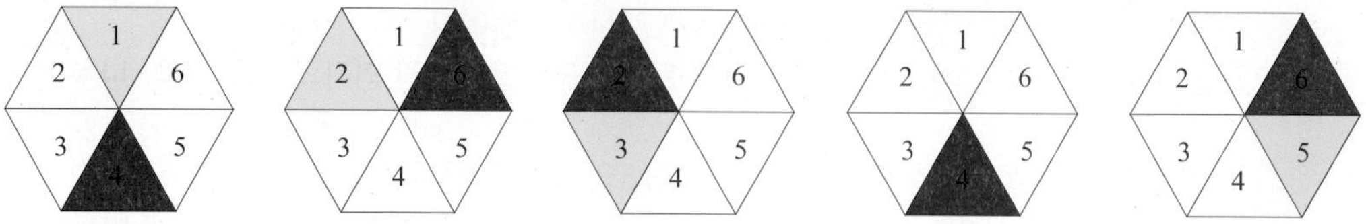

도형 1 도형 2 도형 3 도형 4 도형 5

문제 23 p.269

정답 및 해설

답 (1) 10cm

(2)

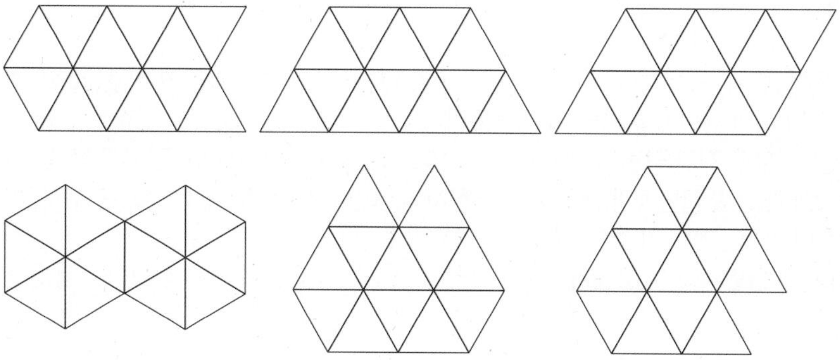

해설 (1), (2)을 동시에 푸는 문제이다. 2면이 맞닿아 있는 정삼각형이 10개인 경우 둘레의 길이가 최소인 10cm가 된다.

문제 24 p.270

정답 및 해설

답

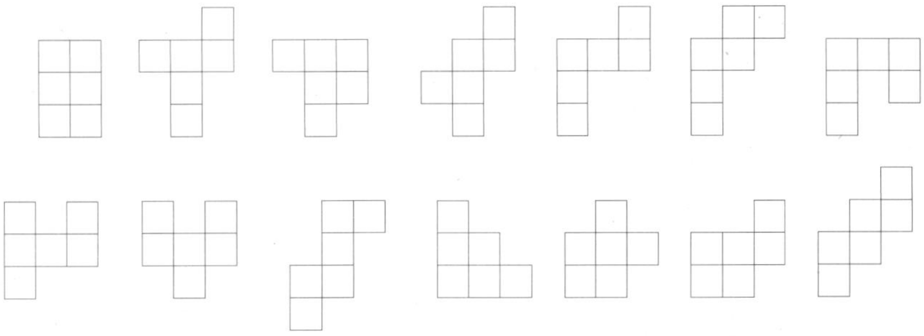

문제 25 p.271

정답 및 해설

답

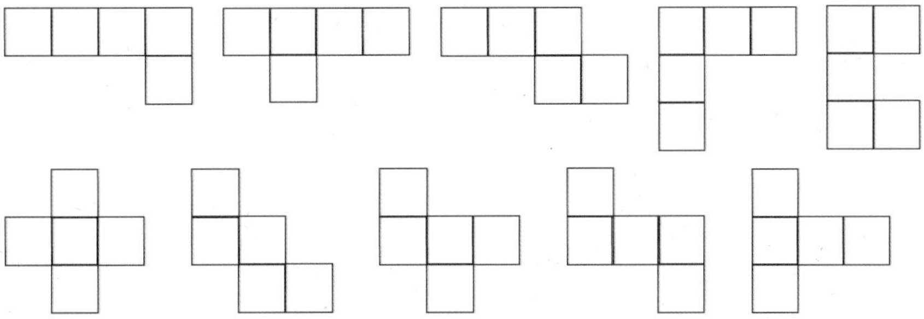

문제 26 p.272

정답 및 해설

답

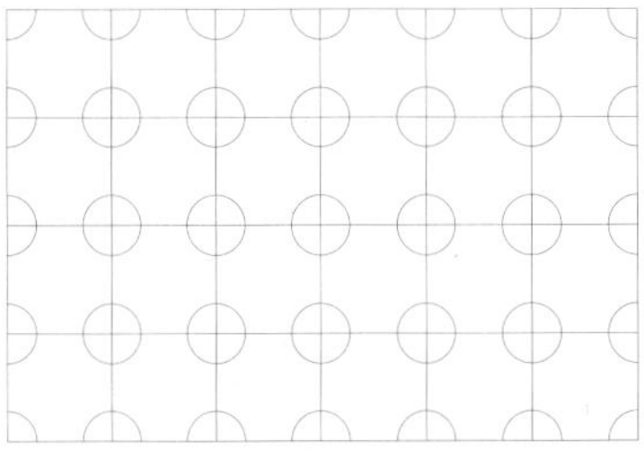

해설 24개의 정사각형 타일을 가로로 6줄, 세로로 4줄 또는 가로로 4줄, 세로로 6줄로 배열하면 15개의 원이 만들어진다.

문제 27 p.273

정답 및 해설

답 ① 맨 왼쪽 대각선 방향과 맨 오른쪽 세로 방향으로는 1이 반복된다.
= 직각 삼각형의 빗변에 있는 수들과 오른쪽 1열의 수는 모두 1이다.
② 맨 왼쪽에서 두번째 대각선 방향과 맨 오른쪽에서 두번째 세로 방향으로는 아래로 갈수록 1씩 증가한다.
= 맨 왼쪽에서 두번째 대각선 방향과 오른쪽 2열의 수들은 1씩 커지는 자연수의 나열과 같다.
③ 오른쪽에서 3열의 수들은 각각 2, 3, 4, 5 … 씩 커진다.
④ 오른쪽에서 4열의 수들은 위아래 맞닿아있는 숫자들의 크기 차이가 3, 4, 5, 6 … 씩 커진다.
⑤ ②① / ③ 그림과 같이 배열되어 있는 숫자들은 ① + ② = ③을 만족한다.
⑥ 각 가로줄의 합이 1, 2, 4, 8, 16, … 로 2배씩 커진다.
⑦ 짝수번 행은 서로 대칭 형태이다.

해설 ③

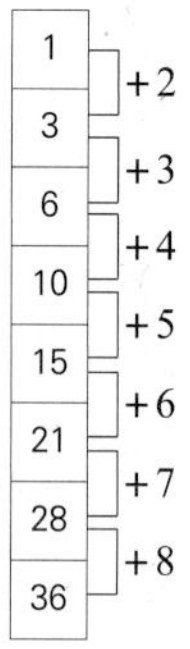

④

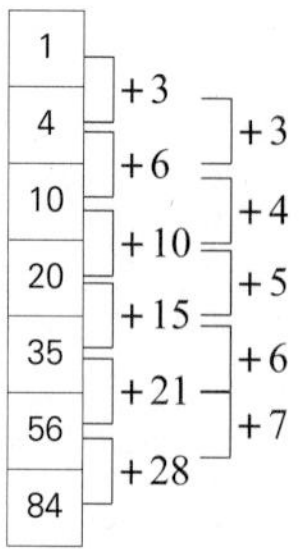

⑥

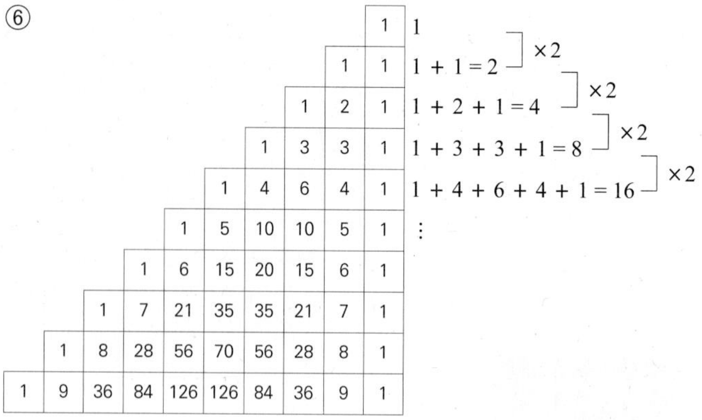

문제 28 p.273

정답 및 해설

답 $\frac{2}{11}=\frac{1}{6}+\frac{1}{66}$, $\frac{2}{17}=\frac{1}{9}+\frac{1}{153}$

해설

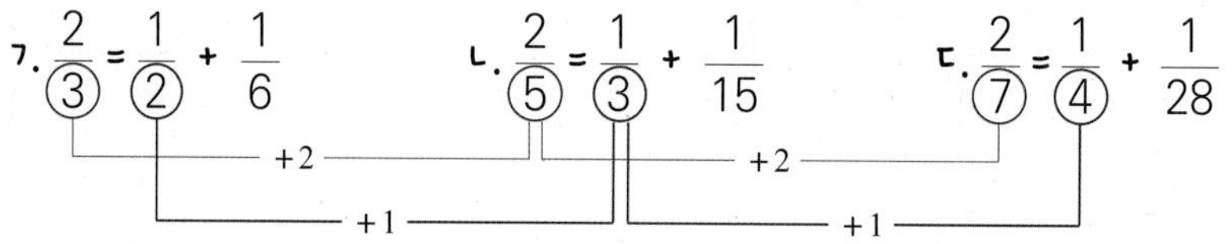

$3 \times 2 = 6$, ㄴ. $5 \times 3 = 15$, ㄷ. $7 \times 4 = 28$ 의 규칙이 성립한다.

$\therefore\ \frac{2}{9}=\frac{1}{5}+\frac{1}{45}$, $\underline{\frac{2}{11}=\frac{1}{6}+\frac{1}{66}}$, $\frac{2}{13}=\frac{1}{7}+\frac{1}{91}$, $\frac{2}{15}=\frac{1}{8}+\frac{1}{120}$, $\underline{\frac{2}{17}=\frac{1}{9}+\frac{1}{153}}$

문제 29 p.274

정답 및 해설

답 5, 8, 14.

해설 도서관의 수는 최소로 짓고, 각각의 건물에서 도서관에 갈 때 한 개의 선만 이용할 수 있으므로 지도의 동그라미에 연결된 선이 4개 이상인 곳이 도서관을 짓기 적합한 곳이다. 따라서 5, 8, 14번이 되며, 각 도서관을 이용하는 건물은 다음과 같다.

5번 도서관을 이용하는 건물 : 1, 4, 6, 10

8번 도서관을 이용하는 건물 : 2, 3, 7, 9

14번 도서관을 이용하는 건물 : 11, 12, 13, 15, 16

문제 30 p.275

정답 및 해설

답

나눗셈식	나눗셈식	나눗셈식	나눗셈식
$30 \div 15 = 2$	$96 \div 48 = 2$	$52 \div 13 = 4$	$90 \div 18 = 5$
$68 \div 34 = 2$	$48 \div 16 = 3$	$60 \div 15 = 4$	$78 \div 13 = 6$
$70 \div 35 = 2$	$54 \div 18 = 3$	$68 \div 17 = 4$	$90 \div 15 = 6$
$76 \div 38 = 2$	$57 \div 19 = 3$	$72 \div 18 = 4$	$84 \div 12 = 7$
$78 \div 39 = 2$	$78 \div 26 = 3$	$76 \div 19 = 4$	$98 \div 14 = 7$
$86 \div 43 = 2$	$81 \div 27 = 3$	$60 \div 12 = 5$	$96 \div 12 = 8$
$90 \div 45 = 2$	$87 \div 29 = 3$	$70 \div 14 = 5$	

문제 31 p.276

정답 및 해설

답 (1)

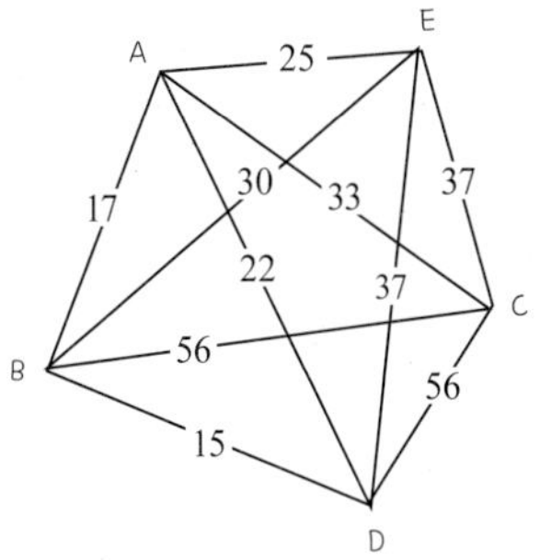

(2) 여행 경로 : C - E - A - B - D 또는 D - B - A - E - C
걸리는 시간 : 94분

해설 (2) 각 도시는 한 번씩만 방문해야 하므로, 오각형의 테두리를 따라 방문하거나 별을 그리는 순서대로 방문하는 경우가 있다. 이때 각 도시 간 이동 시간이 가장 긴 경우(56분)의 두 도시를 출발 도시/ 도착 도시로 정하면, 최단 시간으로 만들 수 있다.

- 오각형의 테두리를 따라 방문하는 경우 : C - D 도시 간 이동 시간이 56분으로 가장 기므로, C에서 출발하여 시계 반대 방향으로 이동하여 D 도시로 마무리하는 경우가 된다. 즉 C - E - A - B - D 또는 D - B - A - E - C 이고, 이때 걸리는 시간은 37 + 25 + 17 + 15 = 94분 또는 15 + 17 + 25 + 37 = 94분이 된다.
- 별을 그리는 순서대로 방문하는 경우 : B - C 도시간 이동 시간이 56분으로 가장 기므로 B - E - D - A - C 또는 C - A - D - B - A 이고, 이때 걸리는 시간은 30 + 37 + 22 + 33 = 122분 또는 33 + 22 + 37 + 30 = 122분이 된다. → 오각형의 테두리를 따라 방문하는 경우 모든 도시를 방문하고, 최단 시간이 걸린다.

문제 32 p.277

정답 및 해설

답

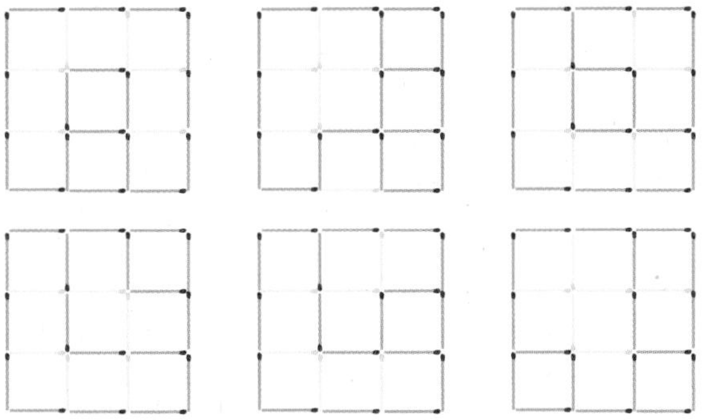

해설

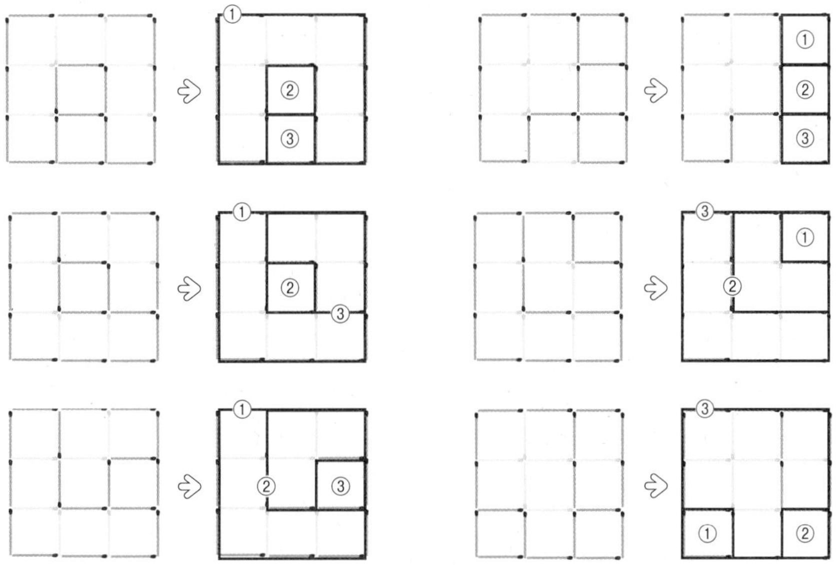

문제 33 p.278

예시

① 과학이란 우주에서 일어나는 모든 자연 현상을 연구하고 탐구하는 학문으로 실생활에서 사용되는 모든 도구나 옷, 그리고 기계까지 과학이 들어가 있다. 이러한 과학을 배우게 되면 창의력, 탐구력과 함께 문제를 과학적으로 해결해가는 것을 통해 문제 해결력도 향상되고, 비논리적 이론에 대한 오류도 잡아낼 수 있게 되므로 과학을 배워야 한다.

② 과학이란 자연의 법칙이나 진리를 탐구하는 학문으로 세상을 이해하기 위한 수단입니다. 과학 공부를 하면서 '왜 그럴까?', '어떻게 해서 나온 걸까?' 라는 호기심을 가지고 해결해 나가는 과정에서 다른 과목에서 얻지 못했던 창의력, 사고력도 계발할 수 있고, 과학적으로 문제를 해결해 나가는 능력을 배울 수 있게 되므로 과학을 배워야 한다.

문제 34 p.278

예시

① 면접실로 들어오기 전 자동문을 통과하였다. 자동문은 사람이 통과하면 빛센서(광센서)로 사람을 감지하여 문을 열어준다. 빛센서는 빛의 양이 변화하는 것을 민감하게 감지해 낸다. 문 앞에 서 있는 사람에 의해 빛이 차단되면 빛의 양이 그만큼 줄어들기 때문에 광센서가 이를 감지하게 된다. 이것은 빛이 직진하여 물체를 투과하거나 물체에 부딪쳐 반사하는 성질을 이용한 것이다.

② 면접실에 올라올 때 엘리베이터를 이용하였다. 엘리베이터는 고정 도르래를 이용한 기구이다. 엘리베이터가 운행하는 길의 가장 위에는 고정 도르래가 있으며 이 고정 도르래에 두꺼운 쇠줄(로프)이 연결돼 있다. 이 쇠줄의 한쪽 끝에는 사람이나 화물이 탈 수 있는 카(car)가 연결되어 있으며, 전동기가 쇠줄을 풀었다 감았다 하면서 카를 움직이는 것이다.

③ 면접을 보기 전 자동판매기에서 캔 음료를 뽑아서 마셨다. 자동판매기 안에 들어있는 전자식 동전 검사기는 두 가지 과정을 거친다. 첫 번째 과정은 동전에 전류를 흘려 일정한 크기의 전류가 흐르는지를 알아본다. 금속 함유량에 따라 전류의 크기가 다르므로 가짜 동전을 가려내고 가려진 동전은 제거기를 통해 다시 내보낸다. 두 번째 과정은 첫 번째 과정을 통과한 후 다시 자석과 광센서를 이용해 동전의 종류를 검사한다. 동전은 자석의 양극 사이를 통과하면서 속도가 느려지고, 이어 발광 다이오드가 배열된 공간을 지나게 된다. 이때 동전의 종류마다 크기와 지나가는 속도가 다르므로 동전의 종류를 식별할 수 있다.

문제 35 p.278

Tip

지금까지 해 본 실험이나 실험과 관련된 탐구 내용을 요약본 형태로 정리해 놓으면, 자기소개서를 쓸 때 도움이 될 뿐만 아니라 이러한 형태의 질문에 대해 대답을 하기가 쉽다.

문제 36 p.278

예시

① 나는 장경판전이 과학적으로 우수한 문화재라고 생각한다. 고려 시대에 만들어진 8만여 장의 대장경판을 보관하고 있는 건물인 장경판전은 자연의 조건을 이용하여 설계한 구조 덕에 나무로 된 대장경판을 지금까지 잘 보존할 수 있었다. 지금의 기술로도 보관 기술을 따라가기 어렵다고 하는 만큼 과학적으로 우수한 문화재이다.

② 나는 장영실이 만든 자격루가 과학적으로 우수한 문화재라고 생각한다. 물시계인 자격루는 일정하게 흐르는 물의 힘을 이용하여 스스로 종을 치게 하여 자동으로 시각을 알려주었다. 오늘날 기술과 비교해도 손색이 없을 정도로 매우 정밀한 장치이다. 또한 해가 뜨지 않는 흐린 날이나 비 오는 날 뿐만 아니라 밤중에도 시간을 측정할 수 있도록 제작하였다는 점에서 과학적으로 우수한 문화재이다.

③ 나는 조선 시대에 만들어진 해시계 앙부일구가 과학적으로 우수한 문화재라고 생각한다. 앙부일구는 시간과 절기를 동시에 알려줄 뿐만 아니라 글을 모르는 백성들을 위해 12지신 그림으로 그려서 시간을 알게 해준 점에서 우수한 문화재라고 생각한다.

문제 37 p.278

예시

① 지구나 우주선과 연락을 할 수 있는 통신 장치가 있는 우주복
② 산소 공급을 해줄 수 있는 우주복
③ 지구보다 중력이 작은 달 위에서 몸이 뜨는 것을 방지할 수 있는 우주복
④ 태양의 강한 자외선과 우주 방사선을 차단할 수 있는 우주복
⑤ 체온을 일정하게 유지해 줄 수 있는 우주복
⑦ 음식이나 물의 섭취가 가능한 우주복
⑧ 몸에서 나오는 노폐물을 잘 배출할 수 있는 우주복 등

해설 달의 환경을 고려하면 어떤 기능이 필요할 지 예상이 가능하다.

1. 달은 지름이 지구의 $\frac{1}{4}$ 정도로 크기가 작고, 중력도 지구보다 작다.
2. 달의 중력은 지구의 $\frac{1}{6}$ 에 불과해서, 지구에서 무게가 60kg중인 사람이 달에 가면 10kg중 밖에 되지 않는다. 중력에 의한 가속도가 작아서, 지구에서는 물체가 땅으로 떨어질 때 1초마다 9.8m씩 속도가 빨라지지만 달에서는 1초마다 약 1.6m씩 빨라진다.
3. 달은 중력이 작으므로 대기를 이루는 기체 분자를 달이 붙잡지 못하여 대기가 없다. 그래서 달에서는 소리도 들리지 않고, 바람도 불지 않는다.
4. 달은 지구보다 온도 변화가 크다. 우리가 살고 있는 지구는 대기로 둘러싸여 있어서 대기가 없을 때보다 온도가 일정하게 유지되어 밤이나 낮의 기온 차이가 크지 않다. 반면에 달에는 대기가 없으므로 온도가 유지되기가 어렵다(달의 낮 기온은 영상 130℃ 까지 올라가고, 밤 기온은 영하 170℃까지 낮아진다.).

문제 38 p.279

예시

봄 - 사자자리, 여름 - 백조자리, 가을 - 페가수스자리, 겨울 - 오리온자리

해설 우리나라에서는 국제천문연맹에서 정한 표준 별자리 중 67개의 별자리를 볼 수 있다. 남반구에 위치하여 완전히 볼 수 없는 별자리는 9개이다. 우리나라에서 계절마다 밤 9시 무렵에 남쪽 하늘에서 볼 수 있는 별자리는 다음과 같다.

① 봄 : 사자자리, 처녀자리, 목동자리, 까마귀자리 - 사자자리의 데네볼라, 처녀자리의 스피카, 목동자리의 아크트루스가 대삼각형을 이룬다.
② 여름 : 백조자리, 거문고자리, 독수리자리, 허클리스자리, 북쪽왕관자리, 전갈자리, 궁수자리, 별주인자리 - 백조자리의 데네브, 거문고자리의 직녀성, 독수리자리의 견우성이 대삼각형을 이룬다.
③ 가을 : 카시오페이아자리, 세페우스자리, 안드로메다자리, 페가수스자리, 양자리, 물병자리, 물고기자리, 고래자리, 남쪽물고기자리 - 페가수스자리의 사각형 주변에서 별자리를 관측할 수 있다.
④ 겨울 : 마차부자리, 황소자리, 쌍둥이자리, 오리온자리, 작은개자리, 큰개자리 - 오리온자리의 베텔게우스, 작은개자리의 프로키온, 큰개자리의 시리우스가 대삼각형을 이룬다.

문제 39 p.279

예시

(예시 1) 벌집의 형태가 육각형일 경우 원형이나 다른 모양일 때보다 외부 압력에도 쉽게 무너지지 않기 때문에 안정적인 구조가 되어 동시에 많은 양의 꿀을 저장하더라도 쉽게 무너지지 않는다.
(예시 2) 벌의 몸은 애벌레, 번데기 시절 모두 원통형에 가깝다. 이때 원통형으로 집을 만들게 되면 공간의 낭비가 생기게 된다. 하지만 원형에 가장 가까운 육각형 모양의 집을 만들게 되면 공간의 낭비가 없는 튼튼한 집이 될 수 있는 장점이 있다.

해설 수학적으로는 둘레가 일정할 때 넓이가 최대인 도형은 원이다. 그러나 원으로는 여러 개를 이어 붙여도 틈새가 생기기 때문에 평면을 덮을 수가 없다. 정다각형 중에서도 오직 정삼각형, 정사각형, 정육각형만이 평면을 덮을 수 있다. 그러나 정삼각형은 같은 크기의 공간을 만드는데 정육각형에 비해 재료가 많고, 정사각형은 정육각형에 비해 구조가 튼튼하지 못하다. 따라서 최소의 재료로 가장 튼튼한 최적의 공간을 만들려면 정육각형이 가장 적합하다고 할 수 있다.
벌집의 육각형 구조는 벌이 만든 것이 아니라 물리적 힘에 의해 만들어진다는 사실이 연구 결과 밝혀졌다. 영국 카디프대 부샨 카리할루가 박사팀은 벌집의 육각형 구조가 표면장력에 의해 만들어진다는 사실을 밝혀내 네이처지 2013년 7월 17일 온라인판에 발표했다. 연구팀은 벌이 만들고 있는 벌집에 연기를 불어 넣어 벌들을 내쫒은 뒤 내부 구조를 관찰해본 결과 갓 만들어진 공간은 원형 모양이라는 사실을 발견한 반면 만들어진 지 며칠이 지난 공간은 육각형의 모양을 띠고 있는 것으로 나타났다. 즉, 원형이었던 공간이 며칠 만에 육각형으로 변한 것에 대해 연구진은 '표면장력' 때문이라고 설명하였다. 일단 벌들이 원형 모양의 벌집을 만들고 나면 체온을 이용해 밀랍을 가열시키고, 밀랍의 온도가 45℃에 이르면 말랑말랑한 상태가 되는데, 이때 다른 공간의 면 3개가 맞닿아 있는 부분에서 표면장력이 작용하면서 육각형 모양으로 변한다는 것이다. 실제로 연구진은 이 현상을 확인하기 위해 플라스틱 빨대를 이용해 실험하였다. 플라스틱 빨대를 벌집 모양처럼 한데 모아 열을 가한 뒤, 사방에서 압력을 주었을 때, 원형이었던 플라스틱 빨대가 육각형 모양으로 변한다는 사실을 확인하였다.

문제 40 p.279

예시 물방울은 표면적을 가장 작게 유지하려는 표면장력이라는 힘이 작용하기 때문에 둥근 모양이 된다

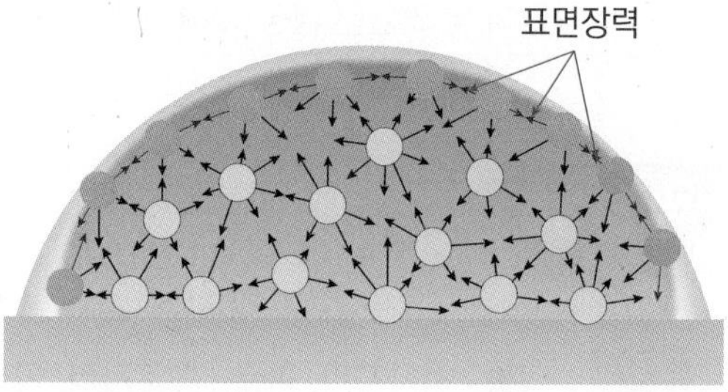

해설 액체는 표면적을 될 수 있으면 작게 하려는 성질을 갖는데, 이러한 성질을 표면장력이라고 한다. 액체가 표면장력을 갖는 이유는 분자 간 인력 때문이다. 액체 내부의 분자들은 주위를 둘러싼 분자들에 의해 모든 방향으로부터 인력을 받는다. 그러나 액체 표면에 있는 분자들은 위쪽 방향에는 인력이 작용하지 않으므로 물속으로 끌어 당겨진다. 그래서 액체 표면에 있는 분자 수를 최대한 줄여 표면적을 줄이려는 성질이 나타나서 표면장력이 생기는 것이다.
둥근 모양을 이루는 이유는 둥근 모양이 가장 표면적이 작기 때문이다. 같은 부피(16.38cm^3)일 때 표면적은 각각 사면체 46.5cm^2, 육면체 38.7cm^2, 팔면체 36.9cm^2, 십이면체 34.2cm^2, 구 31.2cm^{2}이다. 이러한 표면장력은 분자 간 인력(분자들끼리 서로 끌어당기는 힘)이 클수록 커지는데, 물은 다른 분자에 비해 분자 간 인력이 큰 편이므로 표면장력이 강하다.
물이 분자 간 인력이 큰 이유는 수소결합 때문이다. 수소결합이란 플루오르, 산소, 질소와 같이 공유전자쌍을 끌어당기는 힘이 큰 원자와 수소가 결합한 극성 분자 사이에 작용하는 강한 분자 간 인력이다. 물은 분자 사이에 수소결합을 형성하기 때문에 분자 간 인력이 매우 큰 것이다.

문제 41 p.279

예시 달이 공전 주기와 같은 주기로 자전을 하므로 같은 쪽 면이 항상 지구 쪽을 향하게 되므로 항상 달의 같은 면만 보게 되는 것이다.

해설 달의 공전 주기와 달의 자전 주기는 27.3일로 같다. 따라서 한 쪽 면만 지구를 향하게 된다.

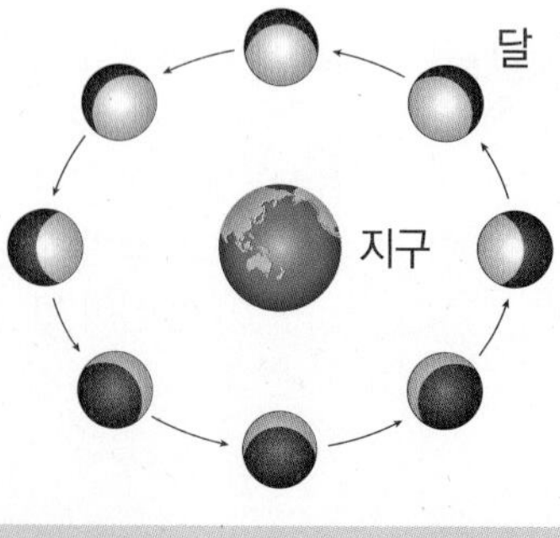

문제 42 p.279

예시 200℃의 물은 존재할 수 있다고 생각합니다. 산에 올라갈수록 기압이 낮아져 끓는점이 낮아지기 때문에 밥은 설익게 됩니다. 이와 반대로 기압이 증가하면 끓는점은 높아집니다. 따라서 물리적 힘을 이용하여 기압을 매우 높이게 되면 물의 끓는점이 200℃ 보다 높아질 수 있습니다. 물의 끓는점이 200℃ 보다 높게 되면 200℃ 이하에서 물은 액체 상태가 되므로, 200℃의 물은 존재할 수 있다고 생각합니다.

문제 43 p.280

정답 및 해설 답 ① 가스 밸브를 잠그는 것은 사전에 화재를 예방하기 위해서이다.
② 전기 공급이 끊기거나 어두운 곳에 고립될 위험에 대비하여 손전등을 휴대한다.
③ 탁자 혹은 책상 밑으로 들어가면 떨어지는 물건에 보호받을 수 있다.
④ 엘리베이터는 추락의 위험도 있고, 내부에 고립될 수 있으므로 될 수 있으면 비상 계단을 이용하여 대피한다.

해설 ① 지진 발생 시 직접적인 피해는 화재로 인한 것이 많다. 큰 지진이 발생할 경우 소방차가 빠르게 출동하기가 어려우므로 사소한 화재라도 초기에 소화하는 것이 중요하다. 가스 밸브를 잠그는 것은 사전에 화재를 예방하기 위한 방법이다.
② 건물이 무너지거나 부서졌을 때 전기 공급이 끊기면 주변이 깜깜하여 앞이 안 보여 넘어지거나 추락할 위험이 존재하므로 손전등을 휴대해야 한다.
③ 지진으로 건물이 흔들리면 물체가 떨어지게 되므로 이로 인해 다칠 수 있다. 따라서 지진으로 흔들리는 동안은 탁자 혹은 책상과 같이 떨어지는 물건에 보호받을 수 있는 곳으로 들어가 있어야 하며 탁자 다리를 꼭 잡고 흔들림이 멈추면 밖으로 대피한다.
④ 건물 내에서 고립되어 이동할 때에는 계단을 이용하는 것이 좋다. 엘리베이터는 추락의 위험도 있고, 작동이 멈추면 내부에 갇혀 고립될 가능성이 있다. 만약 지진 발생 시 엘리베이터 안에 있다면 모든 층을 눌러 제일 먼저 열리는 곳에서 내린다.
기타 안전 수칙으로는 건물에서 나온 후에는 떨어지는 물건에 주의하며 신속하게 운동장이나 공원 등 넓은 곳으로 대피한다. 대피할 때 차량을 이용하면 더욱 위험할 수 있으므로 걸어서 대피한다.
대피 장소에 도착한 후에는 라디오나 공공기관의 안내 방송을 잘 경청하고 올바른 정보에 따라 행동한다.

문제 44 p.281

정답 및 해설 답 ②번 위치에서 밀어야 역전할 수 있다. [이유] 해설 참조

해설 ②번 위치에서 스톤을 밀면 7m 이동한 순간 앞에 놓여있던 우리나라 스톤에 부딪친다. 이때 조건 ㄱ, ㄴ에 의해 스톤의 속도는 1m 마다 초당 1m 속도가 감소하므로 부딪치는 순간 스톤의 속력은 10m/초 - 7m/초 = 3m/초 가 된다.
조건 ㄷ에 의해 ②번 위치에서 출발한 스톤은 정지해있던 스톤과 부딪친 후 1.5m 속력으로 진행하게 되고, 이때 스톤의 속도도 1m 마다 초당 1m 속도가 감소하므로 1.5m 이동한 후 중심에서 1.5m 떨어진 곳에 정지한다.
또한 조건 ㄹ에 의해 정지해있던 우리나라 스톤도 마찬가지로 초당 1.5m 의 속력으로 진행하게 되고, 이때 스톤의 속도도 1m 마다 초당 1m 속도가 감소하므로 중심에서 1.5m 이동한 후, 50cm 떨어진 곳에 정지하게 된다.
따라서 우리나라 스톤 2개가 상대팀 스톤보다 안쪽에 2개가 있게 되므로 역전할 수 있다.

문제 45 p.282

정답 및 해설

답 (예시) 황토를 이용하여 일정한 크기의 온돌방을 만든 후, 한쪽 벽에 창호지를 이용한 창문을 남쪽 방향으로 뚫어준다. 이때 아궁이에 불을 때워 온도가 낮아지지 않도록 하며, 아랫목(방에서 가장 뜨거운 바닥)에 물을 받아두어 일정한 습도가 유지되도록 한다.

해설 조선 시대인 1450년경에 쓴 우리나라의 가장 오래된 농사에 관한 책이자 요리책인 '산가요록'을 보면 '겨울철 채소 기르기'라는 부분에 온실 설계법과 온실에서 식물을 기르는 방법이 자세하게 나와 있다. 이전까지는 세계 최초의 난방 온실로 알려진 1619년 독일의 난로보다 무려 170년이나 앞서 만들어진 것이다.

당시 온실 건축에 관한 기록에 따르면 남쪽을 제외한 삼면을 진흙과 볏짚으로 쌓은 흙벽돌로 벽을 쌓고, 바닥은 구들로 만들고 그 위에 30센티미터 정도의 배양토를 깔았으며 45°로 경사진 남쪽 면은 창살에 기름 먹인 한지(韓紙)를 붙여 막았다. 조선이 유럽보다 최소한 170년 이상 앞서서 우수한 온실을 가질 수 있었던 데는 무엇보다도 '한지'의 역할이 컸다. 책 종이와 창호지로 쓰이는 한지에 들기름을 먹여서 채광창으로 이용한 것이다.

유리나 비닐 온실에서는 실내외의 온도 차에 따라 찬 이슬이 맺히고, 이들이 오전의 햇볕을 차단하여 실내 온도를 낮추고 식물의 광합성을 방해할 뿐만 아니라, 작물에 그대로 떨어져서 큰 해를 미치게 된다. 하지만 한지 온실에는 이슬이 맺히지 않는다. 들기름은 종이 섬유 사이의 빈 공간을 채워 한지가 방수성을 갖게 한다. 그런데 빗방울과 같이 큰 액체 입자들은 기름 때문에 종이 섬유 사이의 공간을 통해 온실 안으로 들어올 수 없지만 들기름이 종이 섬유 사이의 공간을 완전히 메우는 것이 아니어서 작은 수증기 입자들은 한지를 통해 바깥으로 배출되기 때문이다.

또한 온실의 역할을 할 수 있으려면 빛의 투과성이 좋아야 하는데, 한지는 불투명하지만 기름 먹은 한지는 팽팽하게 얇아지면서 반투명해진다. 한지를 구성하는 종이 섬유와 그 공간을 채우고 있는 공기의 빛 굴절률은 다르다. 굴절률이 다른 두 물질이 함께 섞여 있으면 빛은 산란되어 반사된다. 그러나 기름의 굴절률은 종이 섬유와 비슷하여 산란되는 빛의 양이 적어지므로 빛의 투과성이 높아지는 것이다.

조선시대의 온실에는 온돌이 설치되어 흙의 온도를 25℃로 유지할 수 있었다. 온돌은 아침과 저녁으로 두 시간씩 때었다. 이때 아궁이에 가마솥을 얹고 물을 끓였는데 수증기가 온실 안으로 들어가게 만들어서 온실의 온도를 높이고, 습도를 조절하였다.

문제 46 p.282

정답 및 해설

답 보관 용기, 얼음의 표면적(잘게 부순 얼음, 덩어리 얼음), 바람

해설 통제 변인 : 정확한 실험 결과를 얻기 위해서 몇 가지 조건을 같게 하는 것이다.

조작 변인 : 가설을 검증하는 실험을 설계할 때 서로 다르게 해야 할 조건이다.

종속 변인 : 실험에서 측정하여야 할 값이다. 종속 변인은 통제 변인과 조작 변인에 의해서 달라진다.

① 어떤 보관 용기를 사용할 때 얼음을 오랫동안 보관할 수 있을까? 에 대한 실험을 할 경우 보관 용기를 다르게 해줘야 하며, 그 외에 얼음의 양, 얼음을 보관하는 장소의 온도와 습도는 모두 같아야 한다.

② 얼음을 잘게 부쉈을 때와 얼음을 통째로 두었을 때 중 어느 경우에 얼음을 오랫동안 보관할 수 있을까? 에 대한 실험을 할 경우 같은 양의 얼음의 표면적을 각각 다르게 해줘야 하며, 그 외에 얼음의 양, 얼음을 보관하는 장소의 온도와 습도, 보관 용기는 모두 같아야 한다.

③ 바람이 불 때와 불지 않을 때 중 어느 경우에 얼음을 오랫동안 보관할 수 있을까? 에 대한 실험을 할 경우 바람의 유무를 다르게 해주어야 한다. 그 외에 얼음의 양, 얼음을 보관하는 장소의 온도와 습도, 보관 용기는 모두 같아야 한다.

문제 47 p.283

정답 및 해설

답

예상되는 신체 변화 1	근육이 점점 퇴화되고, 몸집이 커질 것이다.

근거 1	필요한 일을 수행하는 데 있어 기계 의존도가 갈수록 높아지기 때문이다. (집안에서 손가락 하나로 수행할 수 있는 이들이 많아지면서 인간이 몸을 움직여 활동하는 것이 줄어들 것이다.)
근거 2	우주 개척에 따른 인간의 우주 진출이다. 중력이 미약한 우주 공간에선 일상 활동을 하는 데 굳이 힘을 쓸 필요가 없다. 만약 우주가 인간의 새로운 활동공간이 되고, 인간이 우주에서 보내는 시간이 많아진다면 인간의 근육량은 점차 줄어들 수밖에 없을 것이다.
근거 3	문명 발전과 함께 영양 섭취량이 풍부해지므로 몸집은 커질 것이다.

예상되는 신체 변화 2	작아지거나 퇴화되는 신체 부위가 늘어날 것이다.
근거 1	각종 식품들이 점점 씹지 않아도 먹기 좋게 가공돼 나올 것이다. 따라서 큰 치아를 갖고 있을 이유가 없으므로 치아가 작아지고, 인간의 턱 역시 작아질 것이다.
근거 2	다른 발가락은 균형을 잡고 걷는 데 필요하지만, 새끼발가락은 신발 안에서 뭉그러지거나 뾰족 튀어나온 물건에 부딪히는 등 말썽만 일으킨다. 따라서 새끼발가락은 점차 퇴화하여 인간이 네 발가락 동물로 진화할 것이다.
근거 3	기술 발전은 삶을 편리하게 만들지만 인간이 머리 쓸 일은 갈수록 적어지기 때문에 뇌의 크기가 줄어들 것이다.

문제 48 p.284

정답 및 해설

답 [차이] 초식동물의 소화관은 육식동물보다 길이가 더 길고 복잡하다.

[이유] ① 초식동물이 먹는 식물세포를 소화하는 데 오랜 시간이 걸리므로 소화하는 시간이 길고, 그에 따라 장의 길이가 긴 것이다.

② 육식을 하는 동물의 소화관은 고기가 장에서 부패하는 것을 방지하기 위해서 초식 동물보다 길이가 짧다.

③ 초식동물은 영양분이 적은 풀을 먹기 때문에 한 번에 많은 양의 먹이를 먹을 수 있도록 소화관의 길이가 육식 동물보다 길다.

④ 육식 동물은 강한 위산을 이용하여 먹은 육류를 소독하고 분해해 버리므로 바로 소장에서 영양분 흡수가 가능하다. 그러므로 소장이 초식 동물보다 짧게 되어 있다.

해설 초식동물, 특히 반추동물(소, 양, 돼지)등은 육식동물보다 훨씬 긴 길이의 내장을 가지고 있다. 그 이유는 식물 세포는 셀룰로스라는 성분으로 이루어져 있는데, 이것은 동물이 분비하는 소화액으로 분해하기가 어렵기 때문이다. 초식동물들은 내장 속에 셀룰로스를 분해 할 수 있는 원생생물들을 키우고 있다. 이 미생물들은 특수한 효소를 분비하여 셀룰로스를 분해하여 소화를 돕는다. 미생물이 식물의 세포벽을 부수고 그 내용물을 끄집어내게 도움을 주는데, 이때 꽤나 오랜 시간이 걸리기 때문에 소화하는 시간이 길고 그에 따라 장의 길이가 긴 것이다.

더불어, 미처 소화되지 못한 노폐물을 버려야 하는 과정도 필요하므로 미처 소화되지 못한 식물성 노폐물을 버릴 때, 혹시라도 대장에 상처가 생기는 걸 막기 위해, 윤활유를 분비하는 역할을 하는 맹장도 육식동물보다는 훨씬 길어야 하는 것이다.

소를 비롯한 반추동물들이 되새김질하는 이유는 효소와 식물을 잘 섞어서 셀룰로스가 잘 분해되도록 하기 위함이다. 이들은 출산 시에 임신 중인 부모의 혈액이나 자궁에서 미생물을 얻거나, 어미의 배설물을 먹음으로써 미생물을 획득하게 된다. 하지만 육식 동물들은 주식이 고기이기 때문에 이런 미생물이나 특이한 내장의 구조가 필요가 없다. 왜냐하면 동물의 세포는 셀룰로스로 이루어져 있지 않고, 소화액으로 쉽게 분해가 되기 때문이다.

문제 49 p.284

정답 및 해설

답 [실험 설계 1]

① PET 병의 절반 정도 물을 채운 후, 페트병이 잠길 정도로 물이 찬 수조에 거꾸로 넣는다.

② PET 병에 고무관의 한쪽 끝을 넣는다.
③ 고무관을 불어 불어낸 물의 양을 PET 병에 표시하여 폐활량을 비교한다.

[실험 설계 2]
① PET 병의 입구 부분에 풍선을 끼운다.
② PET 병의 입구 근처에 구멍을 뚫은 후 고무관을 연결한다.
③ 고무관을 불어 부풀어진 풍선의 크기를 비교하여 폐활량을 비교한다.

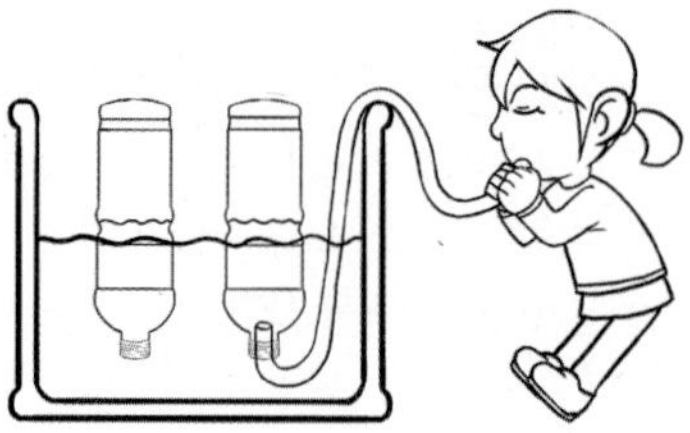

[실험 설계 1]

[실험 설계 2]

문제 50

p.285

정답 및 해설

답 ① 바닷가에서는 낮에는 해풍, 밤에는 육풍이 분다. 햇빛이 비치는 낮에는 육지가 바다보다 먼저 데워지고, 육지 바로 위의 공기도 데워져 위로 올라가고, 이 빈자리를 육지보다 덜 데워진 바다 위의 공기가 채우게 된다. 이렇게 대류에 의해 공기가 크게 움직여 바닷가에서는 낮에는 해풍, 밤에는 육풍이 분다.
② 차가운 방에 난로를 두면 방 전체가 따뜻해진다. (위쪽에 설치된 에어컨을 켜면 방 전체가 시원해진다.)
③ 열기구는 버너로 공기를 가열하여 따뜻해진 공기가 위로 올라가는 성질을 이용한다.
④ 찜기에서 뜨거워진 수증기가 위로 올라와 찐빵이나 옥수수를 익힌다.
⑤ 주전자 아래쪽을 가열하여 물을 끓이면 물이 전체적으로 따뜻해진다.
⑥ 지구의 지각은 맨틀의 대류 운동으로 아주 천천히 움직인다.
⑦ 온수를 틀면 욕탕 전체의 물이 데워진다.

해설 열의 전달 과정은 전도, 복사, 대류로 나눈다. 이 중 '석빙고 내부는 차가운 공기를 가두고 더운 공기는 환풍구를 통해 나오게 하여...' 를 통해 대류 현상이 일어남을 알 수 있다. 대류는 액체나 기체가 부분적으로 가열될 때, 따뜻해진 액체나 기체는 위로 올라가고 상대적으로 차가운 액체나 기체는 아래로 내려오면서 전체적으로 데워지는 현상을 말한다.

문제 51

p.285

정답 및 해설

답 ① 전기난로가 넘어졌을 때 불이 붙지 않도록 자동으로 전원이 꺼지는 안전 장치
② 기기가 지나치게 과열되었을 때 자동으로 전기를 차단하여 전원이 꺼지는 안전 장치
③ 탈 수 있는 물질이 열을 발생시키는 코일 근처 일정한 범위 안에 접근할 경우 자동으로 꺼지거나 전원이 들어오지 않도록 하는 안전 창치
④ 전기 난로를 연결해 주는 전선의 피복이 벗겨져 있거나 플러그가 파손되어 있을 경우 자동으로 전원이 차단되는 안전 장치
⑤ 주위 온도가 설정 온도 이상으로 올라갈 경우 자동으로 전원이 꺼지는 안전 장치
⑥ 사람 손이나 신체 일부가 코일 근처에 접근할 경우 자동으로 전원이 꺼지는 안전 장치

IV 심층면접

03 토론 면접 유형

문제 01 p.286

출제자 예시 답안

입장 1 : 인공강우는 물 부족 문제를 해결할 수 있어 필요하다.
근거 : 비는 생물을 자라게 해주는 데 꼭 필요한 것 중의 하나로 인간 생활에 중요한 역할을 한다. 현재 인공강우 기술의 문제점이 많다고 해서 개발을 중단한다면 구더기 무서워서 장을 못담그는 것과 같다고 생각한다. 현재 과학기술은 엄청난 속도로 발달하고 있으므로 문제가 거의 발생하지 않는 인공강우 기술을 개발하기 위하여 노력을 지속적으로 기울인다면 장기적으로 보았을 때 인류에 큰 도움이 될 것이다.

입장 2 : 인공강우는 또 다른 문제를 일으킬 수 있어 필요하지 않다.
근거 : 선진국에서 행하는 산업 활동으로 피해를 보는 것은 항상 약소 국가들이다. 인공 강우 기술로 인한 혜택도 선진국들에게 우선 가게 될 것이고, 그에 따른 부작용을 겪는 것은 주변 약소국가들이 될 것이며, 이로 인하여 또 다른 국가 간의 갈등을 발생시킬 것이다. 따라서 수자원 확보를 위해 인공 강우가 아닌 또 다른 기술 개발에 더 힘써야 한다.

문제 02 p.286

출제자 예시 답안

입장 1 : 나는 환경 보존보다 경제 개발이 우선되어야 한다고 생각한다.
근거 : 첫 번째로, 세계에는 여전히 경제 개발이 되지 않아 생존의 위협을 받는 나라들이 있다. 이런 나라들에게는 경제 개발이 필수적이다. 경제 개발이 없다면 국민들의 의료복지가 제대로 이루어질 수도 없고, 인간의 생활 환경도 피폐해질 것이다. 따라서 국민의 삶의 질을 높여주기 위해 경제 개발이 필요하다.
두 번째로, 현재의 기술 수준으로 개발로 인한 환경오염을 많이 줄일 수 있으며 개발을 통해 환경보전에 긍정적인 영향을 기대할 수도 있을 것이다. 또한, 환경개선을 위해서는 막대한 자금이 필요하며 그 자금을 위해서 경제 개발이 필요하다.

입장 2 : 나는 무분별한 경제 개발보다 환경 파괴를 일으키지 않는 경제 개발을 해야 한다고 생각한다.
근거 : 첫 번째로, 개발은 필연적으로 환경파괴를 낳고 환경은 한번 파괴되면 복구가 힘들거나 불가능하다. 또한, 지구의 녹지는 중, 후진국에 집중되어 있는데 개발로 인해 그 방대한 자연이 파괴된다면 환경오염은 더 가속화될 것이며 이는 결국 인간의 멸종을 의미한다. 따라서 지금부터라도 환경 보존을 전제로 하는 개발이 필요하다.
두 번째로, 우리 세대가 죽는다고 하더라도 우리의 후손들은 지구에서 계속 살아가게 된다. 따라서 후대가 살아갈 수 있는 공간을 만들어주고 떠나야 하는 것이다. 지금 우리의 이익을 위해 개발을 지속하여 도저히 사람이 살아갈 수 없는 공간을 만들어놓고 떠난다면 그것은 너무 무책임한 행동이다.

문제 03 p.287

출제자 예시 답안

입장 1(환경단체) : DMZ(비무장지대) 생태환경국제관광단지 조성 사업을 찬성한다.
근거 : DMZ(비무장지대)에는 다른 나라에서 볼 수 없는 희귀한 동식물이 많다. 이를 활용한 생태환

경국제관광단지는 외국인 관광객을 유치하는 데 큰 도움이 되어 국가 경쟁력 발달에 도움이 된다.

입장 2(환경단체) : DMZ(비무장지대) 생태환경국제관광단지 조성 사업을 반대한다.
근거 : 관광단지 개발은 환경의 훼손을 가져올 수밖에 없다. 또한 수많은 관광객들과 그로 인한 편의시설로 인해 쓰레기가 발생한다. 자연은 한번 손상되면 복구하기까지 매우 오랜 시간이 걸린다. 따라서 지금까지 관리가 잘 되어온 소중한 자연 유산을 경제적인 이익만 고려하여 파괴한다는 것은 잘못된 것이다.

문제 04 p.287

출제자 예시 답안

① 본인의 정보 관리를 철저히 한다. 예를 들어 여러 사이트의 암호를 등급을 나눠서 사용하는 것이다. 큰 회사의 사이트나 중요한 정보를 담고 있는 사이트에는 길고 매우 복잡한 암호를, 그 외의 사이트는 판단에 따라 조금씩 단순하게 설정하여 관리한다.
② 공공장소에서 로그인을 하였을 때는 임시 인터넷 파일과 쿠키 파일을 완전히 지운다.
③ 컴퓨터에 백신 프로그램을 설치하고, 주기적으로 업데이트를 한다.
④ 블록체인 기술을 이용하여 해킹을 막는다.

해설 사이버 세상의 범죄란 컴퓨터 통신 등을 악용하여 사이버 공간에서 벌어지는 범죄를 말한다. 그 범행 목적에 따라 사이버 테러형 범죄와 일반 사이버 범죄로 나뉜다. 사이버 테러형 범죄는 해킹, 컴퓨터 바이러스와 같은 유형의 범죄이고, 일반 사이버 범죄는 사이버 명예 훼손과 전자상거래 사기, 개인 정보 침해, 불법 사이트 개설, 디지털 저작권 침해, 악성 댓글 등을 말한다. 경찰청이 밝힌 사이버범죄 예방방법은 다음과 같다.

1. 출처가 불분명한 이메일이나 첨부파일은 열지 말고 삭제한다.
2. 첨부파일 열람 및 저장 전에는 반드시 백신으로 검사한다.
3. 금융기관 사이트는 즐겨찾기를 이용하거나, URL 주소를 정확하게 입력하고 이용한다.
4. 공인인증서는 반드시 USB 등 이동식 저장장치에 보관한다.
5. 금융기관 이용 비밀번호 등은 기타 다른 사이트의 비밀번호와 다르게 설정한다.
6. 항상 백신 프로그램을 사용하며, 정기적으로 검사하고, 최신으로 업데이트한다.
7. 다양한 감염경로를 막기 위해 백신과 방화벽을 동시에 사용한다.
8. 중요한 데이터는 정기적으로 백업한다.
9. 자신의 아이디와 비밀번호는 다른 사람에게 알려주지 않는다.
10. 탈퇴가 어렵거나, 탈퇴 절차에 대한 설명이 없는 곳은 가입하지 않는다.

④ '공공 거래방부'라고도 불리는 블록체인 기술이란 누구나 열람할 수 있는 장부에 거래 내역을 투명하게 기록하고, 수많은 컴퓨터에 동시에 이를 복제해 저장하는 분산형 데이터 저장 기술이다. 여러 대의 컴퓨터가 기록을 검증하여 해킹을 막는다. 나카모토 사토시가 2007년 글로벌 금융위기 사태를 통해 중앙집권화된 금융시스템의 위험성을 인지하고 개인 간 거래가 가능한 블록체인 기술을 고안했다.

문제 05 p.288

출제자 예시 답안

입장 1 : 선생님께 민수의 행동을 말하지 않는다.
이유 : 모둠 활동은 모둠원들끼리 협동을 발휘하여 함께 결과물을 내야 하는 것이다. 민수의 행동을 말하는 것은 우리 모둠이 협동이 잘 안 되었다는 것을 밝히게 되는 것이므로 칭찬 스티커 또한 받을 수 없게 된다. 따라서 민수를 설득하여 다음 모둠 활동에는 잘 참여할 수 있도록 돕는 방법(예를 들어 가장 쉽고 간단한 활동부터 할 수 있도록 모둠원들끼리 돌아가면서 격려하고 도와준다.) 을 사용할 것이다.

입장 2 : 선생님께 민수의 행동을 말한다.
이유 : 모둠원 전체가 스티커를 받은 것은 모둠 활동을 통한 결과물이 좋았기 때문이다. 하지만 어떠한 형태로든 참여하지 않은 민수까지 스티커를 받은 것은 불공평하다고 생각한다. 따라서 선생님

에게 민수는 스티커를 받을 자격이 없음을 말하고, 선생님을 통해 민수가 스스로의 행동이 잘못되었음을 깨닫게끔 타이를 수 있도록 한다.

문제 06 p.288

출제자 예시 답안

① 학교 교과서는 디지털 책으로 보급되면 좋을 것 같다. 교과서가 디지털 책으로 된다면 무거운 책을 들고 다닐 필요가 없어지고, 책을 안 가져오거나 책이 찢어져서 수업에 방해가 될 일도 없게 될 것이다. 또한 종이와 펜를 사용하지 않아도 되므로 나무도 보호하고, 자원도 절약할 수 있다.

② 소설책이나 문제집 같은 경우는 디지털 책보다는 종이책이 더 좋을 것 같다. 소설이나 문제집 같은 경우 디지털 파일로 되어 있으면 불법 무단 복제나 저작권 침해의 우려가 있다. 또한, 소설책은 넘겨가면서 읽은 소소한 재미도 있고, 종이책으로 된 문제집을 풀 때 눈의 피로도 덜하고, 직접 써가면서 푸는 경우 문제가 더욱 잘 풀린다.

해설 다트머스 대학과 카네기멜론 대학 연구진이 종이로 읽을 때와 모니터로 읽을 때 이해 정도에 어떤 영향을 주는지 학생들을 대상으로 실험을 하였다. 실험 결과 구체적이고 세부적인 정보를 빨리 습득하고 싶을 땐 디지털 기기로 보는 것이 좋지만 새로운 생각, 창의적인 사고, 종합적인 판단을 위해 무언가를 읽을 때는 종이가 낫다는 것이 밝혀졌다.

문제 07 p.289

출제자 예시 답안

나는 무인도를 가게 된다면 담요, 우산, 라이터, 서바이벌 칼, 냄비를 가지고 갈 것이다. 기본적으로 생존하기 위해서는 의식주 중 식과 주는 반드시 갖춰져야 한다고 생각한다. 따라서 우산을 이용하면 비나 햇빛 등으로 몸을 보호할 수 있고, 이때 담요가 있을 때 잠을 더 편안하게 잘 수가 있다(주). 또한 냄비와 라이터가 있으면 서바이벌 칼을 이용하여 채집이나 수렵을 하여 음식물을 모으고 익혀 먹을 수 있다(식).

문제 08 p.289

출제자 예시 답안

입장 1 : 나는 '동물 고아원' 설립에 찬성한다.
근거 : 버림 받은 동물들을 구조하고 보호하는 데 쓰이는 비용이 '동물 고아원' 운영 비용보다 더 많다. 또한 '동물 고아원' 을 운영한다면 반려동물을 기를 수 없을 때 '동물 고아원'에 넘기면 되기 때문에 더는 길거리에 유기하는 일도 발생하지 않을 것이고 그에 따른 비용도 발생하지 않을 것이다. 동물들로서도 버림받지 않고 좋은 가정을 찾을 기회가 늘기 때문에 일석이조이다.
입장 2 : 나는 '동물 고아원' 설립에 반대한다.
근거 : '동물 고아원'을 설립하여 버림받는 동물들을 구조하는 데 힘을 쓰기보다 애초에 반려동물을 아무나 키우지 못하게 법을 엄격하게 정하여 버림받는 동물을 없애는 것이 더 중요한 것 같다. 또한 '동물 고아원' 설립에 드는 비용을 무의탁 노인이나 노숙자들과 같이 도움이 필요한 사람들에게 복지 혜택을 주는 쪽으로 사용하는 것이 더 인도주의적이지 않을까?

문제 09 p.290

출제자 예시 답안

자신의 입장	봉사 활동을 의무화한 것에 반대한다.

근거	봉사 활동이라는 것은 남을 위하여 자발적으로 하는 활동을 의미한다. 자발적으로 행하였을 때 봉사 활동의 의의가 있는 것이다. 학교에서 의무적으로 봉사 활동을 시킨다면 누군가가 시켜서 하는 억지 활동이라는 인상을 받게 되고, 졸업 후에는 학창 시절에 받은 좋지 않은 인상으로 봉사 활동을 오히려 하지 않게 될 것이다. 또한 의무적인 봉사 활동은 '대가나 목적 없이'라는 봉사 활동의 의미에 상반되고, 형식적이기 때문에 봉사 활동을 의무화한 것에 반대한다.

자신의 입장	봉사 활동을 의무화한 것에 찬성한다.
근거	무엇이든지 경험해보지 않고서는 그 일의 장점을 알 수가 없다. 봉사 활동을 의무적으로라도 실시한다면 억지로 시작했을지 몰라도 다양한 봉사 활동의 장점을 알게 될 수 있고, 이는 자발적인 봉사 활동으로 이어질 수 있다. 따라서 봉사 활동을 잘 모르는 어린 학생들에게는 의무적인 봉사 활동이 필요하다고 생각한다.

문제 10 p.291

출제자 예시 답안

자신의 입장	기차에 안전벨트를 설치하는 것에 반대한다.
근거	첫 번째, 기차의 질량은 매우 크기 때문에 사고가 나더라도 기차에 부딪힌 쪽이 더 위험하고, 사고 시 충격도 흡수하여 승객에게 충격이 전달되지 않는다. 두 번째, 제동 거리가 짧은 자동차의 경우 급제동 시 사람이 튕겨 나갈 우려가 있으므로 안전띠가 필요하지만, 기차는 제동 거리가 매우 기므로 급제동에 따른 피해가 적다. 세 번째, 오히려 안전벨트가 기차가 탈선하거나 다른 물체와 충돌하여 사고가 날 때 구조 작업이나 신속한 대피를 방해할 수 있다. 기차끼리 충돌하는 기차 사고의 경우 차량이 찌그러지면서 압사당할 위험이 크기 때문에 오히려 안전 벨트를 착용할 경우 더 위험할 수 있다.

자신의 입장	기차에 안전벨트를 설치하는 것에 찬성한다.
근거	레일이 끊어지거나 뒤틀려서 발생하는 기차의 탈선 사고, 혹은 기차끼리 충돌하는 사고가 발생하면 엄청난 충격 때문에 사람이 튀어 나갈 우려가 크기 때문에 안전벨트가 필요하다. 급출발이나 급제동이 자주 일어나지 않지만 혹시 모를 사고에 대비하여, 또는 심리적으로 불안한 사람들에게 안정감을 주기 위해서라도 기차에도 안전벨트가 설치되어야 한다고 생각한다.

펴낸이 윤찬섭
개발 및 편집 김소현, 김성은, 차경화, 윤성미(무한상상 과학교육연구소)
검토위원 윤찬섭(연구소장)
디자인 오채원
삽화/일러스트 고병욱, 김상우, 황지후
펴낸곳 무한상상 출판 cafe.naver.com/creativeini
주소 서울시 서초구 명달로 4길 4 405호
인쇄 대명문화사
파본은 교환해 드립니다.

i&i 아이앤아이 꾸러미

영재교육원 완벽 대비서

Ⅰ 영재교육원 소개	영재교육원은 어떤 곳이며, 영재교육원에 입학하기 위해 필요한 선발 과정을 수록하였습니다.
Ⅱ 영재성 검사	일반 창의성, 언어 / 추리 / 논리, 수리논리, 공간 / 도형 / 퍼즐, 과학 창의성 총 5단계를 기출문제 위주로 구성하고, 모의고사 2회 분을 실었습니다.
Ⅲ 창의적 문제해결력	지식, 개념 및 창의적 문제해결력을 측정할 수 있도록 해당 학년 범위 내에서 기출문제 위주로 구성하였습니다.
Ⅳ 심층 면접	최종 면접을 100% 준비할 수 있도록 기출문제 위주로 구성하였습니다.
Ⅴ 정답 및 해설 / 예시 답안	각 문제에 대한 예시 답안과 스스로 평가할 수 있는 평가표를 제시하였습니다.